AutoCAD 2020
从入门到精通

麓山文化 编著

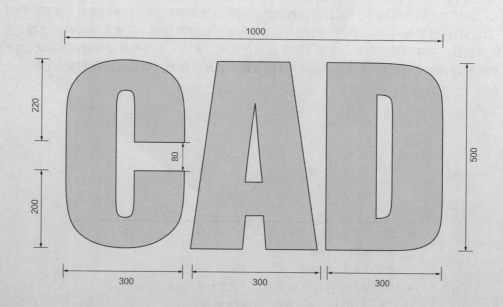

人民邮电出版社

北京

图书在版编目（CIP）数据

AutoCAD 2020从入门到精通 / 麓山文化编著. -- 北京 : 人民邮电出版社，2020.8
ISBN 978-7-115-53094-3

Ⅰ．①A… Ⅱ．①麓… Ⅲ．①AutoCAD软件 Ⅳ.①TP391.72

中国版本图书馆CIP数据核字(2020)第048015号

内 容 提 要

本书是一本帮助 AutoCAD 2020 初学者实现从入门到精通的学习教程。

全书分为 4 篇，共 16 章。第 1 篇为基础篇，内容包括软件入门、文件管理、设置绘图环境、建立图形坐标系、图形的绘制与编辑等；第 2 篇为精通篇，内容包括图形标注、文字与表格、图层、图块、图形信息查询、打印设置等；第 3 篇为三维篇，主要介绍了三维绘图基础、三维实体与网格建模、三维模型的编辑等内容；第 4 篇为应用篇，主要介绍了机械、建筑、室内、电气等设计领域的 AutoCAD 应用。

本书可作为 AutoCAD 初学者学习 AutoCAD 的教材，各专业技术人员也可阅读参考。

◆ 编　著　麓山文化

责任编辑　刘晓飞

责任印制　马振武

◆ 人民邮电出版社出版发行　　北京市丰台区成寿寺路 11 号

邮编　100164　　电子邮件　315@ptpress.com.cn

网址　https://www.ptpress.com.cn

三河市中晟雅豪印务有限公司印刷

◆ 开本：787×1092　1/16

印张：22.5

字数：700 千字　　　　　　　　2020 年 8 月第 1 版

印数：1 – 2 800 册　　　　　　2020 年 8 月河北第 1 次印刷

定价：59.00 元

读者服务热线：**(010)81055410**　印装质量热线：**(010)81055316**

反盗版热线：**(010)81055315**

广告经营许可证：京东市监广登字 20170147 号

前　言

关于 AutoCAD

AutoCAD 自 1982 年推出以来，从初期的 1.0 版本，经多次版本更新和性能完善，现已发展到 AutoCAD 2020。它不仅在机械、电子、建筑、室内装潢、家具、园林和市政等工程设计领域得到了广泛应用，在地理、气象、航海等特殊领域，甚至在乐谱、灯光和广告等领域也得到了一定的应用，目前已成为计算机辅助设计领域应用最为广泛的图形软件之一。

本书内容

本书作为一本 AutoCAD 2020 软件的零基础入门教程，从易到难、由浅及深地向读者介绍了 AutoCAD 2020 软件各方面的基础知识和基本操作。全书从实用角度出发，全面系统地讲解了 AutoCAD 2020 的应用功能，同时精心安排了大量练习供读者学以致用。

本书分为 4 篇，共 16 个章节，具体内容安排如下。

篇　名	章节安排	课程内容
第 1 篇　基础篇 （第 1 章～第 4 章）	第 1 章 初识 AutoCAD 2020	介绍 AutoCAD 基本界面的组成与执行命令的方法等基础知识
	第 2 章 AutoCAD 绘图基础知识	介绍 AutoCAD 基本的绘图知识，以及一些辅助绘图工具的使用方法
	第 3 章 图形绘制	介绍 AutoCAD 中各种绘图工具的使用方法
	第 4 章 图形编辑	介绍 AutoCAD 中各种图形编辑工具的使用方法
第 2 篇　精通篇 （第 5 章～第 9 章）	第 5 章 创建图形注释	介绍 AutoCAD 中文字、尺寸标注、引线标注、表格等注释工具的使用方法
	第 6 章 图层与图形特性	介绍图层的概念，以及 AutoCAD 中图层的使用与控制方法
	第 7 章 图块与外部参照	介绍图块的概念，以及 AutoCAD 中图块的创建和使用方法
	第 8 章 图形约束	介绍 AutoCAD 中各种约束工具的使用方法，以及参数化绘图的概念
	第 9 章 图形打印和输出	介绍 AutoCAD 中的各种打印设置与控制打印输出的方法
第 3 篇　三维篇 （第 10 章～第 12 章）	第 10 章 三维绘图基础	介绍 AutoCAD 中建模的基本概念，以及三维建模界面和简单操作
	第 11 章 创建三维实体和曲面	介绍三维实体和三维曲面的创建方法
	第 12 章 三维模型的编辑	介绍各种三维模型编辑工具的使用方法
第 4 篇　应用篇 （第 13 章～第 16 章）	第 13 章 机械设计与绘图	以减速器及其零件设计为例，介绍机械设计的相关标准与设计方法
	第 14 章 建筑设计与绘图	以居民楼设计为例，介绍建筑设计的相关标准与设计方法
	第 15 章 室内设计与绘图	以小户型室内设计为例，介绍室内设计的相关标准与设计方法
	第 16 章 电气设计与绘图	以住宅首层照明平面图和电气系统图为例，介绍电气设计的相关标准和设计方法

本书特色

为了使读者可以轻松自学并深入了解 AutoCAD 2020 软件功能，本书在版面结构的设计上尽量简单明了，如下图所示。

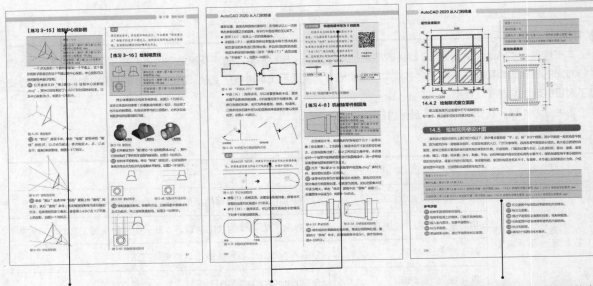

练习：书中提供了 145 个绘图练习案例，可使读者边学边练，随时强化所学知识。

提示 / 延伸讲解：针对软件中的难点及设计操作过程中的技巧进行提示说明和延伸讲解。

视频案例讲解：本书第 4 篇案例采用全视频教学的形式，相当于随书附赠了 19 节专业制图课程，物超所值。

本书配套资源

本书配套 164 集教学视频，总时长近 13 小时。读者可以先通过教学视频学习本书内容，然后对照书本加以实践和练习，以提高学习效率。

书中所有练习实例均提供了素材文件和效果文件，读者可以使用 AutoCAD 2020 打开。

本书作者

本书由麓山文化组织编写。由于作者水平有限，书中疏漏之处在所难免。在感谢您选择本书的同时，也希望您能够把对本书的意见和建议告诉我们。

读者服务邮箱：lushanbook@qq.com

麓山文化

2020 年 2 月

资源与支持

本书由"数艺设"出品，"数艺设"社区平台（www.shuyishe.com）为您提供后续服务。

配套资源

案例素材及源文件　　　在线教学视频

额外赠送：

1. AutoCAD 常用快捷键大全
2. AutoCAD 绘图常见疑难解答
3. AutoCAD 使用技巧精华
4. 55 张二维与三维练习图

5. 机械标准件图块合集
6. 室内设计常用图块合集
7. 电气设计常用图块合集

资源获取请扫码

"数艺设"社区平台，为艺术设计从业者提供专业的教育产品。

与我们联系

我们的联系邮箱是 szys@ptpress.com.cn。如果您对本书有任何疑问或建议，请您发邮件给我们，并请在邮件标题中注明本书书名及 ISBN，以便我们更高效地做出反馈。

如果您有兴趣出版图书、录制教学课程，或者参与技术审校等工作，可以发邮件给我们；有意出版图书的作者也可以到"数艺设"社区平台在线投稿（直接访问 www.shuyishe.com 即可）。如果学校、培训机构或企业想批量购买本书或"数艺设"出版的其他图书，也可以发邮件联系我们。

如果您在网上发现针对"数艺设"出品图书的各种形式的盗版行为，包括对图书全部或部分内容的非授权传播，请您将怀疑有侵权行为的链接通过邮件发给我们。您的这一举动是对作者权益的保护，也是我们持续为您提供有价值的内容的动力之源。

关于"数艺设"

人民邮电出版社有限公司旗下品牌"数艺设"，专注于专业艺术设计类图书出版，为艺术设计从业者提供专业的图书、U 书、课程等教育产品。出版领域涉及平面、三维、影视、摄影与后期等数字艺术门类，字体设计、品牌设计、色彩设计等设计理论与应用门类，UI 设计、电商设计、新媒体设计、游戏设计、交互设计、原型设计等互联网设计门类，环艺设计手绘、插画设计手绘、工业设计手绘等设计手绘门类。更多服务请访问"数艺设"社区平台 www.shuyishe.com。我们将提供及时、准确、专业的学习服务。

目录

第 2 篇　精通篇

第5章　创建图形注释

第8章　图形约束

第9章　图形打印和输出

第3篇　三维篇

第10章　三维绘图基础

第 1 篇　基础篇

第 1 章

初识 AutoCAD 2020

　　AutoCAD是一款主流的工程图绘制软件，广泛用于机械、建筑、室内、园林、市政规划、家具制造等行业。在学习使用AutoCAD进行绘图工作之前，首先需要认识AutoCAD的软件界面，并学习一些基本的操作方法，为熟练掌握该软件打下坚实的基础。本书将使用AutoCAD 2020版本进行介绍，如无特殊声明，书中介绍的命令同样适用于AutoCAD 2005至 2019等各个版本。

1.1 AutoCAD 2020操作界面

AutoCAD 的操作界面是AutoCAD显示、编辑图形的区域，如图1-1所示。该操作界面区域划分较为明确，主要包括"应用程序"按钮、快速访问工具栏、菜单栏、标题栏、交互信息工具栏、功能区、标签栏、十字光标、绘图区、坐标系、命令窗口及状态栏等。

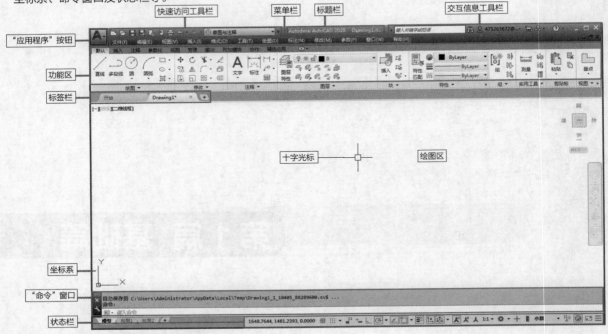

图1-1 AutoCAD 2020 默认的操作界面

延伸讲解 **AutoCAD 的工作空间**

在AutoCAD操作界面的左上角（快速访问工具栏内）可以看到 草图与注释 按钮，表示当前的AutoCAD界面为"草图与注释"的工作空间界面。AutoCAD 2020提供了"草图与注释""三维基础""三维建模"3种工作空间（在AutoCAD 2015之前还有"经典工作空间"），每个空间的操作界面各不相同，分别对应不同的操作情况。初学时只需要掌握"草图与注释"工作空间即可。

1.1.1 应用程序按钮

"应用程序"按钮 位于操作界面的左上角，单击该按钮，系统将弹出用于管理AutoCAD图形文件的下拉菜单，包含"新建""打开""保存""另存为""输出""打印"等命令，右侧区域则是"最近使用的文档"列表，如图1-2所示。

此外，在应用程序下拉菜单的"搜索"文本框中输入文字，会弹出与之相关的各种命令的列表，选择其中对应的命令即可执行，如图1-3所示。

图1-2 应用程序菜单　　　　图1-3 搜索功能

1.1.2 快速访问工具栏

快速访问工具栏位于标题栏的左侧，它包含了文档操作常用的9个快捷命令按钮（依次为"新建""打开""保存""另存为""从Web和Mobile中打开""保存到Web和Mobile中""打印""放弃""重做"）和1个工作空间下拉列表框，如图1-4所示。

图1-4 快速访问工具栏

各命令按钮功能介绍如下。

◆ 新建：用于新建一个图形文件。

◆ 打开：用于打开现有的图形文件。

◆ 保存：用于保存当前图形文件。

◆ 另存为：以副本方式保存当前图形文件，原来的图形文件仍会得到保留。以此方法保存时可以修改副本的文件名、文件格式和保存路径。

◆ 从Web和Mobile中打开：单击该按钮，将打开Autodesk的登录对话框，登录后将可以访问用户保存在A360上的文件。A360可理解为Autodesk公司提供的网络云盘。

◆ 保存到Web和Mobile：单击该按钮，即可将当前图形保存到用户的A360云盘中，此后用户将可以在其他平台（网页或手机）上通过登录A360的方式来查看这些图形。

提示

"从Web和Mobile中打开"和"保存到Web和Mobile"是从AutoCAD 2019开始新加入的功能，在此之前的版本没有这两个命令按钮。

◆ 打印：用于打印图形文件，具体操作可以见本书的第9章。

◆ 放弃：可撤销上一步的操作。

◆ 重做：如果有放弃的操作，单击该按钮可以恢复。

◆ 工作空间下拉列表框：可以选择不同的工作空间进行切换，不同的工作空间对应不同的软件操作界面。

此外，可以单击快速访问工具栏最右侧的下拉按钮打开下拉菜单，在菜单中可以自定义快速访问工具栏中显示的命令按钮，如图1-5所示。

图1-5 自定义快速访问工具栏的命令按钮

1.1.3 菜单栏

在AutoCAD 2020中，菜单栏在任何工作空间中都默认为不显示状态。只有在快速访问工具栏中单击下拉按钮，并在弹出的下拉菜单中选择"显示菜单栏"选项，才可将菜单栏显示出来，如图1-6所示。

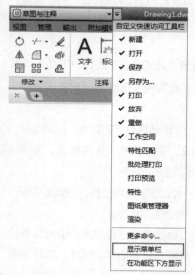

图1-6 显示菜单栏

菜单栏位于标题栏的下方，包括了12个菜单："文件""编辑""视图""插入""格式""工具""绘图""标注""修改""参数""窗口""帮助"。每个菜单都包含该分类下的大量命令，因此菜单栏是AutoCAD中命令最为详尽的部分。但它的缺点是命令过于集中，要单独寻找其中某一个命令可能需展开多个子菜单才能找到，如图1-7所示。因此在工作中一般不使用菜单栏来执行命令，菜单栏通常只用于查找和执行少数不常用的命令。

图1-7 菜单栏与其下的子菜单选项

这12个菜单的主要作用介绍如下。

◆ 文件：用于管理图形文件，例如新建、打开、保存、另存为、输出、打印和发布等。

◆ 编辑：用于对图形文件进行常规编辑，例如剪切、复制、粘贴、清除、链接和查找等。

◆ 视图：用于管理AutoCAD的操作界面，例如缩放、平移、动态观察、相机、视口、三维视图、消隐和渲染等。

◆ 插入：用于在当前AutoCAD绘图状态下插入所需的图块或其他格式的文件，例如PDF参考底图、字段等。

◆ 格式：用于设置与绘图环境有关的参数，例如图层、颜色、线型、线宽、文字样式、标注样式、表格样式、点样式、厚度和图形界限等。

◆ 工具：用于设置一些绘图的辅助工具，例如选项板、工具栏、命令行、查询和向导等。

◆ 绘图：提供绘制二维图形和三维模型的所有命令，例如直线、圆、矩形、正多边形、圆环、边界和面域等。

◆ 标注：提供对图形进行尺寸标注时所需的命令，例如线性标注、半径标注、直径标注和角度标注等。

◆ 修改：提供修改图形时所需的命令，例如删除、复制、镜像、偏移、阵列、修剪、倒角和圆角等。

◆ 参数：提供对图形约束时所需的命令，例如几何约束、动态约束、标注约束和删除约束等。

◆ 窗口：用于在多文档状态时设置各个文档的屏幕，例如层叠、水平平铺和垂直平铺等。

◆ 帮助：提供使用AutoCAD 2020所需的帮助信息。

1.1.4 标题栏

标题栏位于AutoCAD窗口的最上方，如图1-8所示。标题栏显示了当前软件名称，以及当前新建或打开的文件的名称等。标题栏最右侧提供了"最小化"按钮 、"恢复窗口大小"按钮 和"关闭"按钮 。

图1-8 标题栏

1.1.5 交互信息工具栏

交互信息工具栏主要包括搜索框 、A360登录栏 、Autodesk应用程序 、保持连接 4个部分。

1.1.6 功能区

功能区是各命令选项卡的合称，它用于显示与工作空间主题相关的按钮和控件，是AutoCAD中主要的命令调用区域。"草图与注释"工作空间的功能区包含了"默认""插入""注释""参数化""视图""管理""输出""附加模块""协作""精选应用"10个选项卡，如图1-9所示。每个选项卡包含若干个面板，每个面板又包含许多由图标表示的命令按钮。

图1-9 功能区

1. 功能区选项卡的组成

"草图与注释"工作空间是默认的、也是最为常用的软件工作空间，因此下面详细介绍其中的9个选项卡。

"默认"选项卡

"默认"选项卡从左至右依次为"绘图""修改""注释""图层""块""特性""组""实用工具""剪贴板""视图"10个功能面板，如图1-10所示。"默认"选项卡集中了AutoCAD常用的命令，涵盖绘图、标注、编辑、修改、图层、图块等各个方面，是最主要的选项卡。在本书后面的案例介绍中，大部分命令都将通过该选项卡来执行。

图1-10 "默认"功能选项卡

"插入"选项卡

"插入"选项卡从左至右依次为"块""块定义""参照""点云""输入""数据""链接和提取""位置"8个功能面板，如图1-11所示。"插入"选项卡主要用于图块、外部参照等外在图形的调用。

图1-11 "插入"选项卡

"注释"选项卡

"注释"选项卡从左至右依次为"文字""标注""中心线""引线""表格""标记""注释缩放"7个功能面板，如图1-12所示。"注释"选项卡提供了详尽的标注命令，包括"引线""公差""云线"等。

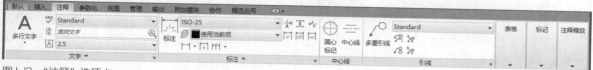

图1-12 "注释"选项卡

"参数化"选项卡

"参数化"选项卡从左至右依次为"几何""标注""管理"3个功能面板，如图1-13所示。"参数化"选项卡主要用于管理图形约束方面的命令。

图1-13 "参数化"选项卡

"视图"选项卡

"视图"选项卡从左至右依次为"视口工具""命名视图""模型视口""选项板""界面"5个功能面板，如图1-14所示。"视图"选项卡提供了大量用于控制视图显示的命令，包括UCS的显现、绘图区上ViewCube和文件、布局等选项卡的显示与隐藏。

图1-14 "视图"选项卡

"管理"选项卡

"管理"选项卡从左至右依次为"动作录制器""自定义设置""应用程序""CAD标准"4个功能面板，如图1-15所示。"管理"选项卡可以用来加载AutoCAD的各种插件与应用程序。

图1-15 "管理"选项卡

"输出"选项卡

"输出"选项卡从左至右依次为"打印""输出为DWF/PDF"2个功能面板，如图1-16所示。"输出"选项卡集中了图形输出的相关命令，包含打印和输出PDF等。在功能区选项卡中，有些面板下方有下拉按钮，表示有下拉菜单。单击下拉按钮，下拉菜单会列出更多的操作命令，如图1-17所示的"绘图"下拉菜单。

图1-16 "输出"选项卡

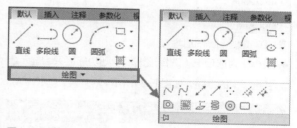

图1-17 "绘图"下拉菜单

"附加模块"选项卡

"附加模块"选项卡如图1-18所示，在Autodesk应用程序网站中下载的各类应用程序和插件都会集中在该选项卡。

图1-18 "附加模块"选项卡

"协作"选项卡

"协作"选项卡是AutoCAD 2019版本新增的选项卡，在AutoCAD 2020中得到了延续，具有"共享"和"比较"两个功能面板，可以分别提供共享视图和DWG图形比较功能，如图1-19所示。

图1-19 "协作"选项卡

"精选应用"选项卡

在"精选应用"选项卡中包含了许多热门的应用程序，读者可自行探索。

2. 切换功能区显示方式

功能区可以以水平或垂直的方式显示，也可以显示为浮动选项板。另外，功能区可以以最小化状态显示，其方法是在功能区选项卡右侧单击下拉按钮□·右侧的下拉符号□，在弹出的列表中选择以下4种中的一种最小化功能区状态选项，如图1-20所示。而单击下拉按钮□·左侧的切换符号□，则可以在默认状态和最小化功能区状态之间切换。

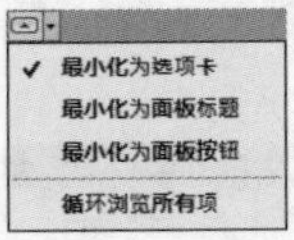

图1-20 功能区状态选项

◆ 最小化为选项卡：选择该选项，则功能区只会显示出各选项卡的标题，如图1-21所示。

图1-21 "最小化为选项卡"时的功能区显示

◆ 最小化为面板标题：选择该选项，则功能区仅显示选项卡和其下的各命令面板标题，如图1-22所示。

图1-22 "最小化为面板标题"时的功能区显示

◆ 最小化为面板按钮：最小化功能区，以便仅显示选项卡标题、面板标题和面板按钮，如图1-23所示。

图1-23 "最小化为面板按钮"时的功能区显示

◆ 循环浏览所有项：按以下顺序切换4种功能区状态——完整功能区、最小化为面板按钮、最小化为面板标题、最小化为选项卡。

3. 自定义选项卡及面板的构成

用鼠标右键单击面板按钮，弹出显示控制快捷菜单，如图1-24和图1-25所示。可以分别调整选项卡与面板的显示内容，名称前被勾选则显示该选项卡或面板，反之则隐藏。

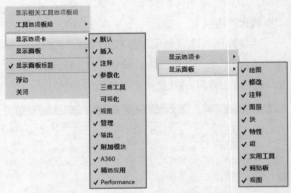

图1-24 调整功能选项卡显示　　图1-25 调整选项卡内面板显示

提示

面板显示子菜单会根据不同的选项卡进行变换，面板子菜单为当前打开选项卡的所有面板名称列表。

4. 调整功能区位置

在选项卡名称上单击鼠标右键，选择快捷菜单中的"浮动"命令，可使"功能区"浮动在"绘图区"上方，如图1-26所示。此时按住鼠标左键拖动"功能区"左侧灰色边框，可以自由调整其位置。

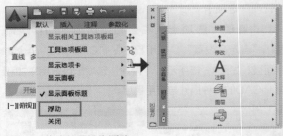

图1-26 将功能区设为浮动

提示

如果选择快捷菜单最下面的"关闭"命令，则将整体隐藏功能区，进一步扩大绘图区，如图1-27所示。功能区被整体隐藏之后，可以在命令行中输入RIBBON命令来恢复。

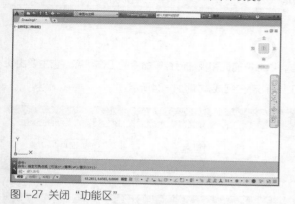

图 1-27 关闭"功能区"

1.1.7 标签栏

文件标签栏位于绘图窗口上方。每个打开的图形文件都会在标签栏显示一个标签，单击文件标签即可快速切换至相应的图形文件窗口，如图1-28所示。

AutoCAD 2020的标签栏中"新建选项卡"图形文件选项卡显示名为"开始"，并在创建和打开其他图形时保持显示。单击标签上的 ▧ 按钮，可以快速关闭文件；单击标签栏右侧的 ▧ 按钮，可以快速新建文件；用鼠标右键单击标签栏的空白处，会弹出快捷菜单，如图1-29所示。利用该快捷菜单可以选择"新建""打开""全部保存""全部关闭"等命令。

图 1-28 标签栏　　　　　图 1-29 快捷菜单

此外，当鼠标指针经过图形文件选项卡时，将显示模型的预览图像和布局。如果鼠标指针经过某个预览图像，相应的模型或布局将临时显示在绘图区中，并且可以在预览图像中访问"打印"和"发布"工具，如图1-30所示。

图 1-30 文件选项卡的预览功能

1.1.8 绘图区

绘图区常被称为"绘图窗口"，它是绘图的主要区域，绘图的核心操作和图形显示都在该区域中实现。在绘图区中有4个工具需注意，分别是十字光标、坐标系图标、ViewCube工具和视口控件，如图1-31所示。

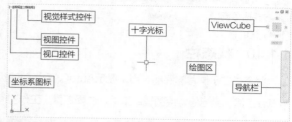

图 1-31 绘图区

◆ 十字光标：在AutoCAD绘图区中，鼠标指针会以十字光标的形式显示，用户可以通过设置修改它的外观大小。

◆ 坐标系图标：此图标始终表示AutoCAD绘图系统中的坐标原点位置，默认在左下角，是AutoCAD绘图系统的基准。

◆ ViewCube：此工具始终浮现在绘图区的右上角，指示模型的当前视图方向，并用于重定向三维模型的视图。

◆ 视口控件：此工具显示在每个视口的左上角，提供更改视图、视觉样式和其他设置的便捷操作方式，如图1-32所示。视口控件的3个标签将显示当前视口的相关设置。

图 1-32 快捷功能控件菜单

1.1.9 命令窗口

命令窗口是输入命令名和显示命令提示的区域。默认的命令窗口位于绘图区下方，由若干文本行组成，如图1-33所示。命令窗口中间有一条水平分界线，它将命令窗口分成两个部分："命令行"和"命令历史窗口"。位于水平线下方的为"命令行"，它用于接收用户输入的命令，并显示提示信息或命令的延伸选项；位于水平线上方的为"命令历史窗口"，它含有AutoCAD启动后所用过的全部命令及提示信息，该窗口有垂直滚动条，可以上下滚动查看以前用过的命令。

图 1-33 命令窗口

提示

初学AutoCAD时，在执行命令后可以多看命令窗口，因为其中会给出操作的提示，在不熟悉命令的情况下，跟随这些提示也能完成操作。

1.1.10 状态栏

状态栏位于屏幕的底部，用来显示AutoCAD当前的状态，如对象捕捉和极轴追踪等命令的工作状态。它主要由快速查看工具、坐标值、绘图辅助工具、注释工具、工作空间工具等5部分组成，如图1-34所示。

图 1-34 状态栏

1. 快速查看工具

使用其中的工具可以快速地预览打开的图形，打开图形的模型空间与布局，以及在其中切换图形，使之以缩略图的形式显示在应用程序窗口的底部。

2. 坐标值

坐标值一栏会以直角坐标系的形式（X，Y，Z）实时显示十字光标所处位置的坐标。在二维制图模式下，只会显示X轴、Y轴坐标，只有在三维建模模式下才会显示Z轴的坐标。

3. 绘图辅助工具

主要用于控制绘图的性能，其中包括"模型""显示图形栅格""捕捉模式""推断约束""动态输入""正交模式""极轴追踪""对象捕捉追踪""对象捕捉""线宽""透明度""选择循环""三维对象捕捉""允许／禁止动态UCS"等工具。各主要工具按钮和功能说明见表1-1。

表 1-1 绘图辅助工具按钮一览

名 称	按钮	功 能 说 明
模型	模型	用于模型与图纸之间的转换
显示图形栅格	▦	单击该按钮，打开栅格显示，此时屏幕上将布满网格线。线与线之间的间距也可以通过"草图设置"对话框的"捕捉和栅格"选项卡进行设置
捕捉模式	▦	单击该按钮，开启或者关闭栅格捕捉。开启状态下可以使十字光标很容易地抓取到每一个栅格线上的交点
推断约束	♫	单击该按钮，打开推断约束功能，可设置约束的限制效果，如限制两条直线垂直、相交、共线，以及圆与直线相切等

（续表）

名 称	按钮	功 能 说 明
动态输入	⁺▭	单击该按钮，开启动态输入功能，此状态下进行绘图时十字光标会自带提示信息和坐标框，相当于在十字光标附近带了一个简易版文本框
正交模式	⌐	该按钮用于开启或者关闭正交模式。正交即十字光标只能沿X轴或Y轴方向移动，不能画斜线
极轴追踪	⟳	该按钮用于开启或关闭极轴追踪模式。在绘制图形时，系统将根据设置显示一条追踪线，可以在追踪线上根据提示精确移动十字光标，从而精确绘图
对象捕捉追踪	∠	单击该按钮，打开对象捕捉追踪模式，可以捕捉对象上的关键点，并沿着正交方向或极轴方向移动十字光标，此时可以显示十字光标当前位置与捕捉点之间的相对关系。若找到符合要求的点，直接单击即可
对象捕捉	▯	该按钮用于开启或者关闭对象捕捉。对象捕捉能使十字光标在接近某些特殊点的时候自动指引到那些特殊的点，如端点、圆心、象限点
线宽	▤	单击该按钮，开启线宽显示。在绘图时如果为图层或所绘图形定义了不同的线宽（至少大于0.3mm），那单击该按钮就可以显示出线宽，以标识各种具有不同线宽的对象
透明度	▦	单击该按钮，开启透明度显示。在绘图时如果为图层和所绘图形设置了不同的透明度，那单击该按钮就可以显示透明效果，以区别不同的对象
选择循环	▦	该按钮用于控制在重叠对象上显示选择对象
三维对象捕捉	⊘	该按钮用于开启或关闭三维对象捕捉。对象捕捉能使十字光标在接近三维对象某些特殊点的时候自动指引到那些特殊的点
允许／禁止动态UCS	⌐	该按钮用于切换允许和禁止UCS（用户坐标系）

4. 注释工具

用于显示缩放注释的若干工具。在不同的模型空间和图纸空间中，将显示相应的工具。当图形状态栏打开后，注释工具将显示在绘图区的底部；当图形状态栏关闭时，注释工具将被移至应用程序状态栏。

◆ 注释可见性 ⚘ ：单击该按钮，可选择仅显示当前比例的注释或是显示所有比例的注释。

◆ 当前视图的注释比例 ⚘ 1:1 ▾ ：用户可通过此按钮调整注释对象的缩放比例。

5. 工作空间工具

用于切换AutoCAD 2020的工作空间，以及进行自定义设置工作空间等操作。

◆ 切换工作空间 ⚙ ▾ ：用户可通过此按钮切换AutoCAD 2020的工作空间。

◆ 隔离对象 ▨ ：根据需要对大型图形的个别区域进行重点操作，并显示或临时隐藏和显示选定的对象。

◆ 硬件加速 ◉ ：用于在绘制图形时通过硬件的支持提高绘图性能，如提高刷新频率。

◆ 全屏显示 ▣ ：单击即可控制AutoCAD 2020的全屏显示状态。

◆ 自定义 ≡ ：单击该按钮，可以对当前状态栏中的按钮进行添加或删除，方便管理。

1.2　AutoCAD 2020执行命令的方式

命令是AutoCAD用户与软件交换信息的重要方式，本节将介绍执行命令的方式、终止当前命令的方法、退出命令及重复执行命令的方法等。

1.2.1　命令输入的5种方式

AutoCAD中调用命令的方式有很多种，这里仅介绍最常用的 5 种。本书在后面的命令介绍章节中，将专门以"执行方式"的形式介绍各命令的调用方法，并按常用顺序依次排列。

1. 使用功能区调用

功能区将AutoCAD中各功能的常用命令进行了收纳，要执行命令只需在对应的面板上找到按钮单击即可。相比其他调用命令的方法，功能区调用命令更为直观，非常适合不能熟记绘图命令的AutoCAD初学者，功能区面板如图1-35所示。

图1-35　功能区面板

2. 使用命令行调用

使用命令行输入命令是AutoCAD的一大特色功能，同时也是最快捷的绘图方式。这就要求用户熟记各种绘图命令，一般对AutoCAD比较熟悉的用户都用此方式绘制图形，因为这样可以大大提高绘图的效率。

> **延伸讲解　向功能区面板中添加命令按钮**
>
> 功能区面板虽然收纳了大部分命令，但仍然难免有"漏网之鱼"，如室内设计行业绘制墙体时常用的"多线（MLine）" ▨ 命令在功能区中就没有相应的按钮，这给习惯使用功能区执行命令的用户来说带来了不便。因此，学会根据需要添加、删除和更改功能区中的命令按钮，就会大大提高我们的绘图效率。
>
> 用户可以通过自定义功能区面板的方式来将"多线"按钮插入功能区中的任意位置，同时也可以修改任意命令的快捷键，效果如图1-36所示。
>
>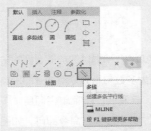
>
> 图1-36　添加至"绘图"面板中的"多线"按钮

AutoCAD绝大多数命令都有其相应的简写形式。如"直线"命令LINE的简写形式是L，"矩形"命令

RECTANGLE的简写形式是REC，只需输入这些字符，便可以自动执行这些命令，如图1-37所示。对于常用的命令，用简写形式输入将大大减少键盘输入的工作量，提高工作效率。另外，AutoCAD的命令字母或参数字母输入不区分大小写，因此操作者不必考虑输入字母的大小写。

输入 L 执行"直线"命令

输入 REC 执行"矩形"命令

图1-37 通过命令行输入命令和命令的延伸选项

在命令行输入命令后，有些命令会带有延伸选项，如"矩形"命令下方显示的"[倒角(C)/标高(E)/圆角(F)/厚度(T)/宽度(W)]"部分。延伸选项是命令的补充，可以用来设置执行命令过程中的各种细节。此时可以使用以下的方法来执行延伸选项。

◆ 输入对应的字母。要执行延伸选项，则在命令行中输入延伸选项对应的亮显字母，然后按Enter键。如要执行"倒角（C）"选项，则输入C，然后按Enter键即可。

◆ 单击命令行中的字符。使用鼠标直接在命令行中单击所需要的选项，如单击"圆角（F）"选项，则执行设置圆角命令。

◆ 执行默认选项。少数命令会以尖括号的方式给出默认选项，如图1-38所示的"<4>"，即表示POLYGON多边形命令中默认的边数为4。要接受默认选项，则直接按Enter键即可，否则另行输入边数。

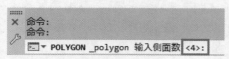

图1-38 命令中的默认选项

3. 使用菜单栏调用

菜单栏调用是AutoCAD 2020提供的功能全面的命令调用方法。AutoCAD绝大多数常用命令都被分门别类地放置在菜单栏中。例如，若需要使用菜单栏调用"多段线"命令，选择"绘图"|"多段线"命令即可，如图1-39所示。

4. 使用快捷菜单调用

使用快捷菜单调用命令，即单击鼠标右键，在弹出

的快捷菜单中选择命令，如图1-40所示。

图1-39 菜单栏调用　　图1-40 右键快捷菜单
用"多段线"命令

5. 使用工具栏调用

工具栏调用命令是AutoCAD的经典执行方式，如图1-41所示，也是旧版本AutoCAD最主要的执行方法。但随着时代进步，该方式也日渐不适合人们的使用需求，因此与菜单栏一样，工具栏也不显示在3个工作空间中，需要通过"工具"|"工具栏"|"AutoCAD"命令调出。单击工具栏中的按钮，即可执行相应的命令。用户可以在其他工作空间绘图，也可以根据实际需要调出工具栏，如UCS、"三维导航""建模""视图""视口"等。

图1-41 通过 AutoCAD 工具栏执行命令

延伸讲解　**创建带工具栏的经典工作空间**

从2015版本开始，AutoCAD取消了"经典工作空间"的界面设置，结束了长达十余年的工具栏命令操作方式。但对于一些有基础的用户来说，相较于2015，他们更习惯于2005、2008、2012等经典版本的工作界面，也习惯于使用工具栏来调用命令，如图1-42所示。

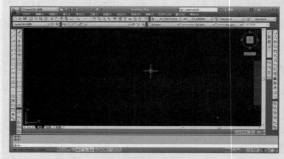

图1-42 旧版本 AutoCAD 的经典空间

在AutoCAD 2020中，用户仍然可以通过自定义软件界面的方式，创建出符合自己操作习惯的经典界面。

1.2.2　命令的取消、重复、放弃与重做

在使用AutoCAD绘图的过程中，难免会需要重复用

到某一命令或进行了误操作，因此有必要了解命令的取消、重复、放弃与重做方面的知识。

1. 取消命令

初学者在学习AutoCAD时，难免会出现误操作，这时如果想结束当前正在执行的命令，按键盘上的Esc键即可退出。

2. 重复命令

在绘图过程中，有时需要重复执行同一个命令，如果每次都重复输入，会使绘图效率大大降低。执行"重复"命令有以下几种方法。

◆ 快捷菜单：单击鼠标右键，在系统弹出的快捷菜单中选择"最近的输入"子菜单，选择需要重复的命令。

◆ 快捷键：按Enter键或空格键。

◆ 命令行：输入MULTIPLE或MUL。

如果用户对绘图效率要求很高，那可以自定义单击鼠标右键为重复执行命令的方式。在绘图区的空白处单击鼠标右键，在弹出的快捷菜单中选择"选项"，打开"选项"对话框；然后切换至"用户系统配置"选项卡，单击其中的"自定义右键单击"按钮，打开"自定义右键单击"对话框，在其中单击两个"重复上一个命令"单选按钮，单击"应用并关闭"按钮，即可将右键单击设置为重复执行命令，如图1-43所示。

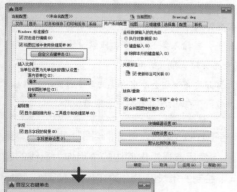

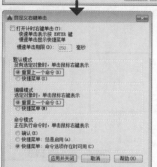

图 I-43 自定义右键单击

3. 放弃命令

在绘图过程中，如果执行了错误的操作，就需要撤销操作。执行"放弃"命令有以下几种方法。

◆ 快捷键：Ctrl+Z。

◆ 菜单栏：选择"编辑"|"放弃"命令。

◆ 快速访问工具栏：单击快速访问工具栏中的"放弃"按钮 ← 。

◆ 命令行：输入UNDO或U。

4. 重做命令

通过重做命令，可以恢复前一次或者前几次已经放弃执行的操作。重做命令与放弃命令是一对相对的命令。执行"重做"命令有以下几种方法。

◆ 菜单栏：选择"编辑"|"重做"命令。

◆ 快速访问工具栏：单击快速访问工具栏中的"重做"按钮 → 。

◆ 快捷键：Ctrl+Y。

◆ 命令行：输入REDO。

提示

如果要一次性放弃之前的多个操作，可以单击"放弃"按钮 ← 右侧的下拉按钮 ，可展开操作的历史记录，如图1-44所示。该记录按照操作的先后由下往上排列，移动鼠标指针选择要放弃的最近几个操作，如图1-45所示。单击即可放弃这些操作。

图 I-44 命令操作历史记录

图 I-45 选择要放弃的最近几个命令

【练习 1-1】 绘制一个简单的图形

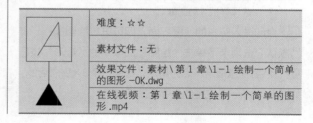

	难度：☆☆
	素材文件：无
	效果文件：素材\第 1 章\1-1 绘制一个简单的图形 -OK.dwg
	在线视频：第 1 章\1-1 绘制一个简单的图形 .mp4

图1-46所示是一幅完整的机械设计图纸。在一开始自然不会要求读者绘制如此复杂的图形，本例只需绘制其中的一个基准符号即可，让读者结合上面几节的学习，来进一步了解如何利用AutoCAD来进行绘图工作。

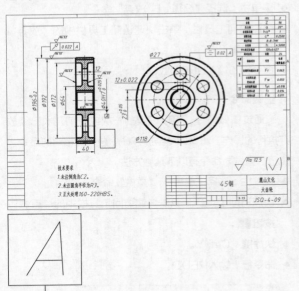

图1-46 齿轮零件图

01 双击桌面上的快捷图标 A，启动AutoCAD 2020。

02 单击左上角快速访问工具栏中的"新建"按钮 ，弹出"选择样板"对话框，不做任何操作，直接单击"打开"按钮即可，如图1-47所示。

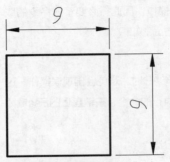

图1-47 "选择样板"对话框

03 自动进入空白的绘图界面，即可进行绘图操作。在"默认"选项卡下单击"绘图"面板中的"矩形"按钮 ，然后任意指定一点为角点，绘制一个9×9的矩形，如图1-48所示。完整的命令行提示如下。

图1-48 绘制的矩形

命令：_rectang
　　　　//执行"矩形"命令
指定第一个角点或 [倒角(C)/标高(E)/圆角(F)/厚度(T)/宽度(W)]：
　　　　//在绘图区任意指定一点为角点
指定另一个角点或 [面积(A)/尺寸(D)/旋转(R)]：@9,9 ✓
　　　　//输入矩形对角点的相对坐标

提示

在本书的命令提示文本中，"//"符号后面的文字是对步骤的说明，"✓"符号表示按Enter键，如上文的"@9,9✓"即表示"输入@9,9，然后按Enter键"。

"@9,9"是一种坐标定位法。在输入坐标时，首先需要输入@符号（该符号表示相对坐标，关于相对坐标的含义和用法请见本书2.1节），然后输入第一个数字（即横坐标），接着输入一个逗号（此逗号只能是英文输入法状态下的逗号），再输入第2个数字（即纵坐标），最后按Enter键或空格键确认输入的坐标。

本书大部分的命令均会给出这样的命令行提示，读者可以以此为参照，在AutoCAD软件中仿照着操作。

04 绘制符号下方的竖直线。单击"绘图"面板中的"直线"按钮 ，然后选择矩形底边的中点作为直线的起点，垂直向下绘制一条长度为7.5的直线，如图1-49所示。命令行提示如下。

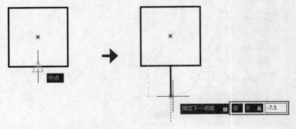

图1-49 指定直线的起点与端点

命令：_line

//执行"直线"命令

指定第一个点：

//捕捉矩形底边的中点为直线的起点

指定下一点或 [放弃(U)]：@0,-7.5 ✔

//输入直线端点的相对坐标

指定下一点或 [放弃(U)]：

//按Enter键结束命令

提示

把线段分为两条相等的线段的点，即叫作中点。中点在AutoCAD中的显示符号为 △，因此移动十字光标至上图中的位置，当十字光标变成该符号时，即捕捉到了底边直线上的中点，同时光标附近也会出现对应的提示。此时单击鼠标左键即可将直线的起点指定至该中点上。

05 接着绘制符号底部的三角形。在"默认"选项卡下单击"绘图"面板中的"多边形"按钮 ⬡（"矩形"按钮的下方），接着根据提示，输入多边形的边数为3，指定步骤04绘制的直线端点为中心点，创建一内接于圆、半径值为3的正三边形，如图1-50所示。命令行提示如下。

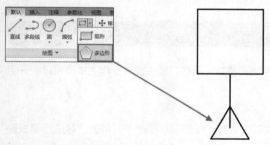

图 I-50 指定直线的起点

命令：_polygon

//执行"多边形"命令

输入侧面数 <4>：3 ✔

//输入要绘制多边形的边数3

指定正多边形的中心点或 [边(E)]：

//选择步骤04所绘制直线的端点

输入选项 [内接于圆(I)/外切于圆(C)] <I>： ✔

//按Enter键选择默认的"内接于圆"子选项

指定圆的半径：3 ✔

//输入半径值3

提示

命令行提示中，如果某些命令段在最后有使用尖括号框起来的字母，如上面步骤中"输入选项 [内接于圆(I)/外切于圆(C)] <I>"中的<I>，此即表示该命令段的默认选项为"内接于圆(I)"，因此直接按Enter键即可执行，而无须输入I。

06 接着对三角形区域进行黑色填充。直接输入H并按Enter键，即可执行"图形填充"命令，此时功能区切换至"图案填充创建"选项卡，然后在"图案"面板中选择SOLID（纯色）图案，如图1-51所示。

图 I-5I 指定直线的起点

07 然后将十字光标移动至三角形区域内，即可预览填充图形，确认无误后单击放置填充，效果如图1-52所示。接着按Enter键或空格键结束"图案填充"。

08 最后在符号内创建注释文字。在"默认"选项卡中单击"注释"面板上的"文字"按钮 A，然后根据系统提示，在绘图区中任意指定文字框的第一个角点和对角点，如图1-53所示。

09 在指定了输入文字的对角点之后，弹出如图1-54所示的"文字编辑器"选项卡和编辑框，用户可以在编辑框中输入文字，插入列、符号、字段等。

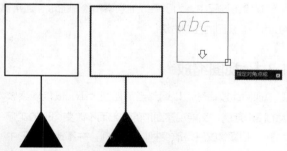

图 I-52 创建   图 I-53 指定文字输入框的对角点
图案填充

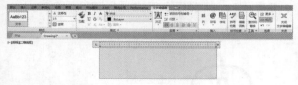

图 I-54 文字编辑器

10 然后在左上角的"样式"面板中设置文本的文字高度为9，接着输入注释文字"A"，如图1-55所示。

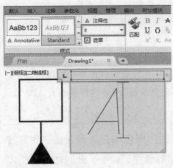

图1-55 输入注释文字

11 最后将注释文本移动至方框图形内即可。在"默认"选项卡中单击"修改"面板中的"移动"按钮 ⊹，然后选择文字为要移动的对象，将其移动至矩形框内，如图

1-56所示。命令行提示如下。

12 至此，已经完成了基准符号图形的绘制，结果如图1-57所示。

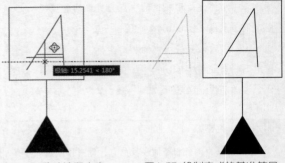

图1-56 移动注释文字　　　　图1-57 绘制完成的基准符号

命令： _move	//执行"移动"命令
选择对象：找到 1 个	//选择文字A为要移动的对象
指定基点或 [位移(D)] <位移>：	//可以任意指定一点为基点，此点即为移动的参考点
指定第二个点或 <使用第一个点作为位移>：	//选取目标点，放置图形

本例仅简单演示了AutoCAD的绘图功能，其中涉及的命令有图形的绘制（直线、矩形）、图形的编辑（图案填充、移动）、图形的注释（创建文字），以及捕捉象限点、输入相对坐标等。AutoCAD中绝大部分工作都基于这些基本的命令，本书的后续章节将会更加详细地介绍这些命令，以及许多在本例中没有提及的命令。

1.3　AutoCAD视图的控制

在绘图过程中，为了更好地观察和绘制图形，通常需要对视图进行缩放、平移、重生成等操作。本节将详细介绍AutoCAD视图的控制方法。

1.3.1　视图缩放

视图缩放命令可以调整当前视图大小，既能观察较大的图形范围，又能观察图形的细部而不改变图形的实际大小。视图缩放只是改变视图的比例，并不改变图形中对象的绝对尺寸大小，打印出来的图形仍是设置的尺寸大小。执行"视图缩放"命令有以下几种方法。

◆ 快捷操作：滚动鼠标滚轮，如图1-58所示。

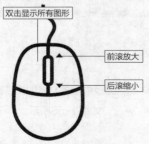

图1-58 缩放视图的鼠标操作

◆ 功能区：在"视图"选项卡中，单击"导航"面板选择视图缩放工具。
◆ 菜单栏：选择"视图"｜"缩放"命令。
◆ 命令行：输入ZOOM或Z。

> **提示**
>
> 本书在第一次介绍命令时，均会给出命令的执行方法，其中"快捷操作"是最为推荐的一种。

在AutoCAD的绘图环境中，如需对视图进行放大、缩小，以便更好地观察图形，则可按上面给出的方法进行操作。其中滚动鼠标的滚轮进行缩放是最常用的方法。默认情况下向前滚动是放大视图，向后滚动是缩小视图。

如果要一次性将图形布满整个窗口，以显示出文件中所有的图形对象，或最大化所绘制的图形，则可以通过双击滚轮来完成。

1.3.2 视图平移

视图平移不改变视图的大小和角度，只改变其位置，以便观察图形其他的组成部分。当图形不完全显示，且部分区域不可见时，即可使用视图平移，很好地观察图形。执行"平移"命令有以下几种方法。

◆ 快捷操作：按住鼠标滚轮进行移动，可以快速进行视图平移，如图1-59所示。

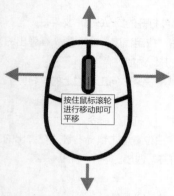

图 1-59 移动视图的鼠标操作

◆ 功能区：单击"视图"选项卡中"导航"面板的"平移"按钮 ✋。

◆ 菜单栏：选择"视图"｜"平移"命令。

◆ 命令行：输入PAN或P。

除了视图大小的缩放外，视图的平移也是使用最为频繁的命令。其中按住鼠标滚轮移动的方式最为常用。必须注意的是，该命令并不是真的移动图形对象，也不是真正改变图形，而是通过位移视图窗口进行平移。

AutoCAD 2020中具备了三维建模的功能，三维模型的视图操作与二维图形是一样的，只是多了一个视图旋转，以供用户全方位地观察模型。三维模型的视图操作方法是按住Shift键，然后再按住鼠标滚轮移动。

1.3.3 重生成视图

AutoCAD使用时间太久，或者图纸中内容太多，有时就会影响到图形的显示效果，这时就可以用到"重生成"命令来恢复。"重生成"命令不仅可以重新计算当前视图中所有对象的屏幕坐标，重新生成整个图形，还能重新建立图形数据库索引，从而优化显示和对象选择的性能。执行"重生成"命令有以下几种方法。

◆ 菜单栏：选择"视图"｜"重生成"命令。

◆ 命令行：输入REGEN或RE。

"重生成"命令仅对当前视图范围内的图形执行重生成，如果要对整个图形执行重生成，可选择"视图"｜"全部重生成"命令。重生成前后的效果如图1-60所示。

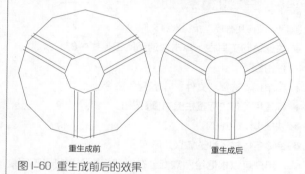

重生成前　　　　　重生成后

图 1-60 重生成前后的效果

1.4 AutoCAD文件的基本操作

文件管理是软件操作的基础，在AutoCAD 2020中，图形文件的基本操作包括新建文件、打开文件、保存文件、另存为文件和关闭文件等。

1.4.1 AutoCAD文件的主要格式

和大多数工具软件一样，AutoCAD也有着自己独有的文件格式，其中常见的有以下几种。

◆ DWG：DWG是AutoCAD默认的图形文件格式，是二维或三维图形的档案，可以直接双击，然后在AutoCAD软件中打开。

◆ DWT：DWT文件是AutoCAD模板文件，保存了一些图形设置和常用对象（如标题框和文本）。

◆ DXF：DXF文件是包含图形信息的文本文件，其他的

CAD系统（如NX、Creo、Solidworks）可以读取文件中的信息。因此可以用DXF格式保存AutoCAD图形，使其在其他绘图软件中打开。

◆ DWL：DWL文件是与DWG文件相关的一种格式，意为被锁文件（其中L＝Lock）。其实这是早期AutoCAD版本软件的一种生成文件，当AutoCAD强制退出的时候容易自动生成与DWG文件同名的DWL文件。一旦生成这个文件则原来的DWG文件将无法打开，必须手动删除该文件才可以恢复打开DWG文件。

1.4.2 新建文件

启动AutoCAD 2020后，系统将自动新建一个名为"Drawing1.dwg"的图形文件，该图形文件默认以acadiso.dwt为样板创建。如果用户需要绘制一个新的图形，则需要使用"新建"命令。启动"新建"命令有以下几种方法。

◆ 应用程序按钮：单击"应用程序"按钮 ，在下拉菜单中选择"新建"选项，如图1-61所示。

图1-61 "应用程序"按钮新建文件

◆ 快速访问工具栏：单击快速访问工具栏中的"新建"按钮 。
◆ 菜单栏：选择"文件"|"新建"命令。
◆ 标签栏：单击标签栏上的 按钮。
◆ 快捷键：Ctrl+N。
◆ 命令行：输入NEW或QNEW。

用户可以根据绘图需要，在对话框中选择打开不同的绘图样板，即可以样板文件创建一个新的图形文件。单击"打开"按钮旁的下拉按钮可以在下拉菜单中选择打开样板文件的方式，共有"打开""无样板打开-英制""无样板打开-公制"三种方式，如图1-62所示。通常选择默认的"打开"方式。

图1-62 "选择样板"对话框

默认情况下，AutoCAD 2020新建的空白图形的文件名为Drawing1.dwg，再次新建的图形则自动被命名为Drawing2.dwg，稍后再创建的新文件则命名为Drawing3.dwg，以此类推。

1.4.3 打开文件

AutoCAD文件的打开方式有很多种，启动"打开"命令有以下几种方法。

◆ 快捷方式：直接双击要打开的DWG图形文件。
◆ 应用程序按钮：单击"应用程序"按钮 ，在弹出的下拉菜单中选择"打开"选项。
◆ 快速访问工具栏：单击快速访问工具栏上的"打开"按钮 。
◆ 菜单栏：选择"文件"|"打开"命令。
◆ 标签栏：在标签栏空白位置单击鼠标右键，在弹出的快捷菜单中选择"打开"选项。
◆ 快捷键：Ctrl+O。
◆ 命令行：输入OPEN或QOPEN。

执行以上操作都会弹出"选择文件"对话框，该对话框用于选择已有的AutoCAD图形，单击"打开"按钮旁的下拉按钮，在弹出的下拉菜单中可以选择不同的打开方式，如图1-63所示。

图1-63 "选择文件"对话框

对话框中各选项含义说明如下。

◆ 打开：直接打开图形，可对图形进行编辑、修改。
◆ 以只读方式打开：打开图形后仅能观察图形，无法进行修改与编辑。
◆ 局部打开：局部打开命令允许用户只处理图形的某一部分，只加载指定视图或图层的几何图形。
◆ 以只读方式局部打开：局部打开的图形无法被编辑修改，只能观察。

【练习 1-2】打开图形文件

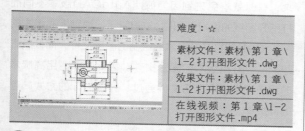

	难度：☆
	素材文件：素材\第1章\ 1-2打开图形文件.dwg
	效果文件：素材\第1章\ 1-2打开图形文件.dwg
	在线视频：第 1 章 \1-2 打开图形文件 .mp4

01 启动AutoCAD 2020，进入开始界面。

02 单击开始界面左上角快速访问工具栏上的"打开"按钮 📂 ，如图1-64所示。

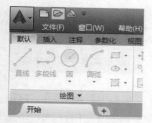

图 1-64 快速访问工具栏中打开文件

03 系统弹出"选择文件"对话框，在其中定位至"素材\第1章\1-2打开图形文件.dwg"，如图1-65所示。

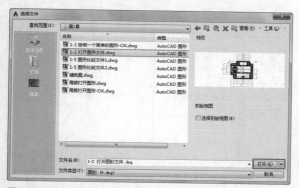

图 1-65 "选择文件"对话框

04 单击"打开"按钮，即可打开所选的AutoCAD图形，结果如图1-66所示。

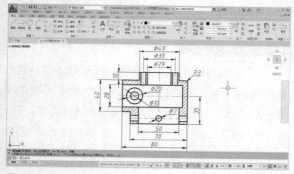

图 1-66 打开的 AutoCAD 图形

延伸讲解　局部打开图形

上面的例子中介绍了打开图形的操作方法，其中提到了一个"局部打开"功能。"局部打开"功能可以让用户只打开图形中特定的某一部分，如"只打开红色线条的部分"，那么打开图形后将只显示红色线条的部分，其余部分则均被隐藏。当处理大型图形文件时，局部打开颇有用处。

1.4.4　保存文件

保存文件不仅是将新绘制的或修改好的图形文件进行存盘，以便以后对图形进行查看、编辑、使用等，还包括在绘制图形过程中随时对图形进行保存，以避免发生意外情况而导致文件丢失或不完整。

1. 保存新的图形文件

保存新文件就是对新绘制还没保存过的文件进行保存。启动"保存"命令有以下几种方法。

◆ 应用程序按钮：单击"应用程序"按钮 ▲ ，在弹出的下拉菜单中选择"保存"。

◆ 快速访问工具栏：单击快速访问工具栏上的"保存"按钮 🖫 。

◆ 菜单栏：选择"文件"|"保存"命令。

◆ 快捷键：Ctrl+ S。

◆ 命令行：输入SAVE或QSAVE。

执行"保存"命令后，系统弹出如图1-67所示的"图形另存为"对话框。在此对话框中，可以进行如下操作。

图 1-67 "图形另存为"对话框

◆ 设置保存路径。单击上面"保存于"下拉列表框，在展开的下拉列表框内设置保存路径。

◆ 设置文件名。在"文件名"文本框内输入文件名称，如"我的文档"等。

◆ 设置文件格式。单击对话框底部的"文件类型"下拉列表框，在展开的下拉列表框内选择文件的格式。

提示

> 默认的存储类型为"AutoCAD 2020图形（*.dwg）"。使用此种格式将文件保存后，文件只能被AutoCAD 2020及更高的版本打开。如果用户需要在AutoCAD早期版本中打开文件，必须使用低版本的文件格式进行保存。

2. 手动保存文件

手动保存文件就是对新绘制还没保存过的文件进行保存。启动"保存"命令有以下几种方法。

◆ 应用程序按钮：单击"应用程序"按钮▲，在弹出的下拉菜单中选择"保存"命令。

◆ 快速访问工具栏：单击快速访问工具栏上的"保存"按钮 💾。

◆ 菜单栏：选择"文件"|"保存"命令。

◆ 快捷键：Ctrl+S。

◆ 命令行：输入SAVE或QSAVE。

3. 另存为其他文件

当用户在已保存的图形文件基础上进行了其他修改工作，想将其保存又不想覆盖原来的图形文件时，可以使用"另存为"命令，将修改后的图形以不同图形文件的形式进行保存。启动"另存为"命令有以下几种方法。

◆ 应用程序：单击"应用程序"按钮▲，在弹出的下拉菜单中选择"另存为"命令。

◆ 快速访问工具栏：单击快速访问工具栏上的"另存为"按钮 💾。

◆ 菜单栏：选择"文件"|"另存为"命令。

◆ 快捷键：Ctrl+Shift+S。

◆ 命令行：输入SAVE AS。

【练习1-3】将图形另存为低版本文件

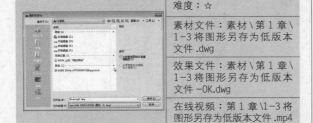

	难度：☆
	素材文件：素材＼第 1 章＼1-3 将图形另存为低版本文件 .dwg
	效果文件：素材＼第 1 章＼1-3 将图形另存为低版本文件 -OK.dwg
	在线视频：第 1 章＼1-3 将图形另存为低版本文件 .mp4

在日常工作中，经常要与客户或同事进行图纸往来，有时就难免碰到因为彼此AutoCAD版本不同而打不开图纸的情况，如图1-68所示。原则上高版本的AutoCAD能打开低版本的绘制的图形文件，而低版本却无法打开高版本的图形文件。因此对于使用高版本的用户来说，可以将文件通过"另存为"的方式转存为低版本。

图 1-68 因版本不兼容出现的 AutoCAD 警告

01 打开"第1章\1-3 将图形另存为低版本文件.dwg"图形文件。

02 单击快速访问工具栏的"另存为"按钮 💾，打开"图形另存为"对话框，在"文件类型"下拉列表框中选择"AutoCAD2000/LT2000图形（*.dwg）"选项，如图1-69所示。

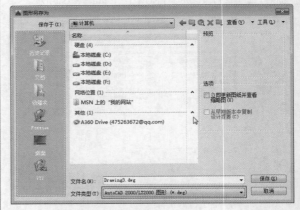

图 1-69 "图形另存为"对话框

03 设置完成后，AutoCAD所绘图形的保存类型均为AutoCAD 2000 / LT2000，任何高于该版本的AutoCAD均可以打开，从而实现工作图纸的无障碍交流。

4. 自动保存图形文件

除了手动保存外，还有一种比较好的保存文件的方法，即自动保存图形文件，它可以免去随时手动保存的麻烦。设置自动保存后，系统会在一定的时间间隔内实行自动保存当前文件编辑的文件内容，自动保存的文件扩展名为.sv$。

【练习 1-4】设置定时保存

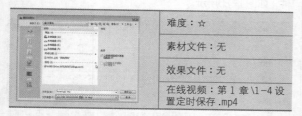

	难度：☆
	素材文件：无
	效果文件：无
	在线视频：第 1 章 \1-4 设置定时保存 .mp4

AutoCAD在使用过程中有时会因为内存占用太多而造成崩溃，让辛苦绘制的图纸全盘付诸东流。因此除了在工作中要养成时刻保存文件的好习惯之外，还可以在AutoCAD中设置定时保存来减少意外情况造成的损失。

01 在命令行中输入OP，系统弹出"选项"对话框。

02 单击"打开和保存"选项卡，在"文件安全措施"选项卡中选中"自动保存"复选框，根据需要在文本框中输入适合的间隔时间并选择保存方式，如图1-70所示。

03 单击"确定"按钮关闭对话框，定时保存设置即可生效。

> **提示**
>
> 定时保存的时间间隔不宜设置过短，因为这样会影响软件正常使用；也不宜设置过长，因为这样不利于实时保存。一般设置在10分钟左右较为合适。

图 1-70 设置定时保存文件

1.4.5 保存为样板文件

如果将AutoCAD中的绘图工具比作设计师手中的铅笔，那么样板文件就可以看成是供铅笔涂写的纸。而纸，也有白纸、带格式的纸之分，选择合适格式的纸可以让绘图事半功倍，因此选择合适的样板文件也可以让AutoCAD绘图变得更为轻松。

样板文件存储图形的所有设置，包含预定义的图层、标注样式、文字样式、表格样式、视图布局、图形界限等设置及绘制的图框和标题栏。样板文件通过扩展名.dwt区别于其他图形文件。它们通常保存在AutoCAD安装目录

下的Template文件夹中，如图1-71所示。

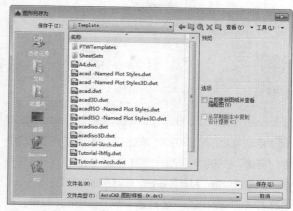

图 1-71 样板文件

在AutoCAD软件设计中我们可以根据行业、企业或个人的需要定制扩展名为.dwt的模板文件，新建时即可启动自制的模板文件，既可以节省工作时间，又可以统一图纸格式。

AutoCAD的样板文件中自动包含有对应的布局，这里简单介绍其中使用得最多的几种。

◆ Tutorial-iArch.dwt：样例建筑样板（英制），其中已绘制好了英制的建筑图纸标题栏。

◆ Tutorial-mArch.dwt：样例建筑样板（公制），其中已绘制好了公制的建筑图纸标题栏。

◆ Tutorial-iMfg.dwt：样例机械设计样板（英制），其中已绘制好了英制的机械图纸标题栏。

◆ Tutorial-mMfg.dwt：样例机械设计样板（公制），其中已绘制好了公制的机械图纸标题栏。

> **延伸讲解** **样板文件详解**
>
> 一般公司对于自家AutoCAD图纸的格式都有特定的要求，其中不乏线条颜色、粗细、图框背景以及图块符号这些细节要求。如果每次画图之前都需要手动设置这些细节，那工作效率无疑会大打折扣，这时就可以用到样板文件。只需设置好一份样板文件，然后发给其他人使用，那么他们在画图时都会拥有同样细节的文件。

1.4.6 不同图形文件之间的比较

图形比较是AutoCAD 2020新增的功能，通过该功能可重叠两个图形，并突出显示两者的不同之处。这样一来，很容易就能查看并了解图形的哪些部分发生了变化。下面通过一个操作案例来具体介绍图形比较功能的用法。

【练习 1-5】 图形的比较

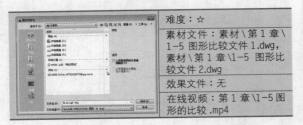

	难度：☆
	素材文件：素材\第1章\1-5 图形比较文件1.dwg，素材\第1章\1-5 图形比较文件2.dwg
	效果文件：无
	在线视频：第1章\1-5 图形的比较.mp4

01 启动AutoCAD 2020，单击左上角快速访问工具栏中的"新建"按钮，弹出"选择样板"对话框，不做任何操作，直接单击"打开"按钮，即可新建空白图形文件。

02 单击"应用程序"按钮，展开应用程序菜单，在其中选择"图形实用工具"|"DWG比较"选项，如图1-72所示。

03 系统弹出"DWG比较"对话框，单击其中"DWG1"下方的 按钮，如图1-73所示。

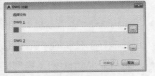

图 I-72 应用程序菜单中选择比较 　图 I-73 "DWG 比较"对话框

04 在打开的"选择要比较的图形"对话框中定位至"素材\第1章\1-5 图形比较文件1.dwg"，然后单击"打开"按钮，如图1-74所示。

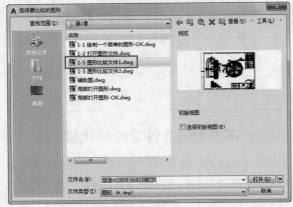

图 I-74 "选择要比较的图形"对话框

05 此时"DWG比较"对话框中便新增了要比较的第一

个图形文件。接着使用相同方法，添加第2个要比较的文件，如图1-75所示。

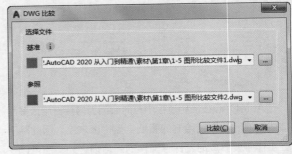

图 I-75 选择要比较的文件

06 添加完毕后单击对话框中的"比较"按钮，Auto CAD便会自动新建一个用于观察比较效果的临时文件。两个DWG图形的不同之处会以修订云线标出，并以绿色突出显示第一个图形的不同之处，以红色突出显示第二个图形的不同之处，如图1-76所示。

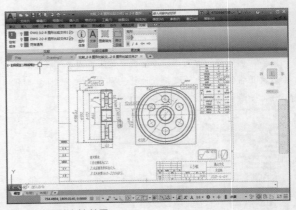

图 I-76 图形比较效果

07 在功能区的"更改集"区域中会显示出两个图形所存在的差异数量，单击其中的箭头按钮 、 ，可以在不同的比较结果之间进行切换，如图1-77所示。

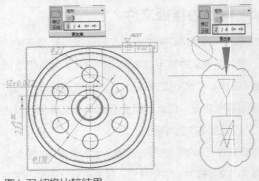

图 I-77 切换比较结果

1.5 文件的备份与修复

文件的备份与修复有助于确保图形数据的安全，使用户在软件发生意外时可以恢复文件，减小损失。

1.5.1 自动备份文件

很多软件都将创建备份文件设置为软件默认配置，尤其是很多编程软件、绘图软件、设计软件，这样做的好处是当源文件不小心被删掉、硬件故障、断电或由于软件自身的bug而导致自动退出时，还可以在备份文件的基础上继续编辑，否则前面的工作将付诸东流。

在AutoCAD中，扩展名为.bak的文件即是备份文件。当修改了原文件的内容后，再保存修改后的内容，那么修改前的内容就会自动保存为备份文件（前提是设置为保留备份）。默认情况下，备份文件将和图形文件保存在相同的位置，且和原文件具有相同的名称。例如，"site_topo.bak"即是一份备份文件，它是"site_topo.dwg"文件的精确副本，是图形文件在上次保存后自动生成的，如图1-78所示。值得注意的是，同一文件在同一时间只会有一个备份文件，新创建的备份文件将始终替换旧的备份，并沿用相同的名称。

site_topo.
bak

DWG
site_topo.
dwg

修改该图形文件即会得到同名的备份文件

图1-78 自动备份文件与图形文件

1.5.2 备份文件的恢复与取消

同其他衍生文件一致，备份文件也可以进行恢复图形数据及取消备份等操作。

1. 恢复备份文件

备份文件本质上是重命名的DWG文件，因此可以通过重命名的方式来恢复其中保存的数据。如"site_topo.dwg"文件损坏或丢失后，可以重命名"site_topo.bak"文件，将扩展名改为.dwg，再在AutoCAD中打开该文件，即可恢复备份文件。

2. 取消文件备份

有些用户觉得在AutoCAD中，每个文件保存时都创建一个备份文件很麻烦，而且会消耗部分硬盘内存，同时.bak备份文件可能会影响到最终图形文件夹的整洁美观，每次手动删除也比较费时间，因此可以在AutoCAD中设置取消备份。

在命令行中输入OP并按Enter键，系统弹出"选项"对话框，切换到"打开和保存"选项卡，将"每次保存时均创建备份副本"复选框取消勾选即可，如图1-79所示。也可以在命令行输入ISAVEBAK，将ISAVEBAK的系统变量修改为0。

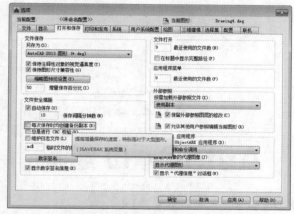

图1-79 "打开和保存"选项卡

> **提示**
>
> 备份文件不同于系统定时自动保存的文件（*.sv$），备份文件只会保留用户截至上一次保存之前的内容，而定时保存文件会根据用户指定的时间间隔进行保存，且二者的保存位置也完全不一样。当意外发生时，最好将备份文件和自动保存文件相互比较，恢复修改时间稍晚的一个，以尽量减小损失。

> **延伸讲解** **意外损失的图形文件要如何修复？**
>
> 一旦出现意外情况造成图形文件损毁或丢失，无论对公司还是个人都是不小的损失。这时就可以通过上文介绍的备份文件（*.bak）和自动保存文件（*.sv$）来恢复图形。

第 2 章

AutoCAD 绘图
基础知识

要利用AutoCAD来绘制图形，首先就要了解坐标系、对象选择和一些辅助绘图工具方面的内容。本章将深入阐述相关内容，并通过实例来帮助读者加深理解。

2.1 AutoCAD的坐标系

AutoCAD的图形定位，主要是由坐标系进行确定。要想正确、高效地绘图，必须先了解AutoCAD坐标系的概念和坐标输入方法。

2.1.1 认识坐标系

在AutoCAD 2020中，坐标系分为世界坐标系（WCS）和用户坐标系（UCS）两种。

1. 世界坐标系（WCS）

世界坐标系（World Coordinate System，简称WCS）是AutoCAD的基本坐标系。它由3个相互垂直的坐标轴X轴、Y轴和Z轴组成，在绘制和编辑图形的过程中，它的坐标原点和坐标轴的方向是不变的。

如图2-1所示，世界坐标系在默认情况下，X轴正方向水平向右，Y轴正方向垂直向上，Z轴正方向垂直屏幕平面方向，指向用户。坐标原点在绘图区左下角，在其上有一个方框标记，表明是世界坐标系。

2. 用户坐标系（UCS）

为了更好地辅助绘图，经常需要修改坐标系的原点位置和坐标方向，这时就需要使用可变的用户坐标系（User Coordinate System，简称UCS）。在用户坐标系中，可以任意指定或移动原点，旋转坐标轴，默认情况下，用户坐标系和世界坐标系重合，如图2-2所示。

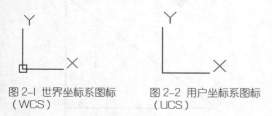

图 2-1 世界坐标系图标（WCS）　　图 2-2 用户坐标系图标（UCS）

2.1.2 坐标的4种表示方法

在指定坐标点时，既可以使用直角坐标系，也可以使用极坐标系。在AutoCAD中，一个点的坐标有绝对直角坐标、绝对极坐标、相对直角坐标和相对极坐标4种表示方法。

1. 绝对直角坐标

绝对直角坐标是指相对于坐标原点（0,0,0）的直角坐标，要使用该指定方法指定点，应输入逗号隔开的X、Y和Z值，即用（X，Y，Z）表示。当绘制二维平面图形时，其Z值为0，可省略而不必输入，仅输入X、

Y值即可。绝对直角坐标如图2-3所示。

2. 相对直角坐标

相对直角坐标是基于上一个输入点而言，以某点相对于另一特定点的相对位置来定义该点的位置。相对坐标输入格式为（@X，Y），"@"符号表示使用相对坐标输入，是指定相对于上一个点的偏移量，如图2-4所示。

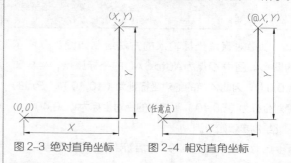

图 2-3 绝对直角坐标　　图 2-4 相对直角坐标

> **提示**
>
> 坐标分割的逗号","和"@"符号都应是英文输入法下的字符，否则无效。

3. 绝对极坐标

该坐标方式是指相对于坐标原点（0,0）的极坐标。例如，坐标（12<30）是指从X轴正方向逆时针旋转30°，距离原点12个图形单位的点，如图2-5所示。在实际绘图工作中，由于很难确定与坐标原点之间的绝对极轴距离，因此该方法使用较少。

4. 相对极坐标

以某一特定点为参考极点，输入相对于参考极点的距离和角度来定义一个点的位置。相对极坐标输入格式为（@A<角度值），其中A表示指定与特定点的距离。例如，坐标（@14<45）是指相对于前一点角度为45°、距离为14个图形单位的一个点，如图2-6所示。

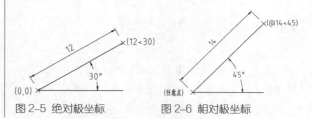

图 2-5 绝对极坐标　　图 2-6 相对极坐标

提示

　　这4种坐标的表示方法，除了绝对极坐标外，其余3种均使用较多，需重点掌握。以下便通过3个例子，分别采用不同的坐标方法绘制相同的图形，来做进一步的说明。

【练习2-1】通过绝对直角坐标绘制图形

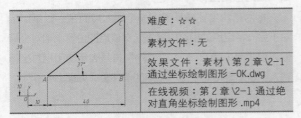

难度：☆☆
素材文件：无
效果文件：素材\第2章\2-1 通过坐标绘制图形 -OK.dwg
在线视频：第2章\2-1 通过绝对直角坐标绘制图形 .mp4

　　以绝对直角坐标输入的方法绘制如图2-7所示的图形。图中 O 点为AutoCAD的坐标原点，坐标即（0,0），因此 A 点的绝对坐标则为（10,10），B 点的绝对坐标为（50,10），C 点的绝对坐标为（50,40）。因此绘制步骤如下。

01 启动AutoCAD 2020，然后新建一个空白文档。

02 在"默认"选项卡中，单击"绘图"面板上的"直线"按钮 ╱ ，执行直线命令，如图2-8所示。

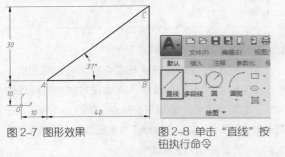

图2-7 图形效果　　　　图2-8 单击"直线"按钮执行命令

03 命令行出现"指定第一个点"的提示，直接在其后输入"10,10"，即 A 点的坐标，如图2-9所示。

图2-9 输入绝对坐标确定第一点

04 按Enter键确定第一点的输入，接着命令行提示"指定下一点"，然后输入 B 点的坐标值"50,10"，得到效果如图2-10所示。

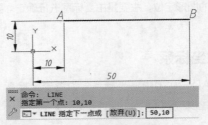

图2-10 输入 B 点后的图形效果

05 再按相同方法输入 C 点的绝对坐标"50,40"，最后将图形闭合，即可得到如图2-11所示的图形效果。命令行提示如下。

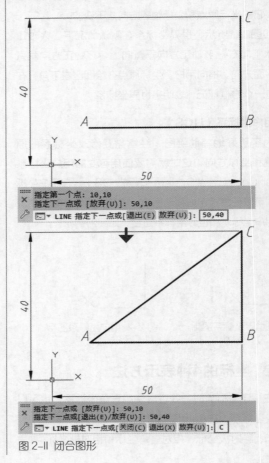

图2-11 闭合图形

命令：L✓ LINE	//调用"直线"命令
指定第一个点：10,10✓	//输入 A 点的绝对坐标
指定下一点或 [放弃(U)]：50,10✓	//输入 B 点的绝对坐标
指定下一点或 [放弃(U)]：50,40✓	//输入 C 点的绝对坐标
指定下一点或 [闭合(C)/放弃(U)]：c✓	//闭合图形

【练习 2-2】通过相对直角坐标绘制图形

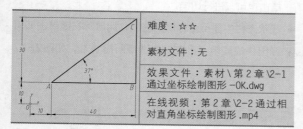

	难度：☆☆
	素材文件：无
	效果文件：素材 \ 第 2 章 \2-1 通过坐标绘制图形 -OK.dwg
	在线视频：第 2 章 \2-2 通过相对直角坐标绘制图形 .mp4

以相对直角坐标输入的方法绘制如图2-7所示的图形。在实际绘图工作中，大多数设计师都喜欢随意在绘图区中指定一点为第一个点，这样就很难界定该点及后续图形与坐标原点（0,0）的关系，因此多采用相对坐标的输入方法来进行绘制。相比于绝对坐标的刻板，相对坐标显得更为灵活。

01 启动AutoCAD 2020，然后新建一个空白文档。

02 在"默认"选项卡中，单击"绘图"面板上的"直线"按钮 ／，执行直线命令。

03 输入 A 点。可按上例中的方法输入 A 点，也可以在绘图区中任意指定一点作为 A 点。

04 输入 B 点。在图2-7中，B 点位于 A 点的 X 轴正方向、距离为40，Y 轴增量为0，因此相对于 A 点的坐标为（@40,0），可在命令行提示"指定下一点"时输入"@40,0"，即可确定 B 点，如图2-12所示。

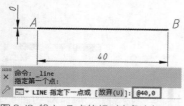

图 2-12 输入 B 点的相对直角坐标

05 输入 C 点。由于相对直角坐标是相对于上一点定义的，因此在输入 C 点的相对坐标时，要考虑它和 B 点的相对关系，C 点位于 B 点的正上方，距离为30，即输入"@0,30"，如图2-13所示。

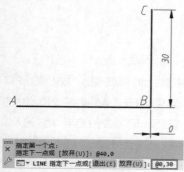

图 2-13 输入 C 点的相对直角坐标

06 将图形闭合即绘制完成，命令行提示如下。

```
命令：L↙ LINE //调用"直线"命令
指定第一个点：10,10↙
                //输入 A 点的绝对坐标
指定下一点或 [放弃(U)]：@40,0↙
                //输入 B 点相对于上一个点（A 点）
                的相对坐标
指定下一点或 [放弃(U)]：@0,30↙
                //输入 C 点相对于上一个点（B 点）
                的相对坐标
指定下一点或 [闭合(C)/放弃(U)]：c↙
                //闭合图形
```

【练习 2-3】通过相对极坐标绘制图形

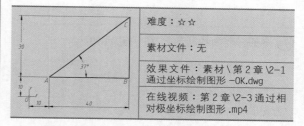

	难度：☆☆
	素材文件：无
	效果文件：素材 \ 第 2 章 \2-1 通过坐标绘制图形 -OK.dwg
	在线视频：第 2 章 \2-3 通过相对极坐标绘制图形 .mp4

以相对极坐标输入的方法绘制如图2-7所示的图形。相对极坐标与相对直角坐标一样，都是以上一点为参考点，输入增量来定义下一个点的位置。只不过相对极坐标输入的是极轴增量和角度值。

01 启动AutoCAD 2020，然后新建一个空白文档。

02 在"默认"选项卡中，单击"绘图"面板上的"直线"按钮 ／，执行直线命令。

03 输入 A 点。可按上例中的方法输入 A 点，也可以在绘图区中任意指定一点作为 A 点。

04 输入 C 点。A 点确定后，就可以通过相对极坐标的方式确定 C 点。C 点位于 A 点的37°方向，距离为50（由勾股定理可知），因此相对极坐标为（@50<37），在命令行提示"指定下一点"时输入"@50<37"，即可确定 C 点，如图2-14所示。

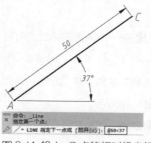

图 2-14 输入 C 点的相对极坐标

05 输入 *B* 点。*B* 点位于 *C* 点的-90°方向，距离为30，因此相对极坐标为（@30<-90），输入"@30<-90"即可确定 *B* 点，如图2-15所示。

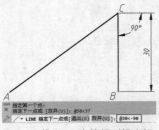

图 2-I5 输入 *B* 点的相对极坐标

> **提示**
>
> AutoCAD默认的角度方向逆时针为正，顺时针为负。所以此处 *B* 点在 *C* 点的-90°方向，但是尺寸标注上不会显示正负号。

06 将图形闭合即绘制完成。命令行提示如下。

```
命令：_line
        //调用"直线"命令
指定第一个点：10,10↙
        //输入A点的绝对坐标
指定下一点或 [放弃(U)]：@50<37↙
        //输入C点相对于上一个点（A点）的相
         对极坐标
指定下一点或 [放弃(U)]：@30<-90↙
        //输入B点相对于上一个点（C点）的相
         对极坐标
指定下一点或 [闭合(C)/放弃(U)]：c↙
        //闭合图形
```

2.1.3 坐标值的显示

在AutoCAD状态栏的左侧区域，会显示当前十字光标所处位置的坐标值，该坐标值有3种显示状态。

◆ 绝对直角坐标状态：显示十字光标所在位置的坐标（ 118.8822, -0.4634, 0.0000 ）。

◆ 相对极坐标状态：在相对于前一点来指定第二点时可以使用此状态（ 37.6469<216, 0.0000 ）。

◆ 关闭状态：相关区域颜色变为灰色，并"冻结"关闭时所显示的坐标值，如图2-16所示。

用户可根据需要在这3种状态之间相互切换。

◆ 按快捷键Ctrl+I可以关闭或开启坐标显示。

◆ 当确定一个位置后，在状态栏中显示坐标值的区域，单击也可以进行切换。

◆ 在状态栏中显示坐标值的区域，用鼠标右键单击即可弹出快捷菜单，可在其中选择所需状态，如图2-17所示。

图 2-I6 关闭状态下的坐标值　　图 2-I7 快捷菜单

2.1.4 动态输入

在前面提到了在命令行中输入坐标值进行绘图的方法，此时用户输入的坐标自然也显示在命令行中。但命令行位于界面的最下方，绘图却在界面的中心区域，操作时视线需要在十字光标和命令行中来回切换，如图2-18所示。对部分用户来说这种设计会影响他们的操作。因此AutoCAD 提供了"动态输入"功能，可在十字光标处显示命令提示或输入框，这样十字光标和命令行就动态地绑定在了一起，操作时只需关注十字光标处即可，效果如图2-19所示。

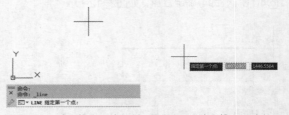

图 2-I8 "动态输入"功能关　图 2-I9 "动态输入"功能
闭时的效果　　　　　　　　开启时的效果

"动态输入"功能的开、关有以下两种方法。

◆ 状态栏：单击状态栏上的"动态输入"按钮 ，切换开、关状态，如图2-20所示。

◆ 快捷键：按F12键切换开、关状态。

图 2-20 状态栏中开启"动态输入"功能

用鼠标右键单击状态栏上的"动态输入"按钮 ，选择弹出"动态输入设置"选项，打开"草图设置"对话框中的"动态输入"选项卡，该选项卡可以控制在启用"动态输入"时每个部件所显示的内容。选项卡中包含3个组件，即指针输入、标注输入和动态提示，如图2-21所示，分别介绍如下。

1．指针输入

单击"指针输入"选项卡的"设置"按钮，打开"指针输入设置"对话框，如图2-22所示。可以在其中设置指针的格式和可见性。在工具提示中，十字光标所在位置的坐标值将显示在十字光标旁边。命令提示用户输入点时，可以在提示框（而非命令行）中输入坐标值。

图 2-2l "动态输入"选项卡

图 2-22 "指针输入设置"对话框

2．标注输入

在"草图设置"对话框的"动态输入"选项卡，勾选"可能时启用标注输入"复选框，启用标注输入功能。单击"标注输入"选项卡的"设置"按钮，打开如图2-23所示的"标注输入的设置"对话框。利用该对话框可以设置夹点拉伸时标注输入的可见性等。

3．动态提示

"动态提示"选项卡中各选项按钮含义说明如下。

◆ 在十字光标附近显示命令提示和命令输入：勾选该复选框，可在十字光标附近显示命令显示。

◆ 随命令提示显示更多提示：勾选该复选框，显示使用 Shift 键和 Ctrl 键进行夹点操作的提示。

◆ 绘图工具提示外观：单击该按钮，弹出如图2-24所示的"工具提示外观"对话框，可在其中进行颜色、大小、透明度和应用场合的设置。

图 2-23 "标注输入的设置"对话框

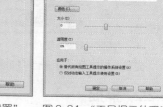

图 2-24 "工具提示外观"对话框

2.2　辅助绘图工具

本节将介绍AutoCAD 2020辅助工具的设置。通过对辅助工具进行适当的设置，可以提高用户制图的工作效率和绘图的准确性。在实际绘图中，用十字光标定位虽然方便快捷，但精度不够，因此为了解决快速准确定位问题，AutoCAD提供了一些绘图辅助工具，如栅格、捕捉、正交和极轴追踪等。

"栅格"类似定位的小点，可以直观地观察到距离和位置；捕捉用于设定十字光标移动的间距；"正交"控制直线在0°、90°、180°或270°等正平竖直的方向上；"极轴追踪"用以控制直线在30°、45°、60°等常规角度或用户指定角度上。

2.2.1　栅格

栅格的作用如同传统纸面制图中使用的坐标纸，AutoCAD按照相等的间距在屏幕上设置了栅格点，绘图时可以通过栅格数量来确定距离，从而达到精确绘图的目的。栅格不是图形的一部分，打印时不会被输出。AutoCAD中的栅格显示如图2-25所示。

控制栅格是否显示的方法如下。

◆ 状态栏：单击状态栏上"栅格"按钮 切换开、关状态。

◆ 快捷键：按F7键切换开、关状态。

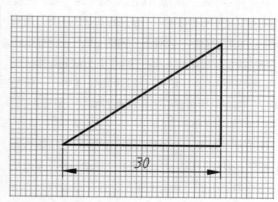

图 2-25 栅格模式

选择"工具"｜"绘图设置"命令，在弹出的"草图设置"对话框中选择"捕捉和栅格"选项卡，如图2-26所示。选中或取消选中"启用栅格"复选框，可以控制显示或隐藏栅格。在"栅格间距"选项区域中，可以设置栅格点在 X 轴方向（水平）和 Y 轴方向（垂直）上的距离。此外，在命令行输入GRID并按Enter键，也可以控制栅格的间距和栅格的显示。

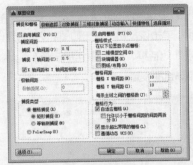

图 2-26 "捕捉和栅格"选项卡

显示栅格之后，可开启"捕捉模式"。

2.2.2 捕捉

"捕捉"功能可以控制十字光标移动的距离。它经常和"栅格"功能联用，当捕捉功能打开时，十字光标便能停留在栅格点上，这样就只能绘制出栅格间距整数倍的距离。

控制"捕捉"功能的方法如下。

◆ 快捷键：按F9键切换开、关状态。
◆ 状态栏：单击状态栏上的"捕捉模式"按钮 ▦ ▾ 切换开、关状态。

同样，也可以在"草图设置"对话框中的"捕捉和栅格"选项卡中控制捕捉的开、关状态及其相关属性。

在"捕捉间距"下的"捕捉 X 轴间距"和"捕捉 Y 轴间距"文本框中可输入十字光标移动的间距。通常情况下，"捕捉间距"应等于"栅格间距"，这样在启动"栅格捕捉"功能后，就能将十字光标限制在栅格点上，如图2-27所示；如果"捕捉间距"不等于"栅格间距"，则会出现捕捉不到栅格点的情况，如图2-28所示。

在正常工作中，"捕捉间距"不需要和"栅格间距"相同。例如，可以设定较宽的"栅格间距"用作参照，而使用较小的"捕捉间距"以保证定位点时的精确性。

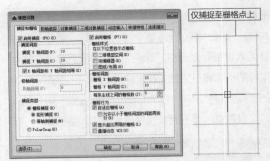

图 2-27 "捕捉间距"与"栅格间距"相等时的效果

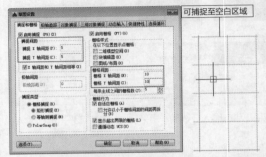

图 2-28 "捕捉间距"与"栅格间距"不相等时的效果

【练习 2-4】通过栅格与捕捉绘制图形

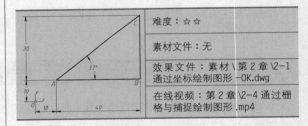

	难度：☆☆
	素材文件：无
	效果文件：素材 \ 第 2 章 \2-1 通过坐标绘制图形 -OK.dwg
	在线视频：第 2 章 \2-4 通过栅格与捕捉绘制图形 .mp4

除了前面练习中所用到的通过输入坐标方法绘图，在AutoCAD中还可以借助"栅格"与"捕捉"来进行绘制。该方法适合绘制尺寸圆整、结构简单的图形，本例同样绘制"练习2-1"中的三角形，如图2-29所示，方便读者进行对比。

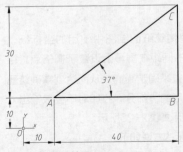

图 2-29 图形效果

01 用鼠标右键单击状态栏上的"捕捉模式"按钮 ▦ ▾，选择"捕捉设置"选项，如图2-30所示。系统弹出"草图设置"对话框。

02 设置栅格与捕捉间距。由图2-29中可知最小尺寸为10,因此可以设置栅格与捕捉的间距同样为10,使十字光标以10为单位进行移动。

03 勾选"启用捕捉"和"启用栅格"复选框,在"捕捉间距"区域设置捕捉 X 轴间距10,捕捉 Y 轴间距10;在"栅格间距"区域,设置栅格 X 轴间距为10,栅格 Y 轴间距为10,每条主线之间的栅格数为5,如图2-31所示。

04 单击"确定"按钮,完成栅格的设置。

图 2-30 设置选项　　图 2-31 设置参数

05 在命令行中输入L,调用"直线"命令,可见十字光标只能在间距为10的栅格点处进行移动,如图2-32所示。

06 捕捉各栅格点,绘制的最终图形如图2-33所示。

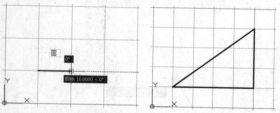

图 2-32 捕捉栅格点进行绘制　图 2-33 最终图形

2.2.3　正交

在绘图过程中,使用"正交"功能便可以将十字光标限制在水平或者垂直轴向上,同时也限制在当前的栅格旋转角度内。使用"正交"功能就如同使用了丁字尺绘图,可以保证绘制的直线完全呈水平或垂直状态,用来绘制水平或垂直直线非常方便。

打开或关闭"正交"功能的方法如下。

◆ 状态栏:单击"正交"按钮 切换开、关状态,如图2-34所示。

◆ 快捷键:按F8键切换开、关状态。

因为"正交"功能限制了直线的方向,所以在绘制水平直线或垂直直线时,只需移动十字光标大致指定方向

后再输入长度即可,不必再输入完整的坐标值。开启正交后十字光标状态如图2-35所示,关闭正交后十字光标状态如图2-36所示。

图 2-34 状态栏中开启"正交"功能

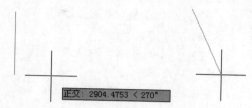

图 2-35 开启"正交"的效果　图 2-36 关闭"正交"的效果

【练习 2-5】通过正交绘制工字钢

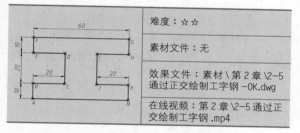

	难度:☆☆
	素材文件:无
	效果文件:素材\第 2 章\2-5 通过正交绘制工字钢 -OK.dwg
	在线视频:第 2 章\2-5 通过正交绘制工字钢 .mp4

通过"正交"绘制如图2-37所示的图形。"正交"功能开启后,系统自动将十字光标强制性地定位在水平或垂直位置上,在引出的追踪线上,直接输入一个数值即可定位目标点。

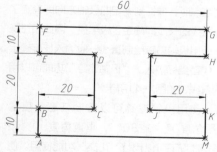

图 2-37 通过"正交"功能绘制图形

01 启动AutoCAD 2020,新建一个空白文档。

02 单击状态栏中的 按钮,或按F8键,激活"正交"功能。

03 单击"绘图"面板中的"直线"按钮 ,激活"直线"命令,配合"正交"功能,绘制图形。命令行提示如下。

```
命令：_line
指定第一个点：
        //在绘图区任意栅格点处单击，作为起点A
指定下一点或 [放弃(U)]：10✓
        //向上移动十字光标，引出90°正交追踪
        线，如图2-38所示，输入10，即定位B点
指定下一点或 [放弃(U)]：20✓
        //向右移动十字光标，引出0°正交追踪
        线，如图2-39所示，输入20，定位C点
指定下一点或 [放弃(U)]：20✓
        //向上移动光标，引出270°正交追踪
        线，输入20，定位D点
......
```

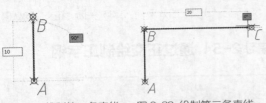

图 2-38 绘制第一条直线　　图 2-39 绘制第二条直线

04 根据以上方法，配合"正交"功能绘制其他线段，最终的图形如图2-40所示。

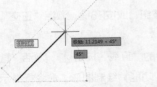

图 2-40 通过"正交"功能绘制图形

2.2.4 极轴追踪

　　"极轴追踪"功能实际上是极坐标的一个应用。使用极轴追踪绘制直线时，捕捉到一定的极轴方向即确定了角度，然后输入直线的长度即确定了极半径，因此和正交绘制直线一样，使用极轴追踪绘制直线一般输入长度确定直线的第二点，代替坐标输入。"极轴追踪"功能可以用来绘制带角度的直线，如图2-41所示。

　　一般来说，使用极轴追踪可以绘制任意角度的直线，包括水平角度0°和180°，垂直角度90°和270°，因此某些情况下可以代替"正交"功能使用。使用"极轴追踪"功能绘制的图形如图2-42所示。

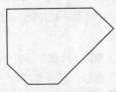

图 2-41 开启"极轴追踪"效果　　图 2-42 "极轴追踪"模式绘制的直线

　　"极轴追踪"功能的开、关切换有以下两种方法。

◆ 状态栏：单击状态栏上的"极轴追踪"按钮 ⬧，切换开、关状态，如图2-43所示。

◆ 快捷键：按F10键切换开、关状态。

　　用鼠标右键单击状态栏上的"极轴追踪"按钮 ⬧，弹出追踪角度快捷菜单，如图2-43所示，其中的数值便为启用"极轴追踪"时的捕捉角度。然后在弹出的快捷菜单中选择"正在追踪设置"命令，打开"草图设置"对话框，在"极轴追踪"选项卡中可设置极轴追踪的开、关状态和其他角度值的增量角等，如图2-44所示。

图 2-43 选择"正　　图 2-44 "极轴追踪"选项卡
在追踪设置"命令

　　"极轴追踪"选项卡中各选项的含义如下。

◆ 增量角：用于设置极轴追踪角度。当十字光标的相对角度等于该角，或者等于该角的整数倍时，屏幕上将显示出追踪路径，如图2-45所示。

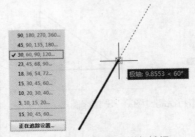

图 2-45 设置"增量角"进行捕捉

◆ 附加角：增加任意角度值作为极轴追踪的附加角度。勾选"附加角"复选框，并单击"新建"按钮，然后输入所需追踪的角度值，即可捕捉至附加角的角度，如图2-46所示。

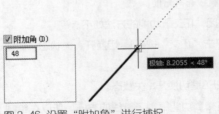

图 2-46 设置"附加角"进行捕捉

◆ 仅正交追踪：当对象捕捉追踪打开时，仅显示已获得

的对象捕捉点的正交(水平方向和垂直方向)对象捕捉追踪路径，如图2-47所示。

◆ 用所有极轴角设置追踪：对象捕捉追踪打开时，将从对象捕捉点沿任何极轴追踪角进行追踪，如图2-48所示。

◆ 极轴角测量：设置极轴角的参照标准。"绝对"单选按钮表示使用绝对极坐标，以X轴正方向为0°。"相对上一段"单选按钮根据上一段绘制的直线确定极轴追踪角度，上一段直线所在的方向为0°，如图2-49所示。

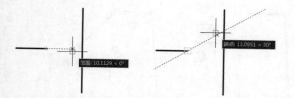

图 2-47 仅从正交方向显示　图 2-48 可从极轴追踪角度显对象捕捉路径　　　　　　示对象捕捉路径

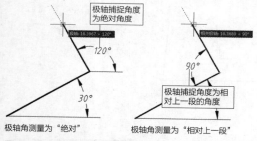

图 2-49 不同的"极轴角测量"效果

提示

细心的读者可能发现，极轴追踪的增量角与后续捕捉角度都是成倍递增的，如图2-43所示；但图中唯有一个例外，那就是23°的增量角直接跳到了45°，与后面的各角度也不成整数倍关系。这是由于AutoCAD的角度单位精度设置为整数，因此22.5°就被四舍五入为了23°。所以只需选择菜单栏"格式"|"单位"命令，在"图形单位"对话框中将角度精度设置为"0.0"，即可使23°的增量角还原为22.5°，使用极轴追踪时也能正常捕捉至22.5°，如图2-50所示。

图 2-50 图形单位与极轴捕捉的关系

【练习2-6】通过极轴追踪绘制导轨截面

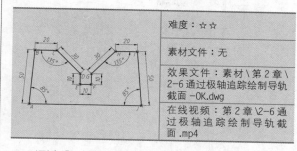

难度：☆☆	
素材文件：无	
效果文件：素材\第2章\2-6通过极轴追踪绘制导轨截面 -0K.dwg	
在线视频：第2章\2-6通过极轴追踪绘制导轨截面 .mp4	

通过"极轴追踪"绘制如图2-51所示的图形。极轴追踪是一个非常重要的辅助工具，此工具可以在任何角度和方向上引出角度矢量，从而很方便地精确定位角度方向上的任何一点。相比于坐标输入、栅格与捕捉、正交等绘图方法，极轴追踪更为便捷，足以绘制绝大部分图形，因此它是使用得很多的一种绘图方法。

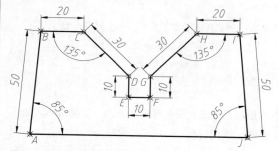

图 2-5l 通过极轴追踪绘制导轨图形

01 启动AutoCAD 2020，新建一空白文档。

02 用鼠标右键单击状态栏上的"极轴追踪"按钮 ⊙ ，然后在弹出的快捷菜单中选择"正在追踪设置"命令，在打开的"草图设置"对话框中勾选"启用极轴追踪"复选框，并将当前的增量角设置为45，再勾选"附加角"复选框，新建一个85°的附加角，如图2-52所示。

图 2-52 设置极轴追踪参数

03 单击"绘图"面板中的 ⁄ 按钮，激活"直线"命令，配合"极轴追踪"功能，绘制外框轮廓线。命令行提示如下。

命令：_line
指定第一个点：
　　　　　//在适当位置单击，拾取一点作为起点 A
指定下一点或 [放弃(U)]：50↙
　　　　　//向上移动十字光标，在85°的位置可
　　　　　以引出极轴追踪虚线，如图2-53所示，
　　　　　此时输入50，定位第2点 B
指定下一点或 [放弃(U)]：20↙
　　　　　//水平向右移动十字光标，引出0°的极
　　　　　轴追踪虚线，如图2-54所示，输入20，
　　　　　定位第3点 C
指定下一点或 [放弃(U)]：30↙
　　　　　//向右下角移动十字光标，引出45°的
　　　　　极轴追踪线，如图2-55所示，输入30，
　　　　　定位第4点 D
指定下一点或 [放弃(U)]：10↙
　　　　　//垂直向下移动十字光标，在90°方向
　　　　　上引出极轴追踪虚线，如图2-56所示，
　　　　　输入10，定位第5点 E
　　……

04 根据以上方法，配合"极轴追踪"功能绘制其他线段，即可绘制出如图2-57所示的图形。

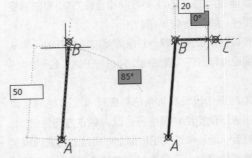

图 2-53 引出 85°的极轴追踪虚线　　图 2-54 引出 0°的极轴追踪虚线

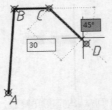 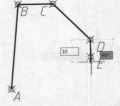

图 2-55 引出 45°的极轴追踪虚线　　图 2-56 引出 90°的极轴追踪虚线

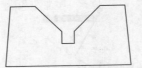

图 2-57 通过极轴追踪绘制图形

2.3　对象捕捉

"对象捕捉"功能是AutoCAD中非常重要的一项功能，通过"对象捕捉"功能可以精确定位现有图形对象的特征点，如圆心、中点、端点、节点、象限点等，从而为精确绘制图形提供了有利条件。

2.3.1　对象捕捉概述

要更好地理解"对象捕捉"的作用，可以先看一看没有"对象捕捉"时的情形：当需要使用直线命令从已知直线的一端开始绘图时，移动十字光标至直线端点附近时，却始终无法定位在直线的端点上，如图2-58所示。而如果开启了"对象捕捉"功能，再次移动十字光标至直线端点附近时，便会显示"□"型的端点标记，即表示已定位至直线端点，如图2-59所示。

"对象捕捉"功能生效需要具备以下两个条件。
◆ "对象捕捉"开关必须打开。
◆ 必须是在命令行提示输入点位置的时候。

如果命令行并没有提示输入点位置，则"对象捕捉"功能是不会生效的。因此"对象捕捉"实际上是通过捕捉特征点的位置，来代替命令行输入特征点的坐标。

2.3.2　设置对象捕捉点

开启和关闭"对象捕捉"功能的方法如下。
◆ 状态栏：单击状态栏上的"对象捕捉"按钮，切换开、关状态，如图2-60所示。
◆ 菜单栏：选择"工具"|"绘图设置"命令，弹出"草图设置"对话框。选择"对象捕捉"选项卡，选中或取消选中"启用对象捕捉"复选框，也可以打开或关闭对象捕捉，但这种操作太烦琐，实际中一般不使用。

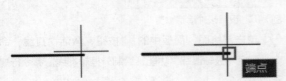

图 2-58　"对象捕捉"功能关闭时的效果　　图 2-59　"对象捕捉"功能开启时的效果

◆ 快捷键：按F3键切换开、关状态。

◆ 命令：OSNAP。弹出"草图设置"对话框，单击"对象捕捉"选项卡，勾选"启用对象捕捉"复选框。

　　开启"对象捕捉"功能后，即可捕捉端点、圆心、中点等特征点，足以应对大部分绘图情况。如果需要减少或添加捕捉的特征点种类，可以用鼠标右键单击状态栏上的"对象捕捉"按钮 ，在弹出的快捷菜单中取消勾选或勾选对应的特征点，或者选择最下方的"对象捕捉设置"选项，如图2-61所示。

图 2-60 状态栏中开启"对象捕捉"功能　　图 2-61 选择"对象捕捉设置"选项

　　选择"对象捕捉设置"选项后，弹出"草图设置"对话框，在"对象捕捉模式"选项区域中勾选需要的特征点，单击"确定"按钮，退出对话框即可，如图2-62所示。

图 2-62 "草图设置"对话框

　　对话框中共列出了14种对象捕捉模式和对应的捕捉标记，前方的图形符号便是各特征点的捕捉图样，如 □、×、○ 等，在绘图区捕捉时如显示这些图样即表示捕捉到了对应的特征点，如图2-63所示。

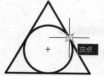

图 2-63 部分特征点捕捉效果

　　各特征点的含义分别介绍如下。

◆ 端点：捕捉直线或曲线等的最近的端点或角。

◆ 中点：捕捉直线或是弧段等的中点。

◆ 圆心：捕捉圆、椭圆或弧的中心点。

◆ 几何中心：捕捉多段线、二维多段线和二维样条曲线的几何中心点。

◆ 节点：捕捉用"点""多点""定数等分""定距等分"等POINT类命令绘制的点对象等。

◆ 象限点：捕捉位于圆、椭圆或是弧上0°、90°、180°、270°处的点。

◆ 交点：捕捉两条直线或是弧等的交点。

◆ 延长线：捕捉直线延长线路径上的点。

◆ 插入点：捕捉图块、标注对象或外部参照的插入点。

◆ 垂足：捕捉从已知点到已知对象的垂足。

◆ 切点：捕捉圆、弧及其他曲线的切点。

◆ 最近点：捕捉处在直线、弧、椭圆或样条曲线上，而且距离十字光标最近的特征点。

◆ 外观交点：在三维视图中，从某个角度观察两个对象可能相交，但实际并不一定相交，可以使用"外观交点"功能捕捉对象在外观上相交的点。

◆ 平行线：选定路径上的一点，使通过该点的直线与已知直线平行。

提示

　　当需要捕捉一个物体上的点时，只要将十字光标靠近某个或某物体，不断地按Tab 键，这个或这些物体的某些特殊点（如直线的端点、中间点、垂直点、与物体的交点等，圆的四分圆点、中心点、切点、垂直点、交点等）就会轮换显示出来，单击需要的点即可以捕捉这些点，如图2-64所示。

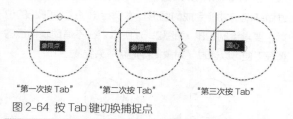

"第一次按 Tab"　　"第二次按 Tab"　　"第三次按 Tab"

图 2-64 按 Tab 键切换捕捉点

2.3.3 对象捕捉追踪

　　"对象捕捉追踪"是"对象捕捉"功能的一个延伸，它可以在绘图时从特征点上引出追踪线，用来定位"对象捕捉"功能也无法捕捉的点，如"中点右边6mm的点""交点右边162mm的点"等。启用"对象捕捉追踪"后，在绘图的过程中需要指定点时，十字光标可以沿基于其他对象捕捉点的对齐路径进行追踪，图2-65所示为中点捕捉追踪效果，图2-66所示为交点捕捉追踪效果。

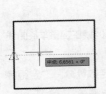 

图 2-65 中点捕捉追踪　　　图 2-66 交点捕捉追踪

提示

由于对象捕捉追踪的使用是基于对象捕捉进行的，因此，要使用对象捕捉追踪功能，必须先开启一个或多个对象捕捉模式。

在绘图过程中，除了需要掌握对象捕捉的应用外，也需要掌握对象追踪的相关知识和应用的方法，从而提高绘图的效率。"对象捕捉追踪"功能的开、关状态切换有以下两种方法。

◆ 状态栏：单击状态栏上的"对象捕捉追踪"按钮 ◢。

◆ 快捷键：按F11键切换开、关状态。

【练习 2-7】 通过对象捕捉追踪绘图

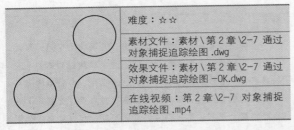

	难度：☆☆
	素材文件：素材 \ 第 2 章 \2-7 通过对象捕捉追踪绘图 .dwg
	效果文件：素材 \ 第 2 章 \2-7 通过对象捕捉追踪绘图 -OK.dwg
	在线视频：第 2 章 \2-7 对象捕捉追踪绘图 .mp4

在使用AutoCAD绘图时，难免会碰到一些需要通过做辅助线才能完成的图形。本例给出了圆1和圆2的位置，要求绘制圆3，如图2-67所示，在不借助辅助线的情况下便可以通过"对象捕捉追踪"来完成。

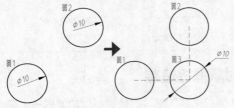

图 2-67 完成效果

01 打开素材文件"第2章\2-7 对象捕捉追踪绘图.dwg"，其中已经绘制好了圆1和圆2，如图2-68

所示。

02 默认情况下，状态栏中的"对象捕捉追踪"按钮 ◢ 为开启状态。单击该按钮 ◢ 可关闭"对象捕捉追踪"功能，如图2-69所示。

图 2-68 素材图形　　图 2-69 关闭"对象捕捉追踪"功能

03 单击"绘图"面板上的"圆"按钮 ◉，执行"圆"命令。将十字光标置于圆1的圆心处，然后移动十字光标，可见除了在圆心处有一个"+"号标记外，并没有其他现象出现，如图2-70所示。这便是关闭了"对象捕捉追踪"的效果。

04 要重新开启"对象捕捉追踪"可再次单击 ◢ 按钮，或按F11键。这时再将十字光标移动至圆心，便可以发现在圆心处显示出了相应的水平、垂直或指定角度的虚线状的延伸辅助线，如图2-71所示。

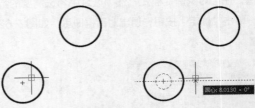

图 2-70 关闭"对象捕捉追　图 2-71 开启"对象捕捉追踪"
踪"的效果　　　　　　　的效果

05 将十字光标移动至圆2的圆心处，待同样出现"+"号标记后，便将十字光标移动至图中的大概位置，即可得到由延伸辅助线所确定的点，如图2-72所示。

06 此时单击鼠标左键，即可指定该点为圆心，然后输入半径值为5，便得到圆3，效果如图2-73所示。

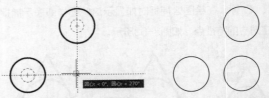

图 2-72 通过延伸线确定点　　图 2-73 最终图形效果

2.4 临时捕捉

除了前面介绍的对象捕捉，AutoCAD还提供了临时捕捉功能，同样可以捕捉如圆心、中点、端点、节点、象限点等对象。与对象捕捉不同的是，临时捕捉属于"临时"调用，无法一直生效，但在绘图过程中可随时调用。

2.4.1 临时捕捉概述

临时捕捉是一种一次性的捕捉模式，这种捕捉模式不是自动的，当用户需要临时捕捉某个特征点时，需要在捕捉之前手动设置需要捕捉的特征点，然后进行对象捕捉。这种捕捉不能反复使用，再次使用捕捉需重新选择捕捉类型。

执行临时捕捉有以下两种方法。

◆ 快捷菜单：当命令行提示输入点的坐标时，如果要使用临时捕捉模式，可按住Shift键然后单击鼠标右键，系统弹出快捷菜单，如图2-74所示，可以在其中选择需要捕捉的特征点类型。

◆ 命令行：输入如MID等。

例如在绘图过程中，输入并执行MID命令将临时捕捉图形的中点，如图2-75所示。AutoCAD常用对象捕捉模式及命令如表2-1所示。

图 2-74 临时捕捉快捷菜单

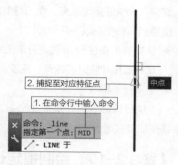

图 2-75 在命令行中输入命令

表 2-1 常用对象捕捉模式及其命令

捕捉模式	快捷命令	捕捉模式	快捷命令
临时追踪点	TT	节点	NOD
自	FROM	象限点 1	QUA
两点之间的中点	MTP	交点	INT
端点	END	延长线	EXT

（续表）

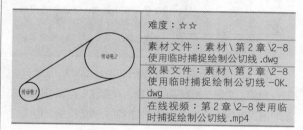

捕捉模式	快捷命令	捕捉模式	快捷命令
中点	MID	插入点	INS
圆心	CEN	垂足	PER
切点	TAN	最近点	NEA
外观交点	APP	平行	PAR
无	NON	对象捕捉设置	OSNAP

【练习 2-8】使用临时捕捉绘制公切线

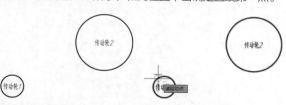

难度：☆☆
素材文件：素材 \ 第 2 章 \2-8 使用临时捕捉绘制公切线 .dwg
效果文件：素材 \ 第 2 章 \2-8 使用临时捕捉绘制公切线 -OK. dwg
在线视频：第 2 章 \2-8 使用临时捕捉绘制公切线 .mp4

工程制图中经常需要绘制一些几何线，即具有几何学意义的线，如公切线、垂线、平行线等。要在AutoCAD中绘制这样的线，就可以使用"临时捕捉"命令。

01 打开"第2章\2-8 使用临时捕捉绘制公切线.dwg"素材文件，素材图形如图2-76所示，已经绘制好了两个传动轮。

02 在"默认"选项卡中，单击"绘图"面板上的"直线"按钮，命令行提示指定直线的起点。

03 按住Shift键然后单击鼠标右键，在临时捕捉选项中选择"切点"，然后将十字光标移到传动轮1上，出现切点捕捉标记，如图2-77所示，在此位置单击确定直线第一点。

图 2-76 素材图形　　图 2-77 切点捕捉标记

04 确定第一点之后，临时捕捉失效。再次按住Shift键，然后单击鼠标右键在临时捕捉选项中选择"切点"，将十字光标移到传动轮2的同一侧上，出现切点捕捉标记时单击，完成公切线绘制，如图2-78所示。

05 重复上述操作，绘制另外一条公切线，如图2-79所示。

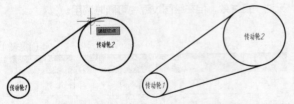

图2-78 绘制的第一条公切线　图2-79 绘制的第二条公切线

【练习2-9】使用临时捕捉绘制垂线

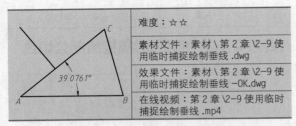	难度：☆☆
	素材文件：素材\第2章\2-9使用临时捕捉绘制垂线.dwg
	效果文件：素材\第2章\2-9使用临时捕捉绘制垂线－OK.dwg
	在线视频：第2章\2-9使用临时捕捉绘制垂线.mp4

对于初学者来说，"绘制已知直线的垂线"是一个看似简单、实则非常棘手的问题，其实这个问题可以通过临时捕捉来解决。上例介绍了使用临时捕捉绘制公切线的方法，本例便介绍如何绘制特定直线的垂线。

01 打开"第2章\2-9使用临时捕捉绘制垂线.dwg"素材文件，素材图形如图2-80所示，为△*ABC*。从素材图形中可知线段*AC*的水平夹角为39.0761°，且不可能通过输入角度的方式来绘制它的垂线。

02 在"默认"选项卡中，单击"绘图"面板上的"直线"按钮 ／，命令行提示指定直线的起点。

03 按住Shift键然后单击鼠标右键，在弹出的临时捕捉快捷菜单中选择"垂直"命令，如图2-81所示。

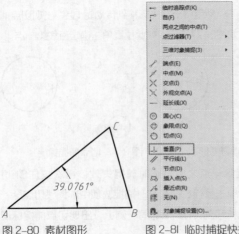

图2-80 素材图形　　图2-81 临时捕捉快捷菜单

04 然后将十字光标移至*AC*上，可见出现垂足点捕捉标记，如图2-82所示，此时在任意位置单击，即可绘制与*AC*垂直的直线。

05 此时命令行提示指定直线的下一点，同时可以观察到所绘直线在*AC*上可以自由滑动，如图2-83所示。

06 在图形适当处单击，指定直线的第二点后，即可确定该垂线的具体长度与位置，最终结果如图2-84所示。

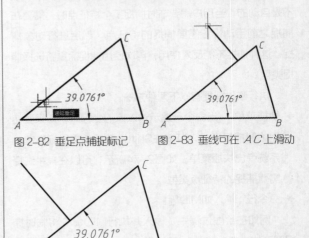

图2-82 垂足点捕捉标记　　图2-83 垂线可在*AC*上滑动

图2-84 指定直线端点完成垂线绘制

2.4.2 临时追踪点

"临时追踪点"是在进行图像编辑前临时建立的捕捉点，以供后续绘图参考。在绘图时可通过指定"临时追踪点"来快速指定起点，而无需借助辅助线。执行"临时追踪点"命令有以下几种方法。

◆ 快捷键：按住Shift键同时单击鼠标右键，在弹出的菜单中选择"临时追踪点"选项。

◆ 命令行：输入TT。

执行该命令后，系统提示指定一临时追踪点，后续操作即以该点为追踪点进行绘制。

【练习2-10】绘制指定长度的弦

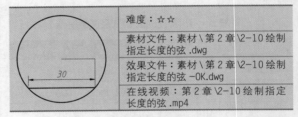	难度：☆☆
	素材文件：素材\第2章\2-10绘制指定长度的弦.dwg
	效果文件：素材\第2章\2-10绘制指定长度的弦－OK.dwg
	在线视频：第2章\2-10绘制指定长度的弦.mp4

如果要在半径为20的圆中绘制一条指定长度为30的弦，那通常情况下，都是以圆心为起点，分别绘制两条辅

助线，才可以得到最终图形，如图2-85所示。

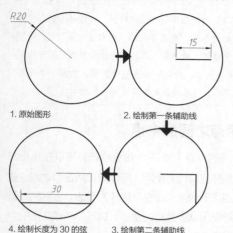

1. 原始图形　　　　　　2. 绘制第一条辅助线

4. 绘制长度为30的弦　　3. 绘制第二条辅助线

图 2-85 指定弦长的常规画法

而如果使用"临时追踪点"进行绘制，则可以跳过第2、3步辅助线的绘制，直接从第1步原始图形跳到第4步，绘制出长度为30的弦。该方法详细步骤如下。

01 打开素材文件"第2章\2-10 绘制指定长度的弦.dwg"，其中已经绘制好了半径为20的圆，如图2-86所示。

02 在"默认"选项卡中，单击"绘图"面板上的"直线"按钮，执行直线命令。

03 执行临时追踪点。命令行出现"指定第一个点"的提示时，输入tt，执行"临时追踪点"命令，如图2-87所示。也可以在绘图区中按住Shift键然后单击鼠标右键，在弹出的快捷菜单中选择"临时追踪点"命令。

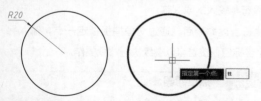

图 2-86 素材图形　　　图 2-87 执行"临时追踪点"

04 指定"临时追踪点"。将十字光标移动至圆心处，然后水平向右移动十字光标，引出0°的极轴追踪虚线，接着输入15，即将临时追踪点指定为圆心右侧距离为15的点，如图2-88所示。

05 指定直线起点。垂直向下移动十字光标，引出270°的极轴追踪虚线，到达与圆的交点处，作为直线的起点，如图2-89所示。

06 指定直线端点。水平向左移动十字光标，引出180°的极轴追踪虚线，到达与圆的另一交点处，作为直线的终点，单击得到直线，该直线即为所绘制长度为30的弦，

如图2-90所示。

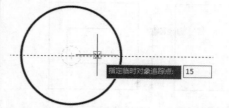

图 2-88 指定"临时追踪点"

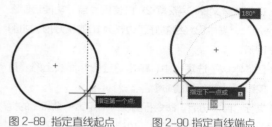

图 2-89 指定直线起点　　　图 2-90 指定直线端点

2.4.3 自功能

"自"功能可以帮助用户在指定的位置绘制新对象。当需要指定的点不在任何对象捕捉点上，但在 X 轴、Y 轴方向上距现有对象捕捉点的距离是已知的，就可以使用"自"功能来进行捕捉。执行"自"功能有以下几种方法。

◆ 快捷键：按住Shift键同时单击鼠标右键，在弹出的快捷菜单中选择"自"选项。

◆ 命令行：输入FROM。

执行某个命令来绘制一个对象，例如执行"直线"命令，然后启用"自"功能，此时提示需要指定一个基点，指定基点后会提示需要指定一个偏移点，可以使用相对坐标或者极轴坐标来确定偏移点与基点的位置关系，偏移点将作为直线的起点。

【练习2-11】使用自功能绘制图形

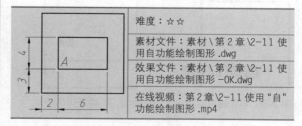

	难度：☆☆
	素材文件：素材\第2章\2-11 使用自功能绘制图形.dwg
	效果文件：素材\第2章\2-11 使用自功能绘制图形 -OK.dwg
	在线视频：第2章\2-11 使用"自"功能绘制图形.mp4

假如要在如图2-91所示的正方形中绘制一个小长方形，如图2-92所示。一般情况下只能借助辅助线来进行绘制，因为对象捕捉只能捕捉到正方形每条边上的端点和中点，这样即使通过对象捕捉的追踪线也无法定位小长方形的起点（图中 A 点）。这时就可以用"自"功能进行

绘制，操作步骤如下。

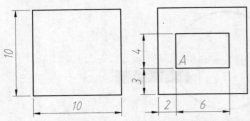

图 2-9l 素材图形   图 2-92 在正方形中绘制小长方形

01 打开素材文件"第2章\2-11使用'自'功能绘制图形.dwg"，其中已经绘制好了边长为10的正方形，如图2-91所示。

02 在"默认"选项卡中，单击"绘图"面板上的"直线"按钮 ✏，执行直线命令。

03 执行"自"功能。命令行出现"指定第一个点"的提示时，输入from，执行"自"功能，如图2-93所示。也可以在绘图区中按住Shift键然后单击鼠标右键，在弹出的快捷菜单中选择"自"命令。

04 指定基点。此时提示需要指定一个基点，选择正方形的左下角点作为基点，如图2-94所示。

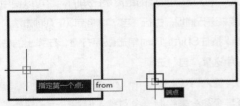

图 2-93 执行"自"功能   图 2-94 指定基点

05 输入偏移距离。指定完基点后，命令行出现"<偏移>："提示，此时输入小长方形起点A的相对坐标（@2,3），如图2-95所示。

06 绘制图形。输入完毕后即可将直线起点定位至A点处，然后按给定尺寸绘制图形即可，如图2-96所示。

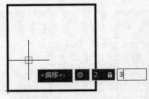

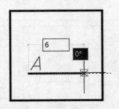

图 2-95 输入偏移距离   图 2-96 绘制图形

在为"自"功能指定偏移点的时候，即使动态输入中默认的设置是相对坐标，也需要在输入时加上"@"来表明这是一个相对坐标值。动态输入的相对坐标设置仅适用于指定第2点的时候，例如，绘制一条直线时，输入的第一个坐标被当作绝对坐标，随后输入的坐标才被当作相对坐标。

2.4.4 两点之间的中点

两点之间的中点（MTP）命令修饰符可以在执行对象捕捉或对象捕捉替代时使用，用以捕捉两定点之间连线的中点。两点之间的中点命令使用较为灵活，若已熟练掌握可以快速绘制出众多独特的图形。执行"两点之间的中点"命令有以下几种方法。

◆ 快捷键：按住Shift键同时单击鼠标右键，在弹出的快捷菜单中选择"两点之间的中点"命令。

◆ 命令行：输入MTP。

执行该命令后，系统会提示指定中点的第一个点和第二个点，指定完毕后便自动跳转至该两点之间连线的中点上。

2.4.5 点过滤器

点过滤器可以提取一个已有对象的X坐标值和另一个对象的Y坐标值，来拼凑出一个新的（X，Y）坐标位置。执行"点过滤器"有以下几种方法。

◆ 快捷键：按住Shift键同时单击鼠标右键，在弹出的快捷菜单中选择"点过滤器"子菜单中的命令。

◆ 命令行：输入.X或.Y等。

执行上述命令后，通过对象捕捉指定一点，输入另外一个坐标值，接着可以继续执行命令操作。

延伸讲解   **点过滤器**

点过滤器的概念对于刚刚学习AutoCAD的读者来说可能有些难以理解，在实际应用中点过滤器并不常用，因此读者不必苛求自己掌握该知识点。

2.5 选择图形

对图形进行任何编辑和修改操作的时候，必须先选择图形对象。针对不同的情况，采用最佳的选择方法，能大幅提高编辑图形的效率。AutoCAD 2020提供了多种选择对象的基本方法，如点选、窗口选择、窗交选择、栏选、圈围、圈交等。

2.5.1 点选

如果选择的是单个图形对象，可以使用点选的方法。直接将十字光标移动到选择对象上方，此时该图形对象会高亮显示，单击即可完成单个对象的选择。点选方式一次只能选中一个对象，如图2-97所示。连续单击需要选择的对象，可以同时选择多个对象，如图2-98所示，高亮显示部分为被选中的部分。

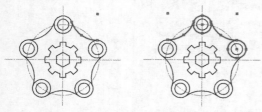

图 2-97 点选单个对象   图 2-98 点选多个对象

> **提示**
>
> 按住Shift键并再次单击已经选中的对象，可以将这些对象从当前选择集中删除即，取消选中当前对象；按Esc键，可以取消对当前全部选定对象的选择。

如果需要同时选择多个或者大量的对象，使用点选的方法不仅费时费力，而且容易出错。此时，宜使用AutoCAD 2020提供的窗口选择、窗交选择、栏选等选择方法。

2.5.2 窗口选择

窗口选择是通过定义矩形窗口来选择对象的一种方法。利用该方法选择对象时，在适当位置单击并按住鼠标左键，从左向右拉出矩形窗口，框住需要选择的对象，此时绘图区将出现一个实线的矩形方框，选框内颜色为蓝色，释放鼠标后，被方框完全包围的对象将被选中，高亮显示部分为被选中的部分，按Delete键删除，如图2-99所示。

2.5.3 窗交选择

窗交选择对象的选择方向正好与窗口选择相反，它是单击并按住鼠标左键从右向左移动十字光标，框住需要选择的对象，框选时绘图区将出现一个虚线矩形，选框内颜色为绿色，释放鼠标后，与选框相交和被选框完全包围的对象都将被选中，高亮显示部分为被选中的部分，按Delete键删除，如图2-100所示。

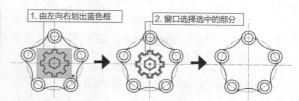

图 2-99 窗口选择

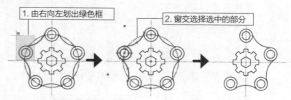

图 2-100 窗交选择

2.5.4 栏选

栏选图形是指在选择图形时画出任意折线，凡是与折线相交的图形对象均被选中，高亮显示部分为被选中的部分，按Delete键删除，如图2-101所示。

十字光标空置时，在绘图区空白处单击，然后在命令行中输入F并按Enter键，即可调用栏选命令，再根据命令行提示分别指定各栏选点。命令行提示如下。

使用该方法选择连续性对象非常方便，但栏选线不能封闭或相交。

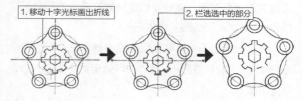

图 2-101 栏选

```
指定对角点或 [栏选(F)/圈围(WP)/圈交(CP)]：F↙
                //选择"栏选"方式
指定第一个栏选点：
指定下一个栏选点或 [放弃(U)]：
```

2.5.5 圈围

圈围是一种多边形窗口选择方式，与窗口选择对象的方法类似，但不同的是圈围方法可以构造任意形状的多边形，被多边形选择框完全包围的对象才能被选中，高亮显示部分为被选中的部分，按Delete键删除，如图2-102所示。

十字光标空置时，在绘图区空白处单击，然后在命令行中输入WP并按Enter键，即可调用圈围命令，命令行提示如下。

> 指定对角点或［栏选(F)/圈围(WP)/圈交(CP)]：WP↙
>
> 　　　　//选择"圈围"选择方式
>
> 第一圈围点：
>
> 指定直线的端点或［放弃(U)]：
>
> 指定直线的端点或［放弃(U)]：

圈围对象范围确定后，按Enter键或空格键确认选择。

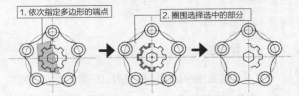

图 2-102 圈围选择

2.5.6　圈交

圈交是一种多边形窗交选择方式，与窗交选择对象的方法类似，但不同的是圈交方法可以构造任意形状的多边形，它可以绘制任意闭合但不能与选择框自身相交或相切的多边形，选择完毕后可以选择多边形中与它相交的所有对象，高亮显示部分为被选中的部分，按Delete键删除，如图2-103所示。

十字光标空置时，在绘图区空白处单击，然后在命令行中输入CP并按Enter键，即可调用圈交命令，命令行提示如下。

> 指定对角点或［栏选(F)/圈围(WP)/圈交(CP)]：CP↙
>
> 　　　　//选择"圈交"选择方式
>
> 第一圈围点：
>
> 指定直线的端点或［放弃(U)]：
>
> 指定直线的端点或［放弃(U)]：

圈交对象范围确定后，按Enter键或空格键确认选择。

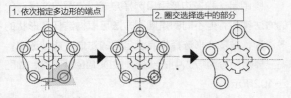

图 2-103 圈交选择

2.5.7　快速选择图形对象

快速选择可以根据对象的图层、线型、颜色、图案填充等特性选择对象，从而可以准确快速地从复杂的图形中选择满足某种特性的图形对象。

选择"工具"｜"快速选择"命令，弹出"快速选择"对话框，如图2-104所示。用户可以根据要求设置选择范围，单击"确定"按钮，完成设置操作。

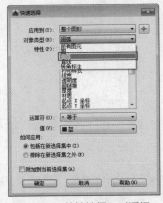

图 2-104　"快速选择"对话框

如要选择图2-105中的圆弧，除了手动选择的方法外，也可以利用快速选择工具来进行选取。选择"工具"｜"快速选择"命令，弹出"快速选择"对话框，在"对象类型"下拉列表框中选择"圆弧"，单击"确定"按钮，选择结果如图2-106所示。

图 2-105 示例图形

图 2-106 快速选择后的结果

2.6　设置图形单位与界限

通常，在开始绘制一个新的图形时，为了绘制出精确图形，首先要设置图形的尺寸和度量单位。

2.6.1　设置图形单位

设置绘图环境的第一步就是设置图形度量单位的类型。单位规定了图形对象的度量方式，可以将设定的度量单位保存在样板中，如表2-2所示。

表2-2　度量单位

度量单位	度量示例	描述
分数	32　1/2	整数位和分数
工程	2′　-8.50″	英尺和英寸、英寸部分含小数
建筑	2′　-8　1/2″	英尺和英寸、英寸部分含分数
科学	3.25E + 01	基数加幂指数
小数	.32.50	十进制整数位加小数位

为了便于不同领域的设计人员进行设计创作，AutoCAD允许更改绘图单位，以适应不同的工作需求。AutoCAD 2020可以在"图形单位"对话框中设置图形单位。打开"图形单位"对话框有以下3种方法。

◆ 应用程序按钮：单击"应用程序"按钮 ▲，在弹出的下拉菜单中选择"图形实用工具"|"单位"选项，如图2-107所示。

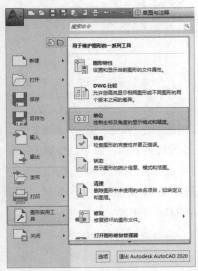

图 2-107　"应用程序"按钮的快捷菜单中调用"单位"命令

◆ 菜单栏：选择"格式"|"单位"命令。

◆ 命令行：输入UNITS或UN。

执行以上任一种操作后，将打开"图形单位"对话框，如图2-108所示。在该对话框中，通过"长度"区域内"类型"下拉列表框选择需要使用的度量单位类型，默认的度量单位为"小数"；在"精度"下拉列表框中可以选择所需的精度。

图 2-108　"图形单位"对话框

> **提示**
>
> 毫米（mm）是国内机械绘图领域最常用的绘图单位，AutoCAD默认的绘图单位也是毫米（mm），所以有时候可以省略绘图单位设置这一步骤。本书在不特别说明的情况下，默认单位为毫米（mm）。

2.6.2　设置角度的类型

与度量单位一样，在不同的专业领域和工作环境中，用来表示角度的方法也是不同的，如表2-3所示。默认设置是十进制角度。

表2-3　角度类型

角度类型名称	度量示例	描述
十进制度数	32.5′	有整数和小数的角度
度 / 分 / 秒	32° 30′ 0″	度、分、秒
百分度	36.1111g	百分度数
弧度	0.5672r	弧度数
勘测单位	N 57d30′ E	勘测（方位）单位

在图2-118所示的"图形单位"对话框中，通过"角度"区域内"类型"下拉列表框选择需要使用的度量单位类型，默认的度量单位为"十进制度数"；在"精度"下拉列表框中可以选择所需的精度。

要注意的是，角度中的1′是1°的1/60，而1″是1′的1/60。百分度和弧度都只是另外一种表示角度的方法，公制角度的一百分度相当于直角的1/100。弧度是用弧长与圆弧半径的比值来度量的角度。弧度的范围从0到2π，相当于通常角度中的0°到360°，其中1弧度大约等于57.3°。勘测单位则是以方位角来表示角度的，先以北或南作为起点，然后加上特定的角（度、分、秒）来表示该角相对于正南或正北方向的偏移角，以及偏向哪个方向（东或西）。

另外，在这里更改角度类型的设置并不能自动更改标注中角度类型，需要通过"标注样式管理器"来更改标注。

2.6.3 设置角度的方向

需要重点注意的是，在AutoCAD中默认角度值以逆时针方向为正，顺时针方向为负，同时以水平向右的方向为0°。如图2-109所示图形，如果需要将直线 *OA* 绕 *O* 点旋转至 *OB* 的位置，则是旋转了+120°（实际操作时可以不输入"+"号）；而从 *OA* 旋转至 *OC* 位置，则是旋转了-120°（实际操作时必须输入"-"号）。

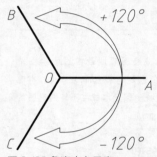

图 2-109 角度方向示意

如果要改变AutoCAD中的角度度量方向，可以通过勾选"图形单位"对话框中的"顺时针"选项来改变角度的度量方向，如图2-110所示。

而要改变0°的方向，可以单击"图形单位"对话框中的"方向"按钮 [方向(D)...]，打开如图2-111所示的"方向控制"对话框，可以控制角度的起点和测量方向。默认的起点角度为0°，基准角度为正东。在其中可以设置基准角度，即设置0°角。如将基准角度设为"北"，则绘图时的0°实际上在一般标准的90°方向上。如果选择"其他"单选按钮，则可以单击"拾取角度"按钮 [图]，切换到图形窗口中，通过拾取两个点来确定基准角度0°的方向。

图 2-110 "图形单位"对话框　　图 2-111 "方向控制"对话框

对角度方向的更改会对输入角度以及显示坐标值产生影响，但这不会改变用户坐标系（UCS）设置的绝对坐标值。如果使用动态输入功能，会发现动态输入工具栏提示中显示出来的角度值从来不会超过180°，这个介于0°~180°的值代表的是当前点与0°角水平线之间在顺时针和逆时针方向上的夹角。

2.6.4 设置图形界限

AutoCAD的绘图区是无限大的，用户可以绘制任意大小的图形，但由于现实中使用的图纸均有特定的尺寸（如常见的A4纸大小为297mm×210mm），为了使绘制的图形符合纸张大小，需要设置一定的图形界限。执行"设置图形界限"命令操作有以下几种方法。

◆ 菜单栏：选择"格式" | "图形界限"命令。
◆ 命令行：输入LIMITS。

通过以上任意一种方法执行图形界限命令后，在命令行输入图形界限的两个角点坐标，即可定义图形界限。而在执行图形界限操作之前，需要激活状态栏中的"栅格"按钮 ▦，只有启用该功能才能查看图限的设置效果。它确定的区域是可见栅格指示的区域。

【练习 2-12】设置A4大小的图形界限

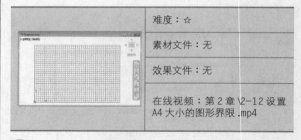

	难度：☆
	素材文件：无
	效果文件：无
	在线视频：第 2 章 \2-12 设置 A4 大小的图形界限 .mp4

01 单击快速访问工具栏中的"新建"按钮，新建文件。

02 选择"格式" | "图形界限"命令，设置图形界限，命令行提示如下。此时若选择"ON"选项，则绘图时图形不能超出图形界限，若超出系统不予显示；选择"OFF"选项时则准许超出图形界限。

```
命令：LIMITS↙
        //调用"图形界限"命令
重新设置模型空间界限：
指定左下角点或 [开(ON)/关(OFF)] <0.0,0.0>： 0,0↙
        //指定坐标原点为图形界限左下角点
```

指定右上角点<420.0,297.0>： 297,210✓

//指定右上角点

03 使用鼠标右键单击状态栏上的"栅格"按钮▦，在弹出的快捷菜单中选择"网格设置"命令，或在命令行输入SE并按Enter键，系统弹出"草图设置"对话框，在"捕捉和栅格"选项卡中，取消选中"显示超出界限的栅格"复选框，如图2-112所示。

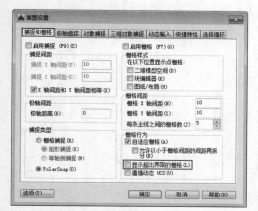

图 2-112　"草图设置"对话框

04 单击"确定"按钮，设置的图形界限以栅格的范围显示，如图2-113所示。

05 将设置的图形界限(A4图纸范围)放大至全屏显示，

如图2-114所示，命令行提示如下。

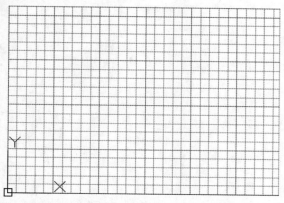

图 2-113　以栅格范围显示图形界限

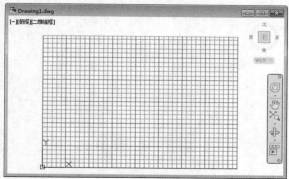

图 2-114　布满整个窗口的栅格

命令： ZOOM✓　//调用视图缩放命令

指定窗口的角点，输入比例因子 (nX或nXP)，或者

[全部(A)/中心(C)/动态(D)/范围(E)/上一个(P)/比例(S)/窗口(W)/对象(O)] <实时>： A✓

//激活"全部"选项，正在重生成模型。

第 3 章

图形绘制

任何复杂的图形都可以分解成多个基本的二维图形，这些基本图形包括点、直线、圆、多边形、圆弧和样条曲线等。AutoCAD 2020为用户提供了丰富的绘图命令，并将常用的几种收集在了"默认"选项卡下的"绘图"面板中，如图3-1所示。只要掌握"绘图"面板中的命令，就可以绘制出几乎所有类型的图形，本章将按"绘图"面板中的命令依次介绍。

图 3-1 "绘图"面板中的命令

3.1　直线

直线是非常常见的图形对象，也是AutoCAD中基本的图形之一，只要指定了起点和终点，就可绘制出一条直线。执行"直线"命令的方法有以下几种。

◆ 功能区：单击"绘图"面板中的"直线"按钮 ／ 。

◆ 菜单栏：选择"绘图"|"直线"命令。

◆ 命令行：输入LINE或L。

执行命令后命令行的提示如下。

```
命令：_line
        //执行"直线"命令
指定第一个点：
        //输入直线段的起点，用十字光标指定
        点或在命令行中输入点的坐标
指定下一点或 [放弃(U)]：
        //输入直线段的终点。也可以用十字光标指
        定一定角度后，直接输入直线的长度
指定下一点或 [放弃(U)]：
        //输入下一直线段的终点。输入U表示放
        弃之前的输入
指定下一点或 [闭合(C)/放弃(U)]：
        //输入下一直线段的终点。输入C使图形
        闭合，或按Enter键结束命令
```

命令行中各选项的含义说明如下。

◆ 指定下一点：当命令行提示"指定下一点"时，用户可以指定多个端点，从而绘制出多条直线段。但每一段直线又都是一个独立的图形对象，可以单独进行编辑操作，如图3-2所示。

◆ 闭合（C）：绘制两条以上直线段后，命令行会出现"闭合（C）"选项。此时如果输入C并按Enter键，则系统会自动连接直线命令的起点和最后一个端点，从而绘制出封闭的图形，如图3-3所示。

◆ 放弃（U）：命令行出现"放弃（U）"选项时，如果输入U并按Enter键，则会擦除最近一次绘制的直线段，如图3-4所示。

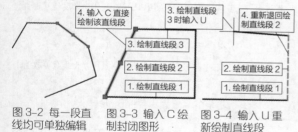

图 3-2 每一段直线均可单独编辑　　图 3-3 输入 C 绘制封闭图形　　图 3-4 输入 U 重新绘制直线段

【练习 3-1】使用直线绘制五角星

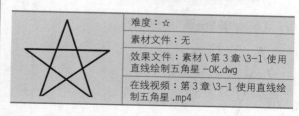

	难度：☆
	素材文件：无
	效果文件：素材 \ 第 3 章 \3-1 使用直线绘制五角星 -OK.dwg
	在线视频：第 3 章 \3-1 使用直线绘制五角星 .mp4

使用"直线"命令时，只要不退出，便可以使用它一直绘制。因此制图时应先分析图形的构成和尺寸，尽量一次性将线性对象绘出，减少"直线"命令的重复调用，这样将大幅提高绘图效率。

01 启动AutoCAD，新建空白文档。可先设置好绘图时所需的角度，然后再进行绘图。

02 用鼠标右键单击状态栏上的"极轴追踪"按钮 ⓖ，弹出追踪角度快捷菜单，然后在快捷菜单中选择"正在追踪设置"命令，打开"草图设置"对话框，在"极轴追踪"选项卡中勾选"附加角"复选框，接着单击右侧的"新建"按钮，在左侧列表框中输入要捕捉的角度值72和144，如图3-5所示。这样设置之后，在绘制时只需移动十字光标至72°或144°的大概位置时就会出现追踪线，绘图十分方便。

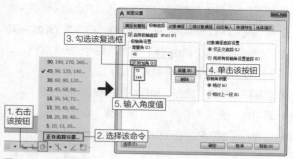

图 3-5 设置追踪角度

03 然后输入L，执行"直线"命令，在图形空白处单击，接着将十字光标向右上角移动，与水平延伸线夹角成72°，然后输入直线段长度80，如图3-6所示。

04 直接向右下角移动十字光标，与水平延伸线夹角为72°时输入直线段长度80，效果如图3-7所示。

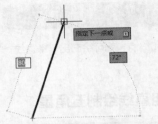

图 3-6 使用"极轴追踪"绘制直线段

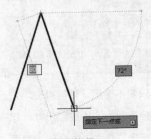

图 3-7 绘制直线段

05 向左上移动十字光标至与水平延伸线成144°，然后输入线段长度80，效果如图3-8所示。

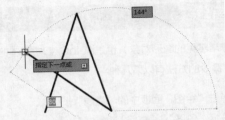

图 3-8 使用"极轴追踪"绘制直线段

06 水平向右移动十字光标，然后输入线段长度80，效果如图3-9所示。

07 最后输入C再按Enter键即可将本次绘制直线段的起点和终点自动连接，最终效果如图3-10所示。

图 3-9 绘制水平直线段　　　　图 3-10 连接两端点

3.2 多段线

多段线又称为多义线，是AutoCAD中常用的一类复合图形对象。使用多段线命令构成的图形是一个整体，可以统一对其进行编辑修改。

3.2.1 多段线概述

多段线和直线非常类似，区别在于"直线"命令绘制的图形是独立存在的，每一段直线都能单独被选中，而多段线则是一个整体，选择其中任意一段，其余部分也都会被选中，如图3-11所示。另外"多段线"命令除了能绘制直线，还能绘制圆弧，这也是和"直线"命令的一大区别。

执行"多段线"命令的方式如下。

◆ 功能区：单击"绘图"面板中的"多段线"按钮 ⊃。

◆ 菜单栏：选择"绘图"｜"多段线"命令。

◆ 命令行：输入PLINE或PL。

执行"多段线"命令后，命令行提示如下。

```
命令：_pline
        //执行"多段线"命令
指定起点：
        //在绘图区中任意指定一点为起点，有临时
        的加号标记显示
当前线宽为 0.0000
        //显示当前线宽
指定下一个点或 [圆弧(A)/半宽(H)/长度(L)/放弃(U)/宽
度(W)]：
        //指定多段线的端点
指定下一点或 [圆弧(A)/闭合(C)/半宽(H)/长度(L)/放弃
(U)/宽度(W)]：
        //指定下一段多段线的端点
指定下一点或 [圆弧(A)/闭合(C)/半宽(H)/长度(L)/放弃
(U)/宽度(W)]：
        //指定下一端点或按Enter键结束
```

由于多段线中各延伸选项众多，因此通过以下两个

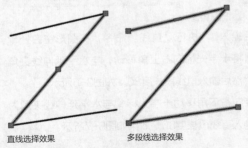

直线选择效果　　　　　　多段线选择效果

图 3-11 直线与多段线的选择效果对比

部分进行讲解：多段线（直线）、多段线（圆弧）。

3.2.2 多段线（直线）

在执行"多段线"命令时，"直线（L）"是默认的选项，因此不会在命令行中显示出来，即"多段线"命令默认绘制直线。若要开始绘制圆弧，可选择"圆弧（A）"延伸选项。直线状态下的多段线，除"长度（L）"延伸选项之外，其余皆为通用选项，其含义分别介绍如下。

◆ 闭合（C）：该选项含义同"直线"命令中的一致，可连接第一条线段的起点和最后一条线段的终点，以创建闭合的多段线。

◆ 半宽（H）：指定从宽线段的中心到一条边的宽度。选择该选项后，命令行提示用户分别输入起点与端点的半宽值，而起点宽度将成为默认的端点宽度，如图3-12所示。

◆ 长度（L）：按照与上一线段相同的角度、方向创建指定长度的线段。如果上一线段是圆弧，将创建与该圆弧段相切的新直线段。

◆ 宽度（W）：设置多段线起始与结束的宽度值。选择该选项后，命令行提示用户分别输入起点与端点的宽度值，而起点宽度将成为默认的端点宽度，如图3-13所示。

图 3-12 半宽为 2 示例　　图 3-13 宽度为 4 示例

为多段线指定宽度后，有以下几点需要注意。

◆ 多段线的本体位于宽度效果的中心部分，如图3-14所示。

◆ 一般情况下，带有宽度的多段线在转折角处会自动相连，如图3-15所示；但在圆弧段互不相切、有非常尖锐的角（小于29°）或使用点划线线型的情况下将不相连，如图3-16所示。

图 3-14 多段线位于　图 3-15 多段线在转　图 3-16 多段线在转
宽度效果的中心部分　角处自动相连　　角处不相连的情况

【练习 3-2】绘制箭头Logo

难度：☆☆☆
素材文件：素材 \ 第 3 章 \3-2 绘制箭头 Logo.dwg
效果文件：素材 \ 第 3 章 \3-2 绘制箭头 Logo-OK.dwg
在线视频：第 3 章 \3-2 绘制箭头 Logo.mp4

多段线的使用虽不及直线、圆频繁，但可以通过指定线段宽度来绘制出许多独特的图形，如各种标识箭头。本例便通过定义多段线的线宽来一次性绘制坐标系箭头图形。

01 打开"第3章\3-2 绘制箭头Logo.dwg"素材文件，其中已经绘制好了两段直线，如图3-17所示。

02 绘制 Y 轴方向箭头。单击"绘图"面板中的"多段线"按钮 ，指定竖直直线的上方端点为起点，然后在命令行中输入W，进入"宽度"选项，指定起点宽度为0、端点宽度为5，向下绘制一段长度为10的多段线，如图3-18所示。

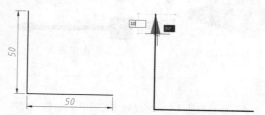

图 3-17 素材图形　　　图 3-18 绘制 Y 轴方向箭头

03 绘制 Y 轴连接线。箭头绘制完毕后，再次在命令行中输入W，指定起点宽度为2，端点宽度为2，向下绘制一段长度为35的多段线，如图3-19所示。

04 绘制基点方框。连接线绘制完毕后，再输入W，指定起点宽度为10、端点宽度为10，向下绘制一段多段线至直线交点，如图3-20所示。

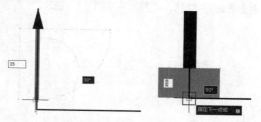

图 3-19 绘制 Y 轴连接线　图 3-20 向下绘制基点方框

05 保持线宽不变，向右移动十字光标，绘制一段长度为5的多段线，效果如图3-21所示。

06 绘制 X 轴连接线。指定起点宽度为2、端点宽度为

2，向右绘制一段长度为35的多段线，如图3-22所示。

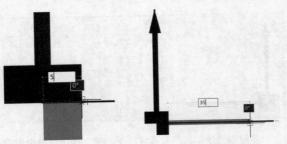

图 3-2l 向右绘制基点方框　图 3-22 绘制 X 轴连接线

07 绘制 X 轴箭头。按之前的方法，绘制 X 轴右侧的箭头，起点宽度为5、端点宽度为0，如图3-23所示。

08 按Enter键，退出多段线的绘制，坐标系箭头标识绘制完成，如图3-24所示。

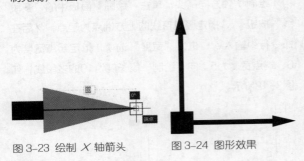

图 3-23 绘制 X 轴箭头　　图 3-24 图形效果

> **提示**
>
> 在多段线绘制过程中，可能预览图形不会及时显示出带有宽度的转角效果，让用户误以为绘制出错。而其实只要按Enter键完成多段线的绘制，便会使多段线的转角处呈现出平滑效果。

3.2.3 多段线(圆弧)

在执行多段线命令时，选择"圆弧（A）"延伸选项后便开始创建与上一线段（或圆弧）相切的圆弧段，如图3-25所示。若要重新绘制直线，可选择"直线（L）"选项。

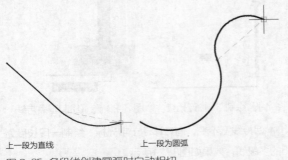

上一段为直线　　　　　　　上一段为圆弧
图 3-25 多段线创建圆弧时自动相切

执行命令后命令行的提示如下。

```
命令：_pline
        //执行"多段线"命令
指定起点：
        //在绘图区中任意指定一点为起点
当前线宽0.0000
指定下一个点或 [圆弧(A)/半宽(H)/长度(L)/放弃(U)/宽
度(W)]：A
        //选择"圆弧"延伸选项
指定圆弧的端点(按住 Ctrl 键以切换方向)或
        //指定圆弧的一个端点
[角度(A)/圆心(CE)/方向(D)/半宽(H)/直线(L)/半径(R)\第
二个点(S)/放弃(U)/宽度(W)]：
指定圆弧的端点(按住 Ctrl 键以切换方向)或
        //指定圆弧的另一个端点
[角度(A)/圆心(CE)/闭合(CL)/方向(D)/半宽(H)/直线(L)/半
径(R)\第二个点(S)/放弃(U)/宽度(W)]：*取消*
```

根据上面的命令行提示可知，在执行"圆弧（A）"延伸选项下的"多段线"命令时，会出现10种延伸选项，部分选项含义介绍如下。

◆ 角度（A）：指定圆弧段的从起点开始的包含角，如图3-26所示。输入正数将按逆时针方向创建圆弧段；输入负数将按顺时针方向创建圆弧段。类似于"起点、端点、角度"画圆弧的方法。

包含角

图 3-26 通过角度绘制多段线圆弧

◆ 圆心（CE）：通过指定圆弧的圆心来绘制圆弧段，如图3-27所示。类似于"起点、圆心、端点"画圆弧的方法。

◆ 方向（D）：通过指定圆弧的切线方向来绘制圆弧段，如图3-28所示。类似于"起点、端点、方向"画圆弧的方法。

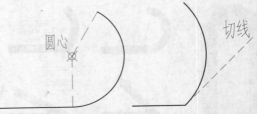

圆心　　　　　　　　切线

图 3-27 通过圆心绘制多段线　图 3-28 通过切线方向绘制
圆弧　　　　　　　　　　　多段线圆弧

◆ 直线（L）：从绘制圆弧切换到绘制直线。

◆ 半径（R）：通过指定圆弧的半径值来绘制圆弧，如图3-29所示。类似于"起点、端点、半径"画圆弧的方法。

◆ 第二个点（S）：通过指定圆弧上的第二点和端点来进行绘制，如图3-30所示。类似于"三点"画圆弧的方法。

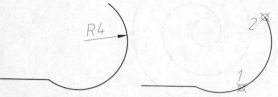

图 3-29 通过半径绘制多段线圆弧　　图 3-30 通过第二个点绘制多段线圆弧

【练习 3-3】 绘制蜗壳图形

难度：☆☆
素材文件：素材 \ 第 3 章 \3-3 绘制蜗壳图形 .dwg
效果文件：素材 \ 第 3 章 \3-3 绘制蜗壳图形 -OK.dwg
在线视频：第 3 章 \3-3 绘制蜗壳图形 .mp4

　　执行"多段线"命令，除了获得最为明显的宽度效果外，还可以选择其"圆弧（A）"延伸选项，创建与上一段直线（或圆弧）相切的圆弧。如本例的蜗壳图形，由多段相切圆弧组成，如图3-31所示。如果直接使用"圆弧"命令进行绘制会较为麻烦，因此这类图形应首选"多段线"命令绘制，以避免剪切、计算等烦琐的工作。

01 启动AutoCAD 2020，然后单击快速访问工具栏中的"打开"按钮，打开"3-3 绘制蜗壳图形.dwg"素材文件，其中有已经绘制好的长度为50的直线段，且上有A、B、C、D共4个点将其平均分为5份，如图3-32所示。

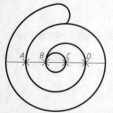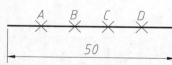

图 3-31 蜗壳效果　　　图 3-32 素材图形

02 绘制 BC 弧段。单击"绘图"面板中的"多段线"按钮，执行"多段线"命令，接着捕捉 B 点作为起点，然后在命令行中输入A执行"圆弧（A）"延伸选项，此时圆弧以 BC 线段为切向，与要求的 BC 弧段方向不符，如图3-33所示。

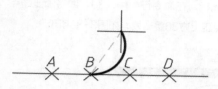

图 3-33 错误的圆弧方向

03 因此需调整圆弧方向。在命令行中输入D执行"方向（D）"延伸选项，引出追踪线后指定 B 点正上方（90°方向）的任意一点来确定切向，指定后圆弧方向为正确的方向，再捕捉 C 点即可得到 BC 弧段，如图3-34所示。

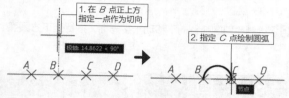

图 3-34 调整方向并绘制 BC 弧段

04 绘制 CB 弧段。绘制好 BC 圆弧后直接向左移动十字光标，捕捉 B 点，即可绘制 CB 弧段，效果如图3-35所示。

05 绘制 BD 弧段。直接向右移动十字光标至 D 点并捕捉，即可绘制 BD 弧段，如图3-36所示。

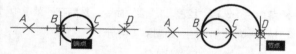

图 3-35 绘制 CB 弧段　　　图 3-36 绘制 BD 弧段

06 绘制其余弧段。使用相同方法，依次将十字光标从 D 点移动至 A 点，然后从 A 点移动至直线右侧端点，再从右侧端点移动至左侧端点，即可绘制出与直线相交的大部分蜗壳，如图3-37所示。

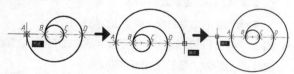

图 3-37 绘制剩余弧段

提示

　　至此直线上的蜗壳部分已经绘制完毕，可见只有开始的 BC 弧段在绘制时需仔细设置，后面的弧段完全可以一蹴而就。

07 绘制上方圆弧。上方圆弧的端点不在直线上，因此不能直接捕捉，但可以通过"极轴捕捉追踪"功能来定位。移动十字光标至直线段中点处，然后向正上方（90°方向）移动十字光标，在命令行中输入30，即将圆弧端点定位至直线中点正上方30距离处，如图3-38所示。

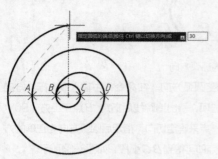

图3-38 绘制上方圆弧

08 绘制收口圆弧。向下移动十字光标，捕捉至下方圆弧

的垂足点，即可完成收口圆弧的绘制，最终得到蜗壳如图3-39所示。

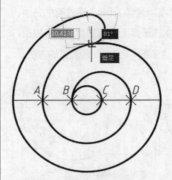

图3-39 绘制收口圆弧

3.3　圆

　　圆也是绘图中常用的图形对象，在AutoCAD中，"圆"命令的执行方式与功能选项也非常丰富。执行"圆"命令的方法有以下几种。

◆ 功能区：单击"绘图"面板中的"圆"按钮 ⊙ ，可在下拉列表框中选择一种绘圆方法，如图3-40所示，默认为"圆心，半径"。

◆ 菜单栏：选择"绘图"|"圆"命令，然后在子菜单中选择一种绘制方法，如图3-41所示。

◆ 命令行：输入CIRCLE或C。

　　执行命令后命令行的提示如下。

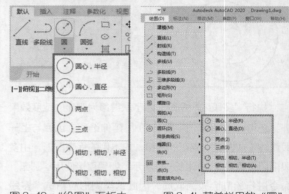

图3-40 "绘图"面板中的"圆"命令及其下拉列表框　图3-41 菜单栏里的"圆"命令

```
命令：_circle                                         //执行"圆"命令
指定圆的圆心或 [三点(3P)/两点(2P)/切点、切点、半径(T)]：    //选择圆的绘制方式
指定圆的半径或 [直径(D)]：3↙                           //直接输入半径值或用十字光标指定半径长度
```

　　6种绘制圆的命令的含义和用法介绍如下。

◆ 圆心、半径（R） ⊙ ：用圆心和半径方式绘制圆，如图3-42所示，是默认的执行方式，不需展开面板中的下拉列表框，直接单击"圆"按钮即可执行。

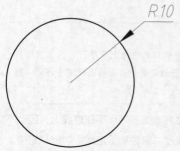

图3-42 圆心、半径（R）画圆

```
命令：C↙CIRCLE
指定圆的圆心或[三点(3P)/两点(2P)/切点、切点、半径(T)]：
                  //输入坐标或移动十字光标并单击鼠标确定圆心
指定圆的半径或[直径(D)]：10↙
                  //输入半径值，也可以输入相对于圆心的相对坐标，确
                  定圆周上一点
```

◆ 圆心、直径（D）▣：用圆心和直径方式绘制圆，如图3-43所示。

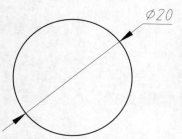

命令：C↙CIRCLE

指定圆的圆心或[三点(3P)/两点(2P)/切点、切点、半径(T)]：

　　　　　　　　　　　　　　//输入坐标或用十字光标

　　　　　　　　　　　　　　单击确定圆心

指定圆的半径或[直径(D)]<80.1736>：D↙　//选择直径选项

指定圆的直径<200.00>：20↙　//输入直径值

图3-43 "圆心、直径（D）"画圆

◆ 两点（2P）▣：通过两点（2P）绘制圆，实际上是以这两点的连线为直径，以两点连线的中点为圆心画圆。系统会提示指定圆直径的第一个端点和第二个端点，如图3-44所示。

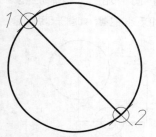

命令：C↙CIRCLE

指定圆的圆心或[三点(3P)/两点(2P)/切点、切点、半径(T)]：2P↙

　　　　　　　　　　　　　　//选择"两点"选项

指定圆直径的第一个端点：　//输入坐标或单击确定直径第一个端点 1

指定圆直径的第二个端点：　//单击确定直径第二个端点 2，或输入相

　　　　　　　　　　　　　　对于第一个端点的相对坐标

图3-44 "两点（2P）"画圆

◆ 三点（3P）▣：通过三点（3P）绘制圆，实际上是绘制这三点确定的三角形的唯一的外接圆。系统会提示指定圆上的第一个点、第二个点和第三个点，如图3-45所示。

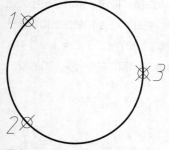

命令：C↙CIRCLE

指定圆的圆心或[三点(3P)/两点(2P)/切点、切点、半径(T)]：3P↙

　　　　　　　　　　　　　　　//选择"三点"选项

指定圆上的第一个点：　//单击确定第一个点

指定圆上的第二个点：　//单击确定第二个点

指定圆上的第三个点：　//单击确定第三个点

图3-45 "三点（3P）"画圆

◆ 相切、相切、半径（T）▣：如果已经存在两个图形对象，再确定圆的半径值，就可以绘制出与这两个图形对象相切的公切圆。系统会提示指定图形对象与圆的第一个切点和第二个切点及圆的半径，如图3-46所示。

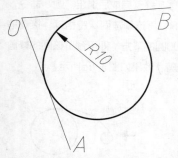

命令：_circle

指定圆的圆心或 [三点(3P)/两点(2P)/切点、切点、半径(T)]：T↙

　　　　　　　　　　　　　　//选择"切点、切点、半径"选项

指定对象与圆的第一个切点：　//单击直线 OA 上任意一点

指定对象与圆的第二个切点：　//单击直线 OB 上任意一点

指定圆的半径：10↙　//输入半径值

图3-46 "相切、相切、半径（T）"画圆

◆ 相切、相切、相切（A）▣：选择三条切线来绘制圆，可以绘制出与三个图形对象相切的公切圆，如图3-47所示。

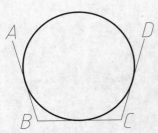

命令：_circle

指定圆的圆心或［三点(3P)/两点(2P)/切点、切点、半径(T)］：_3p

//单击面板中的"相切、相切、相切"按钮 ⊙

指定圆上的第一个点：_tan 到 　　//单击直线 AB 上任意一点

指定圆上的第二个点：_tan 到 　　//单击直线 BC 上任意一点

指定圆上的第三个点：_tan 到 　　//单击直线 CD 上任意一点

图 3-47 "相切、相切、相切（A）"画圆

【练习 3-4】 绘制风扇叶片图形

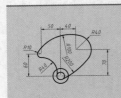

难度：☆☆☆	
素材文件：无	
效果文件：素材 \ 第 3 章 \3-4 绘制风扇叶片图形 -OK.dwg	
在线视频：第 3 章 \3-4 绘制风扇叶片图形 .mp4	

　　本例将绘制风扇叶片图形，它由3个相同的叶片组成，如图3-48所示。可见该图形几乎全部由圆弧组成，而且彼此之间都是相切关系，因此非常适合用于考察圆的各种画法，在绘制的时候可以先绘制其中的一个叶片，如图3-49所示，然后再通过阵列或者复制的方法得到其他的部分即可。在绘制本图时会引入一个暂时还没有介绍的命令：修剪（TRIM或TR），它可以删除图形超出界限的部分。该命令在第4章有详细介绍，本例只需大致了解它的用法即可。

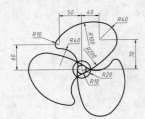

图 3-48 风扇叶片效果图　　图 3-49 单个叶片效果图

01 启动AutoCAD 2020，新建空白文档。

02 单击"绘图"面板中的"圆"按钮 ⊙，以"圆心，半径"方法绘图，在绘图区中任意指定一点为圆心，在命令行提示指定圆的半径时输入10，即可绘制一个半径为10的圆，如图3-50所示。

03 使用相同的方法，执行"圆"命令，以半径为10的圆的圆心为圆心，绘制一个半径为20的圆，如图3-51所示。

图 3-50 绘制半径为 10 的圆

图 3-51 绘制半径为 20 的同心圆

04 绘制辅助线。单击"绘图"面板中的"多段线"按钮 ⤵，绘制如图3-52所示的两条多段线，此即用来绘制风扇叶片图形左上方圆弧和右上方圆弧的辅助线。

05 单击"绘图"面板中的"圆"按钮 ⊙，以辅助线的端点为圆心，分别绘制半径为10和40的圆，如图3-53所示。

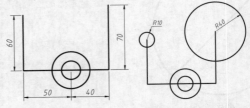

图 3-52 绘制辅助线　　图 3-53 绘制半径为 l0 的圆和半径为 40 的圆

06 绘制半径为100的圆。单击"绘图"面板中的"圆"按钮 ⊙，在下拉列表框中选择"相切、相切、半径"选项，然后根据命令行提示，先在半径为10的圆上指定第一个切点，再在半径为40的圆上指定第二个切点，接着输入半径值100，即可得到如图3-54所示的半径为100的圆。

图 3-54 绘制半径为 l00 的圆

07 修剪半径为100的圆。绘制完成后退出"圆"命令，然后在命令行中输入TR，再连续按两次空格键，接着移动十字光标至半径为100圆的下方，即可预览该圆的修剪效果，单击即可完成修剪，效果如图3-55所示。

图 3-55 修剪半径为 l00 的圆

08 绘制下方半径为40的圆。使用相同方法，重复执行"相切、相切、半径"绘圆命令，然后分别在两个半径为10的圆上指定切点，设置半径为40，得到如图3-56所示的圆。

09 修剪半径为40的圆。在命令行中输入TR，然后连续按两次空格键，选择半径为40的圆弧外侧的部分进行修剪，修剪后的效果如图3-57所示。

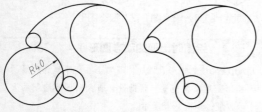

图 3-56 绘制半径为 40 的圆　图 3-57 修剪半径为 40 的圆

10 使用相同方法，执行"相切、相切、半径"绘圆命令，分别在半径为40的圆和半径为10的圆上指定切点，绘制一个半径为200的圆，接着通过"修剪"命令修剪半径为200圆上多余的图形，效果如所图3-58示。

11 重复使用"修剪"命令，修剪掉多余的图形，此时风扇的单个叶片已经绘制完成，如图3-59所示。再通过"阵列"命令将叶片旋转复制3份，即可得到最终的效果，如图3-60所示。"阵列"命令可在学习完第4章后再来执行。

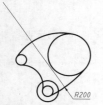

图 3-58 绘制并修剪　　　图 3-59 单个叶片效果
半径为 200 的圆

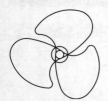

图 3-60 最终的风扇叶片图形

【练习 3-5】绘制正等轴测图中的圆

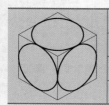

难度：☆☆☆

素材文件：素材 \ 第 3 章 \3-5 绘制正等轴测图中的圆 .dwg

效果文件：素材 \ 第 3 章 \3-5 绘制正等轴测图中的圆 -OK.dwg

在线视频：第 3 章 \3-5 绘制正等轴测图中的圆 .mp4

正等轴测图是一种单面投影图，在一个投影面上能同时反映出物体3个坐标面的形状，并接近于人们的视觉习惯，图形特点是形象、逼真、富有立体感，如图3-61所示。因此正等轴测图中的圆不能直接使用"圆"命令来绘制，而且它们虽然看上去非常类似椭圆，但并不是椭圆，所以也不能使用"椭圆"命令来绘制。本例介绍正等轴测图中圆的画法。

01 启动AutoCAD 2020，然后单击快速访问工具栏中的"打开"按钮📂，打开"3-5 绘制正等轴测图中的圆.dwg"素材文件，其中已经绘制好了一个立方体的正等轴测图，如图3-62所示。

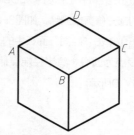

图 3-61 正等轴测图中的圆　　图 3-62 素材图形

02 需要在3个面上分别绘制圆，其绘制方法是相似的，因此先介绍顶面圆的绘制方法，如图3-63所示。

03 单击"绘图"面板中的"直线"按钮／，连接直线AB与直线CD的中点，以及直线AD与直线BC的中点，如图3-64所示。

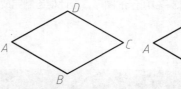
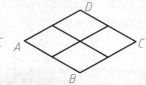

图 3-63 轴测图中的顶面　　图 3-64 连接直线上的中点
局部

04 再次执行"直线"命令，连接B点和直线AD的中点，然后连接D点和直线BC的中点，如图3-65所示。

05 重复执行"直线"命令，连接A点和C点，此时得到的直线AC与步骤04绘制的直线有两个交点，如图3-66所示。

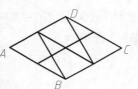
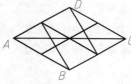

图 3-65 连接直线的端点　　图 3-66 连接 AC 两点
和中点

06 单击"绘图"面板中的"圆"按钮，以"圆心，半径"方法绘图，以左侧交点为圆心，将半径端点捕捉至直线 *AD* 的中点处，如图3-67所示。

07 使用相同方法，以右侧交点为圆心，将半径端点捕捉至直线 *BC* 的中点处，如图3-68所示。

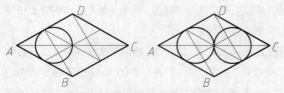

图 3-67 绘制左侧圆　　　图 3-68 绘制右侧圆

08 结合TR（修剪）和Delete（删除）命令，将虚线处的部分修剪或删除，如图3-69所示。

09 单击"绘图"面板中的"圆"按钮，分别以 *B*、*D* 点为圆心，将半径端点捕捉至所得圆弧的端点，如图3-70所示。

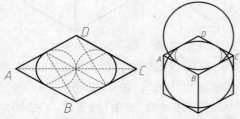

图 3-69 修剪圆效果　　　图 3-70 绘制上下两侧圆

10 在命令行中输入TR，然后连续按两次空格键，修剪绘制的圆，得到如图3-71所示的图形，至此便绘制完成了顶面上的图形。

11 使用相同方法绘制其他面上的圆，最终图形如图3-72所示。

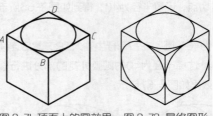

图 3-71 顶面上的圆效果　　图 3-72 最终图形

延伸讲解　绘图时出现的动态图形

用AutoCAD绘制矩形、圆时，通常会在十字光标处显示一动态图形，用来在视觉上帮助设计者判断图形绘制的大小，十分方便，如图3-73所示。

而有时由于新手的误操作，会使该动态图形无法显示，如图3-74所示。这是由于系统变量DRAGMODE的设置出现了问题，只需在命令行中输入DRAGMODE，然后根据提示，将选项修改为"自动（A）"或"开（ON）"（推荐设置为自动）即可让动态图形显示恢复正常。

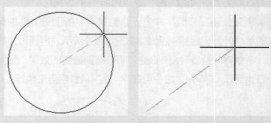

图 3-73 绘图时显示动态图形　　图 3-74 绘图时不显示动态图形

3.4　圆弧

圆弧即圆的一部分，在技术制图中，经常需要用圆弧来连接已知的直线或曲线。执行"圆弧"命令的方法有以下几种。

◆ 功能区：单击"绘图"面板中的"圆弧"按钮，在下拉列表框中选择一种圆弧方法，如图3-75所示，默认为"三点"。

◆ 菜单栏：选择"绘图"|"圆弧"命令，然后在子菜单中选择一种绘圆方法，如图3-76所示。

◆ 命令行：输入ARC或A。

图 3-75 "绘图"面板上的"圆弧"命令及下拉列表框　图 3-76 子菜单里的"圆弧"命令

执行命令后命令行的提示如下。

```
命令：_arc                                        //执行"圆弧"命令
指定圆弧的起点或 [圆心(C)]:                        //指定圆弧的起点
指定圆弧的第二个点或 [圆心(C)/端点(E)]:             //指定圆弧的第二点
指定圆弧的端点：                                  //指定圆弧的端点
```

在"绘图"面板"圆弧"按钮的下拉列表框中有11种绘制圆弧的命令，各命令的含义如下。

◆ 三点（P）⌒：通过指定圆弧上的三点绘制圆弧，需要指定圆弧的起点、通过的第二个点和端点，如图3-77所示。

```
命令：_arc
指定圆弧的起点或 [圆心(C)]:                        //指定圆弧的起点 1
指定圆弧的第二个点或 [圆心(C)/端点(E)]:             //指定点 2
指定圆弧的端点：                                  //指定点 3
```

图3-77 "三点（P）"画圆弧

◆ 起点、圆心、端点（S）⌒：通过指定圆弧的起点、圆心、端点绘制圆弧，如图3-78所示。

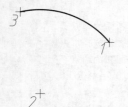

```
命令：_arc
指定圆弧的起点或 [圆心(C)]:                        //指定圆弧的起点 1
指定圆弧的第二个点或 [圆心(C)/端点(E)]:_c           //系统自动选择
指定圆弧的圆心：                                  //指定圆弧的圆心 2
指定圆弧的端点(按住 Ctrl 键以切换方向)或 [角度(A)/弦长(L)]:
                                                //指定圆弧的端点 3
```

图3-78 "起点、圆心、端点（S）"画圆弧

◆ 起点、圆心、角度（T）⌒：通过指定圆弧的起点、圆心、夹角角度绘制圆弧，执行此命令时会出现"指定夹角"的提示，在输入角度值时，如果当前环境设置逆时针方向为角度正方向，且输入正的角度值，则绘制的圆弧是从起点绕圆心沿逆时针方向绘制，如图3-79所示。

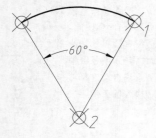

```
命令：_arc
指定圆弧的起点或 [圆心(C)]:                        //指定圆弧的起点 1
指定圆弧的第二个点或 [圆心(C)/端点(E)]:_c           //系统自动选择
指定圆弧的圆心：                                  //指定圆弧的圆心 2
指定圆弧的端点(按住 Ctrl 键以切换方向)或 [角度(A)/弦长(L)]:_a
                                                //系统自动选择
指定夹角(按住 Ctrl 键以切换方向): 60↙              //输入圆弧夹角角度
```

图3-79 "起点、圆心、角度（T）"画圆弧

◆ 起点、圆心、长度（A）⌒：通过指定圆弧的起点、圆心、弦长绘制圆弧，如图3-80所示。另外，在命令行提示的"指定弦长"提示信息下，如果所输入的值为负，则该值的绝对值将作为对应整圆的空缺部分的圆弧的弦长。

```
命令：_arc
指定圆弧的起点或 [圆心(C)]:                        //指定圆弧的起点 1
指定圆弧的第二个点或 [圆心(C)/端点(E)]:_c           //系统自动选择
指定圆弧的圆心：                                  //指定圆弧的圆心 2
指定圆弧的端点(按住 Ctrl 键以切换方向)或 [角度(A)/弦长(L)]:_l
                                                //系统自动选择
指定弦长(按住 Ctrl 键以切换方向): 10↙              //输入弦长
```

图3-80 "起点、圆心、长度（A）"画圆弧

◆ 起点、端点、角度（N）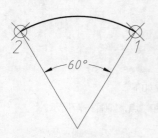：通过指定圆弧的起点、端点、夹角角度绘制圆弧，如图3-81所示。

```
命令：_arc
指定圆弧的起点或 [圆心(C)]:                          //指定圆弧的起点 1
指定圆弧的第二个点或 [圆心(C)/端点(E)]: _e           //系统自动选择
指定圆弧的端点:                                      //指定圆弧的端点 2
指定圆弧的中心点(按住 Ctrl 键以切换方向)或[角度(A)/方向(D)/半径(R)]: _a
                                                    //系统自动选择
指定夹角(按住 Ctrl 键以切换方向): 60↙               //输入圆弧夹角角度值
```

图3-8l "起点、端点、角度（N）" 画圆弧

◆ 起点、端点、方向（D） 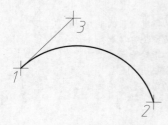：通过指定圆弧的起点、端点和圆弧的起点相切方向绘制圆弧，如图3-82所示。命令执行过程中会出现"指定圆弧起点的相切方向"提示信息，此时移动十字光标动态地确定圆弧在起始点处的切线方向和水平方向的夹角。移动十字光标时，AutoCAD会在当前十字光标与圆弧起始点之间形成一条线，即为圆弧在起始点处的切线。确定切线方向后，单击即可得到相应的圆弧。

```
命令：_arc
指定圆弧的起点或 [圆心(C)]:                          //指定圆弧的起点 1
指定圆弧的第二个点或 [圆心(C)/端点(E)]: _e           //系统自动选择
指定圆弧的端点:                                      //指定圆弧的端点 2
指定圆弧的中心点(按住 Ctrl 键以切换方向)或 [角度(A)/方向(D)/半径(R)]: _d
                                                    //系统自动选择
指定圆弧起点的相切方向(按住Ctrl键以切换方向): //指定点 3确定方向
```

图3-82 "起点、端点、方向（D）" 画圆弧

◆ 起点、端点、半径（R）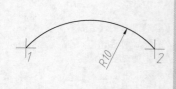：通过指定圆弧的起点、端点和圆弧半径绘制圆弧，如图3-83所示。

```
命令：_arc
指定圆弧的起点或 [圆心(C)]:                          //指定圆弧的起点 1
指定圆弧的第二个点或 [圆心(C)/端点(E)]: _e           //系统自动选择
指定圆弧的端点:                                      //指定圆弧的端点 2
指定圆弧的中心点(按住 Ctrl 键以切换方向)或 [角度(A)/方向(D)/半径(R)]: _r
                                                    //系统自动选择
指定圆弧的半径(按住 Ctrl 键以切换方向): 10↙         //输入圆弧的半径
```

图3-83 "起点、端点、半径（R）" 画圆弧

◆ 圆心、起点、端点（C）：通过指定圆弧的圆心、起点、端点绘制圆弧，如图3-84所示。

```
命令：_arc
指定圆弧的起点或 [圆心(C)]: _c                       //系统自动选择
指定圆弧的圆心:                                      //指定圆弧的圆心 1
指定圆弧的起点:                                      //指定圆弧的起点 2
指定圆弧的端点(按住 Ctrl 键以切换方向)或 [角度(A)/弦长(L)]:
                                                    //指定圆弧的端点 3
```

图3-84 "圆心、起点、端点（C）" 画圆弧

◆ 圆心、起点、角度（E）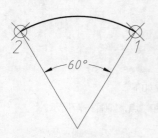：通过指定圆弧的圆心、起点、圆弧夹角角度值绘制圆弧，如图3-85所示。

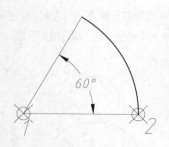

```
命令：_arc
指定圆弧的起点或 [圆心(C)]：_c              //系统自动选择
指定圆弧的圆心：                           //指定圆弧的圆心1
指定圆弧的起点：                           //指定圆弧的起点2
指定圆弧的端点(按住 Ctrl 键以切换方向)或 [角度(A)/弦长(L)]：_a
                                          //系统自动选择
指定夹角(按住 Ctrl 键以切换方向)：60↙     //输入圆弧的夹角角度值
```

图3-85 "圆心、起点、角度（E）"画圆弧

◆ 圆心、起点、长度（L）⟋：通过指定圆弧的圆心、起点、弦长绘制圆弧，如图3-86所示。

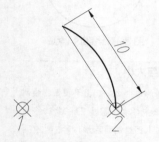

```
命令：_arc
指定圆弧的起点或 [圆心(C)]：_c              //系统自动选择
指定圆弧的圆心：                           //指定圆弧的圆心1
指定圆弧的起点：                           //指定圆弧的起点2
指定圆弧的端点(按住 Ctrl 键以切换方向)或 [角度(A)/弦长(L)]：_l
                                          //系统自动选择
指定弦长(按住 Ctrl 键以切换方向)：10↙     //输入弦长
```

图3-86 "圆心、起点、长度（L）"画圆弧

◆ 连续（O）⟋：绘制其他直线与非封闭曲线后选择"绘图"|"圆弧"|"连续"命令，系统将自动以刚才绘制的对象的终点作为即将绘制的圆弧的起点。

【练习 3-6】绘制梅花图案

难度：☆☆
素材文件：素材＼第3章＼3-6 绘制梅花图案 .dwg
效果文件：素材＼第3章＼3-6绘制梅花图案 -OK.dwg
在线视频：第3章＼3-6 绘制梅花图案 .mp4

本例为一个经典案例，梅花图形由5段首尾相接的圆弧组成，每段圆弧的夹角都为180°，且给出了各圆弧的起点和端点，但圆弧的圆心却是未知的。绘制此图的关键便是要学会通过指定起点和端点的方式来绘制圆弧，同时使用"两点之间的中点"这个临时捕捉命令来确定圆心，只有掌握了这两个方法才能绘制得既快又准，否则极为麻烦。

01 打开素材文件"3-6 绘制梅花图案.dwg"，素材中已经绘制好了5个点，如图3-87所示。

02 绘制第一段圆弧。输入A执行"圆弧"命令，然后根据命令行提示选择点1为第一段圆弧的起点，接着输入E，选择"端点"延伸选项，再指定点2为第一段圆弧的端点，如图3-88所示。

图3-87 素材圆心   图3-88 绘制中心线

03 指定了圆弧的起点和端点后，命令行会提示指定圆弧的圆心，此时按住Shift键然后单击鼠标右键，在弹出的快捷菜单中选择"两点之间的中点"选项，接着分别捕捉点1和点2，即可创建如图3-89所示的第一段圆弧。

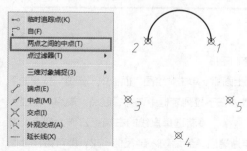

图3-89 捕捉中点为圆心

接着使用相同的方法，以点2和点3为起点和端点，然后捕捉这两点之间的中点为圆心，创建第二段圆弧，以此类推，即可绘制出最终的梅花图案，删除多余点如图3-90所示。

图3-90 梅花图案

【练习3-7】 绘制葫芦形体

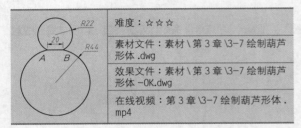

	难度：☆☆☆
	素材文件：素材 \ 第 3 章 \3-7 绘制葫芦形体 .dwg
	效果文件：素材 \ 第 3 章 \3-7 绘制葫芦形体 –OK.dwg
	在线视频：第 3 章 \3-7 绘制葫芦形体 .mp4

在绘制圆弧的时候，有些绘制出来的结果和用户所设想的不一样，这是因为没有弄清楚圆弧的大小和方向。下面通过一个经典案例来进行说明。

01 打开素材文件"第3章\3-7 绘制葫芦形体.dwg"，其中绘制好了一条长度为20的线段，如图3-91所示。

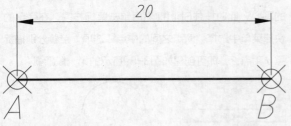

图3-9I 素材图形

02 绘制上圆弧。单击"绘图"面板中"圆弧"按钮的下拉按钮 ▼，在下拉列表框中选择"起点、端点、半径"选项，接着选择直线的右端点 B 作为起点、左端点 A 作为端点，然后输入半径值-22，即可绘制上圆弧，如图3-92所示。

03 绘制下圆弧。按Enter或空格键，重复执行"起点、

端点、半径命令，接着选择直线的左端点 A 作为起点、右端点 B 作为端点，然后输入半径值-44，即可绘制下圆弧，如图3-93所示。

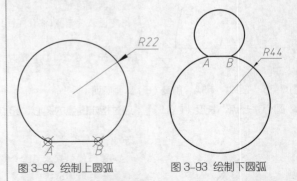

图3-92 绘制上圆弧　　　　图3-93 绘制下圆弧

延伸讲解 **圆弧的方向与大小**

"圆弧"是新手最常犯错的命令之一。由于圆弧的绘制方法及延伸选项都很丰富，因此初学者在掌握"圆弧"命令的时候不容易理解清楚概念。在上例绘制葫芦形体时，就有两处非常规的地方。

为什么绘制上、下圆弧时，起点和端点是互相颠倒的？

为什么输入的半径值是负数？

这是因为AutoCAD中绘制圆弧的默认方向是逆时针方向，所以在绘制上圆弧的时候，如果我们以A点为起点、B点为端点，则会绘制出如图3-94所示的圆弧。

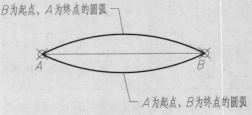

图3-94 不同起点与终点的圆弧

其次根据几何学的知识我们可知，在半径已知的情况下，弦长对应着两段圆弧：优弧（弧长较长的一段）和劣弧（弧长较短的一段）。而在AutoCAD中只有输入负半径值才能绘制出优弧，具体关系如图3-95所示。

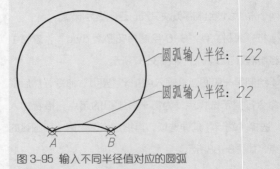

图3-95 输入不同半径值对应的圆弧

3.5 矩形与多边形

矩形和多边形也是在绘图过程中经常使用的一类图形。在AutoCAD中它们位于"绘图"面板的右上角，如图3-96所示。

图 3-96 "矩形"和"多边形"命令按钮

3.5.1 矩形

矩形就是我们通常说的长方形，在AutoCAD中绘制矩形是通过输入矩形的任意两个对角位置确定的，可以为矩形设置倒角、圆角、宽度和厚度值，如图3-97所示。

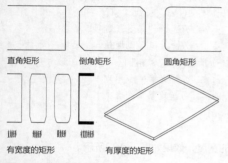

直角矩形　　　倒角矩形　　　圆角矩形

有宽度的矩形　　　有厚度的矩形

图 3-97 各种样式的矩形

调用"矩形"命令的方法如下。

- ◆ 功能区：在"默认"选项卡中，单击"绘图"面板中的"矩形"按钮 ▭。
- ◆ 菜单栏：选择"绘图"|"矩形"命令。
- ◆ 命令行：输入RECTANG或REC。

执行该命令后，命令行提示如下。

```
命令：_rectang        //执行"矩形"命令
指定第一个角点或 [倒角(C)/标高(E)/圆角(F)/厚度(T)/
宽度(W)]：              //指定矩形的第一个角点
指定另一个角点或 [面积(A)/尺寸(D)/旋转(R)]：
                      //指定矩形的对角点
```

在指定第一个角点时，有5个延伸选项，而指定第二个角点的时候有3个，各选项含义具体介绍如下。

- ◆ 倒角（C）：用来绘制倒角矩形，选择该选项后可指定矩形的倒角距离，如图3-98所示。设置该选项后，执行矩形命令时此值成为当前的默认值，若不需设置倒角，则要将其设置为0。

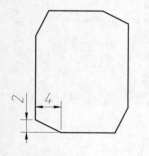

```
命令：_rectang
指定第一个角点或 [倒角(C)/标高(E)/圆角(F)/厚度(T)/宽度(W)]：C↙
                          //选择"倒角"选项
指定矩形的第一个倒角距离 <0.0000>：2↙    //输入第一个倒角距离
指定矩形的第二个倒角距离 <2.0000>：4↙    //输入第二个倒角距离
指定第一个角点或 [倒角(C)/标高(E)/圆角(F)/厚度(T)/宽度(W)]：
                          //指定第一个角点
指定另一个角点或 [面积(A)/尺寸(D)/旋转(R)]：//指定第二个角点
```

图 3-98 "倒角（C）"画矩形

◆ 标高（E）：指定矩形的标高，即Z轴正方向上的值。选择该选项后可在高为标高值的平面上绘制矩形，如图3-99所示。

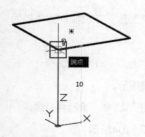

```
命令：_rectang
指定第一个角点或 [倒角(C)/标高(E)/圆角(F)/厚度(T)/宽度(W)]：E↙
                          //选择"标高"选项
指定矩形的标高 <0.0000>：10↙              //输入标高
指定第一个角点或 [倒角(C)/标高(E)/圆角(F)/厚度(T)/宽度(W)]：
                          //指定第一个角点
指定另一个角点或 [面积(A)/尺寸(D)/旋转(R)]：//指定第二个角点
```

图 3-99 "标高（E）"画矩形

◆ 圆角（F）：用来绘制圆角矩形。选择该选项后可指定矩形的圆角半径，绘制带圆角的矩形，如图3-100所示。

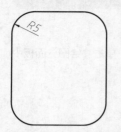

```
命令：_rectang
指定第一个角点或 [倒角(C)/标高(E)/圆角(F)/厚度(T)/宽度(W)]：F↙
                                    //选择"圆角"选项
指定矩形的圆角半径 <0.0000>：5↙     //输入圆角半径值
指定第一个角点或 [倒角(C)/标高(E)/圆角(F)/厚度(T)/宽度(W)]：
                                    //指定第一个角点
指定另一个角点或 [面积(A)/尺寸(D)/旋转(R)]： //指定第二个角点
```

图 3-100 "圆角（F）"画矩形

提示

如果因矩形的长度和宽度太小而无法使用当前设置创建矩形时，绘制出来的矩形将无法带有圆角或倒角。

◆ 厚度（T）：用来绘制有厚度的矩形，该选项可为要绘制的矩形指定Z轴方向上的值，如图3-101所示。

```
命令：_rectang
指定第一个角点或 [倒角(C)/标高(E)/圆角(F)/厚度(T)/宽度(W)]：T↙
                                    //选择"厚度"选项
指定矩形的厚度 <0.0000>：2↙          //输入矩形厚度值
指定第一个角点或 [倒角(C)/标高(E)/圆角(F)/厚度(T)/宽度(W)]：
                                    //指定第一个角点
指定另一个角点或 [面积(A)/尺寸(D)/旋转(R)]： //指定第二个角点
```

图 3-101 "厚度（T）"画矩形

◆ 宽度（W）：用来绘制有宽度的矩形，该选项可为要绘制的矩形指定线的宽度，效果如图3-102所示。

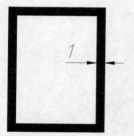

```
命令：_rectang
指定第一个角点或 [倒角(C)/标高(E)/圆角(F)/厚度(T)/宽度(W)]：W↙
                                    //选择"宽度"选项
指定矩形的线宽 <0.0000>：↙           //输入线宽值
指定第一个角点或 [倒角(C)/标高(E)/圆角(F)/厚度(T)/宽度(W)]：
                                    //指定第一个角点
指定另一个角点或 [面积(A)/尺寸(D)/旋转(R)]： //指定第二个角点
```

图 3-102 "宽度（W）"画矩形

◆ 面积（A）：该选项提供另一种绘制矩形的方式，即通过确定矩形面积大小的方式绘制矩形。

◆ 尺寸（D）：该选项通过输入矩形的长度值和宽度值确定矩形的大小。

◆ 旋转（R）：选择该选项，可以指定绘制矩形的旋转角度。

【练习 3-8】 绘制方头平键

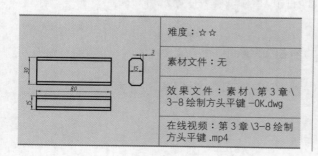

难度：☆☆
素材文件：无
效果文件：素材 \ 第 3 章 \ 3-8 绘制方头平键 -OK.dwg
在线视频：第 3 章 \3-8 绘制 方头平键 .mp4

本例中所绘制的方头平键图形，在机械制图中较为常见。

⓵ 在命令行输入REC执行"矩形"命令，绘制一个长80、宽30的矩形，如图3-103所示。

⓶ 在命令行输入L执行"直线"命令，绘制两条线段，构成方头平键的正视图，如图3-104所示。

⓷ 按空格键重复执行"矩形"命令，然后在命令行输入C启用"倒角（C）"延伸选项，将两个倒角距离都设置

为3，接着绘制长15、宽30的矩形，如图3-105所示。

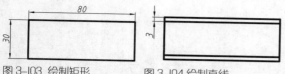

图 3-103 绘制矩形   图 3-104 绘制直线

04 使用相同方法，绘制余下的俯视图，如图3-106所示。

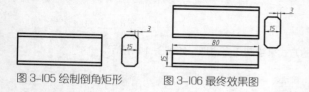

图 3-105 绘制倒角矩形   图 3-106 最终效果图

3.5.2 多边形

正多边形是由3条或3条以上长度相等的线段首尾相接形成的闭合图形，"多边形"命令的边数范围值为3~1024，图3-107所示为各种正多边形。

正三角形   正四边形   正五边形   正六边形

图 3-107 各种正多边形

调用"多边形"命令有以下方法。

◆ 功能区：在"默认"选项卡中，单击"绘图"面板"矩形"下拉菜单中的"多边形"按钮 ⬡ 。

◆ 菜单栏：选择"绘图" | "多边形"命令。

◆ 命令行：输入POLYGON或POL。

执行"多边形"命令后，命令行将出现如下提示。

> 命令：POLYGON↙
>   //执行"多边形"命令
> 输入侧面数 〈4〉：
>   //指定多边形的边数，默认状态为四边形
> 指定正多边形的中心点或 [边(E)]：
>   //确定多边形的一条边来绘制正多边形，由边数和边长确定
> 输入选项 [内接于圆(I)/外切于圆(C)] 〈I〉：
>   //选择正多边形的创建方式
> 指定圆的半径：
>   //指定创建正多边形时的内接于圆或外切于圆的半径

执行"多边形"命令时，在命令行提示中共有4种绘制方法，各方法具体介绍如下。

◆ 中心点：通过指定正多边形中心点的方式来绘制正多边形，此为默认方式，如图3-108所示。

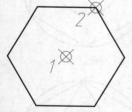

> 命令：_polygon
> 输入侧面数 〈4〉：6↙   //指定边数
> 指定正多边形的中心点或 [边(E)]：   //指定中心点1
> 输入选项 [内接于圆(I)/外切于圆(C)] 〈I〉：   //选择多边形创建方式
> 指定圆的半径：100↙   //输入圆半径值或指定端点2

图 3-108 中心点绘制多边形

◆ 边（E）：通过指定正多边形边的方式来绘制正多边形。该方式将通过边的数量和长度确定正多边形，如图3-109所示。选择该方式后不可指定该多边形"内接于圆"或"外切于圆"。

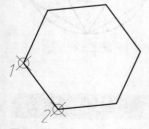

> 命令：_polygon
> 输入侧面数 〈4〉：6↙   //指定边数
> 指定正多边形的中心点或 [边(E)]：E   //选择"边"选项
> 指定边的第一个端点：   //指定多边形某条边的端点1
> 指定边的第一个端点：   //指定多边形某条边的端点2

图 3-109 "边（E）"绘制多边形

◆ 内接于圆（I）：该选项表示以指定正多边形内接圆半径的方式来绘制正多边形，如图3-110所示。

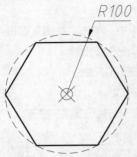

命令：_polygon
输入侧面数 <4>: 6↙   //指定边数
指定正多边形的中心点或 [边(E)]:   //指定中心点
输入选项 [内接于圆(I)/外切于圆(C)] <I>: //选择"内接于圆"方式
指定圆的半径：100↙   //输入圆半径值

图 3-110 "内接于圆（I）"绘制多边形

◆ 外切于圆（C）：该选项表示以指定正多边形外切圆半径的方式来绘制正多边形，如图3-111所示。

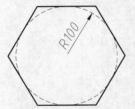

命令：_polygon
输入侧面数 <4>: 6↙   //指定边数
指定正多边形的中心点或 [边(E)]:   //指定中心点
输入选项 [内接于圆(I)/外切于圆(C)] <I>:C↙ //选择"外切于圆"方式
指定圆的半径：100↙   //输入圆半径值

图 3-111 "外切于圆（C）"绘制多边形

【练习 3-9】多边形绘制图形

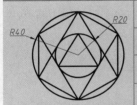

| 难度：☆☆ |
| 素材文件：无 |
| 效果文件：素材\第 3 章\3-9 多边形绘制图形 -OK.dwg |
| 在线视频：第 3 章\3-9 多边形绘制图形 .mp4 |

正多边形是各边边长和各内角都相等的多边形。通过正多边形命令直接绘制正多边形可以提高绘图效率，且易保证图形的准确。

01 单击"绘图"面板中的"圆"按钮 ⊘，绘制一个半径为20和一个半径为40的圆，如图3-112所示。

02 单击"绘图"面板中的"正多边形"按钮 ⬡，设置侧面数为6，选择中心为圆心，使其端点在圆上，如图3-113所示。

03 按空格键或Enter键，即可重复执行"正多边形"命令，设置侧面数为3，在小圆中绘制一个正三角形，如图3-114所示。

04 最后利用"直线"命令连接六边形内的端点，即可得到最终的图形，去掉标注，效果如图3-115所示。

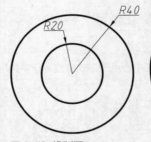

图 3-112 绘制圆

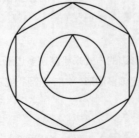

图 3-113 绘制正六边形

图 3-114 绘制正三角形

图 3-115 最终效果

3.6 椭圆和椭圆弧

在建筑绘图中，很多图形都是椭圆或椭圆弧形的，如地面拼花、室内吊顶造型等，在机械制图中也常用椭圆来绘制轴测图上的圆。在AutoCAD中"椭圆"按钮位于"绘图"面板的右方，如图3-116所示。

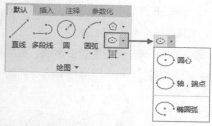

图 3-116 椭圆和椭圆弧等相关命令按钮

3.6.1 椭圆

椭圆是到两定点（焦点）的距离之和为定值的所有点的集合。椭圆的形状由定义其长度和宽度的两条轴决定，较长的称为长轴，较短的称为短轴，如图3-117所示。

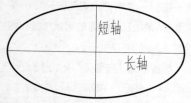

图 3-117 椭圆的长轴和短轴

在AutoCAD 2020中调用绘制"椭圆"命令有以下几种常用方法。

- ◆ 功能区：单击"绘图"面板中的椭圆形按钮⊙，即图3-116中的"圆心"⊙或"轴，端点"○。
- ◆ 菜单栏：选择"绘图"|"椭圆"子菜单中的"圆心"或"轴，端点"命令。
- ◆ 命令行：输入ELLIPSE或EL。

执行命令后命令行的提示如下。

```
命令：_ellipse
        //执行"椭圆"命令
指定椭圆的轴端点或［圆弧(A)/中心点(C)］：_c
        //系统自动选择绘制对象为椭圆
指定椭圆的中心点：
        //在绘图区中指定椭圆的中心点
指定轴的端点：
        //在绘图区中指定一点
指定另一条半轴长度或［旋转(R)］：
        //在绘图区中指定一点或输入数值
```

在"绘图"面板"椭圆"按钮的下拉列表框中有"圆心"⊙和"轴，端点"○两种绘制椭圆的方法，各方法含义介绍如下。

◆ 圆心⊙：通过指定椭圆的中心点、一条轴的一个端点及另一条轴的半轴长度来绘制椭圆，如图3-118所示。即命令行中的"中心点（C）"选项。

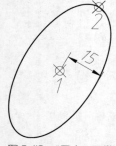

```
命令：_ellipse                        //执行椭圆命令
指定椭圆的轴端点或［圆弧(A)/中心点(C)］：_c
                                      //系统自动选择椭圆的绘制方法
指定椭圆的中心点：                    //指定中心点1
指定轴的端点：                        //指定轴端点2
指定另一条半轴长度或［旋转(R)］：15✓  //输入另一半轴长度值
```

图 3-118 "圆心"画椭圆

◆ 轴，端点○：通过指定椭圆一条轴的两个端点及另一条轴的半轴长度来绘制椭圆，如图3-119所示。即命令行中的"圆弧（A）"选项。

```
命令：_ellipse                        //执行椭圆命令
指定椭圆的轴端点或［圆弧(A)/中心点(C)］：//指定轴端点1
指定轴的另一个端点：                  //指定轴端点2
指定另一条半轴长度或［旋转(R)］：15✓  //输入另一半轴的长度值
```

图 3-119 "轴，端点"画椭圆

【练习 3-10】绘制爱心标志

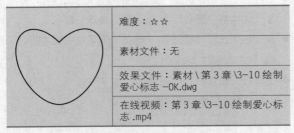

	难度：☆☆
	素材文件：无
	效果文件：素材 \ 第 3 章 \3-10 绘制爱心标志 -OK.dwg
	在线视频：第 3 章 \3-10 绘制爱心标志 .mp4

01 启动AutoCAD 2020，新建空白文档。

02 单击"绘图"面板中的"椭圆"按钮 ⊙，以默认的"圆心"方式绘制椭圆。在绘图区中任意指定一点为椭圆中心点，在命令行提示指定轴的端点时输入"@20<60"，即表示绘制的椭圆半轴长20，且与水平线成60°夹角，如图3-120所示。

03 输入另外一条半轴的长度12，得到第一个椭圆，如图3-121所示。

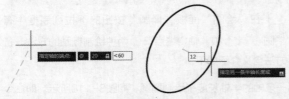

图 3-120 指定椭圆中心点和轴的端点　　图 3-121 指定椭圆另一个轴的端点

04 单击"绘图"面板中的"直线"按钮 ╱，以椭圆中心点为起点，向左绘制一条长度为12的水平线（辅助线），如图3-122所示。

05 单击"绘图"面板中的"椭圆"按钮 ⊙，以直线的左端点为中心点，然后在命令行提示"指定轴的端点"时输入"@20<120"，即表示绘制的椭圆半轴长20，且与水平线成120°夹角，如图3-123所示。

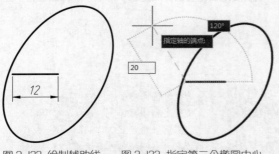

图 3-122 绘制辅助线　　图 3-123 指定第二个椭圆中心点和轴的端点

06 输入另外一条半轴的长度12，得到第二个椭圆，然后删除辅助直线，效果如图3-124所示。

07 在命令行中输入TR，再连续按两次空格键，将两个椭圆中间多余的线条删除，即可得到爱心标志，如图3-125所示。

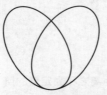

图 3-124 绘制好的第二个椭圆　　图 3-125 爱心效果

3.6.2 椭圆弧

椭圆弧是椭圆的一部分。绘制椭圆弧需要确定的参数有：椭圆弧所在椭圆的两条轴及椭圆弧的起始角度和终止角度。执行"椭圆弧"命令的方法如下。

◆ 面板：单击"绘图"面板中的"椭圆弧"按钮 ⊙。

◆ 菜单栏：选择"绘图"|"椭圆"|"椭圆弧"命令。

执行命令后命令行的提示如下。

```
命令：_ellipse
            //执行"椭圆"命令
指定椭圆的轴端点或 [圆弧(A)/中心点(C)]：_a
            //系统自动选择绘制对象为椭圆弧
指定椭圆弧的轴端点或 [中心点(C)]：
            //在绘图区指定椭圆一轴的端点
指定轴的另一个端点：
            //在绘图区指定该轴的另一端点
指定另一条半轴长度或 [旋转(R)]：
            //在绘图区中指定一点或输入数值
指定起点角度或 [参数(P)]：
            //在绘图区中指定一点或输入椭圆弧的
            起始角度
指定端点角度或 [参数(P)/夹角(I)]：
            //在绘图区中指定一点或输入椭圆弧的
            终止角度
```

"椭圆弧"中各选项含义与"椭圆"一致，只有在指定另一半轴长度后，会提示指定起点角度与端点角度来确定椭圆弧，这时有两种指定方法，即"旋转（R）"和"参数（P）"，分别介绍如下。

◆ 旋转（R）：指定起点角度与端点角度来确定椭圆弧。以椭圆长轴为基准确定角度，如图3-126所示。

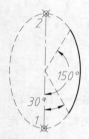

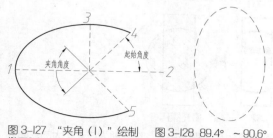

```
命令：_ellipse                                          //执行"椭圆"命令
指定椭圆的轴端点或 [圆弧(A)/中心点(C)]：_a//系统自动选择绘制对象为椭
                                                        圆弧
指定椭圆弧的轴端点或 [中心点(C)]：                      //指定轴端点1
指定轴的另一个端点：                                    //指定轴端点2
指定另一条半轴长度或 [旋转(R)]：6↙                     //输入另一半轴长度值
指定起点角度或 [参数(P)]：30↙                          //输入起始角度值
指定端点角度或 [参数(P)/夹角(I)]：150↙                 //输入终止角度值
```

图 3-126 "角度（A）"绘制椭圆弧

◆ 参数（P）：用矢量参数方程式（$p(n)=c+a\times\cos(n)+b\times\sin(n)$，其中 n 是用户输入的参数；c 是椭圆弧的半焦距；a 和 b 分别是椭圆长轴与短轴的半轴长）定义椭圆弧的端点角度。使用"起点参数"选项可以从角度模式切换到参数模式。该模式用于控制计算椭圆的方法。

参数模式下，指定椭圆弧的起点角度后，可选择"夹角（I）"选项，然后输入夹角角度来确定椭圆弧，如图3-127所示。值得注意的是，89.4° ~ 90.6° 的夹角值无效，因为此时椭圆将显示为一条直线，如图3-128所示。这些角度值的倍数将每隔 90° 产生一次镜像效果。

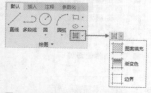

图 3-127 "夹角（I）"绘制椭圆弧　　图 3-128　89.4° ~ 90.6° 的夹角不显示椭圆弧

提示

椭圆弧的起点角度从长轴开始计算。

3.7　图案填充与渐变色填充

使用AutoCAD的图案填充和渐变色填充功能，可以方便地对图形进行填充，以区别图形的各个组成部分。在AutoCAD中它们的相关命令按钮位于"绘图"面板的右下角，如图3-129所示。

图 3-129 图案填充功能相关命令按钮

3.7.1　图案填充

在图案填充过程中，用户可以根据实际需求选择不同的填充样式，也可以对已填充的图案进行编辑。执行"图案填充"命令的方法有以下3种。

◆ 功能区：在"默认"选项卡中，单击"绘图"面板中的"图案填充"按钮▨。
◆ 菜单栏：选择"绘图"|"图案填充"命令。
◆ 命令行：输入BHATCH或HATCH或H。

在AutoCAD中执行"图案填充"命令后，将显示"图案填充创建"选项卡，如图3-130所示。选择填充图案，移动十字光标至要填充的区域，生成效果预览，然

后于该区域单击即可创建。单击"关闭"面板上的"关闭图案填充"按钮可退出该命令。

图 3-130 "图案填充创建"选项卡

"图案填充创建"选项卡由"边界""图案""特性""原点""选项""关闭"6个面板组成，分别介绍如下。

1. "边界"面板

"边界"面板中各选项的含义介绍如下。

◆ 拾取点▨：单击此按钮，命令行提示"拾取内部点"，然后移动十字光标至要填充的区域，会出现填充的预览效果，此时单击鼠标左键即可创建预览的填充效果，如图3-131所示。移动十字光标至其他区域可继续进行填充，直到按Esc键退出填充命令。该操作是最常用和简便的填充操作。

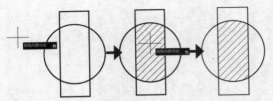

图 3-131 "拾取点"填充操作

◆ 选择 ▧：单击此按钮，命令行提示"选择对象"，然后移动十字光标选择要填充的封闭图形对象，如圆、矩形等，即可将所选的封闭图形内部进行填充，如图3-132所示。

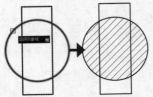

图 3-132 "选择"填充操作

◆ 删除 ▨：用于取消边界。边界即为在一个大的封闭区域内存在的一个独立的小区域。该功能只有在创建图案填充的过程中才可用。

◆ 重新创建 ▤：编辑填充图案时，可利用此功能生成与图案边界相同的多段线或面域。

2. "图案"面板

该面板用来选择图案填充时的填充图案效果。单击右侧的按钮 ▼ 可展开"图案"面板，拖动滑块选择所需的填充图案，如图3-133所示。常用的几种图案介绍如下。

◆ SOLID ■：即实体填充，此图案填充效果为一整块色块，一般用于细微零件或实体截面的填充。

◆ ANSI31 ▨：最常用的细斜线图案，也是默认的填充图案，本书在不特别说明的情况下，也以这种图案作为默认填充图案。

◆ ANSI37 ▨：填充效果为网格线，一般用于塑料、橡胶、织物等非金属物品的图形的填充。

◆ AR-CONC ▨：用于建筑图中的混凝土部分填充。

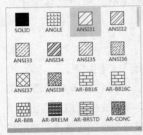

图 3-133 "图案"面板

3. "特性"面板

图3-134所示为展开的"特性"面板中的选项，其

各选项含义如下。

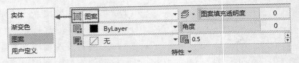

图 3-134 "特性"面板

◆ 图案 ▧ 图案 ：单击下拉按钮 ▼，在下拉列表框中包括"实体""渐变色""图案""用户定义"4个选项。若选择"实体"选项，则填充效果同SOLID图案效果；若选择"渐变色"选项，则按渐变的颜色效果进行填充；若选择"图案"选项，则使用AutoCAD预定义的图案，这些图案保存在"acad.pat"和"acadiso.pat"文件中；若选择"用户定义"选项，则采用用户定义的图案，这些图案保存在".pat"类型文件中，需要加载才可以使用。

◆ 颜色 ▨ （图案填充颜色）/ ▨ （背景色）：单击下拉按钮 ▼，在下拉列表框中选择需要的图案颜色和背景颜色，如图3-135和图3-136所示，默认状态下为无背景颜色。

◆ 图案填充透明度 图案填充透明度 ：通过拖动滑块，可以设置填充图案的透明度，如图3-137所示。设置完透明度之后，需要单击状态栏中的"显示/隐藏透明度"按钮 ▨，透明度才能显示出来。

图 3-135 选择图案颜色　　图 3-136 选择背景颜色

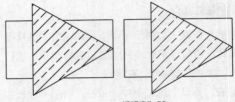

透明度为 0　　　　　　透明度为 50

图 3-137 设置图案填充的透明度

◆ 角度 角度 2 ：通过拖动滑块，可以设置图案的填充角度，如图3-138所示。

◆ 比例 ▨ 5 ：通过在文本框中输入比例值，可以设置填充图案的缩放比例，如图3-139所示。

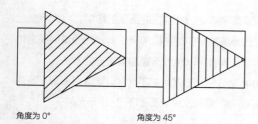

角度为 0°　　　　　角度为 45°

图 3-138　设置图案填充的角度

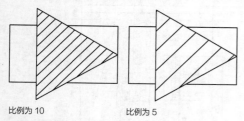

比例为 10　　　　　比例为 5

图 3-139　设置图案填充的比例

4.　"原点"面板

图3-140所示是"原点"面板展开的选项，指定原点的位置有"左下" 、"右下" 、"左上" 、"右上" 、"中心" 和"使用当前原点" 6种方式。不同位置的原点呈现的效果如图3-141所示，可见填充图案的效果会随着原点位置的不同而不同。

图 3-140　"原点"面板

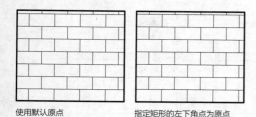

使用默认原点　　　　指定矩形的左下角点为原点

图 3-141　设置图案填充的原点

5.　"选项"面板

图3-142所示为"选项"面板展开的选项，其各选项含义如下。

图 3-142　"选项"面板

◆ **关联** ▨：控制当用户修改图案填充边界时是否自动更新图案填充。

◆ **注释性** ▲：指定图案填充为可注释特性。指定根据视口比例自动调整填充图案比例。

◆ **特性匹配** ▨：使用选定图案填充对象的特性设置图案填充的特性，图案填充原点除外。单击下拉按钮 ▾，在下拉列表框中包括"使用当前原点"和"用源图案填充原点"。

◆ **允许的间隙**：指定要在几何对象之间桥接最大的间隙，这些对象经过延伸后将闭合边界。

◆ **创建独立的图案填充** ▨：一次在多个闭合边界创建的填充图案是各自独立的。选择时，这些图案是单一对象。

◆ **外部孤岛检测**：在闭合区域内的另一个闭合区域。单击下拉按钮 ▾，在下拉列表框中包含"无孤岛检测""普通孤岛检测""外部孤岛检测""忽略孤岛检测"，如图3-143所示。其中各选项的含义如下。

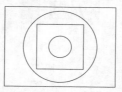
无孤岛检测　　　　　普通孤岛检测

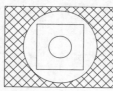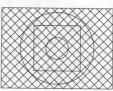
外部孤岛检测　　　　忽略孤岛检测

图 3-143　孤岛的 4 种显示方式

无孤岛检测：关闭以使用传统孤岛检测方法。

普通孤岛检测：从外部边界向内填充，即第一层填充，第二层不填充。

外部孤岛检测：从外部边界向内填充，即只填充从最外边界向内第一边界之间的区域。

忽略孤岛检测：忽略最外层边界包含的其他任何边界，从最外层边界向内填充全部图形。

◆ **置于边界之后**：指定图案填充的创建顺序。单击下拉按钮 ▾，在下拉列表框中包括"不指定""后置""前置""置于边界之后""置于边界之前"。默认情况下，图案填充绘制次序是置于边界之后。

◆ **图案填充和渐变色**：单击"选项"面板上的按钮

，打开"图案填充和渐变色"对话框，如图3-144所示。

在出现"图案填充创建"选项卡之后，在命令行中输入T，也可进入设置界面，即打开"图案填充和渐变色"对话框。单击该对话框右下角的"更多选项"按钮 ⊙ ，展开如图3-144所示的对话框，显示出更多选项。对话框中的选项含义与"图案填充创建"选项卡基本相同，不再赘述。

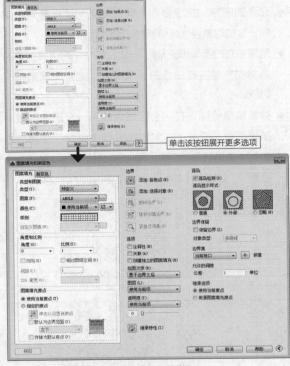

单击该按钮展开更多选项

图 3-144 "图案填充和渐变色"对话框

6. "关闭"面板

单击面板上的"关闭图案填充创建"按钮，可退出图案填充。也可按Esc键代替此按钮操作。

【练习 3-11】 填充室内鞋柜立面

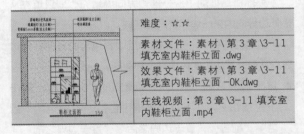

	难度：☆☆
	素材文件：素材 \ 第 3 章 \3-11 填充室内鞋柜立面 .dwg
	效果文件：素材 \ 第 3 章 \3-11 填充室内鞋柜立面 -OK.dwg
	在线视频：第 3 章 \3-11 填充室内鞋柜立面 .mp4

室内设计是否美观，很大程度上决定于它在主要立面上的艺术处理，包括造型与装修是否优美。在设计阶段，立面图便是用来展示这种艺术处理的，主要反映房屋

的外貌和立面装修。因此室内立面图的绘制，很大程度上需要通过图案填充来表达装修风格。本例便通过填充室内鞋柜立面，让读者可以熟练掌握图案填充的方法。

01 启动AutoCAD 2020，打开"第3章\3-11 填充室内鞋柜立面.dwg"素材文件，如图3-145所示。

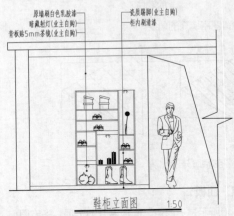

图 3-145 素材图形

02 填充墙体结构图案。在命令行中输入H并按Enter键，面板上弹出"图案填充创建"选项卡，如图3-146所示，在"图案"面板中设置"ANSI31"，"特性"面板中设置"填充图案颜色"为8、"填充图案比例"为20，设置完成后，拾取墙体为内部拾取点填充，按空格键退出，填充效果如图3-147所示。

图 3-146 "图案填充创建"选项卡

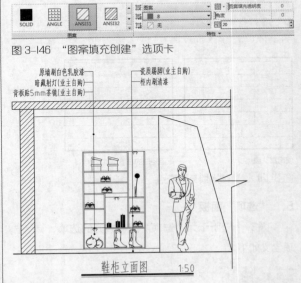

图 3-147 填充墙体钢筋

03 继续填充墙体结构图案。按空格键再次调用"图案填充"命令，选择"图案"为"AR-CONC"，"填充图案颜色"为8，"填充图案比例"为1，填充效果如图3-148所示。

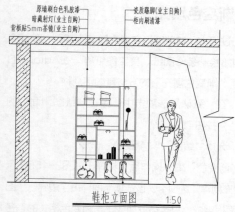

图 3-148 填充墙体混凝土

04 填充鞋柜背景墙面。按空格键再次调用"图案填充"命令，选择"图案"为"AR-SAND"，"填充图案颜色"为8，"填充图案比例"为3，填充效果如图3-149所示。

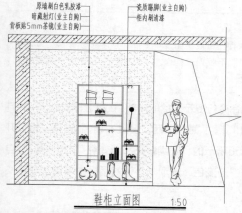

图 3-149 鞋柜背景墙面

05 填充鞋柜玻璃。按空格键再次调用"图案填充"命令，选择"图案"为"AR-RROOF"，"填充图案颜色"为8，"填充图案比例"为10，"角度"适宜，最终填充效果如图3-150所示。

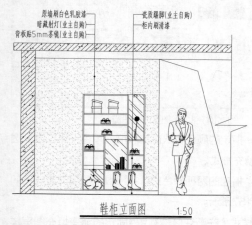

图 3-150 填充鞋柜

【练习3-12】无边界创建混凝土填充

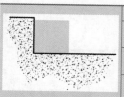

难度：☆☆☆
素材文件：素材 \ 第 3 章 \3-12 无边界创建混凝土填充 .dwg
效果文件：素材 \ 第 3 章 \3-12 无边界创建混凝土填充 -OK.dwg
在线视频：第 3 章 \3-12 无边界创建混凝土填充 .mp4

在绘制建筑设计的剖面图时，常需要使用"图案填充"命令来表示混凝土或实体地面等。这类填充的一个特点就是范围大，边界不规则甚至无边界，但是在"图案填充创建"选项卡中是无法创建无边界填充图案的，它要求填充区域是封闭的。有的用户会想到创建填充后删除边界线或隐藏边界线的显示来达成效果，虽然这样做是可行的，不过有一种更有效的方法，下面通过一个例子来进行说明。

01 打开"第3章\3-12 无边界创建混凝土填充.dwg"素材文件。

02 在命令行中输入-HATCH命令并按Enter键，命令行提示如下。

```
命令：-HATCH↵
        //执行完整的"图案填充"命令
当前填充图案：SOLID
        //当前的填充图案
指定内部点或 [特性(P)/选择对象(S)/绘图边界(W)/删除
边界(B)/高级(A)/绘图次序(DR)/原点(O)/注释性(AN)/图案
填充颜色(CO)/图层(LA)/透明度(T)：P↵
        //选择"特性"命令
输入图案名称或 [?/实体(S)/用户定义(U)/渐变色(G)]：
AR-CONC↵
        //输入混凝土填充的名称
指定图案缩放比例 <1.0000>：10↵
        //输入填充的缩放比例
指定图案角度 <0>：45↵
        //输入填充的角度值
当前填充图案：AR-CONC
指定内部点或 [特性(P)/选择对象(S)/绘图边界(W)/删除
边界(B)/高级(A)/绘图次序(DR)/原点(O)/注释性(AN)/图案
填充颜色(CO)/图层(LA)/透明度(T)：W↵
        //选择"绘图编辑"命令，手动绘制边界
```

03 在绘图区依次捕捉点，注意打开捕捉模式，如图3-151所示。捕捉完之后按两次Enter键。

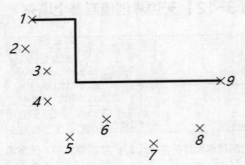

图 3-151 指定填充边界参考点

04 系统提示指定内部点，单击选择绘图区的封闭区域并按Enter键，绘制效果如图3-152所示。

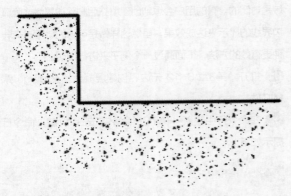

图 3-152 创建的填充图案效果

延伸讲解　**填充出错时的解决办法和最小填充间隙**

如果图形不封闭，就会出现无法创建填充图案的情况，软件会弹出"边界定义错误"对话框，并且在图形中会用红色圆圈标示出没有封闭的区域，如图3-153所示。

这时可以在命令行中输入HPGAPTOL，即可输入一个新的数值，用以指定图案填充时可忽略的最小间隙，小于输入数值的间隙都不会影响填充效果，结果如图3-154所示。

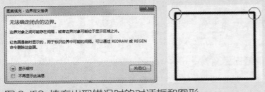

图 3-153 填充出现错误时的对话框和图形

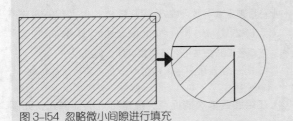

图 3-154 忽略微小间隙进行填充

3.7.2　渐变色填充

在绘图过程中，有些图形在填充时需要用到一种或多种颜色，例如绘制装修图纸、美工图纸等。在AutoCAD 2020中调用"渐变色填充"的方法有如下几种。

◆ 功能区：在"默认"选项卡中，单击"绘图"面板的"渐变色"按钮 ▓ 。

◆ 菜单栏：选择"绘图"|"渐变色"命令。

执行"渐变色"填充操作后，将弹出如图3-155所示的"图案填充创建"选项卡。该选项卡同样由"边界""图案"等6个面板组成，只是命令换成了与渐变色相关的，各面板功能与之前介绍过的图案填充一致，在此不重复介绍。

图 3-155 "渐变色"下的"图案填充创建"选项卡

> **提示**
>
> 在执行"图案填充"命令时，如果将"特性"面板上的"图案"下拉列表框选择"渐变色"，也会切换至渐变填充效果。

如果命令行提示"拾取内部点或 [选择对象(S)/放弃(U)/设置(T)]："时，激活"设置（T）"选项，将打开如图3-156所示的"图案填充和渐变色"对话框，并自动切换到"渐变色"选项卡。该对话框中常用选项含义如下。

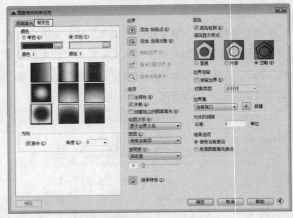

图 3-156 "图案填充和渐变色"对话框

◆ 单色：指定的颜色将从高饱和度的单色平滑过渡到透明的填充方式。

◆ 双色：指定的两种颜色进行平滑过渡的填充方式，如图3-157所示。

◆ 渐变样式：在渐变区域有9种固定的渐变填充图案样

式，这些图案样式包括径向渐变、线性渐变等。

◆ 方向：在该选项卡中，可以设置渐变色的角度以及其是否居中。

图 3-157 渐变色填充效果

3.7.3 边界

"边界"命令可以将封闭区域转换为面域，面域是

AutoCAD中用来创建三维模型的基础，其大致可以理解为图3-158所示的过程。因此"边界"命令主要用来辅助创建三维模型，与二维绘图关系不大，便不在此处进行讲解，在本书的三维篇中再进行详细介绍。

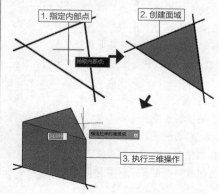

图 3-158 AutoCAD 中创建三维模型的过程

3.8 其他绘图命令

除了上面介绍的命令之外，"绘图"面板下面还提供了扩展区域，单击"绘图"右侧的下拉按钮 ▼即可展开，如图3-159所示。其中有一些并不太常用的命令。

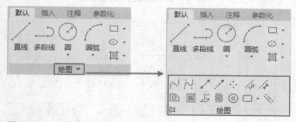

图 3-159 "绘图"面板中的扩展区域

3.8.1 样条曲线

样条曲线是经过或接近一系列给定点的平滑曲线，在AutoCAD中能够自由编辑样条曲线，以及控制曲线与点的拟合程度。在景观设计中，常用样条曲线来绘制水体、流线型的园路及模纹等；在建筑制图中，常用样条曲线来表示剖面符号等图形；在机械产品设计领域则常用样条曲线来表示某些产品的轮廓线或剖切线。

在AutoCAD 2020中，样条曲线可分为"拟合点样条曲线" ∿ 和"控制点样条曲线" ∿ 两种。其中"拟合点样条曲线"的拟合点与曲线重合，如图3-160所示；而"控制点样条曲线"是通过曲线外的控制点控制曲线的形状，如图3-161所示。

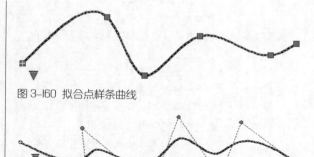

图 3-160 拟合点样条曲线

图 3-161 控制点样条曲线

调用"样条曲线"命令的方法如下。

◆ 功能区：单击"绘图"面板扩展区域中的"样条曲线拟合"按钮 ∿ 或"样条曲线控制点"按钮 ∿ 。

◆ 菜单栏：选择"绘图"｜"样条曲线"命令，然后在子菜单中选择"拟合点"或"控制点"命令。

◆ 命令行：输入SPLINE或SPL。

执行"样条曲线拟合"命令时，命令行提示如下。

```
命令： _spline
        //执行"样条曲线拟合"命令
当前设置： 方式=拟合    节点=弦
```

```
                //显示当前样条曲线的设置
指定第一个点或 [方式(M)/节点(K)/对象(O)]：_M
                //系统自动选择
输入样条曲线创建方式 [拟合(F)/控制点(CV)]〈拟合〉：_FIT
                //系统自动选择"拟合"方式
当前设置：方式=拟合    节点=弦
                //显示当前方式下的样条曲线设置
指定第一个点或 [方式(M)/节点(K)/对象(O)]：
                //指定样条曲线起点或选择创建方式
输入下一个点或 [起点切向(T)/公差(L)]：
                //指定样条曲线上的第二点
输入下一个点或 [端点相切(T)/公差(L)/放弃(U)/闭合(C)]：
                //指定样条曲线上的第三点
                //要创建样条曲线，最少需指定3个点
```

执行"样条曲线控制点"命令时，命令行提示如下。

```
命令：_spline
                //执行"样条曲线控制点"命令
当前设置：方式=控制点    阶数=3
                //显示当前样条曲线的设置
指定第一个点或 [方式(M)/阶数(D)/对象(O)]：_M
                //系统自动选择
输入样条曲线创建方式 [拟合(F)/控制点(CV)]〈拟合〉：_CV
                //系统自动选择"控制点"方式
当前设置：方式=控制点    阶数=3
                //显示当前方式下的样条曲线设置
指定第一个点或 [方式(M)/阶数(D)/对象(O)]：
                //指定样条曲线起点或选择创建方式
输入下一个点：
                //指定样条曲线上的第二点
输入下一个点或 [闭合(C)/放弃(U)]：
                //指定样条曲线上的第三点
```

虽然在AutoCAD 2020中，绘制样条曲线有"样条曲线拟合" 和"样条曲线控制点" 两种方式，但是它们操作过程却基本一致，只有少数选项有区别（"节点"与"阶数"），因此命令行中各选项均介绍如下。

◆ 拟合（F）：即执行"样条曲线拟合"方式，通过指定样条曲线必须经过的拟合点来创建3阶（三次）B样条曲线。在公差值大于0（零）时，样条曲线必须在各个点的指定公差距离内。

◆ 控制点（CV）：即执行"样条曲线控制点"方式，通过指定控制点来创建样条曲线。使用此方法创建1阶

（线性）、2阶（二次）、3阶（三次）直到最高为10阶（十次）的样条曲线。通过移动控制点调整样条曲线的形状通常可以提供比移动拟合点更好的效果。

◆ 节点（K）：指定节点参数化，是一种计算方法，用来确定样条曲线中连续拟合点之间的零部件曲线如何过渡。该选项下分3个延伸选项，"弦""平方根"和"统一"，各选项都能微调曲线的弯曲程度。

◆ 阶数（D）：设置生成的样条曲线的多项式阶数。使用此选项可以创建1阶（线性）、2阶（二次）、3阶（三次）直到最高 10 阶（十次）的样条曲线。

◆ 对象（O）：执行该选项后，选择二维或三维的、二次或三次的多段线，可将其转换成等效的样条曲线，如图3-162所示。

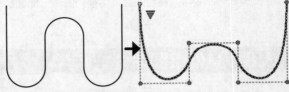

图 3-162 将多段线转为样条曲线

【练习 3-13】 绘制剖切边线

	难度：☆☆
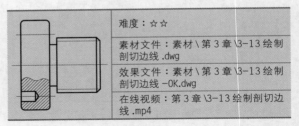	素材文件：素材\第 3 章\3-13 绘制剖切边线 .dwg
	效果文件：素材\第 3 章\3-13 绘制剖切边线 -OK.dwg
	在线视频：第 3 章\3-13 绘制剖切边线 .mp4

在绘图中常使用样条曲线来表示局部剖视图的边线、折断视图的折断线等，在绘制剖视图和展开图时很有用处。

🔘1 启动AutoCAD 2020，打开"第3章\3-13 绘制剖切边线.dwg"素材文件，如图3-163所示。

🔘2 单击"绘图"面板中的"样条曲线拟合"按钮 ，绘制样条曲线，如图3-164所示。

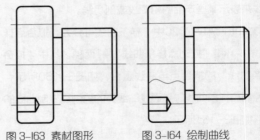

图 3-163 素材图形　　　图 3-164 绘制曲线

03 在命令行输入H执行"图案填充创建"命令，对图形进行图案填充，表示图形的剖面，如图3-165所示。

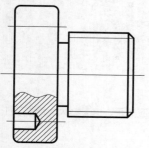

图 3-165 填充图案

3.8.2　构造线

　　构造线是两端无限延伸的直线，没有起点和终点，主要用于绘制辅助线和修剪边界，在建筑设计中常用作辅助线，在机械设计中也可作为轴线使用。构造线只需指定

两个点即可确定位置和方向，执行"构造线"命令的方法有以下几种。

◆ 功能区：单击"绘图"面板中的"构造线"按钮 ✐ 。
◆ 菜单栏：选择"绘图"|"构造线"命令。
◆ 命令行：输入XLINE或XL。

　　执行命令后命令行提示如下。

```
命令：_xline
              //执行"构造线"命令
指定点或 [水平(H)/垂直(V)/角度(A)/二等分(B)/偏移
(O)]：      //输入第一个点
指定通过点：
              //输入第二个点
指定通过点：
              //继续输入点，可以继续画线，按
Enter键结束命令
```

命令行中各选项的含义说明如下。

◆ 水平（H）、垂直（V）：选择"水平"或"垂直"选项，可以绘制水平或垂直构造线，如图3-166所示。

```
命令：_xline
指定点或 [水平(H)/垂直(V)/角度(A)/二等分(B)/偏移(O)]：h
              //输入h或v
指定通过点：              //指定通过点，绘制水平或垂 直构造线
```

图 3-166 绘制水平或垂直构造线

◆ 角度（A）：选择"角度"选项，可以绘制用户所设定角度方向的构造线，如图3-167所示。

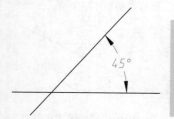

```
命令：_xline
指定点或 [水平(H)/垂直(V)/角度(A)/二等分(B)/偏移(O)]：A
              //选择"角度"选项
输入构造线的角度 (0) 或 [参照(R)]： 45  //输入构造线的角度值
指定通过点：              //指定通过点完成创建
```

图 3-167 绘制成角度的构造线

◆ 二等分（B）：选择"二等分"选项，可以绘制两条相交直线的角平分线，如图3-168所示。绘制角平分线时，使用捕捉功能依次拾取顶点 O 、起点 A 和端点 B 即可（ A 、 B 可为直线上除 O 点外的任意点）。

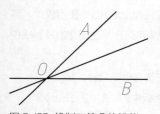

```
命令：_xline
指定点或 [水平(H)/垂直(V)/角度(A)/二等分(B)/偏移(O)]：B
              //输入B，选择"二等分"选项
指定角的顶点：              //选择O点
指定角的起点：              //选择A点
指定角的端点：              //选择B点
```

图 3-168 绘制二等分构造线

◆ 偏移（O）：选择"偏移"选项，可以基于已有直线偏移出平行线，如图3-169所示。该选项的功能类似于"偏移"命令（详见第4章）。通过输入偏移距离和选择要偏移的直线对象来绘制与该直线平行的构造线。

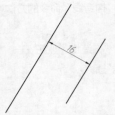

命令：_xline
指定点或［水平(H)/垂直(V)/角度(A)/二等分(B)/偏移(O)］：0
　　　　　　　　　　　　　　　　　　//选择"偏移"选项
指定偏移距离或［通过(T)］<10.0000>：16　//输入偏移距离
选择直线对象：　　　　　　　　　　　　//选择偏移的对象
指定向哪侧偏移：　　　　　　　　　　　//指定偏移的方向

图 3-169 绘制偏移的构造线

构造线是真正意义上的"直线"，可以向两端无限延伸。构造线在处理草图的几何关系、尺寸关系方面有着极其重要的作用，如三视图中"长对正、高平齐、宽相等"的辅助线，如图3-170所示（图中细实线为构造线，粗实线为轮廓线，下同）。

构造线不会改变图形的总面积，因此，它们的无限长的特性对缩放或视点没有影响，并会被显示图形范围的命令所忽略，和其他图形对象一样，构造线也可以移动、旋转和复制。因此构造线常用来绘制各种绘图过程中的辅助线和基准线，如机械制图中的中心线、建筑制图中的墙体线，如图3-171所示。所以构造线是提高绘图效率的常用命令。

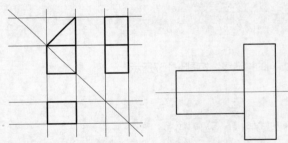

图 3-170 构造线辅助绘制三视图　　图 3-171 构造线用作中心线图

【练习 3-14】构造线破解经典绘图测试

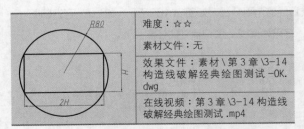

	难度：☆☆
	素材文件：无
	效果文件：素材＼第 3 章＼3-14 构造线破解经典绘图测试 -OK.dwg
	在线视频：第 3 章＼3-14 构造线破解经典绘图测试 .mp4

"构造线"通常用作辅助线，结合其他命令可以得到很好的效果。本例中的图形是一个经典的绘图案例，看似简单，可是如果不能熟练地运用绘图技巧，只能借助数学知识来求出角度与边的对应关系，这无疑大大增加了工作量。

01 启动AutoCAD 2020，然后新建一个空白文档。

02 在命令行中输入C执行"圆"命令，绘制一个半径为80的圆，如图3-172所示。

03 再单击"绘图"面板中的"构造线"按钮，以圆心为第一个点，然后输入相对坐标（@2,1），绘制辅助线，如图3-173所示。

图 3-172 绘制圆　　　图 3-173 绘制辅助线

04 以构造线与圆的交点分别绘制一条水平直线和竖直直线，结果如图3-174所示。

05 再使用相同方法绘制对侧的两条线段，即可得到圆内的矩形，其比例满足条件，结果如图3-175所示。

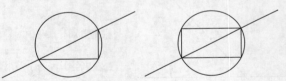

图 3-174 以交点开始绘制水平和竖直的线段　　图 3-175 绘制对侧的线段

3.8.3 射线

射线是一端固定而另一端无限延伸的线，它只有起点和方向，没有终点。射线在AutoCAD中使用较少，通常用作辅助线，在机械制图中可以作为三视图的投影线使用。

执行"射线"命令的方法有以下几种。

◆ 功能区：单击"绘图"面板中的"射线"按钮。

◆ 菜单栏：选择"绘图"｜"射线"命令。

◆ 命令行：输入RAY。

【练习 3-15】 绘制中心投影图

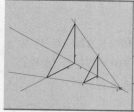

	难度：☆☆
	素材文件：素材 \ 第 3 章 \3-15 绘制中心投影图 .dwg
	效果文件：素材 \ 第 3 章 \3-15 绘制中心投影图 -OK.dwg
	在线视频：第 3 章 \3-15 绘制中心投影图 .mp4

　　一个点光源把一个图形照射到一个平面上，这个图形的影子就是它在这个平面上的中心投影。中心投影可以使用射线来进行绘制。

01 打开素材文件"第 3 章 \3-15 绘制中心投影图 .dwg"，其中已经绘制好了△ABC 和对应的坐标系，以及中心投影点 O，如图 3-176 所示。

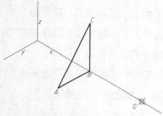

图 3-176　素材图形

02 在"默认"选项卡中，单击"绘图"面板中的"射线"按钮，以 O 点为起点，依次指定 A、B、C 点为下，绘制 3 条投影线，如图 3-177 所示。

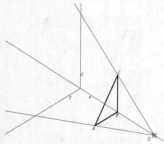

图 3-177　绘制投影线

03 单击"默认"选项卡中"绘图"面板上的"直线"按钮，执行"直线"命令，依次捕捉投影线与坐标轴的交点，这样得到的新三角形，便是原△ABC 在 YZ 平面上的投影，如图 3-178 所示。

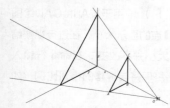

图 3-178　中心投影图

提示

调用射线命令，指定射线的起点后，可以根据"指定通过点"的提示指定多个通过点，绘制经过相同起点的多条射线，直到按 Esc 键或 Enter 键退出为止。

【练习 3-16】 绘制相贯线

	难度：☆☆
	素材文件：素材 \ 第 3 章 \3-16 绘制相贯线 .dwg
	效果文件：素材 \ 第 3 章 \3-16 绘制相贯线 -OK.dwg
	在线视频：第 3 章 \3-16 绘制相贯线 .mp4

　　两立体表面的交线称为相贯线，如图 3-179 所示。这些立体图形的表面（外表面或内表面）相交，均出现了标示处的相贯线，在画该类零件的三视图时，必然涉及绘制相贯线的投影图的问题。

图 3-179　相贯线

01 打开素材文件"第 3 章 \3-16 绘制相贯线 .dwg"，其中已经绘制好了零件的左视图与俯视图，如图 3-180 所示。

02 绘制水平投影线。单击"射线"按钮，以左视图中各端点与交点为起点向左绘制水平射线，如图 3-181 所示。

图 3-180　素材图形　　　　　　图 3-181　绘制水平投影线

03 绘制竖直投影线。按相同方法，以俯视图中各端点与交点为起点，向上绘制竖直射线，如图 3-182 所示。

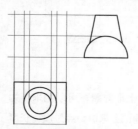

图 3-182　绘制竖直投影线

04 绘制主视图轮廓。绘制主视图轮廓之前，先要分析出俯视图与左视图中各特征点的投影关系（俯视图中的点，如 1、2 等，即相当于左视图中的点 1′、2′，下同），然后单击"绘图"面板中的"直线"按钮 ✎，连接各点的投影线在主视图中的交点，即可绘制出主视图轮廓，如图3-183所示。

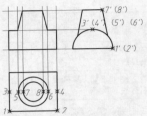

图 3-183 绘制轮廓图

05 求一般交点。目前所得的图形还不足以绘制出完整的相贯线，因此需要另外找出2点，借以绘制出投影线来获取相贯线上的点（原则上5点才能确定一条曲线）。按"长对正、宽相等、高平齐"的原则，在俯视图和左视图绘制如图3-184所示的两条直线，删除多余射线。

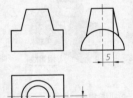

图 3-184 绘制辅助线

06 绘制投影线。根据辅助线与图形的交点为起点，使用"射线"命令绘制投影线，如图3-185所示。

07 绘制相贯线。单击"绘图"面板中的"样条曲线"按钮 ◿，连接主视图中各投影线的交点，即可得到相贯线，如图3-186所示。

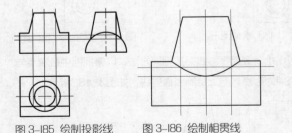

图 3-185 绘制投影线　　图 3-186 绘制相贯线

3.8.4　绘制点

点是所有图形中最基本的图形对象，可以用来作为捕捉和偏移对象的参考点。从理论上来讲，点是没有长度

和大小的图形对象，因此掌握点的绘制之前需要先了解一下"点样式"。

1.　点样式

在AutoCAD中，系统默认情况下绘制的点显示为一个小圆点，在屏幕中很难看清，因此可以使用"点样式"设置，调整点的外观形状，如图3-187所示。

图 3-187 没启用点样式与启用了点样式的点效果

也可以调整点的尺寸大小，以便根据需要让点显示在图形中。在绘制单点、多点、定数等分点、定距等分点之后，经常需要调整点的显示方式，以便使用对象捕捉绘制图形。执行"点样式"命令的方法有以下几种。

◆ 功能区：单击"默认"选项卡"实用工具"面板中的"点样式"按钮 ✿ 点样式...，如图3-188所示。

◆ 菜单栏：选择"格式"|"点样式"命令。

◆ 命令行：输入DDPTYPE。

执行该命令后，将弹出如图3-189所示的"点样式"对话框，可以在其中选择共计20种点的显示样式，并设置点大小。

图 3-188 面板中的"点样式" 按钮　　图 3-189 "点样式"对话框

对话框中各选项的含义说明如下。

◆ 点大小（S）：用于设置点的显示大小，与下面的两个选项有关。

◆ 相对于屏幕设置大小（R）：用于按AutoCAD绘图屏幕尺寸的百分比设置点的显示大小，在进行视图缩放操作时，点的显示大小并不改变，在命令行输入RE即可重新生成，始终保持与屏幕的相对比例，如图3-190所示。

◆ 按绝对单位设置大小（A）：使用实际单位设置点的大小，与其他的图形元素（如直线、圆）类似，当进行视图缩放操作时，点的显示大小也会随之改变，如图3-191所示。

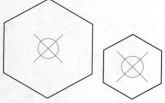

图 3-190 视图缩放时点大小相对于屏幕不变

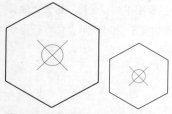

图 3-191 视图缩放时点大小相对于图形不变

提示

"点样式"与"文字样式""标注样式"等不同，在同一个DWG文件中有且仅有一种点样式，而"文字样式""标注样式"可以"设置"出多种不同的样式。要想设置不同点视觉效果，唯一能做的便是在"特性"中选择不同的颜色。

【练习 3-17】设置点样式创建刻度

	难度：☆
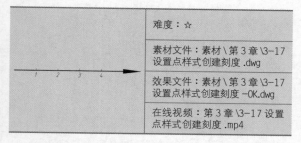	素材文件：素材 \ 第 3 章 \3-17 设置点样式创建刻度 .dwg
	效果文件：素材 \ 第 3 章 \3-17 设置点样式创建刻度 -OK.dwg
	在线视频：第 3 章 \3-17 设置点样式创建刻度 .mp4

通过图3-189所示的"点样式"对话框中可知，点样式的种类很多，使用情况也各不相同。通过指定合适的点样式，就可以快速获得所需的图形，如矢量线上的刻度，操作步骤如下。

01 启动AutoCAD 2020，然后单击快速访问工具栏中的"打开"按钮 📂，打开"第3章\3-17 设置点样式创建刻度.dwg"素材文件，该图形在各数值上已经创建好了点，但并没有设置点样式，如图3-192所示。

02 在"默认"选项卡的"实用工具"面板中单击"点样式"按钮 ⁙ 点样式... ，弹出"点样式"对话框，根据需

要，在对话框中选择第一排最后一个形状，然后选中"按绝对单位设置大小"单选按钮，输入点大小为2，如图3-193所示。

图 3-192 素材图形

图 3-193 设置点样式

03 单击"确定"按钮，关闭对话框，完成"点样式"的设置，最终效果如图3-194所示。

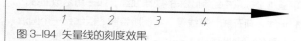

图 3-194 矢量线的刻度效果

2. 多点

在AutoCAD 2020中，点有两种创建方法，分别是"多点"和"单点"，但两个命令并没有本质区别，因此通常使用"多点"命令来创建，"单点"命令已不太常用。绘制多点就是指执行一次命令后可以连续指定多个点，直到按Esc键结束命令。

执行"多点"命令有以下几种方法。

◆ 功能区：单击"绘图"面板中的"多点"按钮 ⁙，如图3-195所示。
◆ 菜单栏：选择"绘图"|"点"|"多点"命令。
◆ 命令行：输入POINT或PO。

设置好点样式之后，单击"绘图"面板中的"多点"按钮 ⁙，根据命令行提示，在绘图区任意6个位置单击，按Esc键退出，即可完成多点的绘制，结果如图3-196所示。命令行提示如下。

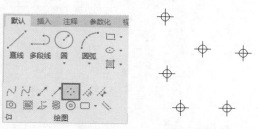

图 3-195 "绘图"面板中　图 3-196 绘制多点效果
的"多点"按钮

```
命令：_point
当前点模式：  PDMODE=33  PDSIZE=0.0000
          //在任意位置单击放置点
指定点：*取消*
          //按Esc键完成多点绘制
```

【练习 3-18】 绘制函数曲线

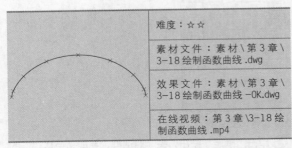

难度：☆☆
素材文件：素材 \ 第 3 章 \ 3-18 绘制函数曲线 .dwg
效果文件：素材 \ 第 3 章 \ 3-18 绘制函数曲线 -OK.dwg
在线视频：第 3 章 \3-18 绘制函数曲线 .mp4

函数曲线又称为数学曲线，是根据函数方程在笛卡尔直角坐标系中绘制出来的规律曲线，如三角函数曲线、心形线、渐开线、摆线等。本例所绘制的摆线是一个圆沿一条直线缓慢地滚动，圆上一固定点所经过的轨迹，如图3-197所示。摆线是数学上的经典曲线，也是机械设计中的重要轮廓造型曲线，广泛应用于各类减速器当中，如摆线针轮减速器，其中的传动轮轮廓线便是一种摆线，如图3-198所示。本例便通过"样条曲线"与"多点"命令，根据摆线的方程式来绘制摆线轨迹。

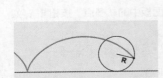
图 3-197 摆线

图 3-198 外轮廓为摆线的传动轮

01 启动AutoCAD 2020，打开"第3章\3-18 绘制函数曲线.dwg"文件，素材文件内含有一个表格，表格中包含摆线的曲线方程和特征点坐标，如图3-199所示。

摆线方程式：$x=R\times(t-\sin t), y=R\times(1-\cos t)$			
R	t	$x=r\times(t-\sin t)$	$y=r\times(1-\cos t)$	坐标 (x,y)
	0	0	0	(0, 0)
	$\frac{1}{6}\pi$	0.8	2.9	(0.8, 2.9)
	$\frac{1}{3}\pi$	5.7	10	(5.7, 10)
	$\frac{1}{2}\pi$	16.5	17.1	(16.5, 17.1)
	π	31.4	20	(31.4, 20)
		46.3	17.1	(46.3, 17.1)
		57.1	10	(57.1, 10)
		62	2.9	(62, 2.9)
		67.8	0	(67.8, 0)

$R=10$

图 3-199 素材表格

02 设置点样式。选择"格式"|"点样式"命令，在弹出的"点样式"对话框中选择点样式为⊠，如图3-200所示。

图 3-200 设置点样式

03 绘制各特征点。单击"绘图"面板中的"多点"按钮∷，然后在命令行中按表格中的"坐标"栏输入坐标值，所绘制的9个特征点如图3-201所示，命令行提示如下。

图 3-201 所绘制的 9 个特征点

```
命令：_point
当前点模式：  PDMODE=3  PDSIZE=0.0000
指定点：0,0↙
          //输入第一个点的坐标
指定点：0.8, 2.9↙
          //输入第二个点的坐标
指定点：5.7, 10↙
          //输入第三个点的坐标
指定点：16.5, 17.1↙
          //输入第四个点的坐标
指定点：31.4, 20↙
          //输入第五个点的坐标
指定点：46.3, 17.1↙
          //输入第六个点的坐标
指定点：57.1, 10↙
          //输入第七个点的坐标
指定点：62, 2.9↙
          //输入第八个点的坐标
指定点：62.8, 0↙
          //输入第九个点的坐标
指定点：*取消*
          //按Esc键取消多点绘制
```

04 用样条曲线进行连接。单击"绘图"面板中的"样条曲线拟合"按钮 ∿，启用样条曲线命令，然后依次连接绘制的9个特征点即可，如图3-202所示。

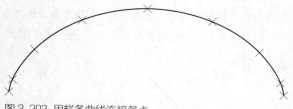

图 3-202 用样条曲线连接各点

> **提示**
>
> 函数曲线上的各点坐标可以通过Excel软件来计算得出，然后按上述方法操作即可绘制出各种曲线。

3.8.5 定数等分

"定数等分"是将对象按指定的数量分为等长的多段，并在各等分位置生成点。如输入"4"，则将对象等分为4段，如图3-203所示。

执行"定数等分"命令的方法有以下几种。

◆ 功能区：单击"绘图"面板中的"定数等分"按钮 ⚞，如图3-204所示。

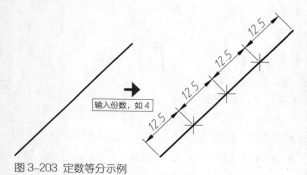

图 3-203 定数等分示例

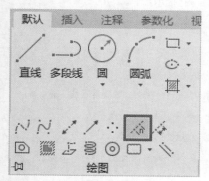

图 3-204 "定数等分"按钮

◆ 菜单栏：选择"绘图"|"点"|"定数等分"命令。
◆ 命令行：输入DIVIDE或DIV。

执行命令后命令行提示如下。

```
命令：_divide
        //执行"定数等分"命令
选择要定数等分的对象：
        //选择要等分的对象，可以是直线、
        圆、圆弧、样条曲线、多段线
输入线段数目或 [块(B)]：
        //输入要等分的段数
```

命令行中各选项的含义说明如下。

◆ 输入线段数目：该选项为默认选项，输入数字即可将被选中的图形平分，如图3-205所示。
◆ 块（B）：该命令可以在等分点处生成用户指定的块，如图3-206所示。

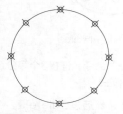

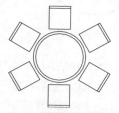

图 3-205 以点定数等分　　　图 3-206 以块定数等分

【练习 3-19】 绘制棘轮图形

难度：☆☆
素材文件：素材\第3章\3-19绘制棘轮图形.dwg
效果文件：素材\第3章\3-19绘制棘轮图形-OK.dwg
在线视频：第3章\3-19绘制棘轮图形.mp4

由于"定数等分"是将图形按指定的数量进行等分，因此适用于圆、圆弧、椭圆、样条曲线等曲线图形的等分，常用于绘制一些数量明确、形状相似的图形，如棘轮、扇子、花架等。

01 启动AutoCAD 2020，然后单击快速访问工具栏中的"打开"按钮 ▣，打开"第3章\3-19 绘制棘轮图形.dwg"素材文件，其中已经绘制好了3个圆，半径分别为90、60、40，如图3-207所示。

02 设置点样式。在"默认"选项卡的"实用工具"面板中单击"点样式"按钮 ✚ 点样式...，在弹出的"点样式"对话框中选择"×"样式，如图3-208所示。

03 在命令行中输入DIV执行"等分点"命令，选择最外侧半径为90的圆，设置线段数目为12，如图3-209所示。

04 使用相同的方法等分中间半径为60的圆，线段数目同样为12，如图3-210所示。

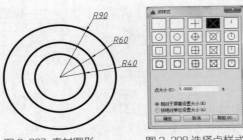

图 3-207 素材图形　　　图 3-208 选择点样式

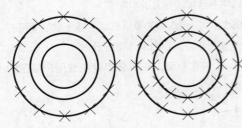

图 3-209 等分最外侧　　图 3-210 等分中间的圆
的圆

05 在命令行中输入L执行"直线"命令，连接3个等分点，重复此操作，效果如图3-211所示。

06 选择中间和最外侧的两个圆，然后按Delete键，即可删除这两个圆，再删除点，最终效果如图3-212所示。

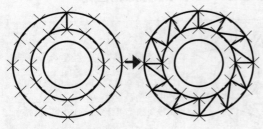

图 3-211 绘制连接线段

图 3-212 最终效果

提示

AutoCAD提供的命令非常丰富，因此很多图形都可以有多种画法。如本例所绘的棘轮图形，除了使用上面介绍的"定数等分"命令外，还可以使用"阵列""旋转"等命令来完成。而最后一步的删除操作，除了按Delete键，也可以在命令行中输入E或ERASER来执行"删除"命令。本书会介绍绝大多数工作中能用得上的命令，完成本书的学习后，读者可以从中摸索出最适合自己的绘图方法。

3.8.6 定距等分

"定距等分"是将对象分为长度为指定值的多段，并在各等分位置生成点。如输入8，则将对象按长度8为一段进行等分，直至对象剩余长度不足8为止，如图3-213所示。

输入单段长度，如8

图 3-213 定距等分示例

执行"定距等分"命令的方法有以下几种。

◆ 功能区：单击"绘图"面板中的"定距等分"按钮，如图3-214所示。

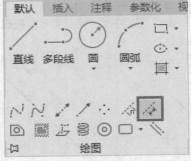

图 3-214 "定距等分"按钮

◆ 菜单栏：选择"绘图" | "点" | "定距等分"命令。

◆ 命令行：输入MEASURE或ME。

执行命令后命令行提示如下。

命令： _measure
　　　　//执行"定距等分"命令
选择要定距等分的对象：
　　　　//选择要等分的对象，可以是直线、圆、
　　　　圆弧、样条曲线、多段线等
指定线段长度或［块(B)］:
　　　　//输入要等分的单段长度

命令行中各选项的含义说明如下。

◆ 指定线段长度：该选项为默认选项，输入的数字即为分段的长度，如图3-215所示。

◆ 块（B）：该命令可以在等分点处生成用户指定的块。

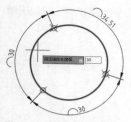

图 3-215 定距等分效果

【练习 3-20】绘制楼梯

	难度：☆☆
	素材文件：素材 \ 第 3 章 \3-20 绘制楼梯 .dwg
	效果文件：素材 \ 第 3 章 \3-20 绘制楼梯 -OK.dwg
	在线视频：第 3 章 \3-20 绘制楼梯 .mp4

"定距等分"是将图形按指定的长度进行等分，因此适用于绘制一些具有固定间隔长度的图形，如楼梯和踏板等。

01 启动 AutoCAD 2020，打开素材文件"第 3 章 \3-20 绘制楼梯 .dwg"，其中已经绘制好了室内设计图的局部图形，如图 3-216 所示。

02 设置点样式。在"默认"选项卡的"实用工具"面板中单击"点样式"按钮 ❖ 点样式…，弹出"点样式"对话框，根据需要选择点样式，如图 3-217 所示。

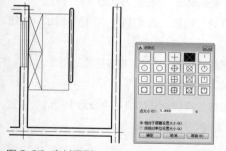

图 3-216 素材图形　　　图 3-217 设置点样式

03 执行定距等分。单击"绘图"面板中的"定距等分"按钮 ⚡，将楼梯口左侧的直线段按每段 250mm 进行等分，结果如图 3-218 所示，命令行提示如下。

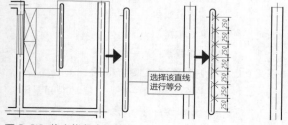

图 3-218 将直线段定距等分

```
命令：_measure
        //执行"定距等分"命令
选择要定距等分的对象：
        //选择素材直线
指定线段长度或 [块(B)]：250↙
        //输入要等分的距离值
        //按 Esc 键退出
```

04 在"默认"选项卡中，单击"绘图"面板上的"直线"按钮 ✏，以各等分点为起点向右绘制直线段，结果如图 3-219 所示。

05 将点样式重新设置为默认状态，即可得到楼梯图形，如图 3-220 所示。

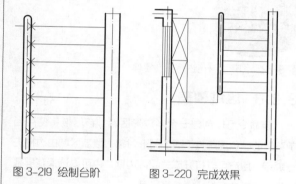

图 3-219 绘制台阶　　　图 3-220 完成效果

延伸讲解　**"块（B）"等分的使用**

在执行"定数等分"或"定距等分"这类等分点命令时，命令行中会出现一个"块（B）"的延伸选项，该选项表示在等分点处插入指定的块，操作效果如图 3-221 所示。"块"的概念在第 7 章中有详细介绍。

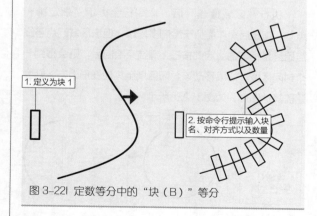

图 3-221 定数等分中的"块（B）"等分

3.8.7 面域

"面域"命令和前面介绍的"边界"命令相同，都是用来进行三维建模的基础命令，与"边界"命令不同的是，"面域"命令是通过直接选择封闭对象来创建面域的，如图3-222所示。"面域"命令同样与二维绘图关系不大，便不在此处进行讲解，在本书的三维篇中再进行详细介绍。

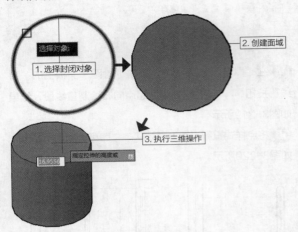

图 3-222 创建面域再进行三维建模

3.8.8 区域覆盖

该命令可以创建一个多边形区域，该区域将使用当前背景的颜色屏蔽其下面的图形对象。覆盖区域由边框进行绑定，用户可以打开或关闭该边框，也可以选择在屏幕上显示边框并在打印时将其隐藏。

执行"区域覆盖"命令的方法如下。

◆ 功能区：在"默认"选项卡中，单击"绘图"面板中的"区域覆盖"按钮 。

◆ 菜单栏：选择"绘图"|"区域覆盖"命令。

◆ 命令行：输入WIPEOUT。

执行"区域覆盖"后，命令行会提示"指定第一点"，指定后操作类似于绘制多段线，但该区域起点与终点始终是相连的。因此按Esc键结束绘制后，则会得到一个封闭区域，如果移动该封闭区域至其他图形上方，则会遮盖其他图形，如图3-223所示。

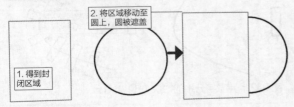

图 3-223 遮盖效果

要注意的是被遮盖的图形并不是被删除或者修剪，只是相当于上面被盖了一层东西隐藏了起来而已，如上图中的圆，当被选择时仍然可以看到被遮盖的左半部分，如

图3-224所示。"区域覆盖"命令使用较少，只做简单了解即可。

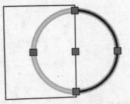

图 3-224 被遮盖图形的显示效果

3.8.9 三维多段线

在二维的平面直角坐标系中，使用"多段线"命令可以绘制多段线，尽管可以设置各线段的宽度和厚度，但它们必须共面。而使用"三维多段线"命令，则可以绘制不共面的三维多段线。但这样绘制的三维多段线是作为单个对象创建的直线段相互连接而成的序列，因此它只有直线段，没有圆弧段，如图3-225所示。

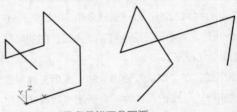

图 3-225 三维多段线不含圆弧

调用"三维多段线"命令的方法如下。

◆ 功能区：单击"绘图"面板中的"三维多段线"按钮 。

◆ 菜单栏：选择"绘图" | "三维多段线"命令。

◆ 命令行：输入3DPOLY。

三维多段线的操作十分简单，执行命令后依次指定点即可绘制。命令行提示如下。

```
命令：_3dpoly
        //执行"三维多段线"命令
指定多段线的起点：
        //指定多段线的起点
指定直线的端点或 [放弃(U)]：
        //指定多段线的下一个点
指定直线的端点或 [放弃(U)]：
        //指定多段线的下一个点
指定直线的端点或 [闭合(C)/放弃(U)]：
        //指定多段线的下一个点。输入C使图形闭
        合，或按Enter键结束命令
```

"三维多段线"不能像二维多段线一样添加线宽或圆弧，因此功能非常简单，命令行中也只有"闭合（C）"选项，同"直线"命令，在此不重复介绍。

3.8.10 螺旋线

在日常生活中，随处可见各种螺旋线，如弹簧、发条、螺纹、旋转楼梯等，如图3-226所示。如果要绘制这些图形，仅使用"圆弧""样条曲线"等命令是很难的，因此在AutoCAD 2020中，就提供了一项专门用来绘制螺旋线的命令——"螺旋"。

弹簧　　　　发条　　　　　　　　　　旋转楼梯

图 3-226 各种螺旋图形

绘制螺旋线的方法有以下几种。

◆ 功能区：在"默认"选项卡中，单击"绘图"面板中的"螺旋"按钮 ⑧。

◆ 菜单栏：选择"绘图"|"螺旋"命令。

◆ 命令行：输入HELIX。

执行"螺旋"命令后，根据命令行提示设置各项参数，即可绘制螺旋线，如图3-227所示。命令行提示如下。

```
命令：_Helix
        //执行"螺旋"命令
圈数 = 3.0000      扭曲=CCW
        //当前螺旋线的参数设置
指定底面的中心点：
        //指定螺旋线的中心点
指定底面半径或 [直径(D)] <1.0000>：10↙
        //输入最里层的圆半径值
指定顶面半径或 [直径(D)] <10.0000>：30↙
        //输入最外层的圆半径值
指定螺旋高度或 [轴端点(A)/圈数(T)/圈高(H)/扭曲(W)]
<1.0000>：
        //输入螺旋线的高度值，绘制三维的螺
          旋线，或按Enter键完成操作
```

螺旋线的绘制与"螺旋"命令中各项参数设置有关，因此命令行中各选项解释如下。

◆ 底面的中心点：即设置螺旋基点的中心。

◆ 底面半径：指定螺旋底面的半径。初始状态下，默认的底面半径设定为 1。以后在执行"螺旋"命令时，底面半径的默认值则始终是先前输入的任意实体图元或螺旋的底面半径值。

◆ 顶面半径：指定螺旋顶面的半径。默认值与底面半径相同。底面半径和顶面半径可以相等（但不能都设定为0），这时创建的螺旋线在二维视图下外观就为一个圆，但三维状态下则为一标准的弹簧型螺旋线，如图3-228所示。

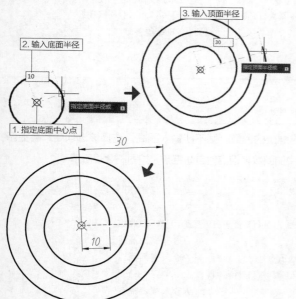

图 3-227 创建螺旋线

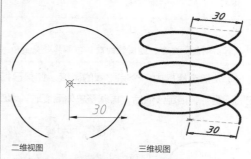

二维视图　　　　　　三维视图

图 3-228 不同视图下的螺旋线显示效果

◆ 螺旋高度：为螺旋线指定高度，即 Z 轴方向上的值，从而创建三维的螺旋线。不同的底面半径值和顶面半径值，在相同螺旋高度下的螺旋线如图3-229所示。

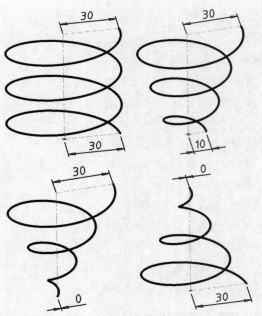

图 3-229 不同半径、相同高度的螺旋线效果（2）

意位置，因此可以通过该选项创建指向各方向的螺旋线，效果如图3-230所示。

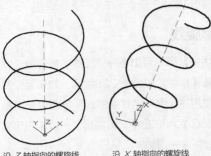

沿 Z 轴指向的螺旋线　　　沿 X 轴指向的螺旋线

指向任意方向的螺旋线

图 3-230 通过轴端点可以指定螺旋线的指向

◆ 轴端点（A）：通过指定螺旋轴的端点位置，来确定螺旋线的长度和方向。轴端点可以位于三维空间的任

◆ 圈数（T）：通过指定螺旋的圈（旋转）数，来确定螺旋线的高度。螺旋的圈数不能超过500。在初始状态下，圈数的默认值为3。圈数指定后，再输入螺旋的高度值，则只会实时调整螺旋的间距值（即"圈高"），效果如图3-231所示。

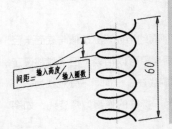

```
命令：　HELIX↙                                    //执行"螺旋"命令
……
指定螺旋高度或 [轴端点(A)/圈数(T)/圈高(H)/扭曲(W)] <60.0000>：T↙
                                                 //选择"圈数"选项
输入圈数 <3.0000>：5↙                            //输入圈数
指定螺旋高度或 [轴端点(A)/圈数(T)/圈高(H)/扭曲(W)] <44.6038>：60↙
                                                 //输入螺旋高度
```

图 3-231 "圈数（T）"绘制螺旋线

提示

一旦执行"螺旋"命令，则圈数的默认值始终是先前输入的圈数值。

◆ 圈高（H）：指定螺旋内一个完整圈的高度。如果已指定螺旋的圈数，则不能输入圈高。选择该选项后，会提示"指定圈间距"，指定该值后，再调整总体高度时，螺旋中的圈数将相应地自动更新，如图3-232所示。

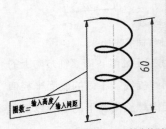

```
命令：　HELIX↙                                    //执行"螺旋"命令
……
指定螺旋高度或 [轴端点(A)/圈数(T)/圈高(H)/扭曲(W)] <60.0000>：H↙
                                                 //选择"圈高"选项
指定圈间距 <15.0000>：18↙                         //输入圈间距
指定螺旋高度或 [轴端点(A)/圈数(T)/圈高(H)/扭曲(W)] <44.6038>：60↙
                                                 //输入螺旋高度
```

图 3-232 "圈高（H）"绘制螺旋线

◆ 扭曲（W）：可指定螺旋扭曲的方向，有"顺时针"和"逆时针"两个延伸选项，默认为"逆时针"。

【练习 3-21】 绘制发条弹簧

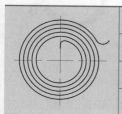

难度：☆☆☆	
素材文件：素材 \ 第 3 章 \3-21 绘制发条弹簧 .dwg	
效果文件：素材 \ 第 3 章 \3-21 绘制发条弹簧 -OK.dwg	
在线视频：第 3 章 \3-21 绘制发条弹簧 .mp4	

发条弹簧，又名平面涡卷弹簧。其一端固定而另一端有作用扭矩；在扭矩作用下弹簧材料产生弹性变形，使弹簧在平面内产生扭转，从而积聚能量，释放后可作为简单的动力源，广泛应用于玩具、钟表等产品。图3-233 所示为一款经典的发条弹簧应用实例。本例即利用所学的"螺旋"命令绘制该发条弹簧。

01 打开"第3章\3-21 绘制发条弹簧.dwg"文件，其中已经绘制好了交叉的中心线，如图3-234所示。

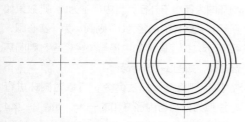

图 3-233 发条弹簧的应用实例

02 单击"绘图"面板中的"螺旋"按钮 ⧢，以中心线的交点为中心点，绘制底面半径为10、顶面半径为20、圈数为5、螺旋高度为0、旋转方向为顺时针的平面螺旋线，如图3-235所示。命令行提示如下。

图 3-234 素材图形　　图 3-235 绘制螺旋线

```
命令：_Helix
圈数 = 3.0000      扭曲=CCW
指定底面的中心点：
          //选择中心线的交点
指定底面半径或 [直径(D)] <1.0000>：10
          //输入底面半径值
指定顶面半径或 [直径(D)] <10.0000>：20
```

```
          //输入顶面半径值
指定螺旋高度或 [轴端点(A)/圈数(T)/圈高(H)/扭曲(W)]
<0.0000>：w↙
          //选择"扭曲"选项
输入螺旋的扭曲方向 [顺时针(CW)/逆时针(CCW)]
<CCW>：cw↙
          //选择顺时针旋转方向
指定螺旋高度或 [轴端点(A)/圈数(T)/圈高(H)/扭曲(W)]
<0.0000>：t↙
          //选择"圈数"选项
输入圈数 <3.0000>：5↙
          //输入圈数
指定螺旋高度或 [轴端点(A)/圈数(T)/圈高(H)/扭曲(W)]
<0.0000>：
          //输入高度值为0，结束操作
```

03 单击"修改"面板中的"旋转"按钮 ⟳，将螺旋线旋转90°，如图3-236所示。

04 绘制内侧吊杆。执行"直线"命令，在螺旋线内圈的起点处绘制一条长度值为4的竖线，再单击"修改"面板中的"圆角"按钮 ⧉，将直线与螺旋线倒圆（半径为2），如图3-237所示。

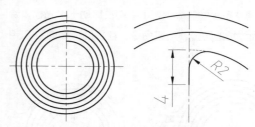

图 3-236 旋转螺旋线　　图 3-237 绘制内侧吊杆

05 绘制外侧吊钩。单击"绘图"面板中的"多段线"按钮 ⤵，以螺旋线外圈的终点为起点，以螺旋线中心为圆心，绘制一段端点角度为30°的圆弧，如图3-238所示，命令行提示如下。

```
命令：_pline
指定起点：
          //指定螺旋线的终点为多段线的起点
当前线宽为 0.0000
指定下一个点或 [圆弧(A)/半宽(H)/长度(L)/放弃(U)/宽
度(W)]：A↙
          //选择"圆弧"延伸选项
指定圆弧的端点(按住 Ctrl 键以切换方向)或
[角度(A)/圆心(CE)/方向(D)/半宽(H)/直线(L)/半径
```

(R)\第二个点(S)/放弃(U)/宽度(W)：ce↙

　　　　//选择"圆心"延伸选项

指定圆弧的圆心：

　　　　//指定螺旋线中心为圆心

指定圆弧的端点(按住 Ctrl 键以切换方向)或 [角度(A)/长度(L)]：30

　　　　//输入端点角度值

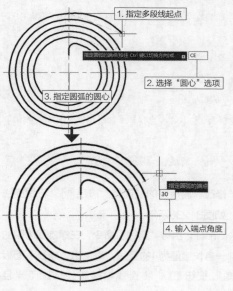

图 3-238 绘制第一段多段线

06 继续"多段线"命令，水平向右移动十字光标，绘制一跨距为6的圆弧，结束命令，最终图形如图3-239所示。

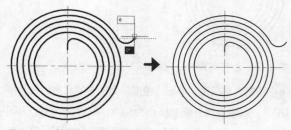

图 3-239 绘制第二段多段线

3.8.11　圆环

　　圆环可看作是由同一圆心、不同直径的两个同心圆组成的，控制圆环的参数是圆心、内直径和外直径。圆环可分为"填充环"（两个圆形中间的面积填充，可用于绘制电路图中的各接点）和"实体填充圆"（圆环的内直径为0，可用于绘制各种标识）。圆环的典型示例如图3-240所示。

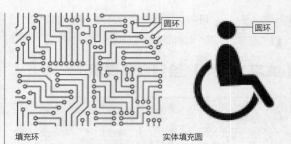

填充环　　　　　　　　　　实体填充圆

图 3-240　圆环的典型示例

　　执行"圆环"命令的方法如下。

◆ 功能区：在"默认"选项卡中，单击"绘图"面板中的"圆环"按钮◎。

◆ 菜单栏：选择"绘图"|"圆环"命令。

◆ 命令行：输入DONUT或DO。

　　执行命令后命令行提示如下。

命令：_donut

　　　　//执行"圆环"命令

指定圆环的内径 <0.5000>：10↙

　　　　//指定圆环内径

指定圆环的外径 <1.0000>：20↙

　　　　//指定圆环外径

指定圆环的中心点或 <退出>：

　　　　//在绘图区中指定一点放置圆环，放置

　　　　位置为圆心

指定圆环的中心点或 <退出>：*取消*

　　　　//按ESC键退出圆环命令

　　在绘制圆环时，命令行提示指定圆环的内径和外径，正常圆环的内径小于外径，且内径不为0，则效果如图3-241所示；若圆环的内径为0，则圆环为一实心圆，如图3-242所示；如果圆环的内径与外径相等，则圆环就是一个普通圆，如图3-243所示。

　　此外，执行"直径"标注命令，可以对圆环进行标注。但标注值为外径与内径之和的一半，如图3-244所示。

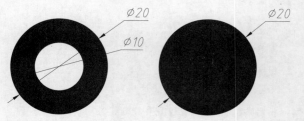

图 3-24I 内、外径不相等　　图 3-242 内径为 0，外径为 20

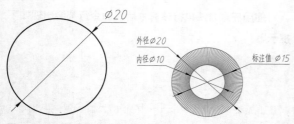

图 3-243 内径与外径均为 20　　图 3-244 圆环对象的标注值

【练习 3-22】 绘制圆环完善电路图

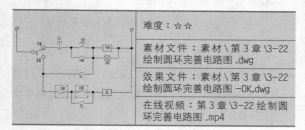

	难度：☆☆
	素材文件：素材 \ 第 3 章 \3-22 绘制圆环完善电路图 .dwg
	效果文件：素材 \ 第 3 章 \3-22 绘制圆环完善电路图 -OK.dwg
	在线视频：第 3 章 \3-22 绘制圆环完善电路图 .mp4

使用"圆环"命令可以快速创建大量实心或普通圆，因此在绘制电路图时，相较于"圆"命令要方便快捷。本例即通过"圆环"命令来完善某液位自动控制器的电路图。

01 单击快速访问工具栏中的"打开"按钮 📂，打开"第 3 章\3-22 绘制圆环完善电路图.dwg"素材文件，素材文件内已经绘制好了一份完整的电路图，如图3-245所示。

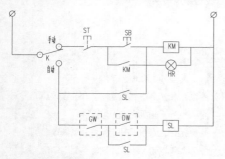

图 3-245 素材图形

02 设置圆环参数。在"默认"选项卡中，单击"绘图"面板中的"圆环"按钮 ◎，指定圆环的内径为0，外径为4，然后在各线交点处绘制圆环，命令行提示如下，结果如图3-246所示。

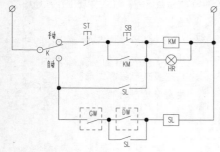

图 3-246 电路图效果

```
命令：　DONUT↙
　　　　//执行"圆环"命令
指定圆环的内径 <0.5000>：0↙
　　　　//输入圆环的内径
指定圆环的外径 <1.0000>：4↙
　　　　//输入圆环的外径
指定圆环的中心点或 <退出>：
　　　　//在交点处放置圆环
……
指定圆环的中心点或 <退出>：↙
　　　　//按Enter键结束放置
```

延伸讲解　**实心圆环或空心圆环**

AutoCAD 2020在默认情况下，所绘制的圆环为填充的实心图形，如图3-247所示。此外其他的实体效果也会如此显示，如SOLID填充、带宽度的多段线等。

这是因为AutoCAD中默认的FILL参数设置为了"开（ON）"的结果。如果在绘制圆环或多段线之前在命令行中输入FILL，然后将其设置为"关（OFF）"，则实体图形将为空心显示，如图3-248所示，命令行提示如下。

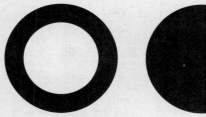

图 3-247 填充效果为"开（ON）"

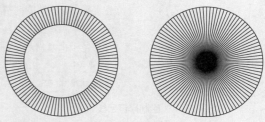

图 3-248 填充效果为"关（OFF）"

```
命令：FILL↙
输入模式[开(ON)][关(OFF)]<开>：
　　　　//输入ON或OFF来选择填充效果的开、关
```

3.8.12　修订云线

修订云线是一类特殊的线条，它的形状类似于云朵，主要用于突出显示图纸中已修改的部分，或用来添加部分图纸批注文字，在园林绘图中修订云线常用于绘制灌

木，如图3-249所示。其组成参数包括多个控制点、最大弧长和最小弧长。

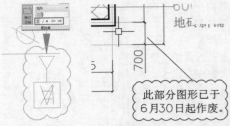

图 3-249 修订云线的应用场合举例

绘制修订云线的方法有以下几种。

◆ 功能区：单击"绘图"面板上"矩形修订云线"下拉按钮中的"矩形"按钮▭、"多边形"按钮⬠或"徒手画"按钮◌，如图3-250所示。

◆ 菜单栏：选择"绘图"|"修订云线"命令。

◆ 命令行：输入REVCLOUD。

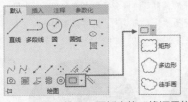

图 3-250 "绘图"面板中的"修订云线"按钮

使用任意方法执行该命令后，命令行都会出现如下提示。

```
命令： _revcloud
              //执行"修订云线"命令
最小弧长：3 最大弧长：5 样式：普通 类型：多边形
              //显示当前修订云线的设置
指定起点或 [弧长(A)/对象(O)/矩形(R)/多边形(P)/徒手
画(F)/样式(S)/修改(M)]<对象>：_F
              //选择修订云线的创建方法或修改设置
```

各选项含义如下。

◆ 弧长（A）：指定修订云线的弧长，选择该选项后可指定最小与最大弧长，其中最大弧长不能超过最小弧长的3倍。

◆ 对象（O）：指定要转换为修订云线的单个对象，如图3-251所示。

图 3-25l 修订云线对象及转换

◆ 矩形（R）：通过绘制矩形创建修订云线，如图3-252所示。

```
命令： _revcloud
最小弧长： 3   最大弧长： 5   样式：普通   类型： 矩形
指定第一个角点或 [弧长(A)/对象(O)/矩形(R)/多边形(P)/徒手画(F)/样式(S)/修改(M)]
<对象>：_R                    //选择"矩形"选项
指定第一个角点或 [弧长(A)/对象(O)/矩形(R)/多边形(P)/徒手画(F)/样式(S)/修改(M)]
<对象>：                      //指定矩形的第一个角点1
指定对角点：                  //指定矩形的对角点2
```

图 3-252 "矩形（R）"绘制修订云线

◆ 多边形（P）：通过绘制多段线创建修订云线，如图3-253所示。

```
命令： _revcloud
指定起点或 [弧长(A)/对象(O)/矩形(R)/多边形(P)/徒手画(F)/样式(S)/修改(M)] <对象
>：_P                         //选择"多边形"选项
指定起点或 [弧长(A)/对象(O)/矩形(R)/多边形(P)/徒手画(F)/样式(S)/修改(M)] <对
象>：                         //指定多边形的起点1
指定下一点：                  //指定多边形的第二点2
指定下一点或 [放弃(U)]：       //指定多边形的第三点3
指定下一点或 [放弃(U)]：
```

图 3-253 "多边形（P）"绘制修订云线

◆ 徒手画（F）：通过绘制自由形状的闭合图形创建修订云线，如图3-254所示。

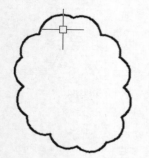

命令：_revcloud

指定起点或 [弧长(A)/对象(O)/矩形(R)/多边形(P)/徒手画(F)/样式(S)/修改(M)] <对象>：_F   //选择"徒手画"选项

最小弧长：3   最大弧长：5   样式：普通   类型：徒手画

指定第一个点或 [弧长(A)/对象(O)/矩形(R)/多边形(P)/徒手画(F)/样式(S)/修改(M)] <对象>：   //指定多边形的起点

沿云线路径引导十字光标...指定下一点或 [放弃(U)]：

图 3-254 "徒手画（F）"绘制修订云线

提示

在绘制修订云线时，若不希望它自动闭合，可在绘制过程中将十字光标移动到合适的位置后，单击鼠标右键来结束修订云线的绘制。

◆ 样式（S）：用于选择修订云线的样式，选择该选项后，命令提示行将出现"选择圆弧样式[普通(N)/(C)]<普通>："的提示信息，默认为"普通"选项，如图

3-255所示。

◆ 修改（M）：对绘制的修订云线进行修改。

普通

手绘

图 3-255 样式效果

3.9 多线

"多线"不在"绘图"面板中出现，但也是使用频率非常高的一个命令，所以单独在本节进行介绍。多线是一种由多条平行线组成的组合图形对象，它可以由1~16条平行直线组成。多线在实际工程设计中的应用非常广泛，如建筑平面图中绘制墙体、规划设计中绘制道路、机械设计中绘制键等，如图3-256所示。

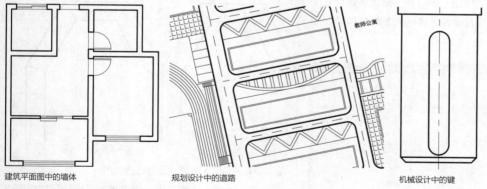

建筑平面图中的墙体   规划设计中的道路   机械设计中的键

图 3-256 各行业中的多线应用

3.9.1 多线概述

使用"多线"命令可以快速生成大量平行直线，多线同多段线一样，也是复合对象，绘制的直线组成一个完整的整体，不能对其中的直线进行偏移、延伸、修剪等编辑操作，只能将其分解为多条直线后才能编辑。

"多线"的操作步骤与"多段线"类似，稍有不同的是"多线"需要在绘制前设置好样式与其他参数，开始绘制后便不能再随意更改。而"多段线"在一开始并不需做任何设置，且在绘制的过程中可以根据众多的延伸选项随时进行调整。

3.9.2　设置多线样式

系统默认的STANDARD样式由两条平行线组成，并且平行线的间距是定值。如果要绘制不同规格和样式的多线（带封口或更多数量的平行线），就需要设置多线的样式。

执行"多线样式"命令的方法有以下几种。

◆ 菜单栏：选择"格式"|"多线样式"命令。

◆ 命令行：输入MLSTYLE。

使用上述方法打开"多线样式"对话框，可以新建、修改或者加载多线样式，如图3-257所示；单击其中的"新建"按钮，可以打开"创建新的多线样式"对话框，然后定义新多线样式的名称（如平键），如图3-258所示。

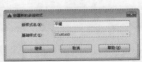

图 3-257　"多线样式"对话框　　图 3-258　"创建新的多线样式"对话框

接着单击"继续"按钮，便打开"新建多线样式：平键"对话框，可以在其中设置多线的各种特性，如图3-259所示。

图 3-259　"新建多线样式：平键"对话框

"新建多线样式：平键"对话框中各选项的含义如下。

◆ 封口：设置多线的平行线段之间两端封口的样式。当取消选中"封口"选项区中的复选框，绘制的多段线

两端将呈打开状态，如图3-260所示为多线的各种封口形式。

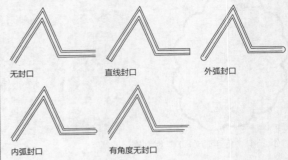

无封口　　　　直线封口　　　　外弧封口

内弧封口　　　　有角度无封口

图 3-260　多线的各种封口样式

◆ 填充颜色：设置封闭的多线内的填充颜色，选择"无"选项，表示使用透明颜色填充，如图3-261所示。

填充颜色为"无"　　填充颜色为"红"　　填充颜色为"绿"

图 3-261　各多线的填充颜色效果

◆ 显示连接：显示或隐藏每条线段顶点处的连接，效果如图3-262所示。

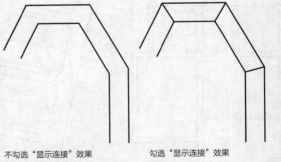

不勾选"显示连接"效果　　　　勾选"显示连接"效果

图 3-262　不勾选与勾选"显示连接"效果

◆ 图元：构成多线的元素，通过单击"添加"按钮可以添加多线的构成元素，也可以通过单击"删除"按钮删除这些元素。

◆ 偏移：设置多线元素从中线的偏移值，值为正表示向上偏移，值为负表示向下偏移。

◆ 颜色：设置组成多线元素的直线线条颜色。

◆ 线型：设置组成多线元素的直线线条线型。

【练习 3-23】 创建墙体多线样式

难度：☆	
素材文件：无	
效果文件：无	
在线视频：第 3 章 \3-23 创建墙体多线样式 .mp4	

多线的使用虽然方便，但是默认的STANDARD样式过于简单，无法用来应对现实工作中所遇到的各种问题（如绘制带有封口的墙体线）。这时就可以通过创建新的多线样式来解决，具体步骤如下。

01 启动AutoCAD 2020，然后单击快速访问工具栏中的"新建"按钮 📄，新建空白文档。

02 在命令行中输入MLSTYLE并按Enter键，系统弹出"多线样式"对话框，如图3-263所示。

图 3-263 "多线样式"对话框

03 单击"新建"按钮 新建(N)... ，系统弹出"创建新的多线样式"对话框，新建新样式名为墙体，基础样式为STANDARD，单击"确定"按钮，系统弹出"新建多线样式：墙体"对话框。

04 在"封口"区域勾选"直线"中的两个复选框，在"图元"选项区域中设置"偏移"为120与-120，如图3-264所示。单击"确定"按钮，系统返回"多线样式"对话框。

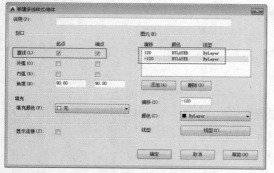

图 3-264 设置封口和偏移值

05 单击"置为当前"按钮，单击"确定"按钮，关闭对话框，完成墙体多线样式的设置。单击快速访问工具栏中的"保存"按钮 💾，保存文件。

3.9.3　绘制多线

在AutoCAD中执行"多线"命令的方法不多，只有以下两种。不过读者也可以通过本书中1.2.1节里的延伸讲解方法来向功能区中添加"多线"。

◆ 菜单栏：选择"绘图"|"多线"命令。

◆ 命令行：输入MLINE或ML。

执行命令后命令行提示如下。

```
命令：_mline
        //执行"多线"命令
当前设置：对正 = 上，比例 = 20.00，样式 =
STANDARD //显示当前的多线设置
指定起点或 [对正(J)/比例(S)/样式(ST)]：
        //指定多线起点或修改多线设置
指定下一点：
        //指定多线的端点
指定下一点或 [放弃(U)]：
        //指定下一段多线的端点
指定下一点或 [闭合(C)/放弃(U)]：
        //指定下一段多线的端点或按Enter键结束
```

执行"多线"的过程中，命令行会出现3种设置类型："对正（J）""比例（S）""样式（ST）"，分别介绍如下。

◆ 对正（J）：设置绘制多线时相对于输入点的偏移位置。该选项有"上""无""下"3个选项，"上"表示多线顶端的线随着十字光标移动；"无"表示多线的中心线随着十字光标移动；"下"表示多线底端的线随着十字光标移动，如图3-265所示。

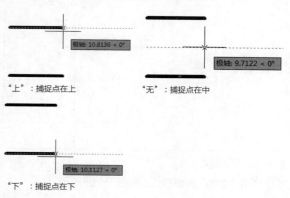

图 3-265 多线的对正

◆ 比例（S）：设置多线样式中多线的宽度比例，可以快速定义多线的间隔宽度，如图3-266所示。

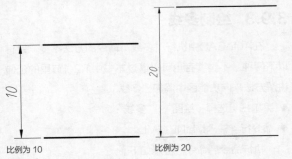

比例为 10　　　　　比例为 20

图 3-266 多线的比例

◆ 样式（ST）：设置绘制多线时使用的样式，默认的多线样式为STANDARD，选择该选项后，可以在提示信息"输入多线样式名或[？]"后面输入已定义的样式名。输入"？"则会列出当前图形中所有的多线样式。

【练习 3-24】 绘制墙体

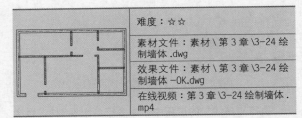	难度：☆☆
	素材文件：素材 \ 第 3 章 \3-24 绘制墙体 .dwg
	效果文件：素材 \ 第 3 章 \3-24 绘制墙体 -OK.dwg
	在线视频：第 3 章 \3-24 绘制墙体 .mp4

"多线"可一次性绘制出大量平行线，非常适合于用来绘制室内、建筑平面图中的墙体。本例便根据已经设置好的"墙体"多线样式来进行绘图。

01 单击快速访问工具栏中的"打开"按钮 📂，打开"第3章\3-24 绘制墙体.dwg"文件，如图3-267所示。

图 3-267 素材图形

02 创建"墙体"多线样式，如图3-268所示。

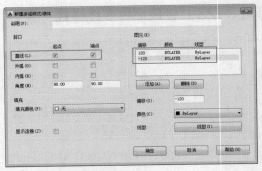

图 3-268 创建墙体多线样式

03 在命令行中输入ML，调用"多线"命令，绘制如图3-269所示墙体，命令行提示如下。

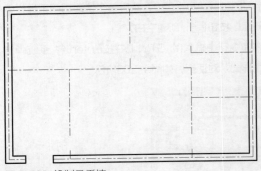

图 3-269 绘制承重墙

```
命令： ML↙
        //调用"多线"命令
当前设置： 对正 = 上，比例 = 20.00，样式 = 墙体
指定起点或 [对正(J)/比例(S)/样式(ST)]： S↙
        //选择"比例"选项
输入多线比例 <20.00>： 1↙
        //输入多线比例
当前设置： 对正 = 上，比例 = 1.00，样式 = 墙体
指定起点或 [对正(J)/比例(S)/样式(ST)]： J↙
        //选择"对正"选项
输入对正类型 [上(T)/无(Z)/下(B)] <上>： Z↙
        //选择"无"选项
当前设置： 对正 = 无，比例 = 1.00，样式 = 墙体
指定起点或 [对正(J)/比例(S)/样式(ST)]：
        //沿着轴线绘制墙体
指定下一点：
指定下一点或 [放弃(U)]。
指定下一点或 [闭合(C)/放弃(U)]： ↙
        //按Enter键结束绘制
```

04 按空格键重复命令，绘制非承重墙，把比例设置为 0.5，命令行提示如下。

命令： MLINE↙

　　　　//调用"多线"命令

当前设置： 对正 = 无，比例 = 1.00，样式 = 墙体

指定起点或 [对正(J)/比例(S)/样式(ST)]： S↙

　　　　//选择"比例"选项

输入多线比例 <1.00>： 0.5↙

　　　　//输入多线比例

当前设置： 对正 = 无，比例 = 0.50，样式 = 墙体

指定起点或 [对正(J)/比例(S)/样式(ST)]： J↙

　　　　//选择"对正"选项

输入对正类型 [上(T)/无(Z)/下(B)] <无>： Z↙

　　　　//选择"无"选项

当前设置： 对正 = 无，比例 = 0.50，样式 = 墙体

指定起点或 [对正(J)/比例(S)/样式(ST)]：

指定下一点：

　　　　//沿着轴线绘制墙体

指定下一点或 [放弃(U)]： ↙

　　　　//按Enter键结束绘制

05 最终效果如图3-270所示。

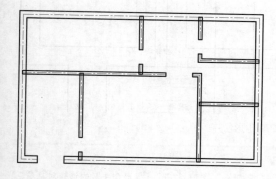

图 3-270 最终效果图

3.9.4 编辑多线

多线是复合对象，只能将其分解为多条直线后才能编辑。但在AutoCAD中，也可以用自带的"多线编辑工具"对话框进行编辑。

打开"多线编辑工具"对话框的方法如下。

◆ 菜单栏：选择"修改"|"对象"|"多线"命令，如图 3-271所示。

图 3-271 "菜单栏"调用"多线"编辑命令

◆ 命令行：输入MLEDIT。

◆ 快捷操作：双击绘制的多线图形。

执行上述任一命令后，系统弹出"多线编辑工具"对话框，如图3-272所示。根据图样单击一种工具图标，即可使用该工具编辑多线。

图 3-272 "多线编辑工具"对话框

"多线编辑工具"对话框中共有四列12种多线编辑工具：第一列为十字交叉编辑工具，第二列为T字交叉编辑工具，第三列为角点编辑工具，第四列为剪切或接合编辑工具。具体介绍如下。

◆ 十字闭合： 可在两条多线之间创建闭合的十字交点。选择该工具后，先选择第一条多线，作为打断的隐藏多线；再选择第二条多线，即前置的多线，效果如图3-273所示。

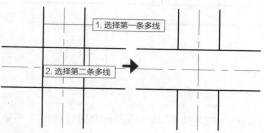

图 3-273 十字闭合

◆ 十字打开：在两条多线之间创建打开的十字交点。打断将插入第一条多线的所有元素和第二条多线的外部元素，效果如图3-274所示。

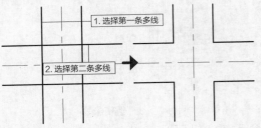

图 3-274 十字打开

◆ 十字合并：在两条多线之间创建合并的十字交点。选择多线的次序并不重要，效果如图3-275所示。

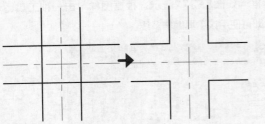

图 3-275 十字合并

> **提示**
> 对于双数多线来说，"十字打开"和"十字合并"结果是一样的；但对于三线，中间线的结果是不一样的，这两种工具的编辑效果如图3-276所示。

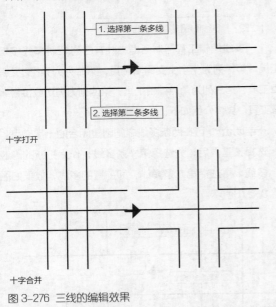

十字打开

十字合并

图 3-276 三线的编辑效果

◆ T形闭合：在两条多线之间创建闭合的T形交点。将第

一条多线修剪或延伸到与第二条多线的交点处，如图3-277所示。

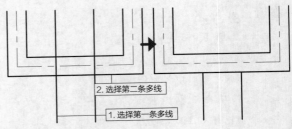

图 3-277 T 形闭合

◆ T形打开：在两条多线之间创建打开的T形交点。将第一条多线修剪或延伸到与第二条多线的交点处，如图3-278所示。

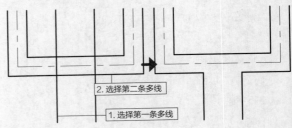

图 3-278 T 形打开

◆ T形合并：在两条多线之间创建合并的T形交点。将多线修剪或延伸到与另一条多线的交点处，如图3-279所示。

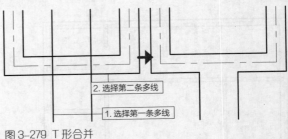

图 3-279 T 形合并

> **提示**
> "T形闭合""T形打开""T形合并"的选择对象顺序应先选择T字的下半部分，再选择T字的上半部分，如图3-280所示。

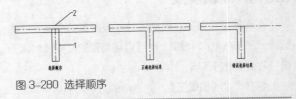

图 3-280 选择顺序

◆ 角点结合：在多线之间创建角点结合。将多线修剪或

延伸到它们的交点处，效果如图3-281所示。

◆ 添加顶点：向多线上添加一个顶点。新添加的点就可以用于夹点编辑，效果如图3-282所示

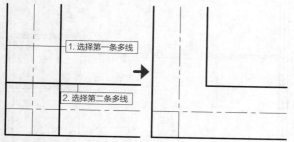

图 3-281 角点结合

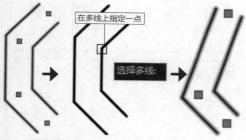

图 3-282 添加顶点

◆ 删除顶点：从多线上删除一个顶点，效果如图3-283所示。

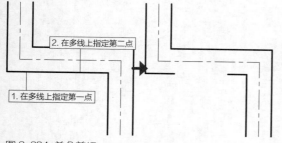

图 3-283 删除顶点

◆ 单个剪切：在选定多线元素中创建可见打断，效果如图3-284所示。

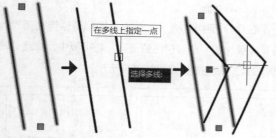

图 3-284 单个剪切

◆ 全部剪切：创建穿过整条多线的可见打断，效果如图3-285所示。

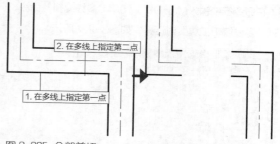

图 3-285 全部剪切

◆ 全部接合：将已被剪切的多线线段重新接合起来，如图3-286所示。

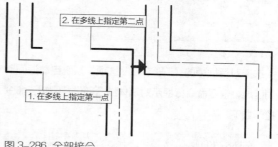

图 3-286 全部接合

【练习 3-25】编辑墙体

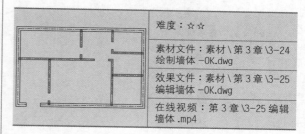

	难度：☆ ☆
	素材文件：素材 \ 第 3 章 \3-24 绘制墙体 -OK.dwg
	效果文件：素材 \ 第 3 章 \3-25 编辑墙体 -OK.dwg
	在线视频：第 3 章 \3-25 编辑墙体 .mp4

3.9.3节中所绘制完成的墙体仍有瑕疵，因此需要通过多线编辑命令对其进行修改，从而得到完整的墙体图形。

01 单击快速访问工具栏中的"打开"按钮，打开"第3章\3-24 绘制墙体-OK.dwg"文件，如图3-287所示。

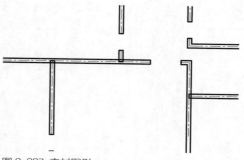

图 3-287 素材图形

02 在命令行中输入MLEDIT，调用"多线编辑"命令，打开"多线编辑工具"对话框，如图3-288所示。

图 3-288 "多线编辑工具"对话框

03 选择对话框中的"T形合并"选项，系统自动返回到绘图区域，根据命令行提示对墙体结合部进行编辑，命令行提示如下。

```
命令：MLEDIT↙
            //调用"多线编辑"命令
选择第一条多线：
            //选择竖直墙体
选择第二条多线：
            //选择水平墙体
选择第一条多线 或 [放弃(U)]：↙
            //重复操作
```

04 重复上述操作，对所有墙体执行"T形合并"命令，效果如图3-289所示。

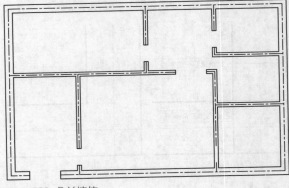

图 3-289 合并墙体

05 在命令行中输入LA，调用"图层特性管理器"命令，在弹出的"图层特性管理器"选项板中，隐藏"轴线"图层，最终效果如图3-290所示。

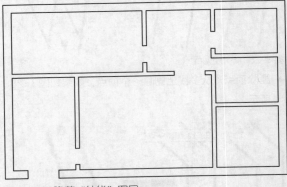

图 3-290 隐藏"轴线"图层

第 4 章
图形编辑

　　前面章节学习了各种图形对象的绘制方法，为了创建图形的更多细节特征并提高绘图的效率，AutoCAD提供了许多编辑命令，如"移动""复制""修剪""倒角""圆角"等。本章将讲解这些命令的使用方法，以进一步提高读者绘制复杂图形的能力。编辑命令均集中在"默认"选项卡的"修改"面板中，如图4-1所示。本章按"修改"面板中的命令依次进行介绍。

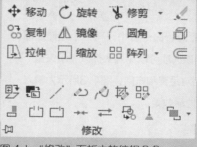

图4-1　"修改"面板中的编辑命令

4.1 常用的编辑命令

首先介绍直接显示在"修改"面板中的命令，这些都是常用的编辑命令，使用这些命令能够方便地改变图形的大小、位置、方向、数量及形状等，从而绘制出更为复杂的图形。

4.1.1 移动

"移动"命令是将图形从一个位置平移到另一个位置，移动过程中图形的大小、形状和倾斜角度均不改变。在调用命令的过程中，需要确定的参数有：需要移动的对象，移动基点和第二点。

"移动"命令有以下几种调用方法。

◆ 功能区：单击"修改"面板中的"移动"按钮 ✥。

◆ 菜单栏：选择"修改"｜"移动"命令。

◆ 命令行：输入MOVE或M。

调用"移动"命令后，根据命令行提示，在绘图区中选择需要移动的对象后单击鼠标右键确定，然后指定移动基点，最后指定第二个点（目标点）即可完成移动操作，如图4-2所示。命令行提示如下。

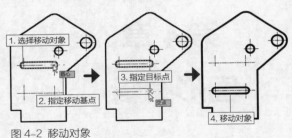

图 4-2 移动对象

```
命令：_move
                //执行"移动"命令
选择对象：找到 1 个
                //选择要移动的对象
指定基点或［位移(D)］＜位移＞：
                //选取移动的参考点
指定第二个点或＜使用第一个点作为位移＞：
                //选取目标点，放置图形
```

执行"移动"命令时，命令行中只有一个延伸选项"位移（D）"，使用该选项可以输入坐标以表示矢量。输入的坐标值将指定相对距离和方向，图4-3所示为输入坐标（500，100）的位移效果。

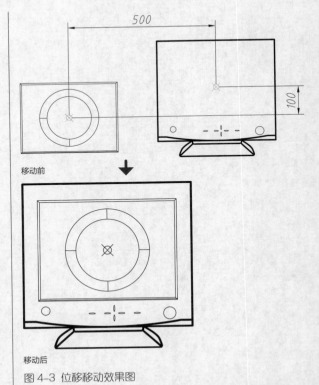

移动前

移动后

图 4-3 位移移动效果图

【练习 4-1】 使用移动完善卫生间图形

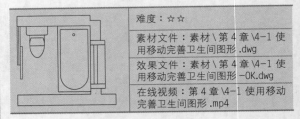

	难度：☆☆
	素材文件：素材\第 4 章\4-1 使用移动完善卫生间图形 .dwg
	效果文件：素材\第 4 章\4-1 使用移动完善卫生间图形 -OK.dwg
	在线视频：第 4 章\4-1 使用移动完善卫生间图形 .mp4

在从事室内设计时，有很多装饰图形都有现成的图块，如马桶、书桌、门等。因此在绘制室内平面图时，可以先直接插入图块，然后使用"移动"命令将其放置在合适的位置上。

01 单击"快速访问"面板中的"打开"按钮 📂，打开"第4章\4-1 使用移动完善卫生间图形.dwg"素材文件，如图4-4所示。

02 在"默认"选项卡中，单击"修改"面板的"移动"按钮 ✥，选择浴缸，按空格键或Enter键确定。

03 指定浴缸的右上角作为移动基点，指定厕所的右上角为第二个点，如图4-5所示。

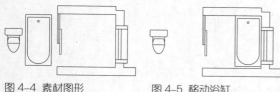

图 4-4 素材图形　　　　图 4-5 移动浴缸

04 再次调用"移动"命令，将马桶移至厕所的左上方，最终效果如图4-6所示。

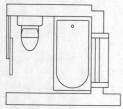

图 4-6 移动马桶

4.1.2 旋转

"旋转"命令是将图形对象绕一个固定的点（基点）旋转一定的角度。在调用命令的过程中，需要确定的参数有：旋转对象、旋转基点和旋转角度。默认情况下逆时针旋转的角度为正值，顺时针旋转的角度为负值。

在AutoCAD 2020中"旋转"命令有以下几种常用调用方法。

◆ 功能区：单击"修改"面板中的"旋转"按钮 ○。

◆ 菜单栏：选择"修改"｜"旋转"命令。

◆ 命令行：输入ROTATE或RO。

按上述方法执行"旋转"命令后，命令行提示如下。

```
命令： ROTATE↵
            //执行"旋转"命令
UCS 当前的正角方向： ANGDIR=逆时针  ANGBASE=0
            //当前的角度测量方式和基准
选择对象： 找到 1 个
            //选择要旋转的对象
指定基点：
            //指定旋转的基点
指定旋转角度，或 [复制(C)/参照(R)] <0>： 45
            //输入旋转的角度值
```

在命令行提示"指定旋转角度"时，除了默认的旋转方法，还有"复制（C）"和"参照（R）"两种旋转，分别介绍如下。

◆ 默认旋转：利用该方法旋转图形时，源对象将按指定的旋转中心和旋转角度旋转至新位置，不保留图形对象的原始副本。执行上述任一命令后，选取旋转对象，然

后指定旋转基点，根据命令行提示输入旋转角度，按Enter键即可完成旋转对象操作，如图4-7所示。

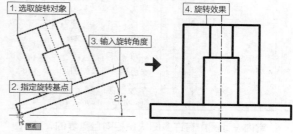

图 4-7 默认方式旋转图形

◆ 复制（C）： 使用该旋转方法，不仅可以将对象的放置方向调整一定的角度，还可以保留源对象。执行"旋转"命令后，选取旋转对象，然后指定旋转基点，在命令行中激活"复制"延伸选项，并指定旋转角度，按Enter键确定操作，如图4-8所示。

◆ 参照（R）：可以将对象从指定的角度旋转到新的绝对角度，特别适用于旋转角度值为非整数值或未知的对象。执行"旋转"命令后，选取旋转对象然后指定旋转基点，在命令行中激活"参照"延伸选项，再指定参照第一点和参照第二点，这两点的连线与X轴的夹角即为参照角，接着移动十字光标即可指定新的旋转角度，如图4-9所示。

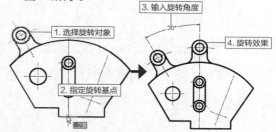

图 4-8 "复制（C）"旋转对象

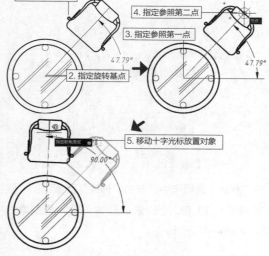

图 4-9 "参照（R）"旋转对象

【练习 4-2】 使用旋转修改门图形

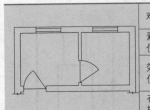

	难度：☆☆
	素材文件：素材 \ 第 4 章 \4-2 使用旋转修改门图形 .dwg
	效果文件：素材 \ 第 4 章 \4-2 使用旋转修改门图形 -OK.dwg
	在线视频：第 4 章 \4-2 使用旋转修改门图形 .mp4

室内设计图中有许多图块是相同且重复的，如门、窗等图形的图块。"移动"命令可以将这些图块放置在所设计的位置，但某些情况下该命令却力不能及，如需要旋转一定角度才能放置的位置。这时就可使用"旋转"命令来辅助绘制。

01 单击快速访问面板中的"打开"按钮 📂，打开"第4章\4-2 使用旋转修改门图形.dwg"素材文件，如图4-10所示。

02 在"默认"选项卡中，单击"修改"面板中的"复制"按钮 ⅜，复制一个门，将其移至另一个门位置处，如图4-11所示。命令行的提示如下。

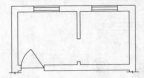

图 4-10 素材图形

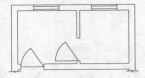

图 4-11 移动门

```
命令：CO✓COPY
          //调用"复制"命令
选择对象： 指定对角点： 找到 3个
选择对象：
          //选择门图形
当前设置： 复制模式 = 多个
指定基点或 [位移(D)/模式(O)]〈位移〉：
          //指定门右侧的基点
指定第二个点或 [阵列(A)]〈使用第一个点作为位移
〉：     //指定墙体中点为目标点
指定第二个点或 [阵列(A)/退出(E)/放弃(U)]〈退出〉：
*取消*
          //按ESC键退出
```

03 在"默认"选项卡中，单击"修改"面板中的"旋转"按钮 ↻，对第二个门进行旋转，输入角度值为值-90，如图4-12所示。

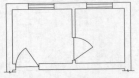

图 4-12 旋转门效果

【练习 4-3】 参照旋转图形

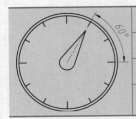

	难度：☆☆
	素材文件：素材 \ 第 4 章 \4-3 参照旋转图形 .dwg
	效果文件：素材 \ 第 4 章 \4-3 参照旋转图形 -OK.dwg
	在线视频：第 4 章 \4-3 参照旋转图形 .mp4

如果图形在世界坐标系上的初始角度为无理数或者未知数，那么可以使用"参照"旋转的方法，将对象从指定的角度旋转到新的绝对角度。该方法特别适用于旋转角度值为非整数的对象。

01 打开素材文件"第4章\4-3 参照旋转图形.dwg"，如图4-13所示，图中指针指在一点半多的位置，可见其与水平线的夹角为无理数。

02 在命令行中输入RO，按Enter键确认，执行"旋转"命令。

03 选择指针为旋转对象，然后指定圆心为旋转中心，接着在命令行中输入R，选择"参照"延伸选项，再指定参照第一点和参照第二点，这两点的连线与X轴的夹角即为参照角，如图4-14所示。

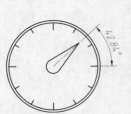

图 4-13 素材图形   图 4-14 指定参照角

04 接着在命令行中输入新的角度值60，即可替代原参照角度，成为新的图形，结果如图4-15所示。

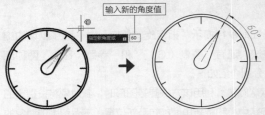

图 4-15 输入新的角度值

提示

最后所输入的新角度值，为图形与世界坐标系 X 轴夹角的绝对角度值。

4.1.3 修剪和延伸

"修剪"和"延伸"命令在AutoCAD中是一对互为可逆的命令，即在执行任一命令的过程中，都能按Shift键切换为另一个命令。它们位于"修改"面板的右上方，如图4-16所示。

图 4-I6 "修剪"和"延伸"命令按钮

1. 修剪

"修剪"命令在前面章节中已经大致介绍过，作用是将超出边界的多余部分修剪删除掉。"修剪"可以用来修剪直线、圆、弧、多段线、样条曲线和射线等多种对象，是AutoCAD中使用频率极高的命令。在调用命令的过程中，需要设置的参数有"修剪边界"和"修剪对象"2类。要注意的是，在选择修剪对象时，需要删除哪一部分，则在该部分上单击。

在AutoCAD 2020中"修剪"命令有以下几种常用调用方法。

◆ 功能区：单击"修改"面板中的"修剪"按钮 。

◆ 菜单栏：选择"修改"｜"修剪"命令。

◆ 命令行：输入TRIM或TR。

执行上述任一命令后，选择作为剪切边的对象（可以是多个对象），命令行提示如下。

当前设置：投影=UCS，边=无
选择剪切边...
选择对象或〈全部选择〉：
　　　　　//选择要作为边界的对象
选择对象：
　　　　　//可以继续选择对象或按Enter键结束选择
选择要延伸的对象，或按住 Shift 键选择要延伸
的对象，或[栏选(F)/窗交(C)/投影(P)/边(E)/放弃(U)]：
　　　　　//选择要修剪的对象

在命令行出现"选择对象或〈全部选择〉："时，可以按Enter键执行"全部选择"选项，这样一来便会自动

将所有图形识别为待修剪对象，同时也是修剪边界，这样再将十字光标移动至图形上时，就能预览到修剪效果，只需单击便能修剪对象，如图4-17所示。这种方法是使用最为便捷的修剪方法。

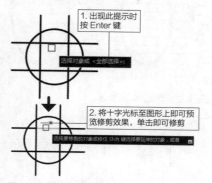

图 4-I7 快速修剪示例

执行"修剪"命令并选择对象之后，在命令行中会出现一些选择方式的选项，这些选项的含义如下。

◆ 栏选（F）：用栏选的方式选择要修剪的对象，如图4-18所示。

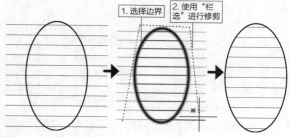

图 4-I8 使用"栏选（F）"进行修剪

提示

前文介绍过输入TR后连续按两次空格键，便能快速执行修剪操作，在此解释如下：输入TR即是执行"修剪"命令，第一次按空格键表示确认执行"修剪"操作，第二次按空格键表示执行"修剪"操作中的〈全部选择〉选项（即上述命令行提示部分中的〈全部选择〉）。单击"修剪"按钮 就相当于"命令行中输入TR，并按了一次空格键"，此外在AutoCAD中空格键和Enter键效果相同，都可以用。

◆ 窗交（C）：用窗交方式选择要修剪的对象，如图4-19所示。

◆ 投影（P）：用以指定修剪对象时使用的投影方式，即选择进行修剪的空间。

◆ 边（E）：指定修剪对象时是否使用"延伸"模式，默认选项为"不延伸"模式，即修剪对象必须与修剪边界相交才能够修剪。如果选择"延伸"模式，则修

剪对象与修剪边界的延伸线相交即可被修剪。例如图4-20所示的圆弧，使用"延伸"模式才能够被修剪。

图 4-19 使用"窗交（C）"进行修剪

◆ 放弃（U）：放弃上一次的修剪操作。

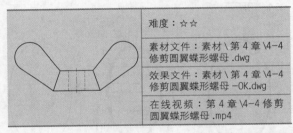

图 4-20 延伸模式修剪效果

【练习 4-4】 修剪圆翼蝶形螺母

	难度：☆☆
	素材文件：素材＼第 4 章＼4-4 修剪圆翼蝶形螺母.dwg
	效果文件：素材＼第 4 章＼4-4 修剪圆翼蝶形螺母 -OK.dwg
	在线视频：第 4 章＼4-4 修剪圆翼蝶形螺母.mp4

蝶形螺母是常用的机械标准件，多应用于频繁拆卸且受力不大的场合。而为了方便手拧，在螺母两端对角各有圆形或弧形的凸起，如图4-21所示。在使用AutoCAD绘制这部分"凸起"时，就需用到"修剪"命令。

01 打开"第4章\4-4 修剪圆翼蝶形螺母.dwg"素材文件，其中已经绘制好了蝶形螺母的螺纹部分，如图4-22所示。

图 4-21 蝶形螺母　　　图 4-22 素材图形

02 绘制凸起。单击"绘图"面板中的"射线"按钮，以右下角点为起点，绘制一角度为36°的射线，如图4-23所示。

03 使用相同方法，在右上角点绘制角度为52°的射线，如图4-24所示。

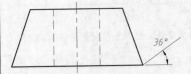

图 4-23 蝶形螺母

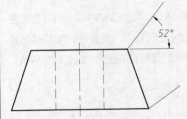

图 4-24 素材图形

04 绘制圆。在"绘图"面板中的"圆"下拉列表框中，选择"相切、相切、半径（T）" ⊙选项，分别在两条射线上指定切点，然后输入半径值18，如图4-25所示。

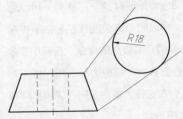

图 4-25 绘制第一个圆

05 按此方法绘制另一边的图形，效果如图4-26所示。

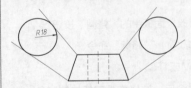

图 4-26 绘制第二个圆

06 修剪蝶形螺母。单击"修改"面板中的"修剪"按钮，执行"修剪"命令，根据命令行提示进行修剪操作，结果如图4-27所示。命令行提示如下。

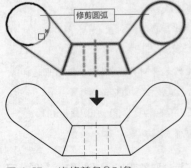

图 4-27 一次修剪多个对象

命令：_trim

　　　　　　//调用"修剪"命令

当前设置：投影=UCS，边=无

选择剪切边...

选择对象或〈全部选择〉：✓

　　　　　　//选择全部对象作为修剪边界

选择要修剪的对象，或按住 Shift 键选择要延伸的对象，或[栏选(F)/窗交(C)/投影(P)/边(E)/删除(R)/放弃(U)]：

　　　　　　//分别单击射线和两段圆弧，完成修剪

2. 延伸

　　"延伸"命令是将没有和边界相交的部分延伸补齐，它和"修剪"命令是一组相对的命令。在调用命令的过程中，需要设置的参数有延伸边界和延伸对象两类。"延伸"命令的使用方法与"修剪"命令的使用方法相似。在使用延伸命令时，如果再按住Shift键选择对象，则可以切换执行"修剪"命令。

　　在AutoCAD 2020中，"延伸"命令有以下几种常用调用方法。

◆ 功能区：单击"修改"面板中的"延伸"按钮 →| 。

◆ 菜单栏：选择"修改"｜"延伸"命令。

◆ 命令行：输入EXTEND或EX。

　　执行"延伸"命令后，选择要延伸的对象（可以是多个对象），部分命令行提示如下。

选择要修剪的对象，或按住 Shift 键选择要修剪的对象，或[栏选(F)/窗交(C)/投影(P)/边(E)/删除(R)/放弃(U)]：

　　选择延伸对象时，需要注意延伸方向的选择。朝哪个边界延伸，则在靠近边界的那部分上单击。如图4-28所示，将直线*AB*延伸至边界直线*M*时，需要单击*A*端，将直线*AB*延伸到直线*N*时，则单击*B*端。

提示

　　命令行中各选项的含义与"修剪"命令相同，在此不再赘述。

图 4-28 使用"延伸"命令延伸直线

【练习 4-5】 使用延伸完善熔断器箱图形

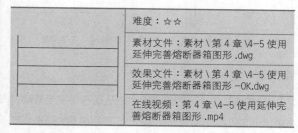

难度：☆☆
素材文件：素材＼第 4 章＼4-5 使用延伸完善熔断器箱图形 .dwg
效果文件：素材＼第 4 章＼4-5 使用延伸完善熔断器箱图形 -OK.dwg
在线视频：第 4 章＼4-5 使用延伸完善熔断器箱图形 .mp4

　　熔断器是根据电流超过规定值一定时间后，以其自身产生的热量使熔体熔断，从而使电路断开的原理制成的一种电流保护器。熔断器广泛应用于低压配电系统、控制系统及用电设备中，是应用最普遍的保护器件之一。

01 打开"第4章\4-5 使用延伸完善熔断器箱图形.dwg"素材文件，如图4-29所示。

02 调用"延伸"命令，延伸水平直线，命令行提示如下。

命令：EX✓EXTEND

　　　　　　//调用延伸命令

当前设置：投影=UCS，边=无

选择边界的边...

选择对象或〈全部选择〉：

　　　　　　//选择如图4-30所示的边作为延伸边界

　　　　　　找到 1 个

选择对象：✓

　　　　　　//按Enter键结束选择

选择要延伸的对象，或按住 Shift 键选择要修剪的对象，或[栏选(F)/窗交(C)/投影(P)/边(E)/放弃(U)]：

　　　　　　//选择如图4-31所示的线条

选择要延伸的对象，或按住 Shift 键选择要修剪的对象，或[栏选(F)/窗交(C)/投影(P)/边(E)/放弃(U)]：

　　　　　　//选择第二条同样的线条

选择要延伸的对象，或按住 Shift 键选择要修剪的对象，或[栏选(F)/窗交(C)/投影(P)/边(E)/放弃(U)]：

　　　　　　//使用同样的方法，延伸其他直线，如图4-32所示

图 4-29 素材图形　　　　图 4-30 选择延伸边界

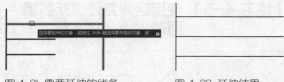

图 4-31 需要延伸的线条　　　　图 4-32 延伸结果

4.1.4 删除

"删除"命令可将多余的对象从图形中完全清除，是AutoCAD最为常用的命令之一，使用也最为简单。在AutoCAD 2020中执行"删除"命令的方法如下。

◆ 功能区：在"默认"选项卡中，单击"修改"面板中的"删除"按钮 。

◆ 菜单栏：选择"修改"|"删除"命令。

◆ 命令行：输入ERASE或E。

◆ 快捷操作：选中对象后直接按Delete键。

执行上述命令后，根据命令行的提示选择需要删除的图形对象，按Enter键即可删除已选择的对象，如图4-33所示。

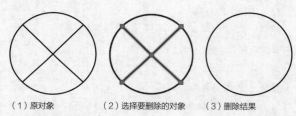

（1）原对象　　　（2）选择要删除的对象　　（3）删除结果

图 4-33 删除图形

在绘图时如果意外删错了对象，可以使用"撤销UNDO"命令或"恢复删除OOPS"命令将其恢复。

◆ 撤销：即放弃上一步操作，快捷键Ctrl+Z，可对所有命令有效。

◆ 恢复删除：在命令行输入OOPS可恢复由上一个ERASE"删除"命令删除的对象，该命令对ERASE有效。

此外"删除"命令还有一些隐藏选项，在命令行提示"选择对象"时，除了用选择方法选择要删除的对象外，还可以输入特定字符，执行隐藏操作，介绍如下。

◆ 输入L：删除绘制的上一个对象。

◆ 输入P：删除上一个选择集。

◆ 输入All：从图形中删除所有对象。

◆ 输入？：查看所有选择方法列表。

4.1.5 复制

"复制"命令是指在不改变图形大小、方向的前提下，重新生成一个或多个与原对象一模一样的图形对象。在命令

执行过程中，需要确定的参数有复制对象、基点和第二点，配合对象捕捉和栅格捕捉等其他工具，可以精确复制图形。

在AutoCAD 2020中调用"复制"命令有以下几种常用方法。

◆ 功能区：单击"修改"面板中的"复制"按钮 。

◆ 菜单栏：选择"修改"|"复制"命令。

◆ 命令行：输入COPY或CO或CP。

执行"复制"命令后，选取需要复制的对象，指定复制基点，然后移动十字光标指定新基点单击即可完成复制操作，继续在其他放置点单击，还可以复制多个图形对象，如图4-34所示。命令行提示如下。

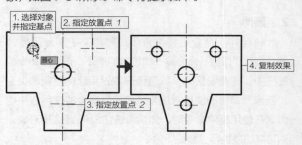

图 4-34 复制对象

```
命令：_copy
        //执行"复制"命令
选择对象：找到 1 个
        //选择要复制的图形
当前设置：复制模式 = 多个
        //当前的复制设置
指定基点或 [位移(D)/模式(O)] <位移>：
        //指定复制的基点
指定第二个点或 [阵列(A)] <使用第一个点作为位移
>：    //指定放置点 1
指定第二个点或 [阵列(A)/退出(E)/放弃(U)] <退出>：
        //指定放置点 2
指定第二个点或 [阵列(A)/退出(E)/放弃(U)] <退出>：
        //按Enter键完成操作
```

执行"复制"命令时，命令行中出现的各选项介绍如下。

◆ 位移（D）：使用坐标指定相对距离和方向。指定的两点定义一个矢量，指示复制对象的放置离原位置有多远以及以哪个方向放置。基本与"移动""拉伸"命令中的"位移（D）"选项一致，在此不多加描述。

◆ 模式（O）：该选项可控制"复制"命令是否自动重复。选择该选项后会有"单一（S）""多个（M）"两个延伸选项，"单一（S）"可创建选择对象的

单一副本，执行一次复制后便结束命令；而"多个
（M）"则可以自动重复。

◆ 阵列（A）：选择该选项，可以以线性阵列的方式快速
复制大量对象，如图4-35所示。命令行提示如下。

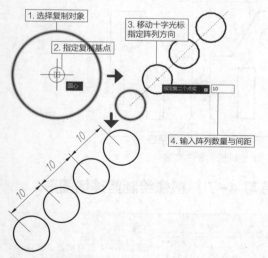

图 4-35 阵列复制

命令：_copy
　　　　　//执行"复制"命令
选择对象：找到 1 个
　　　　　//选择复制对象
当前设置：　复制模式 = 多个
指定基点或 [位移(D)/模式(O)] <位移>：
　　　　　//指定复制基点
指定第二个点或 [阵列(A)] <使用第一个点作为位移
>：A
　　　　　//输入A，选择"阵列"选项
输入要进行阵列的项目数：4
　　　　　//输入阵列的项目数
指定第二个点或 [布满(F)]：10
　　　　　//移动十字光标确定阵列间距
指定第二个点或 [阵列(A)/退出(E)/放弃(U)] <退出>：
　　　　　//按Enter键完成操作

【练习 4-6】 使用复制补全螺纹孔

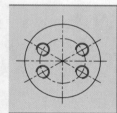

难度：☆☆
素材文件：素材 \ 第 4 章 \4-6 使用 复制补全螺纹孔 .dwg
效果文件：素材 \ 第 4 章 \4-6 使用 复制补全螺纹孔 -OK.dwg
在线视频：第 4 章 \4-6 使用复制补 全螺纹孔 .mp4

在机械制图中，螺纹孔、沉头孔、通孔等孔系图形

十分常见，在绘制这类图形时，可以先单独绘制出一个
"孔"，然后使用"复制"命令将其放置在其他位置上。

01 打开素材文件"第4章\4-6 使用复制补全螺纹
孔.dwg"，素材图形如图4-36所示。

02 单击"修改"面板中的"复制"按钮，复制螺纹孔到
A、B、C点，如图4-37所示。命令行提示如下。

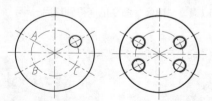

图 4-36 素材图形　　图 4-37 复制的结果

命令：_copy
　　　　　//执行"复制"命令
选择对象：指定对角点：找到 2 个
　　　　　//选择螺纹孔内、外圆弧
选择对象：
　　　　　//按Enter键结束选择
当前设置：　复制模式 = 多个
指定基点或 [位移(D)/模式(O)] <位移>：
　　　　　//选择螺纹孔的圆心作为基点
指定第二个点或 [阵列(A)] <使用第一个点作为位移>：
　　　　　//选择 A 点
指定第二个点或 [阵列(A)/退出(E)/放弃(U)] <退出>：
　　　　　//选择 B 点
指定第二个点或 [阵列(A)/退出(E)/放弃(U)] <退出>：
　　　　　//选择 C 点
指定第二个点或 [阵列(A)/退出(E)/放弃(U)] <退出>：*取消*
　　　　　//按Esc键退出复制

4.1.6　镜像

"镜像"命令是指将图形绕指定轴（镜像线）镜像
复制，常用于绘制结构规则且有对称特点的图形，如图
4-38所示。AutoCAD 2020通过指定临时镜像线进行镜
像复制，进行操作时可选择删除或保留源对象。

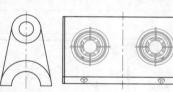

图 4-38 对称图形

在AutoCAD 2020中"镜像"命令的调用方法如下。

◆ 功能区：单击"修改"面板中的"镜像"按钮 ◭ 。

◆ 菜单栏：选择"修改"｜"镜像"命令。

◆ 命令行：输入MIRROR或MI。

　　在命令执行过程中，需要确定镜像复制的对象和镜像线。镜像线可以是任意的，所选对象将根据该镜像线进行对称复制，并且可以选择删除或保留源对象。在实际工程设计中，许多对象都是对称形式的，如果绘制了这些图例的一半，就可以通过"镜像"命令迅速得到其另一半，如图4-39所示。

　　调用"镜像"命令后，命令行提示如下。

```
命令：MIRROR↙
        //调用"镜像"命令
选择对象：指定对角点：找到 14 个
        //选择镜像对象
指定镜像线的第一点：
        //指定镜像线第一点 A
指定镜像线的第二点：
        //指定镜像线第二点 B
要删除源对象吗？[是(Y)/否(N)]<N>：↙
        //选择是否删除源对象，或按Enter键
          结束命令
```

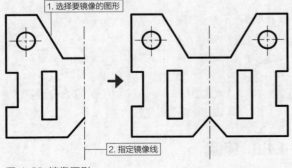

图 4-39 镜像图形

提示

　　如果是水平或者竖直方向镜像图形，可以使用"正交"功能快速指定镜像线。

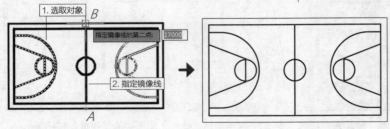

图 4-42 镜像绘制篮球场

　　"镜像"操作十分简单，命令行中的延伸选项不多，只有在结束命令前可选择是否删除源对象。如果选择"是"，则删除源对象，效果如图4-40所示。

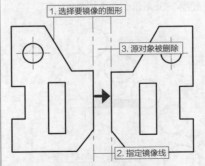

图 4-40 删除源对象的镜像

【练习 4-7】镜像绘制篮球场图形

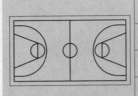

	难度：☆☆
	素材文件：素材＼第 4 章＼4-7 镜像绘制篮球场图形.dwg
	效果文件：素材＼第 4 章＼4-7 镜像绘制篮球场图形-OK.dwg
	在线视频：第 4 章＼4-7 镜像绘制篮球场图形.mp4

　　一些体育运动场所的图形，如篮球场、足球场、网球场等，通常都有对称图形，因此在绘制这部分图形时，就可以先绘制一半，然后利用"镜像"命令来快速完成余下部分。

01 打开"第4章\4-7 镜像绘制篮球场图形.dwg"素材文件，素材图形如图4-41所示。

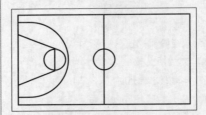

图 4-41 素材图形

02 镜像复制图形。在"默认"选项卡中，单击"修改"面板中的"镜像"按钮 ⚏，以 A、B 两个中点为镜像线，镜像复制篮球场，操作如图4-42所示，命令行提示如下。

```
命令：_mirror
        //执行"镜像"命令
选择对象：指定对角点：找到 11 个
        //框选左侧图形
选择对象：
        //按Enter键确定
指定镜像线的第一点：
        //捕捉确定镜像线第一点A
指定镜像线的第二点：
        //捕捉确定镜像线第二点B
要删除源对象吗？[是(Y)/否(N)]<N>：N↙
        //选择不删除源对象，按Enter键确定
        完成镜像
```

延伸讲解　**文字的镜像**

在AutoCAD中，除了能镜像复制图形对象外，还可以对文字进行镜像复制，但文字的镜像效果可能会出现颠倒，这时就可以通过控制系统变量MIRRTEXT的值来控制文字对象的镜像方向。

在命令行中输入MIRRTEXT，设置MIRRTEXT变量值，不同值效果如图4-43所示。

图 4-43 不同 MIRRTEXT 变量值镜像效果

4.1.7　圆角、倒角与光顺曲线

倒角指的是把工件的棱角切削成一定斜面或圆面的加工，这样做既能避免工件尖锐的棱角伤人，也能有利于装配，如图4-44所示。切削成斜面的叫做倒斜角，而切削成圆面的则叫倒圆角。AutoCAD中"圆角"和"倒角"命令便是用来创建这类特征倒角的，而"光顺曲线"则用来调整样条曲线的顺滑程度。

图 4-44 倒角示意

1. 圆角

利用"圆角"命令可以将直角转换为一个圆弧，通

常用来在机械加工中把工件的棱角切削成圆弧面，是倒钝、去毛刺的常用手段，因此多见于机械制图中，如图4-45所示。

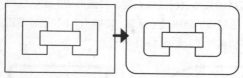

图 4-45 绘制圆角

在AutoCAD 2020中"圆角"命令有以下几种调用方法。

◆ 功能区：单击"修改"面板中的"圆角"按钮，如图4-46所示。
◆ 菜单栏：选择"修改"｜"圆角"命令。
◆ 命令行：输入FILLET或F。

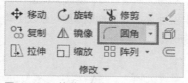

图 4-46　"修改"面板中的"圆角"按钮

执行"圆角"命令后，命令行提示如下。

```
命令：_fillet
        //执行"圆角"命令
当前设置：模式 = 修剪，半径 = 3.0000
        //当前圆角设置
选择第一个对象或 [放弃(U)/多段线(P)/半径(R)/修剪
(T)/多个(M)]：
        //选择要倒圆的第一个对象
选择第二个对象，或按住 Shift 键选择对象以应用角
点或 [半径(R)]：
        //选择要倒圆的第二个对象
```

创建的圆弧的方向和长度由所拾取的选择对象上的点确定，始终在距离所选位置的最近处创建圆角，如图4-47所示。

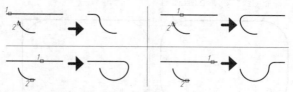

图 4-47 所选对象位置与所创建圆角的关系

重复执行"圆角"命令，圆角的半径和修剪选项无须重新设置，直接选择圆角对象即可，系统默认以上一次圆

角的参数创建之后的圆角。命令行中各选项的含义如下。

◆ 放弃（U）：放弃上一次的圆角操作。

◆ 多段线（P）：选择该项将对多段线中每个顶点处的相交直线的夹角进行圆角处理，并且形成的圆弧线段将成为多段线的新线段（除非"修剪（T）"选项设置为"不修剪"），如图4-48所示。

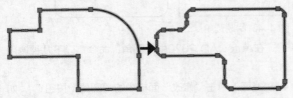

图 4-48 "多段线（P）"倒圆角

◆ 半径（R）：选择该项，可以设置圆角的半径，更改此值不会影响现有圆角。0半径值可用于创建尖角，还原已倒圆的对象，也可为两条直线、射线、构造线、二维多段线创建半径为0的圆角延伸或修剪对象以使其相交，如图4-49所示。

图 4-49 半径值为 0 的倒圆角作用

提示

在AutoCAD 2020中，对两条平行直线也可执行倒圆角操作，但圆角直径需为两条平行线的距离，如图4-50所示。

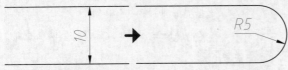

图 4-50 平行线倒圆角

◆ 修剪（T）：选择该项，设置是否修剪对象。修剪与不修剪的效果对比如图4-51所示。

◆ 多个（M）：选择该项，可以在依次调用命令的情况下对多个对象创建圆角。

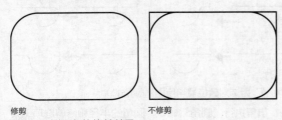

图 4-5l 倒圆角的修剪效果

延伸讲解　**快速创建半径为 0 的圆角**

创建半径为0的圆角在绘图时十分有用，不仅能还原已经倒圆的线段，还可以作为"延伸"命令让线段相交。但如果每次创建半径为0的圆角都要选择"半径（R）"进行设置，则操作多有不便。这时就可以按住Shift键来快速创建半径为0的圆角，如图4-52所示。

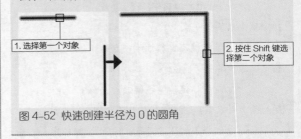

图 4-52 快速创建半径为 0 的圆角

【练习 4-8】机械轴零件倒圆角

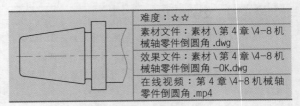	难度：☆ ☆
	素材文件：素材 \ 第 4 章 \4-8 机械轴零件倒圆角 .dwg
	效果文件：素材 \ 第 4 章 \4-8 机械轴零件倒圆角 –OK.dwg
	在线视频：第 4 章 \4-8 机械轴零件倒圆角 .mp4

在机械设计中，倒圆角的作用有如下几个：去除尖角（安全着想）、工艺圆角（铸造件在尺寸发生剧变的地方，必须有圆角过渡）、防止工件的应力集中等。本例通过对一个轴零件的局部图形进行倒圆角操作，进一步帮助读者理解倒圆角的操作及含义。

01 打开"第4章\4-8 机械轴零件倒圆角.dwg"素材文件，素材图形如图4-53所示。

02 轴零件的左侧为方便装配设计成锥形，因此还可对左侧夹角进行倒圆角处理，使其更为圆润，此处的圆角半径可适当增大。单击"修改"面板中的"圆角"按钮 ⌒，设置圆角半径值为3，如图4-54所示。

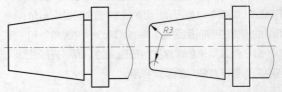

图 4-53 素材图形　　　图 4-54 方便装配倒圆角

03 锥形段的右侧截面处较尖锐，需进行倒圆角处理。重复执行"圆角"命令，设置倒圆角半径为1，操作结果如图4-55所示。

04 退刀槽倒圆角。为在加工时便于退刀，且在装配时保证与相邻零件靠紧，通常会在台肩处加工出退刀槽。该槽也是轴类零件的危险截面，如果轴失效发生断裂，多半是断于该处。因此为了避免退刀槽处的截面变化太大，会在此处设计圆角，防止应力集中，本例便在退刀槽两端进行倒圆角处理，圆角半径为1，效果如图4-56所示。

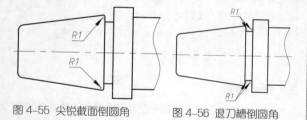

图 4-55　尖锐截面倒圆角　　图 4-56　退刀槽倒圆角

2. 倒角

"倒角"命令用于将两条非平行直线或多段线以一段斜线相连，在机械设计、家具设计、室内设计等设计图中均有应用。默认情况下，需要选择进行倒角的两条相邻的直线，然后按当前的倒角大小对这两条直线倒角。如图4-57所示，为绘制倒角的图形。

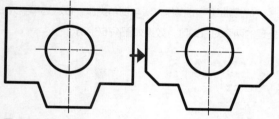

图 4-57　绘制倒角

在AutoCAD 2020中，"倒角"命令有以下几种调用方法。

◆ 功能区：单击"修改"面板中的"倒角"按钮，如图4-58所示。

◆ 菜单栏：选择"修改"｜"倒角"命令。

◆ 命令行：输入CHAMFER或CHA。

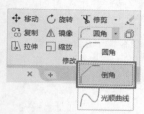

图 4-58　"修改"面板中的"倒角"按钮

"倒角"命令的使用分两个步骤，第一步确定倒角的大小，通过命令行里的"距离"选项实现，第二步是选择两条倒角边。调用"倒角"命令，命令行提示如下。

```
命令：_chamfer
        //调用"倒角"命令
（"修剪"模式）当前倒角距离 1 = 0.0000，距离 2
= 0.0000
选择第一条直线或［放弃(U)/多段线(P)/距离(D)/角度
(A)/修剪(T)/方式(E)/多个(M)］：
        //选择倒角的方式，或选择第一条倒角边
选择第二条直线，或按住 Shift 键选择直线以应用角
点或［距离(D)/角度(A)/方法(M)］：
        //选择第二条倒角边
```

命令行中各选项的含义如下。

◆ 放弃（U）：放弃上一次的倒角操作。

◆ 多段线（P）：对整个多段线每个顶点处的相交直线进行"倒角"处理，倒角后的线段将成为多段线的新线段。如果多段线包含的线段过短以至于无法容纳倒角距离，则不对这些线段进行"倒角"处理，如图4-59所示（倒角距离为3）。

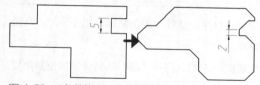

图 4-59　"多段线（P）"倒角

◆ 距离（D）：通过设置两个倒角边的倒角距离来进行倒角操作，第二个距离默认与第一个距离相同。如果将两个距离均设定为零，将延伸或修剪两条直线，以使它们终止于同一点，同半径为0的倒圆角，如图4-60所示。

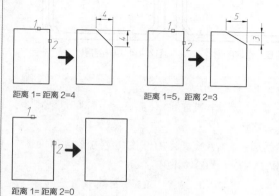

距离1= 距离2=4　　　　距离1=5，距离2=3

距离1= 距离2=0

图 4-60　不同"距离（D）"的倒角

◆ 角度（A）：用第一条线的倒角距离和第二条线的角度设定倒角距离，如图4-61所示。

◆ 修剪（T）：设定是否对倒角进行修剪，如图4-62所示。

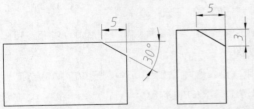

图4-6l "角度（A）"倒角方式　图4-62 不修剪的倒角效果

◆ 方式（E）：选择倒角方式，与选择"距离(D)"或"角度(A)"的作用相同。

◆ 多个（M）：选择该项，可以对多组对象进行倒角。

【练习 4-9】 家具倒斜角处理

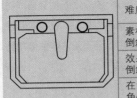

难度：☆☆
素材文件：素材 \ 第 4 章 \4-9 家具倒斜角处理 .dwg
效果文件：素材 \ 第 4 章 \4-9 家具倒斜角处理 -OK.dwg
在线视频：第 4 章 \4-9 家具倒斜角处理 .mp4

在家具设计中，随处可见倒斜角，如洗手池、八角桌、方凳等。

01 按快捷键Ctrl+O，打开"第4章\4-9 家具倒斜角处理.dwg"素材文件，如图4-63所示。

02 单击"修改"面板中的"倒角"按钮，对图形最外侧轮廓进行倒角，如图4-64所示，命令行提示如下。

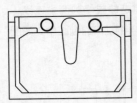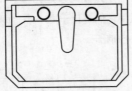

图 4-63 素材图形　　图 4-64 倒角结果

```
命令： _chamfer
（"修剪"模式）当前倒角距离 1 = 0.0000，距离 2
= 0.0000
选择第一条直线或 [放弃(U)/多段线(P)/距离(D)/角度
(A)/修剪(T)/方式(E)/多个(M)]：D↙
        //输入D，选择"距离"选项
指定第一个 倒角距离 <0.0000>： 55↙
        //输入第一个倒角距离
指定第二个 倒角距离 <55.0000>： 55↙
```

//输入第二个倒角距离
选择第一条直线或 [放弃(U)/多段线(P)/距离(D)/角度(A)/修剪(T)/方式(E)/多个(M)]：
选择第二条直线，或按住 Shift 键选择直线以应用角点或 [距离(D)/角度(A)/方法(M)]：
　　　　//分别选择待倒角的线段，完成倒角操作，结果如图4-64所示

3．光顺曲线

"光顺曲线"命令是指在两条开放曲线的端点之间创建相切或平滑的样条曲线，有效对象包括：直线、圆弧、椭圆弧、螺线、没闭合的多段线和没闭合的样条曲线。

执行"光顺曲线"命令的方法有以下几种。

◆ 功能区：在"默认"选项卡中，单击"修改"面板中的"光顺曲线"按钮，如图4-65所示。

◆ 菜单栏：选择"修改"|"光顺曲线"命令。

◆ 命令行：输入BLEND。

"光顺曲线"的操作方法与倒角类似，依次选择要光顺处理的两个对象即可，效果如图4-66所示。

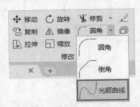

图 4-65 "修改"面板中的"光顺曲线"按钮

图 4-66 光顺曲线

执行上述命令后，命令行提示如下。

```
命令： _BLEND
        //调用"光顺曲线"命令
连续性 = 相切
选择第一个对象或 [连续性(CON)]：
        //要光顺的对象
选择第二个点： CON↙
        //激活"连续性"选项
输入连续性 [相切(T)/平滑(S)] <相切>： S↙
        //激活"平滑"选项
选择第二个点：
        //单击第二点完成命令操作
```

其中各选项的含义如下。

◆ 连续性（CON）：设置连接曲线的过渡类型，有"相切""平滑"两个延伸选项，含义说明如下。

◆ 相切（T）：创建一条3阶样条曲线，在选定对象的端点处具有相切连续性。

◆ 平滑（S）：创建一条5阶样条曲线，在选定对象的端点处具有曲率连续性。

4.1.8　分解

"分解"命令是将某些特殊的对象分解成多个独立的部分，以便于更具体的编辑。主要用于将复合对象，如矩形、多段线、块、填充等，还原为一般的图形对象。分解后的对象，其颜色、线型和线宽都可能发生改变。

在AutoCAD 2020中"分解"命令有以下几种调用方法。

◆ 功能区：单击"修改"面板中的"分解"按钮 🗗 。

◆ 菜单栏：选择"修改"|"分解"命令。

◆ 命令行：输入EXPLODE或X。

使用上述任一方法执行命令后，选择要分解的图形对象，按Enter键，即可完成分解操作，操作方法与"删除"一致。图4-67所示的微波炉图块被分解后，可以单独选择其中的任意一条边。

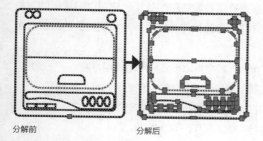

分解前　　　　　　　分解后

图 4-67 图形分解前后对比

> **提示**
>
> 在旧版本的AutoCAD中，"分解"命令曾被翻译为"爆炸"命令。

根据前面的介绍可知，"分解"命令可用于复合对象，如矩形、多段线、块等，除此之外该命令还能对三维对象以及文字进行分解，这些对象的分解效果总结如下。

◆ 二维多段线：将放弃所有关联的宽度或切线信息。对于宽多段线将沿多段线中心放置直线和圆弧，如图4-68所示。

◆ 三维多段线：将分解成直线段。分解后的直线段线型、颜色等特性与原三维多段线相同，如图4-69所示。

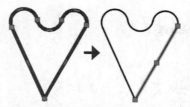

图 4-68 二维多段线分解为单独的线

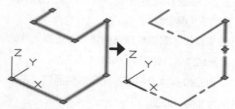

图 4-69 三维多段线分解为单独的线

◆ 阵列对象：将阵列图形分解为原始对象的副本，相当于复制出来的图形，如图4-70所示。

◆ 填充图案：将填充图案分解为直线、圆弧、点等基本图形，如图4-71所示。SOLID实体填充图形除外。

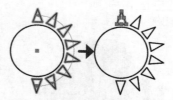

图 4-70 阵列对象分解为原始对象

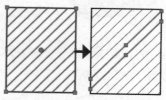

图 4-71 填充图案分解为基本图形

◆ 引线：根据引线的不同，可分解成直线、样条曲线、实体（箭头）、块插入（箭头、注释块）、多行文字或公差对象，如图4-72所示。

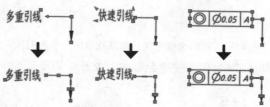

图 4-72 引线分解效果

◆ 多行文字：将分解成单行文字。如果要将文字彻底分解至直线等图元对象，需使用"文字分解（TXTEXP）"命令，效果如图4-73所示。

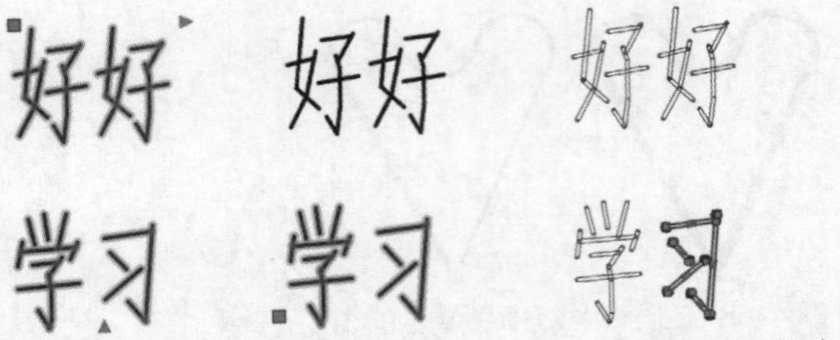

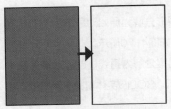

原始图形（多行文字）　　"分解"效果（单行文字）　　TXTEXP效果（普通线条）

图 4-73 多行文字的分解效果

◆ 面域：分解成直线、圆弧或样条曲线，即还原为原始图形，消除面域效果，如图4-74所示。

◆ 三维实体：将三维实体上平整的面分解成面域，不平整的面分解为曲面，如图4-75所示。

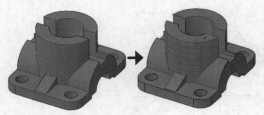

图 4-74 面域对象分解为原始图形

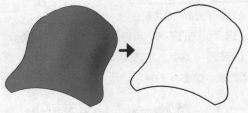

图 4-75 三维实体分解为面

◆ 三维曲面：分解成直线、圆弧或样条曲线，即还原为基本轮廓，消除曲面效果，如图4-76所示。

图 4-76 三维曲面分解为基本轮廓

◆ 三维网格：将每个网格面分解成独立的三维面对象，网格面将保留指定的颜色和材质，如图4-77所示。

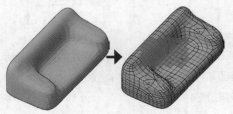

图 4-77 三维网格分解为多个三维面

延伸讲解　　不能被分解的图形

在AutoCAD中，有3类图形是无法被分解的，它们都是图块，即"阵列插入图块（MINSERT）""附着外部DWG参照（XATTACH）""外部参照的依赖块"3类。

阵列插入图块（MINSERT）：用MINSERT命令多重引用插入的块，如果行列数目设置不为1，插入的块将不能被分解，如图4-78所示。该命令在插入块的时候，可以通过命令行指定行数、列数以及间距，类似于矩形阵列。

附着外部DWG参照（XATTACH）：使用外部DWG参照插入的图形，会在绘图区中淡化显示，只能用作参考，不能编辑与分解，如图4-79所示。

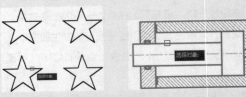

图 4-78 阵列插入图块命令　图 4-79 外部参照插入的图
插入并阵列的图块无法分解　　形无法分解

外部参照的依赖块：即外部参照图形中所包含的块。

4.1.9 拉伸

"拉伸"命令通过沿拉伸路径平移图形夹点的位置，使图形产生拉伸变形的效果。它可以对选择的对象按规定方向和角度拉伸或缩短，并且使对象的形状发生改变。

"拉伸"命令有以下几种常用调用方法。

◆ 功能区：单击"修改"面板中的"拉伸"按钮。

◆ 菜单栏：选择"修改"｜"拉伸"命令。

◆ 命令行：输入STRETCH或S。

拉伸命令需要设置的主要参数有"拉伸对象""拉伸基点""拉伸位移"3项。"拉伸位移"决定了拉伸的方向和距离，如图4-80所示。执行命令后，命令行提示如下。

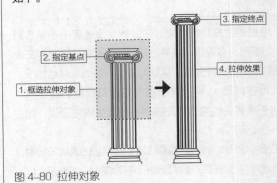

图 4-80 拉伸对象

命令：_stretch

//执行"拉伸"命令

以交叉窗口或交叉多边形选择要拉伸的对象...

选择对象：指定对角点：找到 1 个

选择对象：

//以窗交、圈围等方式选择拉伸对象

指定基点或 [位移(D)] <位移>：

//指定拉伸基点

指定第二个点或 <使用第一个点作为位移>：

//指定拉伸终点

拉伸遵循以下原则。

◆ 通过单击和窗口选择获得的拉伸对象将只被平移，不被拉伸。

◆ 通过框选获得的拉伸对象，如果所有夹点都落入选择框内，图形将发生平移，如图4-81所示；如果只有部分夹点落入选择框，图形将沿拉伸位移拉伸，如图4-82所示；如果没有夹点落入选择窗口，图形将保持不变，如图4-83所示。

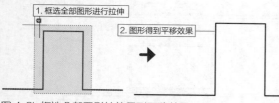

图 4-8l 框选全部图形拉伸得到平移效果

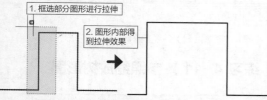

图 4-82 框选部分图形拉伸得到拉伸效果

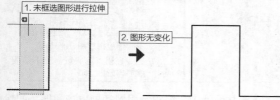

图 4-83 未框选图形拉伸效果

"拉伸"命令同"移动"命令一样，命令行中只有一个延伸选项："位移（D）"，该选项可以输入坐标以表示矢量。输入的坐标值将指定拉伸相对于基点的距离和方向，输入坐标（1000，200）的位移效果如图4-84所示。

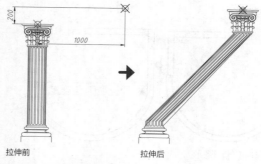

图 4-84 位移拉伸效果图

【练习4-10】 使用拉伸修改门的位置

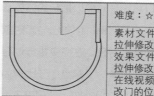

难度：☆☆
素材文件：素材 \ 第 4 章 \4-10 使用拉伸修改门的位置 .dwg
效果文件：素材 \ 第 4 章 \4-10 使用拉伸修改门的位置 -OK.dwg
在线视频：第 4 章 \4-10 使用拉伸修改门的位置 .mp4

在室内设计中，有时需要对大门或其他图形的位置进行调整，而又不能破坏原图形的结构。这时就可以使用"拉伸"命令来进行修改。

01 打开"第4章\4-10 使用拉伸修改门的位置.dwg"素材文件，如图4-85所示。

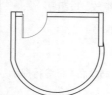

图 4-85 素材图形

02 在"默认"选项卡中，单击"修改"面板上的"拉伸"按钮 ，将门沿水平方向拉伸1800，操作如图4-86所示，命令行提示如下。

命令：_stretch

//调用"拉伸"命令

以交叉窗口或交叉多边形选择要拉伸的对象...

选择对象：指定对角点：找到 11 个

//框选对象

选择对象：↙

//按Enter键结束选择

指定基点或 [位移(D)] <位移>：

//选择顶边上任意一点

指定第二个点或 <使用第一个点作为位移>： <正交开> 1800↙

//打开正交功能，在竖直方向移动十字光标并输入拉伸距离

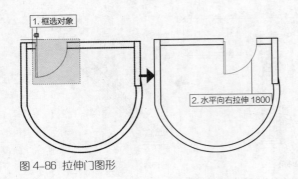

图 4-86 拉伸门图形

4.1.10 缩放

利用"缩放"工具可以将图形对象以指定的缩放基点为缩放参照，放大或缩小一定比例，创建出与源对象成一定比例且形状相同的新图形对象。在命令执行过程中，需要确定的参数有"缩放对象""基点""比例因子"。比例因子也就是缩小或放大的比例值，比例因子大于1时，缩放结果是图形变大，比例因子则小于1使图形变小。

在AutoCAD 2020中"缩放"命令有以下几种调用方法。

◆ 功能区：单击"修改"面板中的"缩放"按钮🔲。

◆ 菜单栏：选择"修改" | "缩放"命令。

◆ 命令行：输入SCALE或SC。

执行以上任一方式启用"缩放"命令后，命令行提示如下。

```
命令：_scale
        //执行"缩放"命令
选择对象：找到 1 个
        //选择要缩放的对象
指定基点：
        //拾取缩放的基点
指定比例因子或 [复制(C)/参照(R)]：2
        //输入比例因子
```

"缩放"命令除了默认的操作之外，有"复制（C）"和"参照（R）"两个延伸选项，介绍如下。

◆ 默认缩放：指定基点后直接输入比例因子进行缩放，不保留源对象，如图4-87所示。

◆ 复制（C）：在命令行输入C，选择该选项进行缩放后可以在缩放时保留源对象，如图4-88所示。

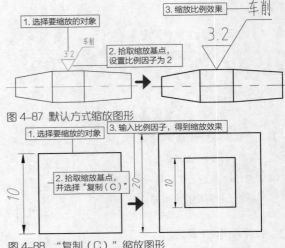

图 4-87 默认方式缩放图形

图 4-88 "复制（C）"缩放图形

◆ 参照（R）：如果选择该选项，则命令行会提示用户输入"参照长度"和"新长度"的数值，由系统自动计算出两长度之间的比例数值，从而定义图形的比例因子，对图形进行缩放操作，如图4-89所示。

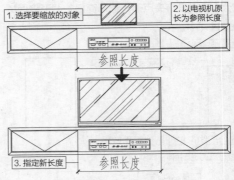

图 4-89 "参照（R）"缩放图形

【练习 4-11】 参照缩放树形图

	难度：☆☆
	素材文件：素材 \ 第 4 章 \ 4-11 参照缩放树形图 .dwg
	效果文件：素材 \ 第 4 章 \4-11 参照缩放树形图 -OK.dwg
	在线视频：第 4 章 \4-11 参照缩放树形图 .mp4

在园林设计中，经常会用到各种植物图形，如松树、竹林等，这些图形可以从网上下载，也可以自行绘制。在实际应用中，往往会根据具体的设计要求来调整这些图块的大小，这时就可以使用"缩放"命令中的"参照"功能来进行实时缩放，从而获得大小合适的图形。本案例便将一棵任意高度的松树缩放至5000高度的大小。

① 打开"第4章\4-11参照缩放树形图.dwg"素材文件，素材图形如图4-90所示，其中有一幅绘制完成的树形图，和一条长5000的垂直线。

② 在"默认"选项卡中，单击"修改"面板中的"缩放"按钮 🔲，选择树形图，并指定树形图块的最下方中点为基点，如图4-91所示。

图 4-90 素材图形　　　图 4-91 指定基点

③ 此时根据命令行提示，选择"参照（R）"选项，然后指定参照长度的测量起点，再指定测量终点，即指定原始的树高，接着输入新的参照长度，即最终的树高5000，操作如图4-92所示，命令行提示如下。

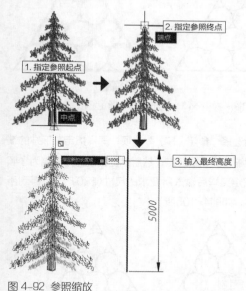

图 4-92 参照缩放

```
指定比例因子或 [复制(C)/参照(R)]： R↵
        //选择"参照"选项
        //以树桩处中点为参照长度的测量起点
指定参照长度 <2839.9865>： 指定第二点：
        //以树梢处端点为参照长度的测量终点
指定新的长度或 [点(P)]<1.0000>： 5000
        //输入或指定新的参照长度
```

【练习 4-12】 参照缩放破解难题

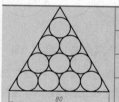

难度：☆☆☆
素材文件：无
效果文件：素材 \ 第 4 章 \4-12 参照缩放破解难题 -OK.dwg
在线视频：第 4 章 \4-12 参照缩放破解难题 .mp4

　　在初学AutoCAD的过程中，读者难免会碰到一些构思巧妙的练习题，如图4-93所示。这些题型的一大特点就是要绘制的图形看似简单，但是给出的尺寸却很少，绘制时其实很难确定图形的各种位置关系。其实这些图形都可以通过参照缩放来绘制，本例便通过绘制其中典型的一个图形来介绍这一类图形难题的破解方法，如图4-94所示。

 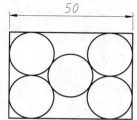

图 4-93 练习题

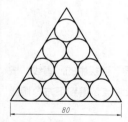

图 4-94 图形效果

① 启动AutoCAD，新建一个空白文档。

② 使用常规方法是绘制不了此图形的，因此绘制时需要一定的创造思维。本题先绘制三角形里面的小圆，单击"绘图"面板中的"圆"按钮 ⊘，任意指定一点为圆心，然后可以输入任意值为半径（如5），如图4-95所示。

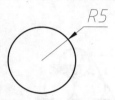

图 4-95 绘制半径为 5 的圆

③ 绘制倒数第一排的圆。绘制完成后，单击"修改"面板中的"复制"按钮 ⅛，捕捉圆左侧的象限点为基点，依次向右复制出3个圆，如图4-96所示。

图 4-96 复制其余 3 个圆

04 绘制倒数第二排的圆。单击"绘图"面板中的"圆"按钮，在下拉列表框中选择"相切、相切、半径"选项，然后分别在倒数第一排的前两个圆上选择切点，接着输入半径值5，这样即可得到倒数第二排的第一个圆，如图4-97所示。

图 4-97 利用"相切、相切、半径"绘圆

05 以相同方法，绘制出倒数第二排剩下的圆，乃至倒数第三和倒数第四排的圆，如图4-98所示。

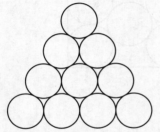

图 4-98 绘制其余的圆

06 绘制下方公切线。单击"绘图"面板中的"直线"按钮，捕捉倒数第一排圆的下象限点，得到下方公切线如图4-99所示。

07 绘制左侧公切线。重复执行"直线"命令，在命令行提示指定点时，按住Shift键并单击鼠标右键，然后在弹出的快捷菜单中选择"切点"选项，然后在倒数第一排第一个圆上指定切点，接着在指定下一点时，同样按住Shift键并单击鼠标右键，在快捷菜单中选择"切点"选项，在最上端的圆上指定切点，即可得到左侧的公切线，如图4-100所示。

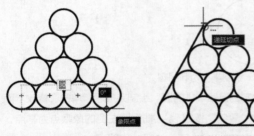

图 4-99 绘制下方公切线　　图 4-100 绘制左侧公切线

08 参照左侧公切线的绘制方法，绘制右侧的公切线，如图4-101所示。

09 单击"修改"面板中的"延伸"按钮，延伸各公切线，得到如图4-102所示的图形。

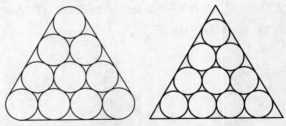

图 4-101 绘制右侧公切线　　图 4-102 延伸各公切线

10 至此图形的形状已经绘制完成，如果执行标注命令，可知图形的尺寸并不符合要求，如图4-103所示，接下来就可以通过参照缩放来将其缩放至要求的尺寸。

11 单击"修改"面板中的"缩放"按钮，选择整个图形，指定图形左下方的端点为缩放基点，如图4-104所示。

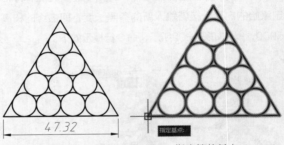

图 4-103 图形大小不符　　图 4-104 指定缩放基点
合要求

12 然后选择"参照（R）"选项，同样指定左下方的端点为参照缩放的测量起点，然后捕捉直线的另一端为参照终点，指定完毕后输入所要求的尺寸值80，即可得到所需的图形，如图4-105所示。

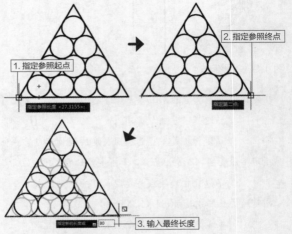

图 4-105 参照缩放

4.1.11 图形阵列

复制、镜像和偏移等命令，一次只能复制得到一个对象副本。如果想要按照一定规律复制大量图形，可以使用AutoCAD 2020提供的"阵列"命令。"阵列"是一个功能强大的多重复制命令，它可以一次将选择的对象复制成多个并按指定的规律排列。

在AutoCAD 2020中，提供了3种"阵列"方式，分别是矩形阵列、路径阵列、环形（极轴）阵列，可以按照矩形、路径和环形（极轴）的方式，以定义的距离、路径和角度复制出源对象的多个对象副本，如图4-106所示。

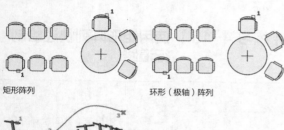

矩形阵列　　　　　　　　环形（极轴）阵列

路径阵列

图 4-106 阵列的 3 种方式

1. 矩形阵列

矩形阵列就是使图形呈行列排列，如园林平面图中的道路绿化带、建筑立面图的窗格、规律摆放的桌椅等。调用"阵列"命令的方法如下。

◆ 功能区：在"默认"选项卡中，单击"修改"面板中的"矩形阵列"按钮，如图4-107所示。

◆ 菜单栏：选择"修改"|"阵列"|"矩形阵列"命令。

◆ 命令行：输入ARRAYRECT。

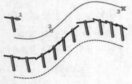

图 4-107 "修改"面板调用"矩形阵列"命令

使用矩形阵列需要设置的参数有阵列的"源对象"、"行"和"列"的数目、"行距"和"列距"。行和列的数目决定了需要复制的图形对象有多少个。

调用"阵列"命令，功能区显示矩形方式下的"阵列创建"选项卡，如图4-108所示。命令行提示如下。

图 4-108 "阵列创建"选项卡

```
命令：_arrayrect
        //调用"矩形阵列"命令
选择对象：找到 1 个
        //选择要阵列的对象
类型 = 矩形  关联 = 是
        //显示当前的阵列设置
选择夹点以编辑阵列或 [关联(AS)/基点(B)/计数(COU)/间
距(S)/列数(COL)/行数(R)/层数(L)/退出(X)]：↙
        //设置阵列参数，按Enter键退出
```

命令行中主要选项介绍如下。

◆ 关联（AS）：指定阵列中的对象是关联的还是独立的。选择"是"，则单个阵列对象中的所有阵列项目皆关联，类似于块，更改源对象则所有项目都会更改，如图4-109所示；选择"否"，则创建的阵列项目均作为独立对象，更改一个项目不影响其他项目。图4-108"阵列创建"选项卡中的"关联"按钮高亮显示则为"是"，反之为"否"。

选择"是"：所有对象关联　　选择"否"：所有对象独立

图 4-109 阵列的关联效果

◆ 基点（B）：定义阵列基点和基点夹点的位置，默认为质心，如图4-110所示。该选项只有在启用"关联"时才有效。效果同"阵列创建"选项卡中的"基点"按钮。

默认为质心处

其余位置

图 4-110 不同的基点效果

◆ 计数（COU）：可指定行数和列数，并使用户在移动
十字光标时可以动态观察阵列结果，如图4-111所示。
效果同"阵列创建"选项卡中的"列数"文本框和"行
数"文本框。

提示

在创建矩形阵列的过程中，如果希望阵列的图形往相
反的方向复制时，在列数或行数前面加"-"符号即可，
也可以向反方向拖动夹点。

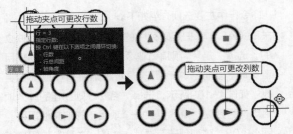

图 4-III 更改阵列的行数与列数

◆ 间距（S）：指定行间距和列间距并使用户在移动十
字光标时可以动态观察结果，如图4-112所示。效果
同"阵列创建"选项卡中的两个"介于"文本框。

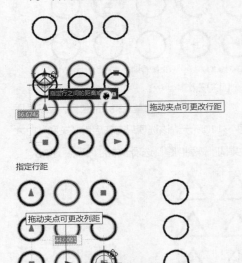

图 4-II2 更改阵列的行距与列距

◆ 列数（COL）：依次编辑列数和列间距，功能同"阵
列创建"选项卡中的"列"面板的选项功能。

◆ 行数（R）：依次指定阵列中的行数、行间距以及
行之间的增量标高。"增量标高"指三维效果中 Z
轴方向上的增量，图4-113所示即"增量标高"为

10的效果。

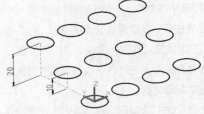

图 4-II3 阵列的增量标高效果

◆ 层数（L）：指定三维阵列的层数和层间距，效果同
"阵列创建"选项卡中的"层级"面板，二维情况下
无需设置。

【练习 4-13】 使用矩形阵列快速绘制行道路

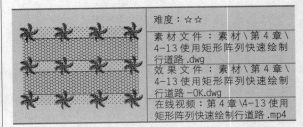

	难度：☆☆
	素材文件：素材＼第4章＼4-13 使用矩形阵列快速绘制行道路.dwg
	效果文件：素材＼第4章＼4-13 使用矩形阵列快速绘制行道路 -OK.dwg
	在线视频：第4章＼4-13 使用矩形阵列快速绘制行道路.mp4

园林设计中需要为园路布置各种植被、绿化带图
形，此时就可以灵活使用"阵列"命令来快速大量地放置
这些对象。

01 单击"快速访问"面板中的"打开"按钮 📂，打开
"第4章\4-13 使用矩形阵列快速绘制行道路.dwg"文
件，如图4-114所示。

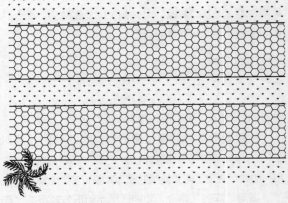

图 4-II4 素材图形

02 在"默认"选项卡中，单击"修改"面板中的"矩形
阵列"按钮 📦，选择树图形作为阵列对象，设置行、列
间距为6000，阵列结果如图4-115所示。

图 4-115 阵列结果

2. 路径阵列

路径阵列可沿曲线（可以是直线、多段线、三维多段线、样条曲线、螺旋线、圆弧、圆或椭圆等）复制阵列图形，通过设置不同的基点，能得到不同的阵列结果。在园林设计中，使用路径阵列可快速复制园路与街道旁的树木，或者草地中的汀步等图形对象。

调用"路径阵列"命令的方法如下。

◆ 功能区：在"默认"选项卡中，单击"修改"面板中的"路径阵列"按钮 。

◆ 菜单栏：选择"修改" | "阵列" | "路径阵列"命令。

◆ 命令行：输入ARRAYPATH。

路径阵列需要设置的参数有"阵列路径""阵列对象""阵列数量""方向"等。调用"阵列"命令，功能区显示路径方式下的"阵列创建"选项卡，如图4-116所示。命令行提示如下。

图 4-116 "阵列创建"选项卡

```
命令：_arraypath
        //调用"路径阵列"命令
选择对象：找到 1 个
        //选择要阵列的对象
选择对象：
类型 = 路径  关联 = 是
        //显示当前的阵列设置
选择路径曲线：
        //选取阵列路径
选择夹点以编辑阵列或 [关联(AS)/方法(M)/基点(B)/切
向(T)/项目(I)/行(R)/层(L)/对齐项目(A)/Z方向(Z)/退出(X)]
<退出>：↙
        //设置阵列参数，按Enter键退出
```

命令行中主要选项介绍如下。

◆ 关联（AS）：与"矩形阵列"中的"关联"选项相同，这里不重复讲解。

◆ 方法（M）：控制如何沿路径分布项目，有"定数等分（D）"和"定距等分（M）"两种方式。效果与本书的3.8.5 节定数等分、3.8.6 节定距等分中的"块"一致，只是阵列方法较灵活，对象不限于块，可以是任意图形。

◆ 基点（B）：定义阵列的基点。路径阵列中的项目相对于基点放置。选择不同的基点，进行路径阵列操作的效果也不同，如图4-117所示。效果同"阵列创建"选项卡中的"基点"按钮。

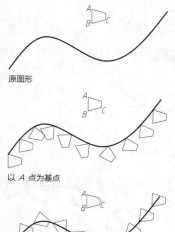

图 4-117 不同基点的路径阵列

◆ 切向（T）：指定阵列中的项目如何相对于路径的起始方向对齐，不同基点、切向的阵列效果如图4-118所示。效果同"阵列创建"选项卡中的"切线方向"按钮。

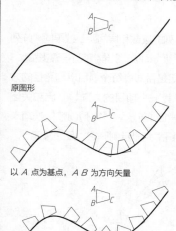

图 4-118 不同基点、切向的路径阵列

◆ 项目（I）：根据"方法"设置，指定项目数（方法为定数等分）或项目之间的距离（方法为定距等分），如图4-119所示。效果同"阵列创建"选项卡中的"项目"面板。

◆ 行（R）：指定阵列中的行数、行数之间的距离及行之间的增量标高，如图4-120所示。效果同"阵列创建"选项卡中的"行"面板。

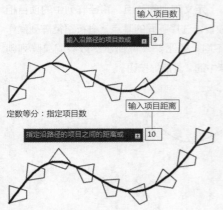

图 4-119 根据所选方法输入阵列的项目数

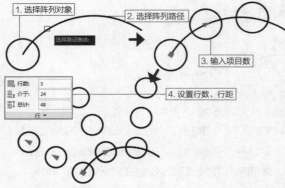

图 4-120 路径阵列的"行"效果

◆ 层（L）：指定三维阵列的层数和层间距，效果同"阵列创建"选项卡中的"层级"面板，二维情况下无需设置。

◆ 对齐项目（A）：指定是否对齐每个项目以与路径的方向相切，对齐相对于第一个项目的方向，开启和关闭下的效果对比如图4-121所示。"阵列创建"选项卡中的"对齐项目"按钮高亮显示则开启，反之关闭。

开启"对齐项目"效果

图 4-121 对齐项目效果（1）

关闭"对齐项目"效果

图 4-121 对齐项目效果（2）

◆ Z方向（Z）：控制是否保持项目的原始Z轴方向，或沿三维路径自然倾斜项目。

【练习4-14】使用路径阵列绘制园路汀步

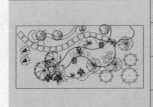

难度：☆☆
素材文件：素材\第4章\4-14 使用路径阵列绘制园路汀步.dwg
效果文件：素材\第4章\4-14 使用路径阵列绘制园路汀步-OK.dwg
在线视频：第4章\4-14 使用路径阵列绘制园路汀步.mp4

在中国古典园林中，常以零散的叠石点缀于窄而浅的水面上，如图4-122所示。这些叠石使人易于跐步而行，名为"汀步"，或为"掇步""踏步"。本例便通过"路径阵列"方法创建园林汀步。

01 启动AutoCAD 2020，打开"第4章\4-14 使用路径阵列绘制园路汀步.dwg"文件，如图4-123所示。

图 4-122 汀步

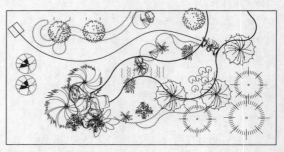

图 4-123 素材图形

02 单击"修改"面板中的"路径阵列"按钮，选择阵列对象和阵列曲线进行阵列，命令行提示如下。

命令：_arraypath

　　　//执行"路径阵列"命令

选择对象：找到 1 个

　　　//选择矩形汀步图形，按Enter键确认

类型 = 路径　关联 = 是

选择路径曲线：

　　　//选择样条曲线作为阵列路径，按Enter键
　　　确认

选择夹点以编辑阵列或 [关联(AS)/方法(M)/基点(B)/切
向(T)/项目(I)/行(R)/层(L)/对齐项目(A)/z 方向(Z)/退出
(X)]<退出>：I✓

　　　//选择"项目"选项

指定沿路径的项目之间的距离或 [表达式(E)] <126>：
700✓

　　　//输入项目距离

最大项目数 = 16

指定项目数或 [填写完整路径(F)/表达式(E)]
<16>：✓

　　　//按Enter键确认阵列数量

选择夹点以编辑阵列或 [关联(AS)/方法(M)/基点(B)/切
向(T)/项目(I)/行(R)/层(L)/对齐项目(A)/z方向(Z)/退出(X)]
<退出>：✓

　　　//按Enter键完成操作

03 路径阵列完成后，删除路径曲线，园路汀步绘制完
成，最终效果如图4-124所示。

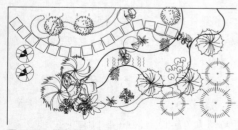

图 4-124 路径阵列效果

3. 环形阵列

　　"环形阵列"即极轴阵列，是以某一点为中心点进
行环形复制，使阵列对象沿中心点的四周均匀排列成环
形。调用"环形阵列"命令的方法如下。

◆ 功能区：在"默认"选项卡中，单击"修改"面板中
　 的"环形阵列"按钮。

◆ 菜单栏：选择"修改"|"阵列"|"环形阵列"命令。

◆ 命令行：输入ARRAYPOLAR。

　　"环形阵列"需要设置的参数有阵列的"源对象""项
目总数""中心点位置""填充角度"。填充角度是指全部
项目排成的环形所占有的角度。例如，若是360°填充，所
有项目将排满一圈，如图4-125所示；若是240°填充，所

有项目只排满三分之二圈，如图4-126所示。

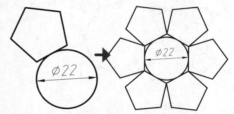

图 4-125 指定项目总数和填充角度阵列

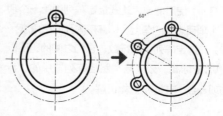

图 4-126 指定项目总数和项目间的角度阵列

　　调用"环形阵列"命令，功能区面板显示"阵列创
建"选项卡，如图4-127所示。命令行提示如下。

图 4-127 "阵列创建"选项卡

命令：_arraypolar

　　　//调用"环形阵列"命令

选择对象：找到 1 个

　　　//选择阵列对象

选择对象：

类型 = 极轴　关联 = 是

　　　//显示当前的阵列设置

指定阵列的中心点或 [基点(B)/旋转轴(A)]：

　　　//指定阵列中心点

选择夹点以编辑阵列或 [关联(AS)/基点(B)/项目(I)/项
目间角度(A)/填充角度(F)/行(ROW)/层(L)/旋转项目(ROT)/
退出(X)]<退出>：✓

　　　//设置阵列参数并按Enter键退出

命令行主要选项介绍如下。

◆ 关联（AS）：与"矩形阵列"中的"关联"选项相
　 同，这里不重复讲解。

◆ 基点（B）：指定阵列的基点，默认为质心，效果同
　 "阵列创建"选项卡中的"基点"按钮。

◆ 项目（I）：使用值或表达式指定阵列中的项目数，默
　 认以360°填充项目，如图4-128所示。

◆ 项目间角度（A）：使用值表示项目之间的角度，如
　 图4-129所示。效果同"阵列创建"选项卡中的"项
　 目"面板。

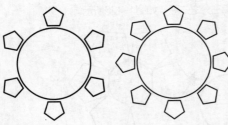

项目数为 6   项目数为 8

图 4-128 不同的项目数效果

◆ 填充角度（F）：使用值或表达式指定阵列中第一个项目和最后一个项目之间的角度，即环形阵列的总角度。

◆ 行（ROW）：指定阵列中的行数、它们之间的距离以及行之间的增量标高，效果与"路径阵列"中的"行（R）"选项一致，在此不重复讲解。

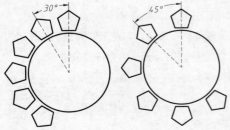

项目间角度为 30°   项目间角度为 45°

图 4-129 不同的项目间角度效果

◆ 层（L）：指定三维阵列的层数和层间距，效果同"阵列创建"选项卡中的"层级"面板，二维情况下无需设置。

◆ 旋转项目（ROT）：控制在阵列项目时是否旋转项目，效果对比如图 4-130 所示。"阵列创建"选项卡中的"旋转项目"按钮高亮显示则开启，反之关闭。

开启"旋转项目"效果   关闭"旋转项目"效果

图 4-130 旋转项目效果

【练习 4-15】使用环形阵列绘制树池

	难度：☆☆
	素材文件：素材 \ 第 4 章 \4-15 使用环形阵列绘制树池 .dwg
	效果文件：素材 \ 第 4 章 \4-15 使用环形阵列绘制树池 -OK.dwg
	在线视频：第 4 章 \4-15 使用环形阵列绘制树池 .mp4

在有铺装的地面上栽种树木时，应在树木的周围保留一块没有铺装的土地，通常把它叫"树池"或"树穴"，在景观设计中较为常见。根据设计的总体效果，树池周围的铺装多为矩形或环形，如图 4-131 所示。本例便通过"环形阵列"绘制环形树池。

矩形树池   环形树池

图 4-131 树池

01 单击快速访问面板中的"打开"按钮 📂，打开"第4 章\4-15 使用环形阵列绘制树池.dwg"文件，如图 4-132 所示。

02 在"默认"选项卡中，单击"修改"面板中的"环形阵列"按钮 ⁝⁝⁝，启动环形阵列。

03 选择图形下侧的矩形作为阵列对象，命令行提示如下。

```
类型 = 极轴  关联 = 是
指定阵列的中心点或 [基点(B)/旋转轴(A)]：
        //指定树池圆心作为阵列的中心点进行
        阵列
选择夹点以编辑阵列或 [关联(AS)/基点(B)/项目(I)/项
目间角度(A)/填充角度(F)/行(ROW)/层(L)/旋转项目(ROT)/
退出(X)] <退出>：I↙
输入阵列中的项目数或 [表达式(E)] <6>：70↙
选择夹点以编辑阵列或 [关联(AS)/基点(B)/项目(I)/项
目间角度(A)/填充角度(F)/行(ROW)/层(L)/旋转项目(ROT)/
退出(X)] <退出>：
```

04 环形阵列结果如图 4-133 所示。

图 4-132 素材图形   图 4-133 环形阵列结果

4.1.12 偏移

使用"偏移"工具可以创建与源对象成一定距离的形状相同或相似的新图形对象。可以进行偏移的图形对象包括直线、圆、圆弧、曲线、多边形等，如图4-134所示。

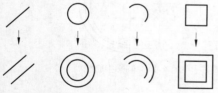

图 4-134 各图形偏移示例

在AutoCAD 2020中调用"偏移"命令有以下几种常用方法。

◆ 功能区：单击"修改"面板中的"偏移"按钮 ⒞。
◆ 菜单栏：选择"修改"｜"偏移"命令。
◆ 命令行：输入OFFSET或O。

偏移命令要输入的参数有需要偏移的"源对象""偏移距离""偏移方向"。只要在需要偏移的一侧的任意位置单击即可确定偏移方向，也可以指定偏移对象通过已知的点。执行"偏移"命令后命令行提示如下。

```
命令：OFFSET↙
        //调用"偏移"命令
指定偏移距离或 [通过(T)/删除(E)/图层(L)]〈通过〉：
        //输入偏移距离
选择要偏移的对象，或 [退出(E)/放弃(U)]〈退出〉：
        //选择偏移对象
指定通过点或 [退出(E)/多个(M)/放弃(U)]〈退出〉：
        //输入偏移距离或指定目标点
```

命令行中各选项的含义如下。

◆ 通过（T）：指定一个通过点定义偏移的距离和方向，如图4-135所示。
◆ 删除（E）：偏移源对象后将其删除。
◆ 图层（L）：确定将偏移对象创建在当前图层上还是源对象所在的图层上。

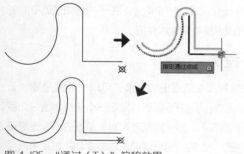

图 4-135 "通过（T）"偏移效果

【练习 4-16】使用偏移绘制弹性挡圈

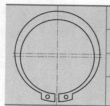

难度：☆☆☆	
素材文件：素材 \ 第 4 章 \4-16 使用偏移绘制弹性挡圈 .dwg	
效果文件：素材 \ 第 4 章 \4-16 使用偏移绘制弹性挡圈 -OK.dwg	
在线视频：第 4 章 \4-16 使用偏移绘制弹性挡圈 .mp4	

弹性挡圈分为轴用挡圈与孔用挡圈两种，如图4-136所示，是用来紧固在轴或孔上的圈形机件，可以防止装在轴或孔上的其他零件窜动。弹性挡圈的应用非常广泛，在各种工程机械与农业机械上都很常见。弹性挡圈通常采用65Mn钢板料冲切制成，截面呈矩形。

图 4-136 弹性挡圈

弹性挡圈的规格与安装槽标准可参阅相关国家标准，本例便利用"偏移"命令绘制如图4-137所示的轴用弹性挡圈。

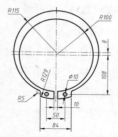

图 4-137 轴用弹性挡圈

01 打开素材文件"第4章\4-16 使用偏移绘制弹性挡圈.dwg"，素材图形如图4-138所示，已经绘制好了3条中心线。

图 4-138 素材图形

02 绘制圆弧。单击"绘图"面板中的"圆"按钮 ⊘，分别在上方的中心线交点处绘制半径为115、129的圆，下方的中心线交点处绘制半径为100的圆，结果如图4-139所示。

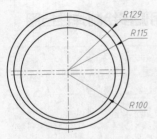

图 4-139 绘制圆弧

03 修剪图形。单击"修改"面板中的"修剪"按钮 ✂，修剪左侧的圆弧，如图4-140所示。

04 偏移图形。单击"修改"面板中的"偏移"按钮 ⊂，将竖直中心线分别向右偏移5、42的距离，结果如图4-141所示。

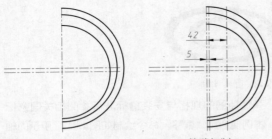

图 4-140 修剪图形   图 4-141 偏移复制

05 绘制直线。单击"绘图"面板中的"直线"按钮 ／，绘制直线，删除辅助线，结果如图4-142所示。

06 偏移中心线。单击"修改"面板中的"偏移"按钮 ⊂，将竖直中心线向右偏移25的距离，将下方的水平中心线向下偏移108的距离，如图4-143所示。

07 绘制圆。单击"绘图"面板中的"圆"按钮 ⊙，在

偏移出的辅助中心线交点处绘制直径为10的圆，如图4-144所示。

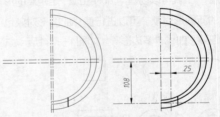

图 4-142 绘制直线   图 4-143 偏移中心线

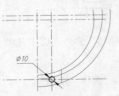

图 4-144 绘制圆

08 修剪图形。单击"修改"面板中的"修剪"按钮 ✂，修剪出右侧图形，如图4-145所示。

09 镜像图形。单击"修改"面板中的"镜像"按钮 ⚠，以竖直中心线作为镜像线，镜像图形，结果如图4-146所示。

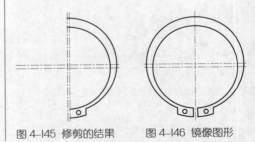

图 4-145 修剪的结果   图 4-146 镜像图形

4.2　其他的编辑命令

和之前介绍过的"绘图"面板一样，"修改"面板下面同样提供了扩展区域，单击"修改"右侧的下拉按钮 ▼ 即可展开，如图4-147所示。

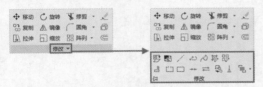

图 4-147 "修改"面板中的扩展区域

4.2.1　设置为ByLayer

"设置为ByLayer" 🕮 是"修改"面板中扩展区域里的第一个命令，可以将图形对象的特性转换为图层特

性。图层概念将在本书的第6章中详细介绍。

4.2.2　更改空间

"更改空间" 🖳 可以在布局和模型空间之间传输选定对象，是极少使用的一个命令。关于布局和模型空间的概念在本书第9章中会重点介绍。

4.2.3　拉长

拉长就是改变原图形的长度，可以把原图形变长，也可以将其缩短。用户可以通过指定一个长度增量、角度增量（对于圆弧）、总长度或者相对于原长的百分比增量来改变原图形的长度，也可以通过动态拖动的方式来直接

改变原图形的长度。

调用"拉长"命令的方法如下。

◆ 功能区：单击"修改"面板中的"拉长"按钮 ╱。

◆ 菜单栏：选择"修改"｜"拉长"命令。

◆ 命令行：输入LENGTHEN或LEN。

调用该命令后，命令行提示如下。

> 选择要测量的对象或［增量(DE)/百分比(P)/总计(T)/动
> 态(DY)］＜总计(T)＞：

只有选择了各延伸选项确定了拉长方式后，才能对图形进行拉长，因此各操作需结合不同的选项进行说明。命令行中各延伸选项含义如下。

◆ 增量（DE）：表示以增量方式修改对象的长度。可以直接输入长度增量来拉长直线或者圆弧，长度增量为正时拉长对象，如图4-148所示，长度增量为负时缩短对象；也可以输入A（"角度"），通过指定圆弧的长度和角增量来修改圆弧的长度，如图4-149所示。

图 4-148 长度增量效果

```
命令：_lengthen
选择要测量的对象或［增量(DE)/百分比(P)/总计(T)/动态(DY)］：DE↙
                                    //输入DE，选择"增量"选项
输入长度增量或［角度(A)］＜0.0000＞：10↙    //输入增量数值
选择要修改的对象或［放弃(U)］：↙          //按Enter键完成操作
```

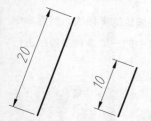

图 4-149 角度增量效果

```
命令：_lengthen
选择要测量的对象或［增量(DE)/百分比(P)/总计(T)/动态(DY)］：DE↙
                                    //输入DE，选择"增量"选项
输入长度增量或［角度(A)］＜0.0000＞：A↙    //输入A，选择"角度"选项
输入角度增量＜0＞：30↙                  //输入角度增量
选择要修改的对象或［放弃(U)］：↙          //按Enter键完成操作
```

◆ 百分比（P）：通过输入百分比来改变对象的长度或圆心角大小，百分比的数值以原长度为参照。若输入50，则表示将图形缩短至原长度的50%，如图4-150所示。

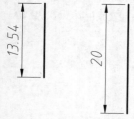

图 4-150 "百分数（P）"增量效果

```
命令：_lengthen
选择要测量的对象或［增量(DE)/百分比(P)/总计(T)/动态(DY)］：P↙
                                    //输入P，选择"百分比"选项
输入长度百分数＜0.0000＞：50↙           //输入百分比数值
选择要修改的对象或［放弃(U)］：↙          //按Enter键完成操作
```

◆ 总计（T）：将对象从离选择点最近的端点拉长到指定值，该指定值为拉长后的总长度，因此该方法特别适合对一些长度值为非整数的线段（或圆弧）进行操作，如图4-151所示。

图 4-151 "总计（T）"增量效果

```
命令：_lengthen
选择要测量的对象或［增量(DE)/百分比(P)/总计(T)/动态(DY)］：T↙
                                    //输入T，选择"总计"选项
指定总长度或［角度(A)］＜0.0000＞：20↙    //输入总长数值
选择要修改的对象或［放弃(U)］：↙          //按Enter键完成操作
```

◆ 动态（DY）：用动态模式拖动对象的一个端点来改变对象的长度或角度，如图4-152所示。

```
命令：_lengthen
选择要测量的对象或 [增量(DE)/百分比(P)/总计(T)/动态(DY)]：DY↵
                                      //输入DY，选择"动态"选项

选择要修改的对象或 [放弃(U)]：         //选择要拉长的对象
指定新端点：                          //指定新的端点
选择要修改的对象或 [放弃(U)]：↵        //按Enter键完成操作
```

图 4-152 "动态（DY）"增量效果

【练习 4-17】 使用拉长修改中心线

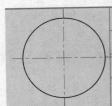

难度：☆☆
素材文件：素材 \ 第 4 章 \4-17 使用拉长修改中心线 .dwg
效果文件：素材 \ 第 4 章 \4-17 使用拉长修改中心线 -OK.dwg
在线视频：第 4 章 \4-17 使用拉长修改中心线 .mp4

大部分图形（如圆、矩形）需要绘制中心线，而在绘制中心线的时候，通常需要将中心线延长至图形外，且伸出长度相等。如果一根一根去拉伸中心线，就略显麻烦，这时就可以使用"拉长"命令来快速延伸中心线，使其符合设计规范。

01 打开"第4章\4-18 使用拉长修改中心线.dwg"素材文件，如图4-153所示。

02 单击"修改"面板中的"拉长"按钮／，激活"拉长"命令，在两条中心线的各个端点处单击，向外拉长3个单位，命令行提示如下。

```
命令：_lengthen
选择对象或 [增量(DE)/百分数(P)/全部(T)/动态
(DY)]：DE↵
           //选择"增量"选项
输入长度增量或 [角度(A)] <0.5000>：3↵
           //输入每次拉长增量
选择要修改的对象或 [放弃(U)]：
选择要修改的对象或 [放弃(U)]：
选择要修改的对象或 [放弃(U)]：
选择要修改的对象或 [放弃(U)]：
           //依次在两条中心线的4个端点附近单
             击，完成拉长
选择要修改的对象或 [放弃(U)]：↵
           //按Enter键结束拉长命令，拉长结果如
             图4-154所示。
```

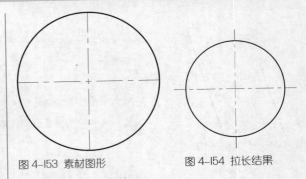

图 4-153 素材图形　　　　图 4-154 拉长结果

4.2.4 编辑多段线

"编辑多段线"命令专用于编辑已存在的多段线，以及将直线或曲线转换为多段线。调用"多段线"命令的方式有以下两种。

◆ 功能区：单击"修改"面板中的"编辑多段线"按钮 。

◆ 菜单栏：选择"修改"｜"对象"｜"多段线"命令。

◆ 命令行：输入PEDIT或PE。

启动命令后，选择需要编辑的多段线。然后命令行提示各延伸选项，选择其中的一项来对多段线进行编辑。

```
命令：PE↵
           //启动命令
PEDIT 选择多段线或 [多条(M)]：
           //选择一条或多条多段线
输入选项 [闭合(C)/合并(J)/宽度(W)/编辑顶点(E)/拟合
(F)/样条曲线(S)/非曲线化(D)/线型生成(L)/反转(R)/放弃
(U)]：
           //提示选择延伸选项
```

下面介绍常用选项的含义。

合并（J）

　　"合并（J）"是"编辑多段线"命令中最常用的一种延伸选项，可以将首尾相连的不同多段线合并成一个多段线。

　　更具实用意义的是，它能够将首尾相连的非多段线（如直线、圆弧等）连接起来，并转换成一个单独的多段线，如图4-155所示。这个功能在三维建模中经常用到，用以创建封闭的多段线，从而生成面域。

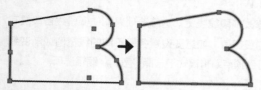

图4-155　将非多段线合并为一条多段线

打开（O）/闭合（C）

　　对于首尾相连的闭合多段线，可以选择"打开（O）"延伸选项，删除多段线的最后一段线段；对于非闭合的多段线，可以选择"闭合（C）"延伸选项，连接多段线的起点和终点，形成闭合多段线，如图4-156所示。

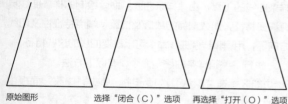

原始图形　　选择"闭合（C）"选项　　再选择"打开（O）"选项

图4-156　"闭合（C）"与"打开（O）"效果

拟合（F）/还原多段线

　　多段线和平滑曲线之间可以相互转换，相关操作的延伸选项如下。

◆ 拟合（F）：用拟合命令将已存在的多段线转换为平滑曲线。曲线经过多段线的所有顶点并成切线方向，如图4-157所示。

图4-157　拟和

◆ 样条曲线（S）：用样条曲线命令将已存在的多段线转换为平滑曲线。曲线经过第一个和最后一个顶点，如图4-158所示。

图4-158　样条曲线

◆ 非曲线化（D）：将平滑曲线还原成为多段线，并删除所有拟合曲线，如图4-159所示。

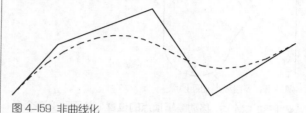

图4-159　非曲线化

编辑顶点（E）

　　选择"编辑顶点（E）"延伸选项，可以对多段线的顶点进行增加、删除、移动等操作，从而修改整个多段线的形状。选择该延伸选项后，命令行进入顶点编辑模式。

输入顶点编辑选项[下一个(N)/上一个(P)/打断(B)/插入(I)/移动(M)/重生成(R)/拉直(S)/切向(T)/宽度(W)/退出(X)]<N>：

　　各顶点编辑选项的功能说明如下。

◆ 下一个（N）/上一个（P）：用于选择编辑顶点。选择相应的延伸选项后，屏幕上的"×"形标记将移到下一顶点或上一顶点，以便选择并编辑其他选项。

◆ 打断（B）：将"×"标记移到任何其他顶点时，保存已标记的顶点位置，并在该点处打断多段线，如图4-160所示。如果指定的一个顶点在多段线的端点上，得到的将是一条被截断的多段线。如果指定的两个顶点都在多段线端点上，或者只指定了一个顶点并且也在端点上，则不能使用"打断"选项。

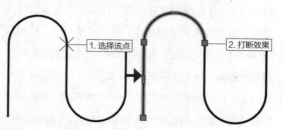

1.选择该点　　2.打断效果

图4-160　多段线的打断效果

◆ 插入（I）：在所选的编辑顶点后增加新顶点，从而增加多段线的线段数目，如图4-161所示。

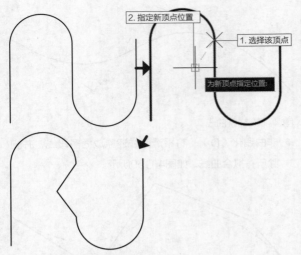

图 4-161 多段线增加新顶点

◆ 移动（M）：移动编辑顶点的位置，从而改变整个多段线形状，如图4-162所示。该操作效果不会改变多段线上圆弧与直线的关系，这是"移动"选项与夹点编辑拉伸最主要的区别。

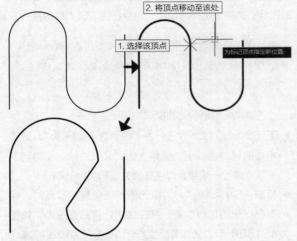

图 4-162 多段线移动顶点

- 重生成（R）：重画多段线，编辑多段线后，刷新屏幕，显示编辑后的效果。

- 拉直（S）：删除顶点并拉直多段线。选择该延伸选项后，以多段线端点为起点，通过"下一个"延伸选项中移动"×"标记，起点与该标记点之间的所有顶点将被删除，从而拉直多段线，如图4-163所示。

- 切向（T）：为编辑顶点增加一个切线方向。将多段线拟和成曲线时，该切线方向将会被用到。该选项对现有的多段线形状不会有影响。

- 退出（X）：退出顶点编辑模式。

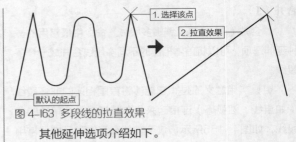

图 4-163 多段线的拉直效果

其他延伸选项介绍如下。

宽度（W）

修改多段线线宽。这个选项只能使多段线各段具有统一的线宽值。如果要设置各段不同的线宽值或渐变线宽，可到顶点编辑模式下选择"宽度"编辑选项。

线型生成（L）

生成经过多段线顶点的连续图案线型。关闭此选项，将在每个顶点处以点划线开始和结束生成线型。"线型生成"不能用于带变宽线段的多段线。

4.2.5 编辑样条曲线

与"多线"一样，AutoCAD 2020也提供了专门编辑样条曲线的工具。由"样条曲线"命令绘制的样条曲线具有许多特征，如数据点的数量及位置、端点特征性及切线方向等，用编辑样条曲线命令可以改变曲线的这些特征。

执行"编辑样条曲线"命令，有以下方法。

◆ 功能区：在"默认"选项卡中，单击"修改"面板中的"编辑样条曲线"按钮 。

◆ 菜单栏：选择"修改"|"对象"|"样条曲线"命令。

◆ 命令行：输入SPEDIT。

按上述方法执行"编辑样条曲线"命令后，选择要编辑的样条曲线，便会在命令行中出现如下提示。

> 输入选项[闭合(C)/合并(J)/拟合数据(F)/编辑顶点(E)/转换
> 为多线段(P)/反转(R)/放弃(U)/退出(X)]:<退出>

选择其中的延伸选项即可执行对应命令。命令行中部分选项的含义说明如下。

闭合（C）

用于闭合开放的样条曲线，执行此选项后，命令将自动变为"打开(O)"，如果再执行"打开"命令又会切换回来，如图4-164所示。

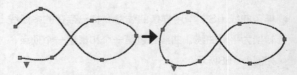

图 4-164 "闭合"的编辑效果

合并（J）

将选定的样条曲线与其他样条曲线、直线、多段线和圆弧在重合端点处合并，以形成一个较大的样条曲线。对象在连接点处扭折连接在一起（C0 连续性），如图4-165所示。

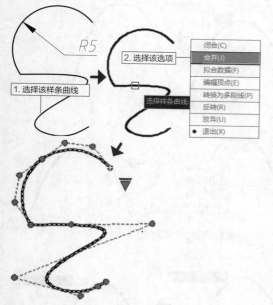

图 4-I65 将其他图形合并至样条曲线

拟合数据（F）

用于编辑"拟合点样条曲线"的数据。拟合数据包括所有的拟合点、拟合公差及绘制样条曲线时与之相关联的切线。选择该选项后，样条曲线上各控制点将会被激活，命令行提示如下。

输入拟合数据选项[添加(A)/闭合(C)/删除(D)/扭折(K)/移动(M)/清理(P)/切线(T)/公差(L)/退出(X)]:<退出>:

对应的选项表示各个拟合数据编辑工具，各选项的含义如下。

◆ 添加（A）：为样条曲线添加新的控制点。选择一个拟合点后，请指定要以下一个拟合点方向添加到样条曲线的新拟合点；如果在开放的样条曲线上选择了最后一个拟合点，则新拟合点将添加到样条曲线的端点；如果在开放的样条曲线上选择第一个拟合点，则可以选择将新拟合点添加到第一个点之前或之后。效果如图4-166所示。

◆ 闭合（C）：用于闭合开放的样条曲线，效果同之前介绍的"闭合"。

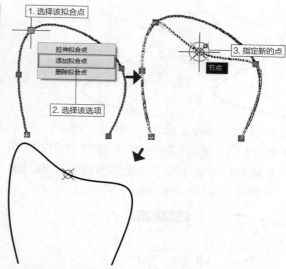

图 4-I66 为样条曲线添加新的拟合点

◆ 删除（D）：用于删除样条曲线的拟合点并重新用其余点拟合样条曲线，如图4-167所示。

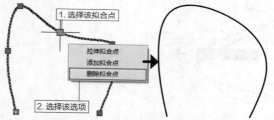

图 4-I67 删除样条曲线上的拟合点

◆ 扭折（K）：在样条曲线上的指定位置添加节点和拟合点，这不会保持该点的相切或曲率连续性，效果如图4-168所示。

◆ 移动（M）：可以依次将拟合点移动到新位置。

◆ 清理（P）：从图形数据库中删除样条曲线的拟合数据，将样条曲线的"拟合点"转换为"控制点"，如图4-169所示。

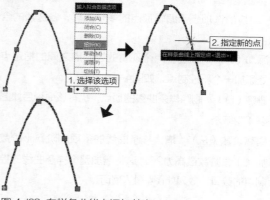

图 4-I68 在样条曲线上添加节点

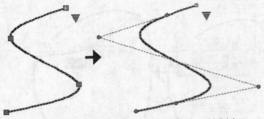

图 4-169 将样条曲线的"拟合点"转换为"控制点"

◆ 切线（T）：更改样条曲线的开始切线和结束切线。指定点以建立切线方向。可以使用对象捕捉，例如垂直或平行，效果如图4-170所示。

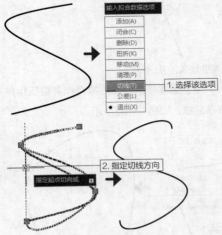

图 4-170 修改样条曲线的切线方向

◆ 公差（L）：重新设置拟合公差的值。
◆ 退出（X）：退出拟合数据编辑。

编辑顶点（E）

用于精密调整"控制点样条曲线"的顶点，选择该选项后，命令行提示如下。

输入顶点编辑选项 [添加(A)/删除(D)/提高阶数(E)/移动(M)/权值(W)/退出(X)] <退出>：

对应的选项表示编辑顶点的多个工具，各选项的含义如下。

◆ 添加（A）：在位于两个现有的控制点之间的指定点处添加一个新控制点，如图4-171所示。
◆ 删除（D）：删除样条曲线的顶点，执行该命令后如图4-172所示。
◆ 提高阶数（E）：增大样条曲线的多项式阶数（阶数加1），阶数最高为26。这将增加整个样条曲线的控制点的数量，效果如图4-173所示。

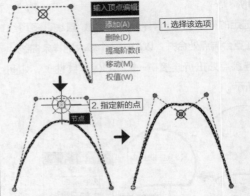

图 4-171 在样条曲线上添加控制点

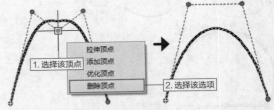

图 4-172 删除样条曲线上的控制点

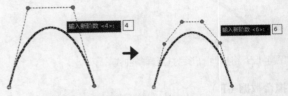

图 4-173 提高样条曲线的阶数

◆ 移动（M）：将样条曲线上的顶点移动到合适位置。
◆ 权值（W）：修改不同样条曲线控制点的权值，并根据指定控制点的新权值重新计算样条曲线。权值越大，样条曲线越接近控制点，如图4-174所示。

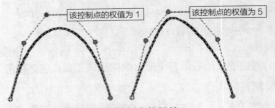

图 4-174 修改样条曲线控制点的权值

转换为多段线（P）

用于将样条曲线转换为多段线。精度值决定生成的多段线与样条曲线的接近程度，有效精度值为0 ~ 99之间的任意整数。然而，较高的精度值会降低计算机性能。

反转（R）

可以反转样条曲线的方向。

放弃（U）

还原操作，每选择一次将取消上一次的操作，可一直返回到编辑任务开始时的状态。

4.2.6 编辑填充的图案

在为图形填充了图案后，如果对填充效果不满意，还可以通过"编辑图案填充"命令对其进行编辑。可编辑内容包括填充比例、旋转角度和填充图案等。AutoCAD 2020增强了图案填充的编辑功能，可以同时选择并编辑多个图案填充对象。

执行"编辑图案填充"命令的方法有以下几种。

◆ 功能区：在"默认"选项卡中，单击"修改"面板中的"编辑图案填充"按钮 。

◆ 菜单栏：选择"修改"|"对象"|"图案填充"命令。

◆ 命令行：输入HATCHEDIT或HE。

◆ 快捷操作1：在要编辑的对象上单击鼠标右键，在弹出的快捷菜单中选择"图案填充编辑"选项。

◆ 快捷操作2：在绘图区双击要编辑的图案填充对象。

调用该命令后，先选择图案填充对象，系统弹出"图案填充编辑"对话框，如图4-175所示。该对话框中的参数与"图案填充和渐变色"对话框中的参数一致，修改参数即可修改图案填充效果。

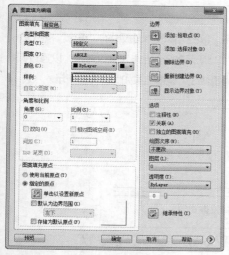

图4-175 "图案填充编辑"对话框

4.2.7 编辑阵列

要对所创建的阵列进行编辑，可使用如下方法。

◆ 功能区：单击"修改"面板中的"编辑阵列"按钮 。

◆ 命令行：输入ARRAYEDIT。

◆ 快捷操作1：选中阵列图形，拖动对应夹点。

◆ 快捷操作2：选中阵列图形，打开如图4-176所示的"阵列"选项卡，选择该选项卡中的功能进行编辑。这里要引起注意的是，不同的阵列类型，对应的"阵列"选项卡中的按钮虽然不相同，但名称却是相同的。

◆ 快捷操作3：按住Ctrl键，用鼠标指针拖动阵列中的项目。

图4-176 3种"阵列"选项卡

单击"阵列"选项卡"选项"面板中的"替换项目"按钮，用户可以使用其他对象替换选定的项目，其他阵列项目将保持不变，如图4-177所示。

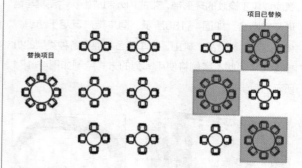

图4-177 替换阵列项目

单击"阵列"选项卡"选项"面板中的"编辑来源"按钮，可进入阵列项目源对象编辑状态，保存更改后，所有的更改（包括创建新的对象）将立即应用于参考相同源对象的所有项目，如图4-178所示。

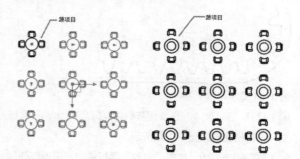

图4-178 编辑阵列源项目

按住Ctrl键并单击阵列中的项目，可以单独删除、移动、旋转或缩放选定的项目，而不会影响其余的阵列项目，如图4-179所示。

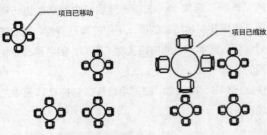

图 4-179 单独编辑阵列项目

【练习 4-18】使用阵列绘制同步带

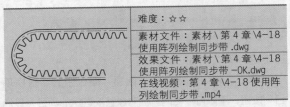

	难度：☆☆
	素材文件：素材 \ 第 4 章 \4-18 使用阵列绘制同步带 .dwg
	效果文件：素材 \ 第 4 章 \4-18 使用阵列绘制同步带 -OK.dwg
	在线视频：第 4 章 \4-18 使用阵列绘制同步带 .mp4

同步带是以钢丝绳或玻璃纤维为强力层，外覆以聚氨酯或氯丁橡胶的环形带，带的内周制成齿状，使其与齿形带轮啮合，如图4-180所示。同步带广泛用于纺织、化工、冶金、食品、矿山、汽车等各行业中各种类型的机械传动。因此本案例将使用阵列的方式绘制如图4-181所示的同步带。

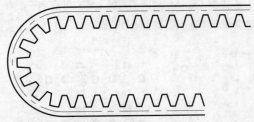

图 4-180 同步带的应用

图 4-181 同步带效果图形

01 打开"第4章\4-18 使用阵列绘制同步带.dwg"素材文件，素材图形如图4-182所示。

02 阵列同步带齿。单击"修改"面板中的"矩形阵列"按钮，选择单个齿轮作为阵列对象，设置列数为12、行数为1、距离为18，阵列结果如图4-183所示。

图 4-182 素材图形

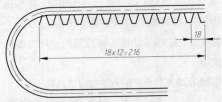

图 4-183 矩形阵列后的结果

03 分解阵列图形。单击"修改"面板中的"分解"按钮，将矩形阵列的齿分解，并删除左端多余的部分。

04 环形阵列。单击"修改"面板中的"环形阵列"按钮，选择最左侧的一个齿作为阵列对象，设置填充角度为180、项目数量为8，结果如图4-184所示。

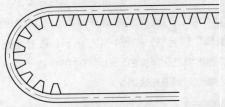

图 4-184 环形阵列后的结果

05 镜像齿条。单击"修改"面板中的"镜像"按钮，选择如图4-185所示的8个齿作为镜像对象，以通过圆心的水平线作为镜像线，镜像结果如图4-186所示。

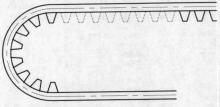

图 4-185 选择镜像对象

图 4-186 镜像后的结果

06 修剪图形。单击"修改"面板中的"修剪"按钮，修剪多余的线条，结果如图4-187所示。

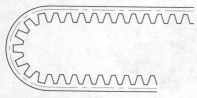

图 4-187 修剪之后的结果

4.2.8　对齐

"对齐"命令可以使当前的对象与其他对象对齐，既适用于二维对象，也适用于三维对象。在对齐二维对象时，可以指定一对或两对对齐点（源点和目标点），在对齐三维对象时则需要指定三对对齐点。

在AutoCAD 2020中"对齐"命令有以下几种常用调用方法。

◆ 功能区：单击"修改"面板中的"对齐"按钮 ▣ 。

◆ 菜单栏：选择"修改"｜"三维操作"｜"对齐"命令。

◆ 命令行：输入ALIGN或AL。

执行上述任一命令后，根据命令行提示，依次选择源点和目标点，按Enter键结束操作，如图4-188所示。

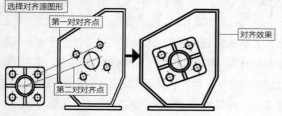

图 4-188 对齐对象

```
命令：_align
            //执行"对齐"命令
选择对象：找到 1 个
            //选择要对齐的对象
指定第一个源点：
            //指定源对象上的一点
指定第一个目标点：
            //指定目标对象上的对应点
指定第二个源点：
            //指定源对象上的一点
指定第二个目标点：
            //指定目标对象上的对应点
指定第三个源点或 <继续>：✓
            //按Enter键完成选择
是否基于对齐点缩放对象？[是(Y)/否(N)] <否>：✓
            //按Enter键结束命令
```

执行"对齐"命令后，根据命令行提示选择要对齐的对象，并按Enter键结束命令。在这个过程中，可以指定一对、两对或三对对齐点（一个源点和一个目标点合称为一对对齐点）来对齐选定对象。对齐点的对数不同，操作结果也不同，具体介绍如下。

一对对齐点（一个源点、一个目标点）

当只选择一对源点和目标点时，所选的对象将在二维或三维空间从源点 1 移动到目标点 2，类似于"移动"操作，如图4-189所示。

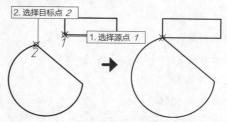

图 4-189 一对对齐点仅能移动对象

该对齐方法的命令行提示如下。

```
命令：ALIGN✓
            //执行"对齐"命令
选择对象：找到 1 个
            //选择图中的矩形
指定第一个源点：
            //选择源点 1
指定第一个目标点：
            //选择目标点 2
指定第二个源点：✓
            //按Enter键结束操作，矩形移动至对象上
```

两对对齐点（两个源点、两个目标点）

当选择两对点时，可以移动、旋转和缩放选定对象，以便与其他对象对齐。第一对源点和目标点定义对齐的基点（点1、2），第二对对齐点定义旋转的角度（点3、4），效果如图4-190所示。

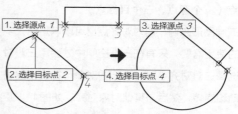

图 4-190 两对对齐点可将对象移动并对齐

该对齐方法的命令行提示如下。

```
命令：ALIGN↙
          //执行"对齐"命令
选择对象：找到 1 个
          //选择图中的矩形
指定第一个源点：
          //选择源点 1
指定第一个目标点：
          //选择目标点 2
指定第二个源点：
          //选择源点 3
指定第二个目标点：
          //选择目标点 4
指定第三个源点或〈继续〉：↙
          //按Enter键完成选择
是否基于对齐点缩放对象？[是(Y)/否(N)]〈否〉：↙
          //按Enter键结束操作
```

在输入了第二对点后，系统会给出"缩放对象"的提示。如果选择"是（Y）"，则将缩放源对象，使其上的源点 3 与目标点 4 重合，效果如图4-191所示；如果选择"否（N）"，则源对象大小保持不变，源点 3 落在目标点 2、4 的连线上。

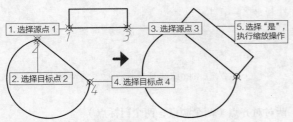

图 4-191 对齐时的缩放效果

提示

只有使用两对点对齐对象时才能使用缩放。

三对对齐点（三个源点、三个目标点）

对于二维图形来说，两对对齐点已可以满足绝大多数情况下的使用需要，只有在三维空间中才会用三对对齐点。当选择三对对齐点时，选定的对象可在三维空间中进行移动和旋转，然后与其他对象对齐，如图4-192所示。

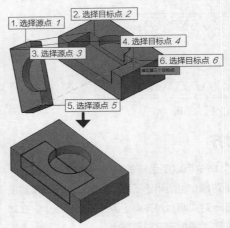

图 4-192 三对对齐点可在三维空间中对齐

【练习 4-19】使用对齐装配三通管

	难度：☆☆
	素材文件：素材＼第 4 章＼4-19 使用对齐装配三通管 .dwg
	效果文件：素材＼第 4 章＼4-19 使用对齐装配三通管 -OK.dwg
	在线视频：第 4 章＼4-19 使用对齐装配三通管 .mp4

在机械装配图的绘制过程中，如果仍使用一笔一画的绘制方法，则效率极为低下，无法体现出AutoCAD强大的绘图功能，也不能满足现代设计的需要。因此，熟练掌握AutoCAD，熟悉其中的各种绘制、编辑命令，对提高工作效率有很大的帮助。在本例中，如果使用"移动""旋转"等方法，难免费时费力，而使用"对齐"命令，则可以一步到位，极为简便。

01 打开"第4章\4-19 使用对齐装配三通管.dwg"素材文件，其中已经绘制好了三通管和装配管，但图形比例不一致，如图4-193所示。

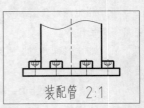

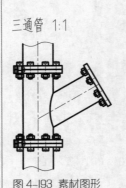

图 4-193 素材图形

02 单击"修改"面板中的"对齐"按钮，执行"对齐"命令，选择整个装配管图形，然后根据三通管和装配管的对接方式，按图4-194所示选择对应的两对对齐点（1对应2，3对应4）。

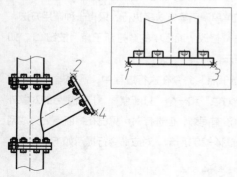

图 4-194 选择对齐点

03 两对对齐点指定完毕后，按Enter键，命令行提示"是否基于对齐点缩放对象"，输入Y，选择"是"，再按Enter键，即可将装配管对齐至三通管中，效果如图4-195所示。

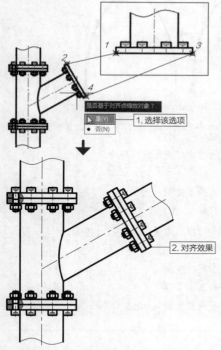

图 4-195 两对对齐点的对齐效果

4.2.9 打断

执行"打断"命令可以在对象上指定两点，然后两点之间的部分会被删除。被打断的对象不能是组合形体，如图块等，只能是单独的线条，如直线、圆弧、圆、多段线、椭圆、样条曲线、圆环等。

在AutoCAD 2020中"打断"命令有以下几种调用方法。

- 功能区：单击"修改"面板上的"打断"按钮。
- 菜单栏：选择"修改"｜"打断"命令。
- 命令行：输入BREAK或BR。

"打断"命令可以在选择的线条对象上创建两个打断点，从而将线条断开。如果在对象之外指定一点为第二个打断点，系统将以该点到被打断对象的垂直点位置为第二个打断点，除去两点间的线段。图4-196所示为打断对象的过程，可以看到利用"打断"命令能快速完成图形效果的调整。对应的命令行提示如下。

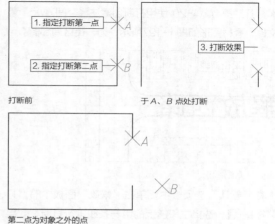

图 4-196 图形打断效果

```
命令：_break
        //执行"打断"命令
选择对象：
        //选择要打断的图形
指定第二个打断点 或 [第一点(F)]：F↙
        //选择"第一点"选项，指定打断的第一点
指定第一个打断点：
        //选择A点
指定第二个打断点：
        //选择B点
```

默认情况下，系统会以选择对象时的拾取点作为第一个打断点。若此时直接在对象上选取另一点，即可去除两点之间的线条图形，但这样的打断效果往往不符合要求，因此可在命令行中输入字母F，执行"第一点（F）"选项，通过指定第一点来获取准确的打断效果。

【练习 4-20】使用打断创建注释空间

难度：☆☆	
素材文件：素材 \ 第 4 章 \4-20 使用打断创建注释空间 .dwg	
效果文件：素材 \ 第 4 章 \4-20 使用打断创建注释空间 -OK.dwg	
在线视频：第 4 章 \4-20 使用打断创建注释空间 .mp4	

"打断"命令通常用于在复杂图形中为块或注释文字创建空间，方便这些对象的查看，也可以用来修改、编辑图形。本例为一街区规划设计的局部图，原图中内容十分丰富，因此街道名称的注释文字就难免与其他图形混杂在一块，难以看清。这时就可以通过"打断"命令来进行修改，具体操作如下。

01 打开"第4章\4-20 使用打断创建注释空间.dwg"素材文件，素材图形如图4-197所示，为一街区局部图。

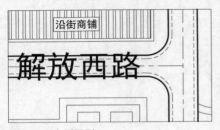

图 4-197 素材图形

02 在"默认"选项卡中，单击"修改"面板中的"打断"按钮 ，选择主干道上的第一条线进行打断，效果如图4-198所示。

图 4-198 打断直线

03 按相同方法打断街道上的其他线条，得到的最终效果如图4-199所示。

图 4-199 打断效果

4.2.10 打断于点

"打断于点"是从"打断"命令派生出来的，"打断于点"是指通过指定一个打断点，将对象从该点处断开成两个对象。在AutoCAD 2020中"打断于点"命令不能命令行输入和菜单调用等方法来执行，只有一种调用方法，即通过单击"修改"面板中的"打断于点"按钮 ，如图4-200所示。

"打断于点"命令在执行过程中，需要输入的参数只有"打断对象"和一个"打断点"。打断之后的对象外观无变化，没有间隙，但选择时可见已在打断点处分成两个对象，如图4-201所示。对应命令行提示如下。

图 4-200 "修改"面板中的"打断于点"按钮

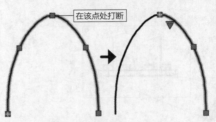

图 4-201 打断于点的图形

```
命令： _break
        //执行"打断于点"命令
选择对象：
        //选择要打断的图形
指定第二个打断点 或 [第一点(F)]： _f
        //系统自动选择"第一点"选项
指定第一个打断点：
        //指定打断点
指定第二个打断点： @
        //系统自动输入@结束命令
```

提示

不能在一点打断闭合对象（例如圆）。

读者可以发现"打断于点"与"打断"的命令行提示相差无几，甚至在命令文本窗口中的代码都是"_break"。这是因为"打断于点"可以被理解为"打断"命令的一种特殊情况，即第二点与第一点重合。因此，如果在执行"打断"命令时，要想让输入的第二个点和第一个点相同，那在指定第二点时在命令行输入"@"字符即可——此操作相当于"打断于点"。

【练习 4-21】使用打断修改电路图

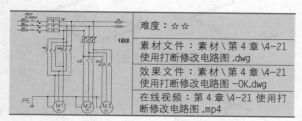

	难度：☆☆
	素材文件：素材 \ 第 4 章 \4-21 使用打断修改电路图 .dwg
	效果文件：素材 \ 第 4 章 \4-21 使用打断修改电路图 -OK.dwg
	在线视频：第 4 章 \4-21 使用打断修改电路图 .mp4

"打断"命令除了为文字、标注等创建注释空间外，还可以用来修改、编辑图形，尤其适用于修改由大量直线、多段线等线性对象构成的电路图。本例便灵活使用"打断"命令，为某电路图添加电器元件。

01 打开"第4章\4-21 使用打断修改电路图.dwg"素材文件，其中绘制好了电路图和一个悬空的电子元件（可调电阻），如图4-202所示。

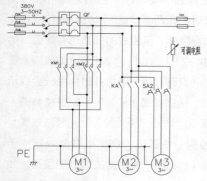

图 4-202　素材图形

02 在"默认"选项卡中，单击"修改"面板中的"打断"按钮□，选择可调电阻左侧的线路作为打断对象，可调电阻的上、下两个端点作为打断点，打断效果如图4-203所示。

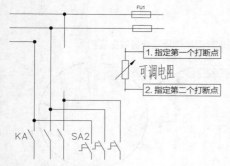

图 4-203　打断线路

03 按相同的方法打断剩下的两条线路，效果如图4-204所示。

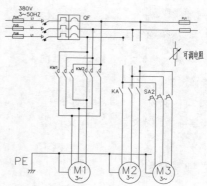

图 4-204　打断线路

04 单击"修改"面板中的"复制"按钮，将可调电阻复制到打断的3条线路上，如图4-205所示。

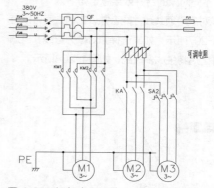

图 4-205　添加电子元件

4.2.11　合并

"合并"命令用于将多个独立的图形对象合并为一个整体。它可以将多个对象进行合并，对象包括直线、多段线、三维多段线、圆弧、椭圆弧、螺旋线和样条曲线等。

在AutoCAD 2020中"合并"命令有以下几种调用方法。

◆ 功能区：单击"修改"面板中的"合并"按钮 ⊷ 。

◆ 菜单栏：选择"修改"｜"合并"命令。

◆ 命令行：输入JOIN或J。

执行以上任一命令后，选择要合并的对象按Enter键完成操作，如图4-206所示。命令行提示如下。

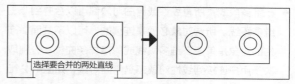

图 4-206　合并图形

```
命令：_join
        //执行"合并"命令
选择源对象或要一次合并的多个对象：找到 1 个
        //选择源对象
选择要合并的对象：找到 1 个，总计 2 个
        //选择要合并的对象
选择要合并的对象：↙
        //按Enter键完成操作
```

"合并"命令产生的对象类型取决于所选定的对象类型、首先选定的对象类型以及对象是否共线（或共面）。因此"合并"操作的结果与所选对象及选择顺序有关，因此本书将不同对象的合并效果总结如下。

◆ 直线：两直线对象必须共线才能合并，它们之间可以有间隙，如图4-207所示；如果选择源对象为直线，再选择圆弧，合并之后将生成多段线，如图4-208所示。

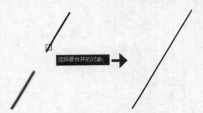

图 4-207 两直线合并为一根直线

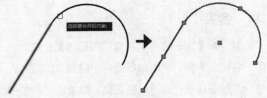

图 4-208 直线、圆弧合并为多段线

◆ 多段线：直线、多段线和圆弧可以与多段线合并。所有对象必须连续且共面，生成的对象是单条多段线，如图4-209所示。

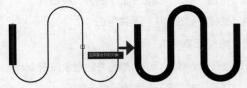

图 4-209 多段线与其他对象合并仍为多段线

◆ 三维多段线：所有线性或弯曲对象都可以合并到源三维多段线。所选对象必须是连续的，可以不共面。产生的对象是单条三维多段线或单条样条曲线，分别取决于用户连接到线性对象还是弯曲对象，如图4-210和图4-211所示。

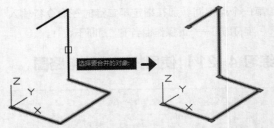

图 4-210 线性的三维多段线合并为单条多段线

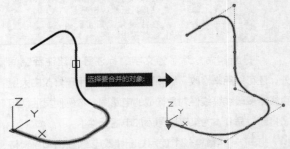

图 4-211 弯曲的三维多段线合并为样条曲线

◆ 圆弧：只有圆弧可以合并到源圆弧。所有的待合并圆弧对象必须同心、同半径，它们之间可以有间隙。合并圆弧时，源圆弧按逆时针方向进行合并，因此不同的选择顺序，所生成的圆弧也有优弧、劣弧之分，如图4-212和图4-213所示；如果两圆弧相邻，它们之间没有间隙，则合并时命令行会提示是否转换为圆，选择"是（Y）"，则生成整圆，如图4-214所示，选择"否（N）"，则无效果；如果选择单独的一段圆弧，则可以在命令行提示中选择"闭合（L）"，来生成该圆弧的整圆，如图4-215所示。

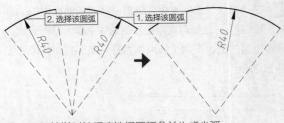

图 4-212 按逆时针顺序选择圆弧合并生成劣弧

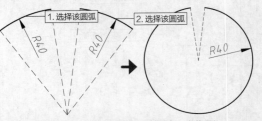

图 4-213 按顺时针顺序选择圆弧合并生成优弧

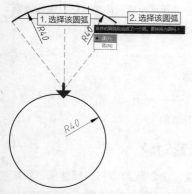

图 4-214 圆弧相邻且它们没有间隙时可合并生成整圆

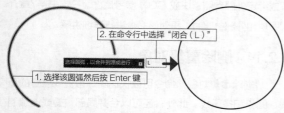

图 4-215 单段圆弧合并可生成整圆

◆ 椭圆弧： 仅椭圆弧可以合并到源椭圆弧。椭圆弧必须共面且具有相同的主轴和次轴，它们之间可以有间隙。源椭圆弧按逆时针方向合并椭圆弧。操作方法和结果与圆弧一致，在此不重复介绍。

◆ 螺旋线： 所有线性或弯曲的图形对象可以合并到源螺旋线。要合并的对象必须是相连的，可以不共面。合并结果是单个样条曲线，如图4-216所示。

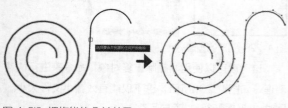

图 4-216 螺旋线的合并效果

◆ 样条曲线： 所有线性或弯曲的图形对象可以合并到源样条曲线。要合并的对象必须是相连的，可以不共面。合并结果是单个样条曲线，如图4-217所示。

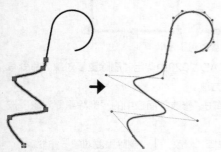

图 4-217 样条曲线的合并效果

【练习 4-22】使用合并修改电路图

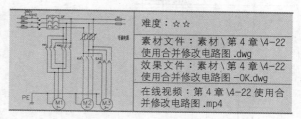

| 难度：☆☆ |
| 素材文件：素材\第 4 章\4-22 使用合并修改电路图 .dwg |
| 效果文件：素材\第 4 章\4-22 使用合并修改电路图 -OK.dwg |
| 在线视频：第 4 章\4-22 使用合并修改电路图 .mp4 |

在"练习4-21"中，使用"打断"命令为电路图添加了电子元件，而如果需要删除电子元件，则可以通过本节所学的"合并"命令来完成，具体操作方法如下。

01 打开"第4章\4-22 使用合并修改电路图.dwg"素材文件，其中有已经绘制好了的完整电路图，如图4-218所示。

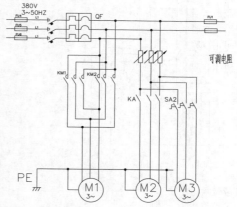

图 4-218 素材图形

02 删除电子元件。在"默认"选项卡中，单击"修改"面板中的"删除"按钮，删除3个可调电阻，如图4-219所示。

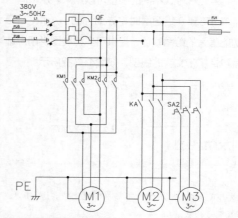

图 4-219 删除电子元件

03 单击"修改"面板中的"合并"按钮，分别单击打断线路的两端，将直线合并，如图4-220所示。

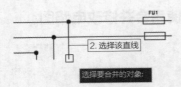

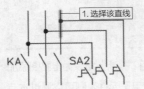

图 4-220 合并直线

04 按相同方法合并剩下的两条线路，最终效果如图 4-221所示。

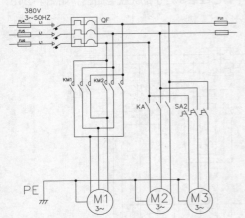

图 4-22I 完成效果

4.2.12 反转

要理解"反转"命令 ⇄，需先大致了解AutoCAD中线型的概念。所谓线型，可以理解为线的形状，如波浪线、破折线、点划线等，不同的线型可以用来表示不同的部分，这点在第6章介绍图层时将详细介绍。AutoCAD作为一款功能强大的绘图软件，提供了多种线型供用户选择，其中就包括了带文字的线型，如图4-222所示。

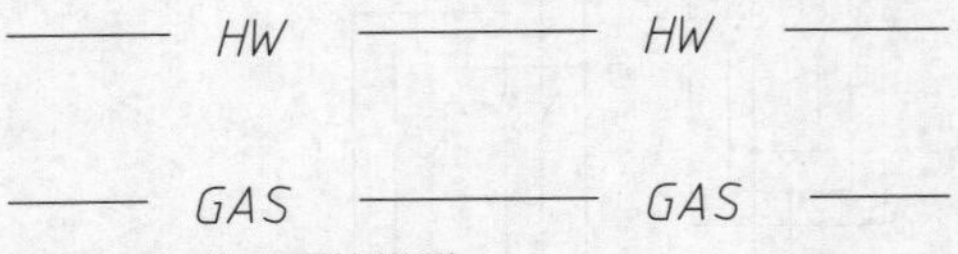

————— *HW* ————— *HW* —————

————— *GAS* ————— *GAS* —————

图 4-222 带文字的线型

提示

HW表示Hot Water，用来表示热水管道走线；GAS用来表示天然气管道走线。

在某些情况下这些线型上的文字会出现颠倒的情况，如图4-223所示。这是因为文字部分的朝向与图线

的起始方向密切关联，使用"反转"命令就可以快速修复这种颠倒效果，如图4-224所示。

终点 ————— *MH* ————— *MH* ————— 起点

图 4-223 线型颠倒效果

起点 ————— *HW* ————— *HW* ————— 终点

图 4-224 修复后的正常效果

4.2.13 复制嵌套对象

"复制嵌套对象"命令 🔁 可以将外部参照、块或DGN 参考底图中的对象直接复制到当前图形中，而不是分解或绑定外部参照、块或 DGN 参考底图。在本书第7章介绍图块和外部参照时，再对该命令进行详细讲解。

4.2.14 删除重复对象

"删除重复对象"命令可以快速删除重复或重叠的直线、圆弧和多段线。此外，还可以合并局部重叠或连续的直线、圆弧和多段线。在实际工作中该命令较为实用，因为实际工作中的图纸往往经过了多次修改，图上可能会出现大量的零散对象或重叠的图线，从外观上是看不出重叠效果的，但选中图形后就很明显，如图4-225所示，虽然看上去是一个矩形，但实际上是由许多条直线组成的。

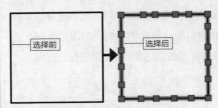

图 4-225 图形的重叠效果

这时就可以使用"删除重复对象"命令来进行快速清理，如图4-226所示。这不仅能有效减小文件大小，同时也能让图形更加简洁明了。

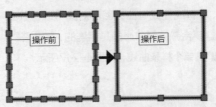

图 4-226 删除重复对象效果

在AutoCAD 2020中调用"删除重复对象"命令有以下几种常用方法。

◆ 功能区：单击"修改"面板中的"删除重复对象"按钮 。

◆ 菜单栏：选择"修改"｜"删除重复对象"命令。

◆ 命令行：输入OVERKILL。

执行"删除重复对象"命令后，可以直接按快捷键Ctrl+A或者框选所绘制好的图形，选择完毕后按Enter键确认，会弹出"删除重复对象"对话框，在其中设置好删除或合并选项，单击"确定"按钮即可完成操作，如图4-227所示。

图 4-227 "删除重复对象"对话框

该对话框中各选项说明如下。

◆ 公差：控制精度，"删除重复对象"通过该精度进行数值比较。如果该值为 0（零），则在"删除重复对象"修改或删除其中一个对象之前，被比较的两个对象必须匹配。

◆ 忽略对象特性：从下方区域中选择对象特性，便可以在比较过程中忽略所选择的特性。

◆ 优化多段线中的线段：选定后，将检查选定的多段线中单独的直线段和圆弧段。重复的顶点和线段将被删除。此外，"删除重复对象"命令会将各个多段线线段与完全独立的直线段和圆弧段相比较。如果多段线线段与直线或圆弧对象重复，其中一个会被删除。如果未选择此选项，多段线会作为参考对象而被比较，而且两个子选项是不可选的。

◆ 忽略多段线线段宽度：忽略线段宽度，同时优化多段线线段。

◆ 不打断多段线：多段线对象将保持不变。

◆ 合并局部重叠的共线对象：重叠的对象被合并到单个对象。

◆ 合并端点对齐的共线对象：将具有公共端点的对象合并为单个对象。

◆ 保持关联对象：不会删除或修改关联对象。

4.2.15 绘图次序

如果当前工作文件中的图形元素很多，而且不同的图形发生重叠，则不利于操作。例如要选择某一个图形，但是这个图形被其他的图形遮住而无法选择，此时就可以通过控制图形的显示层次来解决，将挡在前面的图形后置，或让选中的图形前置，即可让被遮住的图形显示在最

前面，如图4-228所示。

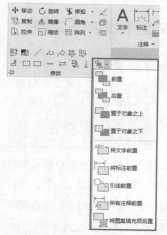

图 4-228 绘图次序的变化效果

在AutoCAD 2020中调整图形叠放次序有如下几种方法。

◆ 功能区：在"修改"面板上的"绘图次序"下拉列表框中单击所需的命令按钮，如图4-229所示。

◆ 菜单栏：在"工具"｜"绘图次序"列表中选择相应的命令，如图4-230所示。

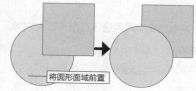

图 4-229 "修改"面板中的"绘图次序"下拉列表框

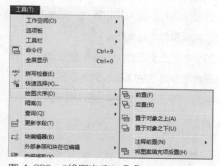

图 4-230 "绘图次序"命令

"绘图次序"列表中的各命令操作方式基本相同，而且十分简单，启用命令后直接选中要前置或后置的对象即可。"绘图次序"列表中的各命令含义说明如下。

◆ 前置：强制使选择的对象显示在所有对象之前。

◆ 后置：强制使选择的对象显示在所有图形之后。

◆ 置于对象之上：使选定的对象显示在指定的参考对象之前。

◆ ⬚ 置于对象之下：使选定的对象显示在指定的参考对象之后。

◆ ⬚ 将文字前置：强制使文字对象显示在所有其他对象之前，单击即可生效。

◆ ⬚ 将标注前置：强制使标注对象显示在所有其他对象之前，单击即可生效。

◆ ⬚ 引线前置：强制使引线对象显示在所有其他对象之前，单击即可生效。

◆ ⬚ 所有注释前置：强制使所有注释对象（标注、文字、引线等）显示在所有其他对象之前，单击即可生效。

◆ ⬚ 将图案填充项后置：强制使图案填充项显示在所有其他对象之后，单击即可生效。

【练习4-23】更改绘图次序修改图形

	难度：☆☆
	素材文件：素材 \ 第 4 章 \4-23 更改绘图次序修改图形 .dwg
	效果文件：素材 \ 第 4 章 \4-23 更改绘图次序修改图形 -OK.dwg
	在线视频：第 4 章 \4-23 更改绘图次序修改图形 .mp4

在进行城镇的规划布局设计时，一张设计图可能包含数以千计的图形元素，如各种建筑、道路、河流、绿植等等。这时就难免会因为绘图时的先后顺序，使各图形的叠放效果不一样，并可能会出现一些违反生活常识的图形，如本例素材中的河流就"淹没"了所绘制的道路，这明显是不符合设计要求的。这时就可以通过"绘图次序"命令来进行修改，具体操作方法如下。

01 打开"第4章\4-23 更改绘图次序修改图形.dwg"素材文件，其中有已经绘制好了的市政规划的局部图，图中可见道路、文字被河流所遮挡，如图4-231所示。

图 4-231 素材图形

02 前置道路。选中道路的填充图案，以及道路的上的各线条，接着单击"修改"面板中的"前置"按钮，结果如图4-232所示。

图 4-232 前置道路

03 前置文字。此时道路图形被置于河流之上，符合生活实际，但道路名称被遮盖，因此需将文字对象前置。单击"修改"面板中的"将文字前置"按钮 ⬚ ，即可完成操作，结果如图4-233所示。

04 前置边框。上述步骤操作后图形边框被置于各对象之下，因此为了打印效果可将边框置于最前，结果如图4-234所示。

图 4-233 将文字前置

图 4-234 前置边框

4.3 通过夹点编辑图形

除了上述介绍的编辑命令外，在AutoCAD中还有一种非常重要的编辑方法，即通过夹点来编辑图形。所谓夹点，指的是在选择图形对象后出现的一些可供捕捉或选择的特征点，如端点、顶点、中点、中心点等，图形的位置和形状通常是由夹点的位置决定的。在AutoCAD中，夹点模式是一种集成的编辑模式，利用夹点模式可以编辑图形的大小、位置、方向，以及对图形进行镜像复制操作等。

4.3.1 夹点模式概述

在夹点模式下，图形对象以蓝色高亮显示，图形上的特征点（如端点、圆心、象限点等）将显示为蓝色的小方框■，如图4-235所示，这样的小方框称为夹点。

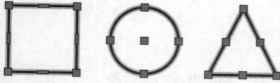

图 4-235 不同对象的夹点

夹点有未激活和被激活两种状态。蓝色小方框显示的夹点处于未激活状态，单击某个未激活夹点，该夹点以红色小方框显示，处于被激活状态，被称为热夹点。以热夹点为基点，可以对图形对象进行拉伸、平移、复制、缩放和镜像等操作。按住Shift键可以同时选择激活多个热夹点。

4.3.2 利用夹点拉伸对象

如需利用夹点来拉伸图形，则操作方法如下。

◆ 快捷操作：在不执行任何命令的情况下选择对象，然后单击其中的一个夹点，系统自动将其作为拉伸的基点，即进入"拉伸"编辑模式。通过移动夹点，就可以将图形对象拉伸至新位置。夹点编辑中的"拉伸"与拉伸命令（STRETCH）效果一致，效果如图4-236所示。

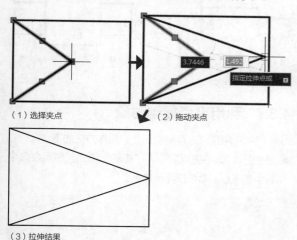

（1）选择夹点　　（2）拖动夹点

（3）拉伸结果

图 4-236 利用夹点拉伸对象

提示

对于某些夹点，只能移动而不能拉伸，如文字、块、直线中点、圆心、椭圆中心和点对象上的夹点。

4.3.3 利用夹点移动对象

如需利用夹点来移动图形，则操作方法如下。

◆ 快捷操作：选中一个夹点，按1次Enter键，即进入"移动"模式。

◆ 命令行：在夹点编辑模式下确定基点后，输入MO进入"移动"模式，选中的夹点即为基点。

通过夹点进入"移动"模式后，命令行提示如下。

```
** MOVE **
指定移动点或 [基点(B)/复制(C)/放弃(U)/退出(X)]。
```

使用夹点移动对象，可以将对象从当前位置移动到新位置，效果同"移动"命令，如图4-237所示。

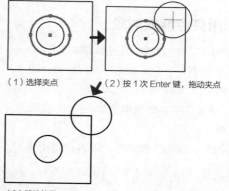

（1）选择夹点　　（2）按1次Enter键，拖动夹点

（3）移动结果

图 4-237 利用夹点移动对象

4.3.4 利用夹点旋转对象

如需利用夹点来旋转对象，则操作方法如下。

◆ 快捷操作：选中一个夹点，按2次Enter键，即进入"旋转"模式。

◆ 命令行：在夹点编辑模式下确定基点后，输入RO进入"旋转"模式，选中的夹点即为基点。

通过夹点进入"移动"模式后，命令行提示如下。

```
** 旋转 **
指定旋转角度或 [基点(B)/复制(C)/放弃(U)/参照(R)/退
出(X)]：
```

默认情况下，输入旋转角度值或通过拖动方式确定旋转角度后，即可将对象绕基点旋转指定的角度。也可以选择"参照（R）"选项，以参照方式旋转对象。效果同"旋转"命令，利用夹点旋转对象如图4-238所示。

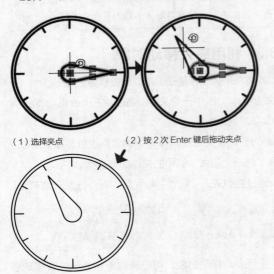

（1）选择夹点　　　　　（2）按2次Enter键后拖动夹点

（3）旋转结果

图 4-238 利用夹点旋转对象

4.3.5　利用夹点缩放对象

如需利用夹点来缩放对象，则操作方法如下。

◆ 快捷操作：选中一个夹点，按3次Enter键，即进入"缩放"模式。

◆ 命令行：选中的夹点即为缩放基点，输入SC进入"缩放"模式。

通过夹点进入"缩放"模式后，命令行提示如下。

```
** 比例缩放 **
指定比例因子或 [基点(B)/复制(C)/放弃(U)/参照(R)/退
出(X)]。
```

默认情况下，当确定了缩放的比例因子后，AutoCAD将相对于基点进行缩放对象操作。当比例因子大于1时放大对象；当比例因子大于0而小于1时缩小对象，操作同"缩放"命令，如图4-239所示。

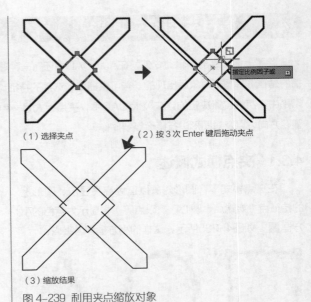

（1）选择夹点　　　　（2）按3次Enter键后拖动夹点

（3）缩放结果

图 4-239 利用夹点缩放对象

4.3.6　利用夹点镜像对象

如需利用夹点来镜像对象，则操作方法如下。

◆ 快捷操作：选中一个夹点，按4次Enter键，即进入"镜像"模式。

◆ 命令行：输入MI进入"镜像"模式，选中的夹点即为镜像线第一点。

通过夹点进入"镜像"模式后，命令行提示如下。

```
** 镜像 **
指定第二点或 [基点(B)/复制(C)/放弃(U)/退出(X)]：
```

指定镜像线上的第二点后，AutoCAD将以基点作为镜像线上的第一点，将对象进行镜像操作并删除源对象。利用夹点镜像对象如图4-240所示。

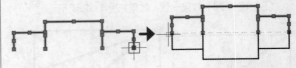

（1）选择夹点　　　　（2）按4次Enter键后拖动夹点

图 4-240 利用夹点镜像对象

4.3.7　利用夹点复制对象

如需利用夹点来复制图形，则操作方法如下。

◆ 命令行：选中夹点后进入"移动"模式，然后在命令行中输入C，命令行提示如下。

```
** MOVE **
                //进入"移动"模式
```

指定移动点　或　［基点(B)/复制(C)/放弃(U)/退出(X)]：C↙

　　　　　　//选择"复制"选项

** MOVE（多个）**

　　　　　　//进入"复制"模式

指定移动点　或［基点(B)/复制(C)/放弃(U)/退出(X)]：↙

　　　　　　//指定放置点，并按Enter键完成操作

使用夹点复制功能，选定中心夹点进行拖动时需按住Ctrl键，复制效果如图4-241所示。

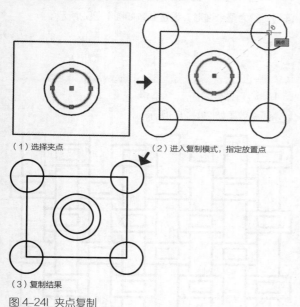

（1）选择夹点　　　　　　（2）进入复制模式，指定放置点

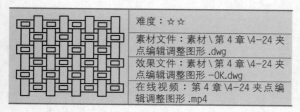

（3）复制结果

图 4-241 夹点复制

【练习 4-24】 夹点编辑调整图形

	难度：☆☆
	素材文件：素材 \ 第 4 章 \4-24 夹点编辑调整图形 .dwg
	效果文件：素材 \ 第 4 章 \4-24 夹点编辑调整图形 -OK.dwg
	在线视频：第 4 章 \4-24 夹点编辑调整图形 .mp4

夹点是一个重要的辅助工具，所以夹点操作的优势只有在绘图过程中才能展现。本例介绍在已有的图形上先进行夹点操作修改图形，然后结合其他命令进一步绘制修改图形，综合运用夹点操作和编辑命令绘图，从而大幅提高绘图效率。

01 打开"第4章\4-24 夹点编辑调整图形.dwg"素材文件，如图4-242所示。

02 单击细实线矩形两边的竖直线，呈现夹点状态，将直

线垂直向下拉伸，如图4-243所示。

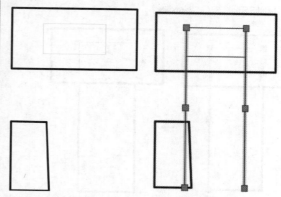

图 4-242 素材图形　　　　图 4-243 拉伸直线

03 单击左下端不规则的四边形，拖动四边形的右上端点到细实线与矩形的交点，如图4-244所示。

04 仍使用相同的办法拖动不规则四边形的左上端点，如图4-245所示。

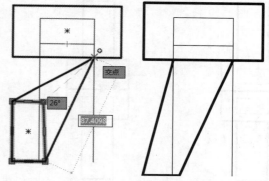

图 4-244 拖动夹点　　　　图 4-245 拖动效果

05 按F8键开启正交模式，选择不规则四边形，水平拖动其下端点连接到竖直细实线，效果如图4-246所示。

06 单击细实线矩形两边的竖直线，呈现夹点状态，如图4-247所示。

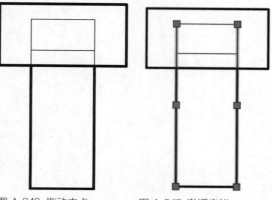

图 4-246 拖动夹点　　　　图 4-247 激活直线

07 分别拖动竖直细线，使其缩短到原来的位置，如图
4-248所示。

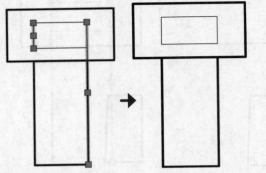

图 4-248 缩短直线

08 单击"修改"面板中的"镜像"按钮 ⚠，以上水平
线为镜像线，镜像整个图形，如图4-249所示。

09 单击"修改"面板中的"移动"按钮 ✛，选择对象为
镜像图形，基点为左端竖直线段的中点，如图4-250所示。

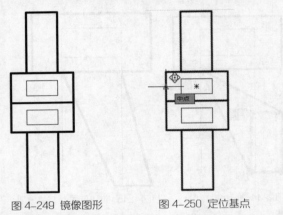

图 4-249 镜像图形　　　　图 4-250 定位基点

10 拖动基点到原图形中矩形右端竖直线的中点，如图
4-251所示。

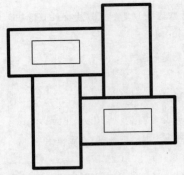

图 4-251 最终定位

11 单击"修改"面板中的"矩形阵列"按钮 ⊞，选择
阵列对象为整个图形，设置参数如图4-252所示。

列数：	4	行数：	3	级别：	1
介于：	120	介于：	120	介于：	1
总计：	360	总计：	240	总计：	1
列		行 ▾		层级	

图 4-252 阵列参数

12 最终效果如图4-253所示。

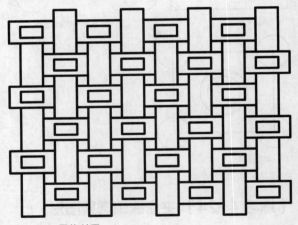

图 4-253 最终效果

第 2 篇 精通篇

第 5 章

创建图形注释

在AutoCAD中，图形注释可以是文字、尺寸标注、引线，也可以是表格说明等，创建这些注释的命令都集中于"注释"面板中，如图5-1所示。本章将按"注释"面板中的命令依次介绍。

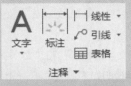

图 5-1 "注释"面板中的命令

5.1 文字

文字是绘图过程中很重要的内容。在进行各种设计时，不仅要绘制出图形，还需要在图形中标注一些注释性的文字，这样可以对不便于表达的图形设计加以说明，使设计表达更加清晰。在AutoCAD中文字可以分为"多行文字"和"单行文字"，可以分别通过在"注释"面板中单击各自的命令按钮来进行操作，如图5-2所示。

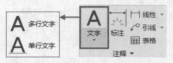

图5-2 "注释"面板中的文字命令

5.1.1 多行文字

"多行文字"又称为段落文字，是一种易于管理的文字对象，由两行以上的文字组成，而且各行文字都是作为一个整体被处理。在制图中常使用"多行文字"功能创建较为复杂的说明文字，如图样的工程说明或技术要求等。与"单行文字"相比，"多行文字"格式更工整规范，可以对文字进行更为复杂的编辑，如为文字添加下划线，设置文字段落对齐方式，为段落添加编号和项目符号等。

可以通过如下方法创建多行文字。

◆ 功能区：在"默认"选项卡中，单击"注释"面板上的"多行文字"按钮 Ａ。

◆ 菜单栏：选择"绘图"｜"文字"｜"多行文字"命令。

◆ 命令行：输入T、MT或MTEXT。

调用该命令后，命令行提示如下。

```
命令：MTEXT↙
当前文字样式："景观设计文字样式"  文字高度：
600  注释性：  否
指定第一角点：
        //指定多行文字框的第一个角点
指定对角点或 [高度(H)/对正(J)/行距(L)/旋转(R)/样式
(S)/宽度(W)/栏(C)]：
        //指定多行文字框的对角点
```

在指定了输入文字的对角点之后，弹出如图5-3所示的编辑框和"文字编辑器"选项卡，用户可以在编辑框中输入、插入文字。

图5-3 多行文字编辑器

"多行文字编辑器"由"多行文字编辑框"和"文字编辑器"选项卡组成，它们的作用说明如下。

◆ 多行文字编辑框：包含了制表位和缩进，可以十分快捷地对所输入的文字进行调整，部分功能如图5-4所示。

◆ 文字编辑器：包含"样式"面板、"格式"面板、"段落"面板、"插入"面板、"拼写检查"面板、"工具"面板、"选项"面板和"关闭"面板，如图5-5所示。在多行文字编辑框中，选中文字，在"文字编辑器"选项卡中可以修改文字的大小、字体、颜色等，完成在一般文字编辑中常用的一些操作。

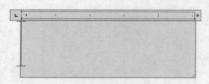

图5-4 多行文字编辑器标尺功能

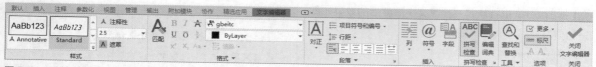

图5-5　"文字编辑器"选项卡

【练习 5-1】使用多行文字创建技术要求

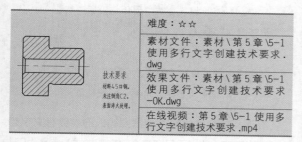

	难度：☆☆
	素材文件：素材 \ 第 5 章 \5-1 使用多行文字创建技术要求.dwg
	效果文件：素材 \ 第 5 章 \5-1 使用多行文字创建技术要求 -OK.dwg
	在线视频：第 5 章 \5-1 使用多行文字创建技术要求 .mp4

技术要求是机械图纸的补充，它是用文字注解说明制造和检验零件时在技术指标上应达到的要求。技术要求的内容包括零件的表面结构要求、零件的热处理和表面修饰的说明、加工材料的特殊性、成品尺寸的检验方法、各种加工细节的补充等。本案例将使用多行文字创建一般性的技术要求，可适用于各类加工零件。

01 打开"第5章\5-1 使用多行文字创建技术要求.dwg"素材文件，如图5-6所示。

02 在"默认"选项卡中，单击"注释"面板中的"文字"下拉列表框中的"多行文字"按钮 A ，如图5-7所示，执行"多行文字"命令。

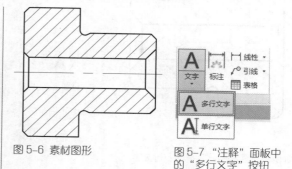

图 5-6　素材图形　　图 5-7　"注释"面板中的"多行文字"按钮

03 系统弹出"文字编辑器"选项卡，然后移动十字光标划出多行文字的范围，操作之后绘图区会显示一个文字编辑框，如图5-8所示。命令行提示如下。

```
命令：_mtext
        //调用"多行文字"命令
当前文字样式："Standard" 文字高度： 2.5 注释
性： 否
指定第一角点：
        //在绘图区合适位置拾取一点
指定对角点或 [高度(H)/对正(J)/行距(L)/旋转(R)/样式
(S)/宽度(W)/栏(C)]：
        //指定对角点
```

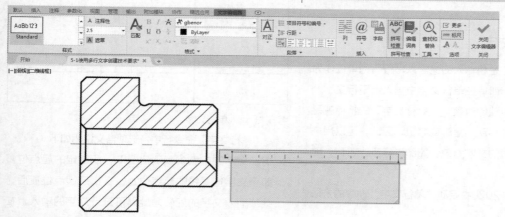

图5-8　"文字编辑器"选项卡与文字编辑框

04 在文字编辑框内输入文字，每输入一行按Enter键再输入下一行，输入结果如图5-9所示。

05 接着选中"技术要求"这4个文字，然后在"样式"面板中修改文字高度为3.5，如图5-10所示。

图 5-9　文字输入结果

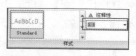

图 5-10　修改"技术要求"的文字高度

161

06 按Enter键执行修改，修改文字高度后的效果如图5-11所示。

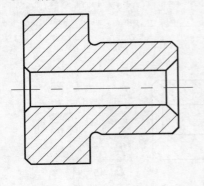

技术要求

材料45#钢。

未注倒角C2。

表面淬火处理。

图 5-11 创建的不同字高的多行文字

延伸讲解　弧形文字

很多时候需要对文字进行一些特殊处理，如输入圆弧对齐文字，即所输入的文字沿指定的圆弧均匀分布。要实现这个功能可以手动输入文字后再以阵列的方式完成操作，但在AutoCAD中还有一种更为快捷有效的方法。那就是通过Arctext命令直接创建弧形文字，如图5-12所示。

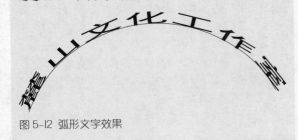

图 5-12 弧形文字效果

5.1.2　单行文字

"单行文字"是将输入的文字以"行"为单位作为一个对象来处理。即使在单行文字中输入若干行文字，每一行文字仍是单独的对象。"单行文字"的特点就是每一行均可以独立移动、复制或编辑，因此，可以用来创建内容比较简短的文字对象，如图形标签、名称、时间等。

在AutoCAD 2020中启动"单行文字"命令的方法如下。

◆ 功能区：在"默认"选项卡中，单击"注释"面板上的"单行文字"按钮 A 。

◆ 菜单栏：选择"绘图"|"文字"|"单行文字"命令。

◆ 命令行：输入DT、TEXT或DTEXT。

调用"单行文字"命令后，就可以根据命令行的提示输入文字，操作如下。

命令：_dtext

　　　//执行"单行文字"命令

当前文字样式："Standard"文字高度：2.5000

注释性：否

　　　//显示当前文字样式

指定文字的起点或 [对正(J)/样式(S)]：

　　　//在绘图区合适位置任意拾取一点

指定高度 <2.5000>：3.5↙

　　　//指定文字高度

指定文字的旋转角度 <0>：↙

　　　//指定文字旋转角度，一般默认为0

在调用命令的过程中，需要输入的参数有文字起点、文字高度（此提示只有在当前文字样式的字高为0时才显示）、文字旋转角度和文字内容等。文字起点用于指定文字的插入位置，是文字对象的左下角点。文字旋转角度指文字相对于水平位置的倾斜角度。

设置完成后，绘图区将出现一个带光标的矩形框，在其中输入相关文字即可，如图5-13所示。

在输入单行文字时，按Enter键不会结束文字的输入，而是表示换行，且行与行之间还是互相独立存在的；在空白处单击则会新建另一处单行文字；只有按快捷键Ctrl+Enter才能结束单行文字的输入。

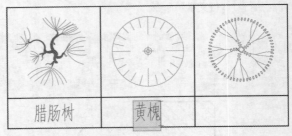

图 5-13 输入单行文字

"单行文字"命令行中各选项含义说明如下。

◆ 指定文字的起点：默认情况下，所指定的起点位置即是文字行基线的起点位置。在指定起点位置后，继续输入文字的旋转角度即可进行文字的输入。在输入完成后，按两次Enter键或将十字光标移至图纸的其他任意位置并单击，然后按Esc键即可结束单行文字的输入。

◆ 对正（J）：该选项可以设置文字的对正方式，共有15种方式。

◆ 样式（S）：选择该选项可以在命令行中直接输入

文字样式的名称，也可以输入"？"，便会打开"AutoCAD文本窗口"对话框，该对话框将显示当前图形中已有的文字样式和其他信息，如图5-14所示。

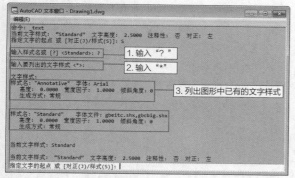

图 5-l4 "AutoCAD 文市窗口"对话框

"对正（J）"备选项用于设置文字的缩排和对齐方式。选择该备选项，可以设置文字的对正点，命令行提示如下。

[左(L)/居中(C)/右(R)/对齐(A)/中间(M)/布满(F)/左上(TL)/中上(TC)/右上(TR)/左中(ML)/正中(MC)/右中(MR)/左下(BL)/中下(BC)/右下(BR)]：

命令行提示中常用选项含义如下。

◆ 左（L）：可使生成的文字以插入点为基点向左对齐。
◆ 居中（C）：可使生成的文字以插入点为中心向两边排列。
◆ 右（R）：可使生成的文字以插入点为基点向右对齐。
◆ 中间（M）：可使生成的文字以插入点为中心向两边排列。
◆ 左上（TL）：可使生成的文字以插入点为字符串的左上角。
◆ 中上（TC）：可使生成的文字以插入点为字符串顶线的中心点。
◆ 右上（TR）：可使生成的文字以插入点为字符串的右上角。
◆ 左中（ML）：可使生成的文字以插入点为字符串的左中点。
◆ 正中（MC）：可使生成的文字以插入点为字符串的正中点。
◆ 右中（MR）：可使生成的文字以插入点为字符串的右中点。

◆ 左下（BL）：可使生成的文字以插入点为字符串的左下角。
◆ 中下（BC）：可使生成的文字以插入点为字符串底线的中点。
◆ 右下（BR）：可使生成的文字以插入点为字符串的右下角。

要充分理解各对齐位置与单行文字的关系，就需要先了解文字的组成结构。AutoCAD为"单行文字"的水平文本行规定了4条定位线：顶线（Top Line）、中线（Middle Line）、基线（Base Line）、底线（Bottom Line），如图5-15所示。顶线为大写字母顶部所对齐的线，基线为大写字母底部所对齐的线，中线处于顶线与基线的正中间，底线为长尾小写字母底部所在的线，汉字在顶线和基线之间。系统提供了如图5-15所示的13个对齐点，以及15种对齐方式。其中，各对齐点即为文本行的插入点，结合前文与该图，即可对单行文字的对齐有充分了解。

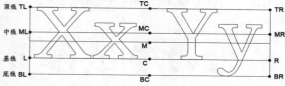

图 5-l5 对齐方位示意图

图5-15中还有"对齐（A）"和"布满（F）"这两种方式没有示意，分别介绍如下。

◆ 对齐（A）：指定文本行基线的两个端点确定文字的高度和方向。系统将自动调整字符高度使文字在两端点之间均匀分布，而字符的宽高比例不变，如图5-16所示。
◆ 布满（F）：指定文本行基线的两个端点确定文字的方向。系统将调整字符的宽高比例，以使文字在两端点之间均匀分布，而文字高度不变，如图5-17所示。

对齐方式　文字布满

其宽高比例不变　其文字高度不变

指定不在水平线的两点　指定不在水平上的两点

图 5-l6 文字"对齐"方式效果　　图 5-l7 文字"布满"方式效果

163

【练习 5-2】 使用单行文字注释图形

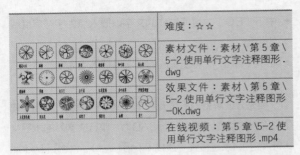

难度：☆☆	
素材文件：素材 \ 第 5 章 \ 5-2 使用单行文字注释图形 . dwg	
效果文件：素材 \ 第 5 章 \ 5-2 使用单行文字注释图形 —OK.dwg	
在线视频：第 5 章 \5-2 使用单行文字注释图形 .mp4	

单行文字输入完成后，可以不退出命令，而直接在另一个要输入文字的地方单击，同样会出现文字输入框。因此在需要进行多次单行文字标注的图形中使用此方法，可以大大节省时间。如机械制图中的剖面图标识、园林图中的植被统计表，都可以在最后统一使用单行文字进行标注。

01 打开 "第5章\5-2 使用单行文字注释图形.dwg" 素材文件，其中已绘制好了植物平面图例，如图5-18所示。

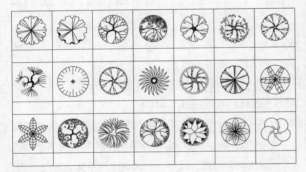

图 5-18 素材图形

02 在 "默认" 选项卡中，单击 "注释" 面板中的 "文字" 下拉列表框中的 "单行文字" 按钮 Ａ ，然后根据命令行提示输入文字 "桃花心木"，如图5-19所示。命令行提示如下。

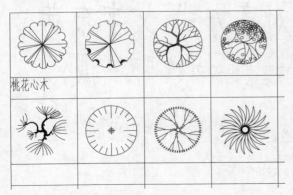

图 5-19 创建第一个单行文字

命令： DTEXT✔

当前文字样式：　　　　 "Standard"　　　 文字高度： 2.5000 注释性：　否

指定文字的起点或 [对正(J)/样式(S)]：

指定高度 <2.5000>： 600✔

　　　　 //指定文字高度

指定文字的旋转角度 <0>：✔

　　　　 //指定文字角度。按快捷键

　　　　 Ctrl+Enter，结束命令

命令： _text

当前文字样式： "Standard" 文字高度：2.5000 注释性：否 对正：左

指定文字的起点 或 [对正(J)/样式(S)]： J✔

　　　　 //选择 "对正" 选项

输入选项 [左(L)/居中(C)/右(R)/对齐(A)/中间(M)/布满(F)/左上(TL)/中上(TC)/右上(TR)/左中(ML)/正中(MC)/右中(MR)/左下(BL)/中下(BC)/右下(BR)]： TL✔

　　　　 //选择 "左上" 对齐方式

指定文字的左上点：

　　　　 //指定表格的左上角点

指定高度 <2.5000>： 600✔

　　　　 //输入文字高度值为600

指定文字的旋转角度 <0>：✔

　　　　 //文字旋转角度为0

　　　　 //输入文字 "桃花心木"

03 输入完成后，可以不退出命令，直接在右边的框格中单击鼠标，同样会出现文字输入框，输入第二个单行文字 "麻楝"，如图5-20所示。

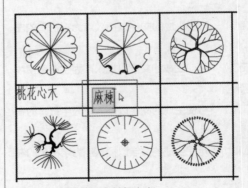

图 5-20 创建第二个单行文字

04 按相同方法，在各个框格中输入植被名称，效果如图5-21所示。

05 使用 "移动" 命令或通过夹点拖移，将各单行文字对齐，最终结果如图5-22所示。

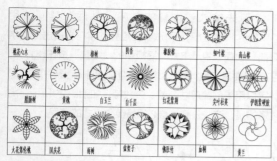

图 5-2I 创建其余单行文字

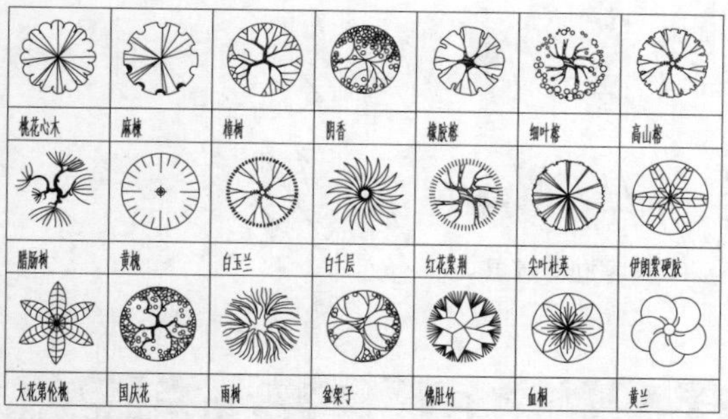

图 5-22 对齐所有单行文字

5.1.3 文字的编辑

同Word、Excel等办公软件一样，在AutoCAD中也可以对文字进行编辑和修改，只是在"注释"面板中并没有提供相关的按钮。本节便介绍如何在AutoCAD中对文字特性和内容进行编辑与修改。

1. 修改文字内容

修改文字内容的方法如下。

◆ 菜单栏：选择"修改"|"对象"|"文字"|"编辑"命令。

◆ 命令行：输入DDEDIT或ED。

◆ 快捷操作：双击要修改的文字。

执行以上任意一种操作后，文字将变成可输入状态，如图5-23所示。此时可以重新输入需要的文字内容，然后按Enter键退出即可，如图5-24所示。

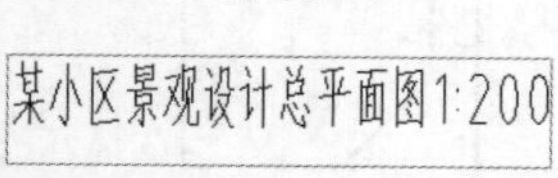

图 5-23 可输入状态

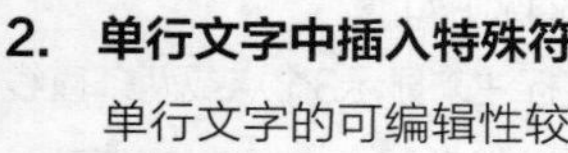

图 5-24 编辑文字内容

2. 单行文字中插入特殊符号

单行文字的可编辑性较弱，只能通过输入控制符的方式插入特殊符号。

AutoCAD的特殊符号由两个百分号（%%）和一个字母构成，常用的特殊符号输入方法如表5-1所示。在文本编辑状态输入控制符时，这些控制符也临时显示在屏幕上。当结束文本编辑之后，这些控制符将从屏幕上消失，转换成相应的特殊符号。

表 5-I AutoCAD 文字控制符

特殊符号	功 能
%%O	打开或关闭文字上划线
%%U	打开或关闭文字下划线
%%D	标注（°）符号
%%P	标注正负公差（±）符号
%%C	标注直径（Ø）符号

在AutoCAD的控制符中，%%O和%%U分别是上划线与下划线的开关。符号第一次出现时，可打开上划线或下划线；符号第二次出现时，则会关掉上划线或下划线。

3. 添加多行文字背景

有时为了使文字更清晰地显示在复杂的图形中，用户可以为文字添加不透明的背景。

双击要添加背景的多行文字，打开"文字编辑器"选项卡，单击"样式"面板上的"遮罩"按钮 ，系统弹出"背景遮罩"对话框，如图5-25所示。

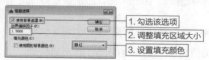

1. 勾选该选项
2. 调整填充区域大小
3. 设置填充颜色

图 5-25 "背景遮罩"对话框

勾选其中的"使用背景遮盖"选项，再设置填充背景的大小和颜色即可，效果如图5-26所示。

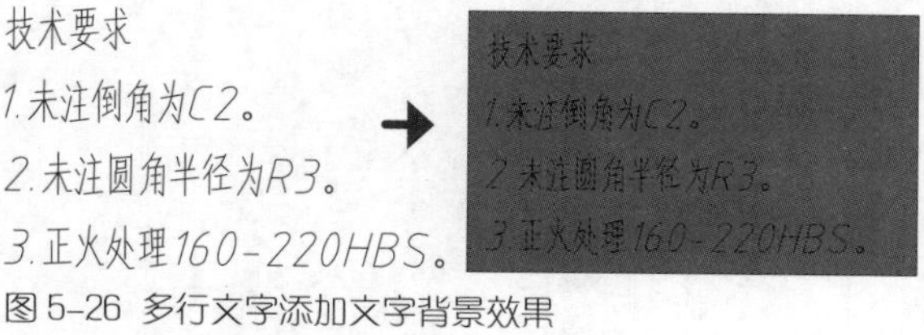

图 5-26 多行文字添加文字背景效果

4. 多行文字中插入特殊符号

与单行文字相比，在多行文字中插入特殊字符的方式更灵活。除了使用控制符的方法外，还有以下两种途径。

◆ 在"文字编辑器"选项卡中，单击"插入"面板上的"符号"按钮，在弹出的下拉列表框中选择所需的符号即可，如图5-27所示。

◆ 在编辑状态下单击鼠标右键，在弹出的快捷菜单中选择"符号"命令，如图5-28所示，其子菜单中包含了常用的各种特殊符号。

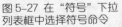

图 5-27 在"符号"下拉列表框中选择符号命令

图 5-28 使用快捷菜单输入特殊符号

5. 创建堆叠文字

如果要创建堆叠文字（一种垂直对齐的文字或分

数），可先输入要堆叠的文字，然后在其间使用"/""#""^"分隔，再选中要堆叠的字符，单击"文字编辑器"选项卡中"格式"面板中的"堆叠"按钮，则文字按照要求自动堆叠。堆叠文字在机械制图中应用很多，可以用来创建尺寸公差、分数等，如图5-29所示。需要注意的是，这些分割符号必须是英文格式的符号。

$$14\ 1/2 \rightarrow 14\ \tfrac{1}{2}$$

$$14\ 1\hat{}2 \rightarrow 14\ \tfrac{1}{2}$$

$$14\ 1\#2 \rightarrow 14\ \tfrac{1}{2}$$

图 5-29 文字堆叠效果

5.2 尺寸标注

使用AutoCAD进行设计绘图时，首先要明确的一点就是：图形中的线条长度，并不代表物体的真实尺寸，一切数值以标注为准。无论是零件加工还是建筑施工，所依据的是标注的尺寸值，所以尺寸标注是绘图中最为重要的部分。一些成熟的设计师，在现场或无法使用AutoCAD的场合，会直接用笔在纸上手绘出一张草图，图不一定要画的好看，但记录的数据却必须准确。由此可见，图形仅是标注的辅助而已。

对于不同的对象，其定位所需的尺寸类型也不同。AutoCAD 2020包含了一套完整的尺寸标注的命令，可以标注线性、角度、弧长、半径、直径、坐标等在内的各类尺寸，如图5-30所示。

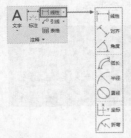

图 5-30 尺寸标注命令

5.2.1 智能标注

"智能标注"可以根据选定的对象类型自动创建相应的标注，例如选择一条线段，则创建线性标注；选择一段圆弧，则创建半径标注。可以看做是以前的"快速标注"命令的加强版。

执行"智能标注"命令有以下几种方式。

◆ 功能区：在"默认"选项卡中，单击"注释"面板中

的"标注"按钮。

◆ 命令行：输入DIM。

使用上面任一种方式执行"智能标注"命令，将十字光标置于对应的图形对象上，就会自动创建出相应的标注，如图5-31所示。如果需要，可以使用命令行选项更改标注类型。命令行提示如下。

> 选择对象或指定第一个尺寸界线原点或［角度(A)/
> 基线(B)/连续(C)/坐标(O)/对齐(G)/分发(D)/图层(L)/放弃
> (U)]：   //选择图形或标注对象

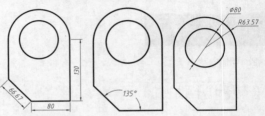

图 5-31 智能标注

命令行中部分选项的含义说明如下。

◆ 角度（A）：创建一个角度标注来显示3个点或两条直线之间的角度，操作方法同"角度标注"，如图5-32所示。

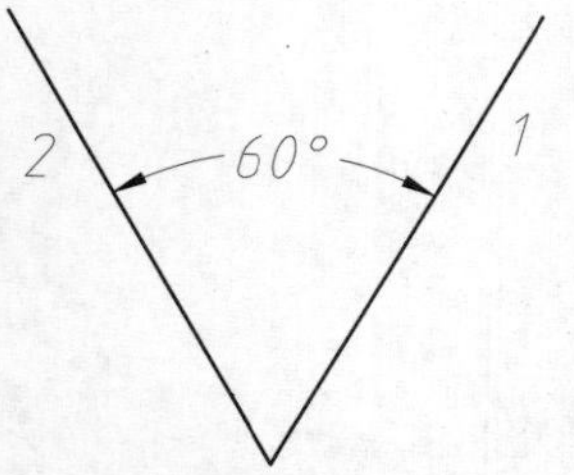

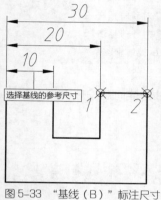

命令：_dim　　　　　　　　　　　　　//执行"智能标注"命令
选择对象或指定第一个尺寸界线原点或 [角度(A)/基线(B)/连续(C)/坐标(O)/对齐(G)/
分发(D)/图层(L)/放弃(U)]：A✓　　　　//选择"角度"选项
选择圆弧、圆、直线或 [顶点(V)]：　　　//选择第1个对象
选择直线以指定角度的第二条边：　　　　//选择第2个对象
指定角度标注位置或 [多行文字(M)/文字(T)/文字角度(N)/放弃(U)]：
　　　　　　　　　　　　　　　　　　//放置角度

图 5-32　"角度（A）"标注尺寸

◆ 基线（B）：从上一个或选定标准的第一条界线创建线性、角度或坐标的标注，操作方法同"基线标注"，如图5-33所示。

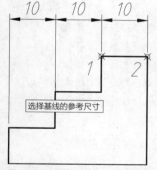

命令：_dim　　　　　　　　　　　　　//执行"智能标注"命令
选择对象或指定第一个尺寸界线原点或 [角度(A)/基线(B)/连续(C)/坐标(O)/对齐(G)/
分发(D)/图层(L)/放弃(U)]：B✓　　　　//选择"基线"选项
当前设置：偏移 (DIMDLI) = 3.750000　//当前的基线标注参数
指定作为基线的第一个尺寸界线原点或 [偏移(O)]：//选择基线的参考尺寸
指定第二个尺寸界线原点或 [选择(S)/偏移(O)/放弃(U)] <选择>：
标注文字 = 20　　　　　　　　　　　//指定基线标注的下一点 1
指定第二个尺寸界线原点或 [选择(S)/偏移(O)/放弃(U)] <选择>：
标注文字 = 30　　　　　　　　　　　//指定基线标注的下一点 2
……　　　　　　　　　　　　　　　 //按Enter键结束命令

图 5-33　"基线（B）"标注尺寸

◆ 连续（C）：从选定标注的第二条尺寸界线创建线性、角度或坐标的标注，操作方法同"连续标注"，如图5-34所示。

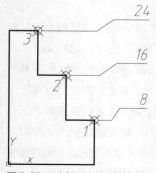

命令：_dim　　　　　　　　　　　　　//执行"智能标注"命令
选择对象或指定第一个尺寸界线原点或 [角度(A)/基线(B)/连续(C)/坐标(O)/对齐(G)/
分发(D)/图层(L)/放弃(U)]：C✓　　　　//选择"连续"选项
指定第一个尺寸界线原点以继续：　　　　//选择标注的参考尺寸
指定第二个尺寸界线原点或 [选择(S)/放弃(U)] <选择>：
标注文字 = 10　　　　　　　　　　　//指定连续标注的下一点 1
指定第二个尺寸界线原点或 [选择(S)/放弃(U)] <选择>：
标注文字 = 10　　　　　　　　　　　//指定连续标注的下一点 2
……　　　　　　　　　　　　　　　 //按Enter键结束命令

图 5-34　"连续（C）"标注尺寸

◆ 坐标（O）：创建坐标标注，提示指定部件上的点，如端点、交点或对象中心点，如图5-35所示。

命令：_dim　　　　　　　　　　　　　//执行"智能标注"命令
选择对象或指定第一个尺寸界线原点或[角度(A)/基线(B)/连续(C)/坐标(O)/对齐(G)/分
发(D)/图层(L)/放弃(U)]：O✓　　　　 //选择"坐标"选项
指定点坐标或 [放弃(U)]：　　　　　　 //指定点 1
指定引线端点或 [X基准(X)/Y基准(Y)/多行文字(M)/文字(T)/角度(A)/放弃(U)]：
标注文字 = 8
指定点坐标或 [放弃(U)]：　　　　　　 //指定点 2
指定引线端点或[X基准(X)/Y基准(Y)/多行文字(M)/文字(T)/角度(A)/放弃(U)]：
标注文字 = 16
指定点坐标或 [放弃(U)]：✓　　　　　 //按Enter键结束命令

图 5-35　"坐标（O）"标注尺寸

◆ 对齐（G）：将多个平行、同心或同基准的标注对齐到选定的基准标注，用于调整标注，让图形看起来工整、简洁，如图5-36所示。命令行提示如下。

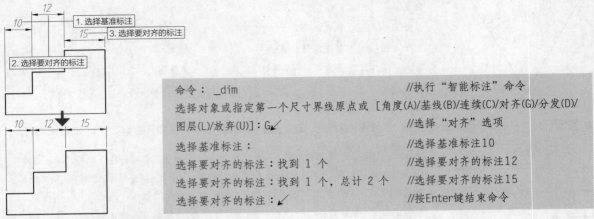

```
命令：_dim                                    //执行"智能标注"命令
选择对象或指定第一个尺寸界线原点或 [角度(A)/基线(B)/连续(C)/对齐(G)/分发(D)/
图层(L)/放弃(U)]：G↙                          //选择"对齐"选项
选择基准标注：                                 //选择基准标注10
选择要对齐的标注：找到 1 个                     //选择要对齐的标注12
选择要对齐的标注：找到 1 个，总计 2 个          //选择要对齐的标注15
选择要对齐的标注：↙                            //按Enter键结束命令
```

图5-36 "对齐（G）"选项修改标注

◆ 分发（D）：指定可用于分发一组选定的孤立线性标注或坐标标注的方法，可将标注按一定间距隔开，如图5-37所示。命令行提示如下。

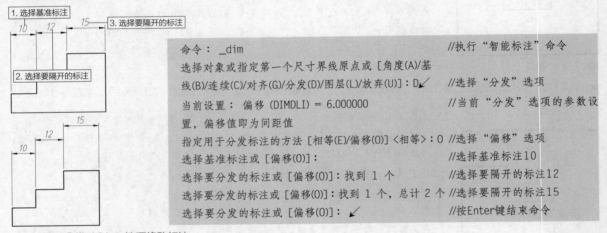

```
命令：_dim                                    //执行"智能标注"命令
选择对象或指定第一个尺寸界线原点或 [角度(A)/基
线(B)/连续(C)/对齐(G)/分发(D)/图层(L)/放弃(U)]：D↙  //选择"分发"选项
当前设置：偏移 (DIMDLI) = 6.000000            //当前"分发"选项的参数设
                                             置，偏移值即为间距值
指定用于分发标注的方法 [相等(E)/偏移(O)]<相等>：O //选择"偏移"选项
选择基准标注或 [偏移(O)]：                      //选择基准标注10
选择要分发的标注或 [偏移(O)]：找到 1 个          //选择要隔开的标注12
选择要分发的标注或 [偏移(O)]：找到 1 个，总计 2 个 //选择要隔开的标注15
选择要分发的标注或 [偏移(O)]：↙                 //按Enter键结束命令
```

图5-37 "分发（D）"选项修改标注

◆ 图层（L）：为指定的图层指定新标注，以替代当前图层。输入USECURRENT或"."以使用当前图层。

【练习 5-3】 使用智能标注注释图形

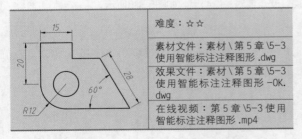

难度：☆☆
素材文件：素材＼第 5 章＼5-3 使用智能标注注释图形 .dwg
效果文件：素材＼第 5 章＼5-3 使用智能标注注释图形 -OK.dwg
在线视频：第 5 章＼5-3 使用智能标注注释图形 .mp4

如果读者在使用AutoCAD 2020之前，有用过NX、Solidworks或天正CAD等设计软件，那对"智能标注"命令的操作肯定不会感到陌生。传统的AutoCAD标注方法需要根据对象的类型来选择不同的标注命令，但这种方

式效率较低。因此，快速选择对象，实现无差别标注的方法应运而生，本例便通过"智能标注"对图形添加标注，读者也可以使用传统方法进行标注，以此来比较二者之间的差异。

01 打开"第5章\5-3 使用智能标注注释图形.dwg"素材文件，其中已绘制好示例图形，如图5-38所示。

02 标注水平尺寸。在"默认"选项卡中，单击"注释"面板上的"标注"按钮，然后移动十字光标至图形上方的水平线段，系统自动生成线性标注，如图5-39所示。

03 标注竖直尺寸。放置好步骤02创建的尺寸，即可继续执行"智能标注"命令。接着选择图形左侧的竖直线段，即可得到如图5-40所示的竖直线段的尺寸。

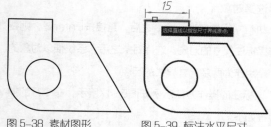

图 5-38 素材图形　　图 5-39 标注水平尺寸

04 标注半径尺寸。放置好竖直尺寸，接着选择左下角的圆弧段，即可创建半径标注，如图5-41所示。

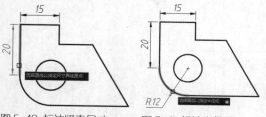

图 5-40 标注竖直尺寸　　图 5-4I 标注半径尺寸

05 标注角度尺寸。放置好半径尺寸，继续执行"智能标注"命令。选择图形底边的水平线，然后不要放置标注，直接选择右侧的斜线，即可创建角度标注，如图5-42所示。

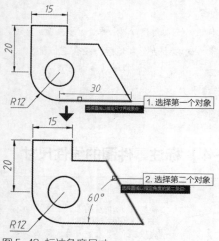

图 5-42 标注角度尺寸

06 创建对齐标注。放置角度标注之后，移动十字光标至右侧的斜线，得到如图5-43所示的对齐标注。

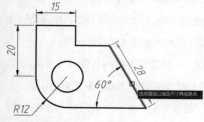

图 5-43 标注对齐尺寸

07 按Enter键结束"智能标注"命令，最终标注结果如

图5-44所示。读者也可自行使用"线性""半径"等传统命令进行标注，以比较两种方法之间的异同，来选择自己所习惯的方法去标注。

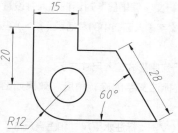

图 5-44 最终效果

5.2.2　线性标注

使用水平、垂直或旋转的尺寸线创建线性的标注尺寸。"线性标注"仅用于标注任意两点之间的水平或竖直方向的距离。执行"线性标注"命令的方法有以下几种。

◆ 功能区：在"默认"选项卡中，单击"注释"面板中的"线性"按钮。
◆ 菜单栏：选择"标注"|"线性"命令。
◆ 命令行：输入DIMLINEAR或DLI。

执行"线性标注"命令后，依次指定要测量的两点，即可得到线性标注尺寸。命令行提示如下。

```
命令：_dimlinear
        //执行"线性标注"命令
指定第一个尺寸界线原点或〈选择对象〉：
        //指定测量的起点
指定第二条尺寸界线原点：
        //指定测量的终点
指定尺寸线位置或
        //放置标注尺寸，结束操作
```

执行"线性标注"命令后，有两种标注方式，即"指定原点"和"选择对象"。这两种方式的操作方法与区别介绍如下。

1．指定原点

默认情况下，在命令行提示下指定第一条尺寸界线的原点，并在"指定第二条尺寸界线原点"提示下指定第二条尺寸界线原点后，命令行提示如下。

```
指定尺寸线位置或第二条线的角度[多行文字(M)/文字(T)/角度(A)/水平(H)/垂直(V)/旋转(R)]
```

因为线性标注有水平和竖直方向两种可能，所以指定尺寸线的位置后，尺寸值才能够完全确定。以上命令行中其他选项的功能说明如下。

◆ 多行文字（M）：选择该选项将进入多行文字编辑模式，可以使用"多行文字编辑器"对话框输入并设置标注文字。其中，文字输入窗口中的角括号（＜＞）表示系统测量值。

◆ 文字（T）：以单行文字形式输入尺寸文字。

◆ 角度（A）：设置标注文字的旋转角度，效果如图5-45所示。

◆ 水平（H）和垂直（V）：标注水平尺寸和垂直尺寸。可以直接确定尺寸线的位置，也可以选择其他选项来指定标注的标注文字内容或标注文字的旋转角度。

◆ 旋转（R）：旋转标注对象的尺寸线，测量值也会随之调整，相当于"对齐标注"。

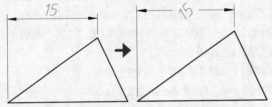

图5-45 线性标注时输入角度效果

指定原点标注的操作方法示例如图5-46所示。命令行的操作过程如下。

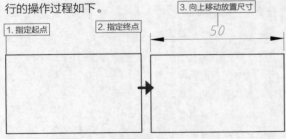

图5-46 线性标注之"指定原点"

```
命令：_dimlinear
        //执行"线性标注"命令
指定第一个尺寸界线原点或〈选择对象〉：
        //指定矩形一个顶点
指定第二条尺寸界线原点：
        //指定矩形另一侧边的顶点
指定尺寸线位置或
[多行文字(M)/文字(T)/角度(A)/水平(H)/垂直(V)/旋转
(R)]：    //向上移动十字光标，在合适位置单击
        放置尺寸线
标注文字 = 50
        //生成尺寸标注
```

2. 选择对象

执行"线性标注"命令之后，直接按Enter键，则要求选择标注尺寸的对象。选择对象之后，系统便以对象的两个端点作为两条尺寸界线的起点。

该标注的操作方法示例如图5-47所示，命令行的操作过程如下。

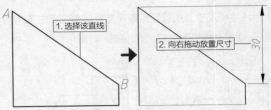

图5-47 线性标注之"选择对象"

```
命令：_dimlinear
        //执行"线性标注"命令
指定第一个尺寸界线原点或〈选择对象〉：↙
        //按Enter键选择"选择对象"选项
选择标注对象：
        //选择直线 A B
指定尺寸线位置或
[多行文字(M)/文字(T)/角度(A)/水平(H)/垂直(V)/旋转
(R)]：    //水平向右移动十字光标，在合适位置
        放置尺寸线（若上下移动，则生成水
        平尺寸）
标注文字 = 30
```

【练习 5-4】标注零件图的线性尺寸

	难度：☆☆
	素材文件：素材 \ 第 5 章 \5-4 标注零件图的线性尺寸 .dwg
	效果文件：素材 \ 第 5 章 \5-4 标注零件图的线性尺寸 -OK.dwg
	在线视频：第 5 章 \5-4 标注零件图的线性尺寸 .mp4

机械零件上具有多种结构特征，需灵活使用AutoCAD中提供的各种标注命令才能为其添加完整的注释。本例便先为零件图添加最基本的线性尺寸。

01 打开"第5章\5-4 标注零件图的线性尺寸.dwg"素材文件，其中已绘制好零件图形，如图5-48所示。

02 单击"注释"面板中的"线性"按钮，执行"线性标注"命令，命令行提示如下。

命令：_dimlinear

指定第一个尺寸界线原点或 〈选择对象〉：

　　　　//指定标注对象起点

指定第二条尺寸界线原点：

　　　　//指定标注对象终点

指定尺寸线位置或[多行文字(M)/文字(T)/角度(A)/水平
(H)/垂直(V)/旋转(R)]：

标注文字 = 100

　　　　//单击确定尺寸线放置位置，完成操作

03 用同样的方法标注其他水平或竖直方向的尺寸，标注完成后，其效果如图5-49所示。

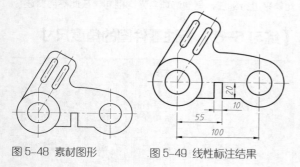

图 5-48 素材图形　　　　图 5-49 线性标注结果

5.2.3 对齐标注

在对直线段进行标注时，如果该直线的倾斜角度未知，那么使用"线性标注"将无法得到准确的测量结果，这时可以使用"对齐标注"完成如图5-50所示的标注效果。

在AutoCAD中调用"对齐标注"有如下几种常用方法。

◆ 功能区：在"默认"选项卡中，单击"注释"面板中的"对齐"按钮 ⬏ 。

◆ 菜单栏：选择"标注"|"对齐"命令。

◆ 命令行：输入DIMALIGNED或DAL。

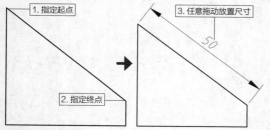

图 5-50 对齐标注

"对齐标注"的使用方法与"线性标注"相同，指

定两目标点后就可以创建尺寸标注。命令行提示如下。

命令：_dimaligned

指定第一个尺寸界线原点或 〈选择对象〉：

　　　　//指定测量的起点

指定第二条尺寸界线原点：

　　　　//指定测量的终点

指定尺寸线位置或[多行文字(M)/文字(T)/角度(A)]：

　　　　//放置标注尺寸，结束操作

标注文字 = 50

命令行中各选项含义与"线性标注"中的一致，这里不再赘述。

【练习 5-5】标注零件图的对齐尺寸

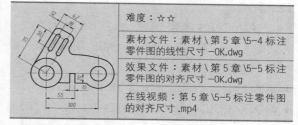

难度：☆☆
素材文件：素材 \ 第 5 章 \5-4 标注零件图的线性尺寸 -OK.dwg
效果文件：素材 \ 第 5 章 \5-5 标注零件图的对齐尺寸 -OK.dwg
在线视频：第 5 章 \5-5 标注零件图的对齐尺寸 .mp4

在机械零件图中，有许多非水平、非竖直的平行轮廓，这类尺寸的标注就需要用到"对齐"命令。本例延续"练习5-4"的结果，为零件图标注对齐尺寸。

01 单击快速访问工具栏中的"打开"按钮 📂 ，打开"第5章\5-4 标注零件图的线性尺寸-OK.dwg"素材文件，如图5-49所示。

02 在"默认"选项卡中，单击"注释"面板中的"对齐"按钮 ⬏ ，执行"对齐标注"命令。

03 操作完成后，其效果如图 5-51所示。

04 用同样的方法标注其他非水平、非竖直的线性尺寸，对齐标注完成后，其效果如图 5-52所示。命令行提示如下。

命令：_dimaligned

指定第一个尺寸界线原点或 〈选择对象〉：

　　　　//指定横槽的圆心为起点

指定第二条尺寸界线原点：

　　　　//指定横槽的另一圆心为终点

指定尺寸线位置或[多行文字(M)/文字(T)/角度(A)]：

标注文字 = 30

　　　　//单击确定尺寸线放置位置，完成操作

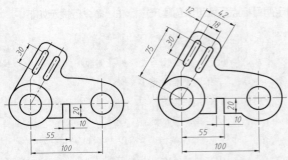

图 5-5l 标注第一个对齐 图 5-52 对齐标注结果
尺寸 30

5.2.4 角度标注

利用"角度"标注命令不仅可以标注两条呈一定角度的直或3个点之间的夹角，若选择圆弧，还可以标注圆弧的圆心角。

在AutoCAD中调用"角度"标注有如下几种方法。

◆ 功能区：在"默认"选项卡中，单击"注释"面板中的"角度"按钮△。

◆ 菜单栏：选择"标注"|"角度"命令。

◆ 命令行：输入DIMANGULAR或DAN。

通过以上任意一种方法执行该命令后，选择图形上要标注角度尺寸的对象，即可进行标注。操作示例如图5-53所示。命令行提示如下。

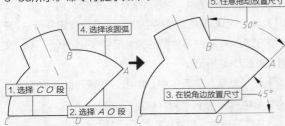

图 5-53 角度标注

```
命令：_dimangular
选择圆弧、圆、直线或〈指定顶点〉：
        //选择直线 C O
选择第二条直线：
        //选择直线 A O
指定标注弧线位置或 [多行文字(M)/文字(T)/角度(A)/象
限点(Q)]：
        //在锐角内放置圆弧线，结束命令
标注文字 = 45
        //按Enter键，重复"角度标注"命令
命令：_dimangular
        //执行"角度标注"命令
```

```
选择圆弧、圆、直线或〈指定顶点〉：
        //选择圆弧 A B
指定标注弧线位置或 [多行文字(M)/文字(T)/角度(A)/象
限点(Q)]：
        //在合适位置放置圆弧线，结束命令
标注文字 = 50
```

提示

"角度标注"仍默认以逆时针为正方向计数。也可以参考本书2.6.3节进行修改。

"角度标注"同"线性标注"，也可以选择具体的对象来进行标注，其他选项含义均相同，在此不再赘述。

【练习 5-6】 标注零件图的角度尺寸

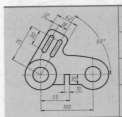

难度：☆ ☆
素材文件：素材 \ 第 5 章 \5-5 标注零件图的对齐尺寸 -OK.dwg
效果文件：素材 \ 第 5 章 \5-6 标注零件图的角度尺寸 -OK.dwg
在线视频：第 5 章 \5-6 标注零件图的角度尺寸 .mp4

在机械零件图中，有时会出现一些转角、拐角之类的特征，这部分特征可以通过角度标注并结合旋转剖面图来进行表达，常见于一些叉架类零件图。本例延续"练习5-5"的结果，为零件图添加角度尺寸标注。

01 单击快速访问工具栏中的"打开"按钮，打开"第5章\5-5 标注零件图的对齐尺寸-OK.dwg"素材文件，如图5-54所示。

02 在"默认"选项卡中，单击"注释"面板上的"角度"按钮△，标注角度，命令行提示如下。

```
命令：_dimangular
选择圆弧、圆、直线或〈指定顶点〉：
        //选择第一条直线
选择第二条直线：
        //选择第二条直线
指定标注弧线位置或 [多行文字(M)/文字(T)/角度(A)/象
限点(Q)]：
        //指定尺寸线位置
标注文字 = 30
```

03 标注完成后，其效果如图5-55所示。

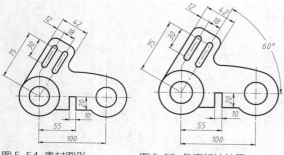

图 5-54 素材图形　　　图 5-55 角度标注结果

5.2.5 弧长标注

弧长标注用于标注圆弧、椭圆弧或者其他弧线的长度。在AutoCAD中调用"弧长标注"有如下几种常用方法。

◆ 功能区：在"默认"选项卡中，单击"注释"面板中的"弧长"按钮⌒。

◆ 菜单栏：选择"标注"|"弧长"命令。

◆ 命令行：输入DIMARC。

"弧长"标注的操作与"半径""直径"标注相同，直接选择要标注的圆弧即可。该标注的操作方法示例如图5-56所示。命令行提示如下。

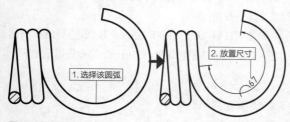

图 5-56 弧长标注

```
命令：_dimarc
        //执行"弧长标注"命令
选择弧线段或多段线圆弧段：
        //单击选择要标注的圆弧
指定弧长标注位置或 [多行文字(M)/文字(T)/角度(A)/部
分(P)/引线(L)]：
标注文字 = 67
        //在合适的位置放置标注
```

5.2.6 半径标注

利用"半径标注"可以快速标注圆或圆弧的半径，系统自动在标注值前添加半径符号"R"。执行"半径标注"命令的方法有以下几种。

◆ 功能区：在"默认"选项卡中，单击"注释"面板中的"半径"按钮⌒。

◆ 菜单栏：选择"标注"|"半径"命令。

◆ 命令行：输入DIMRADIUS或DRA。

执行任一命令后，命令行提示选择需要标注的对象，单击圆或圆弧即可生成半径标注，移动十字光标在合适的位置放置尺寸线。该标注方法的操作示例如图5-57所示。命令行提示如下。

按Enter键可重复上一命令，按此方法重复"半径标注"命令，即可标注圆弧 B 的半径。

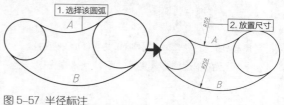

图 5-57 半径标注

```
命令：_dimradius
        //执行"半径标注"命令
选择圆弧或圆：
        //单击选择圆弧 A
标注文字 = 150
指定尺寸线位置或 [多行文字(M)/文字(T)/角度(A)]：
        //在圆弧内侧合适位置放置尺寸线，结
        束命令
```

在系统默认情况下，系统自动加注半径符号"R"。但如果在命令行中选择"多行文字"和"文字"选项重新确定尺寸文字时，只有在输入的尺寸文字加前缀，才能使标注出的半径尺寸有半径符号"R"，否则没有该符号。

【练习 5-7】标注零件图的半径尺寸

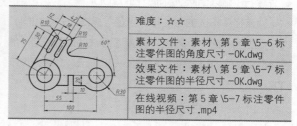

	难度：☆☆
	素材文件：素材 \ 第 5 章 \5-6 标注零件图的角度尺寸 -OK.dwg
	效果文件：素材 \ 第 5 章 \5-7 标注零件图的半径尺寸 -OK.dwg
	在线视频：第 5 章 \5-7 标注零件图的半径尺寸 .mp4

"半径标注"适用于标注图纸上一些未画成整圆的圆弧和圆角。如果为整圆，宜使用"直径标注"；而如果对象的半径值过大，则应使用"折弯标注"。本例延续"练习5-6"的结果，为零件图添加半径尺寸。

01 单击快速访问工具栏中的"打开"按钮 📂，打开"第5章\5-6 标注零件图的角度尺寸-OK.dwg"素材文件，如图5-55所示。

02 单击"注释"面板中的"半径"按钮 ⌒，选择右侧的圆弧为对象，标注半径如图5-58所示。命令行提示如下。

03 用同样的方法标注其他不为整圆的圆弧以及倒圆角，效果如图5-59所示。

```
命令：_dimradius
选择圆弧或圆：
            //选择右侧圆弧
标注文字 = 30
指定尺寸线位置或 [多行文字(M)/文字(T)/角度(A)]：
            //在合适位置放置尺寸线，结束命令
```

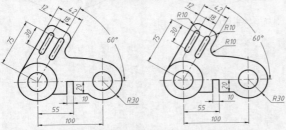

图 5-58 标注第一个半径尺寸 图 5-59 半径标注结果
R30

5.2.7 直径标注

利用直径标注可以标注圆或圆弧的直径大小，系统自动在标注值前添加直径符号"Ø"。执行"直径标注"命令的方法有以下几种。

◆ 功能区：在"默认"选项卡中，单击"注释"面板中的"直径"按钮 ⊘。

◆ 菜单栏：选择"标注"|"直径"命令。

◆ 命令行：输入DIMDIAMETER或DDI。

"直径"标注的方法与"半径"标注的方法相同，执行"直径标注"命令之后，选择要标注的圆弧或圆，然后指定尺寸线的位置即可，如图5-60所示。命令行提示如下。

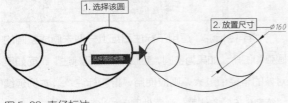

图 5-60 直径标注

```
命令：_dimdiameter
            //执行"直径"标注命令
选择圆弧或圆：
            //单击选择圆
标注文字 = 160
指定尺寸线位置或 [多行文字(M)/文字(T)/角度(A)]：
            //在合适位置放置尺寸线，结束命令
```

【练习 5-8】标注零件图的直径尺寸

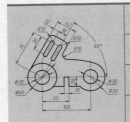	难度：☆☆
	素材文件：素材\第 5 章\5-7 标注零件图的半径尺寸 -OK.dwg
	效果文件：素材\第 5 章\5-8 标注零件图的直径尺寸 -OK.dwg
	在线视频：第 5 章\5-8 标注零件图的直径尺寸.mp4

图纸中的整圆一般直接用"直径标注"命令标注，而不用"半径标注"。本例延续"练习5-7"的结果，为零件图添加直径尺寸。

01 单击快速访问工具栏中的"打开"按钮 📂，打开"第5章\5-7 标注零件图的半径尺寸-OK.dwg"素材文件，如图5-59所示。

02 单击"注释"面板中的"直径"按钮 ⊘，选择右侧的圆为对象，标注直径如图5-61所示。命令行提示如下。

```
命令：_dimdiameter
选择圆弧或圆：
            //选择右侧圆
标注文字 = 30
指定尺寸线位置或 [多行文字(M)/文字(T)/角度(A)]：
            //在合适位置放置尺寸线，结束命令
```

03 用同样的方法标注其他圆的直径尺寸，效果如图5-62所示。

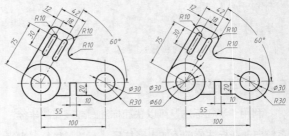

图 5-61 标注第一个直径尺寸 图 5-62 直径标注结果
Ø30

5.2.8 坐标标注

"坐标标注"是一类特殊的引注,用于标注某些点相对于UCS坐标原点的横坐标和纵坐标。在AutoCAD 2020中调用"坐标标注"有如下几种常用方法。

◆ 功能区:在"默认"选项卡中,单击"注释"面板上的"坐标"按钮⊥。

◆ 菜单栏:选择"标注"|"坐标"命令。

◆ 命令行:输入DIMORDINATE或DOR。

按上述方法执行"坐标"命令后,指定标注点,即可进行坐标标注,如图5-63所示。命令行提示如下。

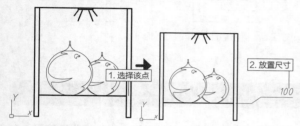

图 5-63 坐标标注

```
命令: _dimordinate
指定点坐标:
指定引线端点或[X基准(X)/Y基准(Y)/多行文字(M)/文字
(T)/角度(A)]:
标注文字 = 100
```

命令行中各选项的含义如下。

◆ 指定引线端点:通过拾取绘图区中的点确定标注文字的位置。

◆ X基准(X):系统自动测量所选择点的 X 轴坐标值并确定引线和标注文字的方向,如图5-64所示。

◆ Y基准(Y):系统自动测量所选择点的 Y 轴坐标值并确定引线和标注文字的方向,如图5-65所示。

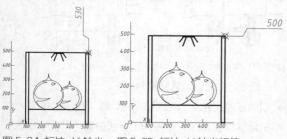

图 5-64 标注 X 轴坐标值   图 5-65 标注 Y 轴坐标值

提示

也可以通过移动十字光标的方式在"X基准(X)"和"Y基准(Y)"中来回切换,十字光标上、下移动为横坐标,十字光标左、右移动为纵坐标。

◆ 多行文字(M):选择该选项可以通过输入多行文字的方式输入多行标注文字。

◆ 文字(T):选择该选项可以通过输入单行文字的方式输入单行标注文字。

◆ 角度(A):选择该选项可以设置标注文字的方向与 X(Y)轴夹角,系统默认为0°,与"线性标注"中的选项一致。

5.2.9 折弯标注

当圆弧半径相对于图形尺寸较大时,半径标注的尺寸线相对于图形显得过长,这时可以使用"折弯标注"。该标注方式与"半径""直径"标注方式基本相同,但需要指定一个位置代替圆或圆弧的圆心。

执行"折弯标注"命令的方法有以下几种。

◆ 功能区:在"默认"选项卡中,单击"注释"面板中的"折弯"按钮√。

◆ 菜单栏:选择"标注"|"折弯"命令。

◆ 命令行:输入DIMJOGGED。

操作示例如图5-66所示。命令行提示如下。

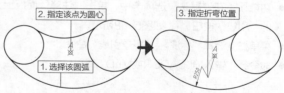

图 5-66 折弯标注

```
命令: _dimjogged
        //执行"折弯"标注命令
选择圆弧或圆:
        //单击选择圆弧
指定图示中心位置:
        //指定A点
标注文字 = 250
指定尺寸线位置或 [多行文字(M)/文字(T)/角度(A)]:
指定折弯位置:
        //指定折弯位置,结束命令
```

【练习5-9】标注零件图的折弯尺寸

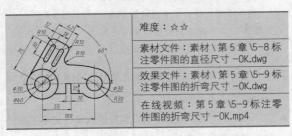

难度：☆☆
素材文件：素材 \ 第 5 章 \5-8 标注零件图的直径尺寸 -OK.dwg
效果文件：素材 \ 第 5 章 \5-9 标注零件图的折弯尺寸 -OK.dwg
在线视频：第 5 章 \5-9 标注零件图的折弯尺寸 -OK.mp4

机械设计中为追求零件外表面的流线、圆润效果，会设计大半径的圆弧轮廓。这类图形在标注时如直接采用"半径标注"，则连线过大，影响视图显示效果，因此推荐使用"折弯标注"来注释这部分图形。本例仍延续"练习5-8"的结果进行操作。

01 单击快速访问工具栏中的"打开"按钮 📂，打开"第5章\5-8 标注零件图的直径尺寸-OK.dwg"素材文件，如图5-62所示。

02 在"默认"选项卡中，单击"注释"面板中的"折弯"按钮 ∿，选择上侧圆弧为对象，折弯标注半径如图5-67所示。

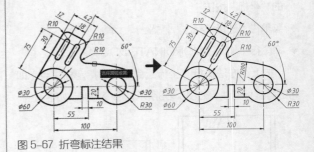

图 5-67 折弯标注结果

5.3 引线标注

引线工具可以用来创建带指引线的标注，指引线的一端可以是文字或数字，一般用来作为说明性注释。在AutoCAD中存在两种引线工具，即"多重引线"和"快速引线"，其中"多重引线"使用较多，"注释"面板中的引线工具均是"多重引线"。

5.3.1 创建引线

在AutoCAD 2020中启用多重引线标注有如下几种常用方法。

◆ 功能区：在"默认"选项卡中，单击"注释"面板上的"引线"按钮 ⚲，如图5-68所示。
◆ 菜单栏：选择"标注"|"多重引线"命令。
◆ 命令行：输入MLEADER或MLD。

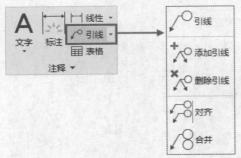

图 5-68 引线工具

执行命令后，在图形中单击确定引线箭头位置；然后在打开的文字输入窗口中输入注释内容即可，如图5-69所示，命令行提示如下。

```
命令：_mleader
        //执行"引线"命令
指定引线箭头的位置或 [引线基线优
先(L)/内容优先(C)/选项(O)]〈选项〉：
        //指定引线箭头位置
指定引线基线的位置：
        //指定基线位置，并输入注释文字，单
        击空白处即可结束命令
```

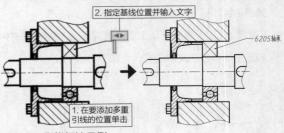

图 5-69 引线标注示例

命令行中各选项含义说明如下。

◆ 引线基线优先（L）：选择该选项，可以颠倒多重引线的默认创建顺序，即先指定基线位置（即文字输入的位置），再指定箭头位置，如图5-70所示。

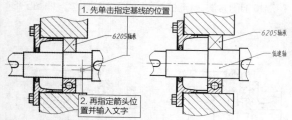

图 5-70　"引线基线优先（L）"标注多重引线

◆ 引线箭头优先（H）：即默认先指定箭头，再指定基线位置。

◆ 内容优先（C）：选择该选项，可以先创建标注文字，再指定引线箭头来进行标注，如图 5-71 所示。该方式下的基线位置可以自动调整，随十字光标移动方向而定。

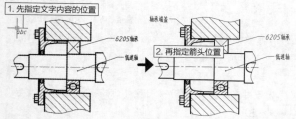

图 5-71　"内容优先（C）"标注多重引线

如果执行"多重引线"中的"选项（O）"命令，则命令行出现如下提示。

输入选项 [引线类型(L)/引线基线(A)/内容类型(C)/最大节点数(M)/第一个角度(F)/第二个角度(S)/退出选项(X)]<退出选项>：

"引线类型（L）"可以设置多重引线的处理方法，其下还有 3 个子选项，介绍如下。

◆ 直线（S）：将多重引线设置为直线形式，如图 5-72 所示，为默认的显示状态。

◆ 样条曲线（P）：将多重引线设置为样条曲线形式，如图 5-73 所示，适合在一些凌乱、复杂的图形环境中进行标注。

◆ 无（N）：创建无引线的多重引线，效果就相当于"多行文字"，如图 5-74 所示。

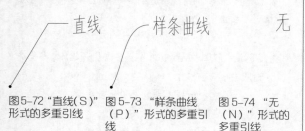

图 5-72 "直线（S）"形式的多重引线　　图 5-73 "样条曲线（P）"形式的多重引线　　图 5-74 "无（N）"形式的多重引线

"引线基线（A）"选项可以指定是否添加水平基线。如果输入"是"，将提示设置基线的长度，效果同"多重引线样式管理器"中的"设置基线距离"。

"内容类型（C）"选项可以指定要用于多重引线的内容类型，其下同样有 3 个子选项，介绍如下。

◆ 块（B）：将多重引线后面的内容设置为指定图形中的块，如图 5-75 所示。

◆ 多行文字（M）：将多重引线后面的内容设置为多行文字，如图 5-76 所示，为默认设置。

◆ 无（N）：没有内容显示在引线的末端，显示效果为一条纯引线，如图 5-77 所示。

图 5-75 多重引线后接图块　　图 5-76 多重引线后接多行文字　　图 5-77 多重引线后不接内容

"最大节点数（M）"选项可以指定新引线的最大节点数或线段数。选择该选项后命令行出现如下提示。

输入引线的最大节点数 <2>：
　　//输入"多重引线"的节点数，默认为 2，即由 2 条线段构成

所谓节点，可简单理解为在创建"多重引线"时单击的点（指定的起点即为第 1 点）。在不同的节点数显示效果如图 5-78 所示；而当选择"样条曲线（P）"形式的多重引线时，节点数即相当于样条曲线的控制点数，效果如图 5-79 所示。

图 5-78 不同节点数的多重引线

图 5-79 样条曲线形式下的多节点引线

"第一个角度（F）"选项可以约束新引线中的第一个点的角度；"第二个角度（S）"选项则可以约束新引线中的第二个点的角度。这两个选项联用可以创建外形工整的多重引线，效果如图 5-80 所示。

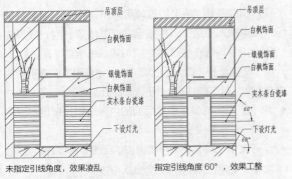

未指定引线角度，效果凌乱　　指定引线角度60°，效果工整

图5-80 设置多重引线的角度效果

【练习5-10】多重引线标注机械装配图

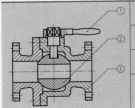

难度：☆☆☆☆

素材文件：素材 \ 第5章 \5-10
多重引线标注机械装配图 .dwg

效果文件：素材 \ 第5章 \5-10
多重引线标注机械装配图 -OK.dwg

在线视频：第5章 \5-10 多重引
线标注机械装配图 .mp4

在机械装配图中，有时会因为零部件过多，而采用分类编号的方法，不同类型的编号在外观上自然也不能相同，因此就需要灵活使用"多重引线"命令中的"块（B）"选项来进行标注。此外，还需要指定"多重引线"的角度，让引线在装配图中达到工整的效果。

01 打开"第5章\5-10 多重引线标注机械装配图.dwg"素材文件，如图5-81所示。

02 绘制辅助线。单击"修改"面板中的"偏移"按钮，将图形中的竖直中心线向右偏移50，如图5-82所示，用作多重引线的对齐线。

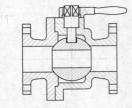

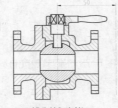

图5-81 素材图形　　　　图5-82 绘制辅助线

03 在"默认"选项卡中，单击"注释"面板上的"引线"按钮 ，执行"多重引线"命令，并选择命令行中的"选项（C）"命令，设置内容类型为"块"，指定块"1"；然后选择"第一个角度（F）"选项，设置角度为60°，再设置"第二个角度（S）"为180°，在手柄处添加引线标注，如图5-83所示。命令行提示如下。

04 按相同方法，标注球阀中的阀芯和阀体，如图5-84所示。

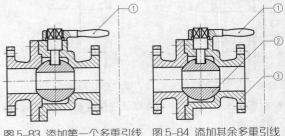

图5-83 添加第一个多重引线　图5-84 添加其余多重引线
标注　　　　　　　　　　　标注

```
命令：_mleader
指定引线箭头的位置或 [引线基线优先(L)/内容优先
(C)/选项(O)]<选项>：
输入选项 [引线类型(L)/引线基线(A)/内容类型(C)/最大
节点数(M)/第一个角度(F)/第二个角度(S)/退出选项(X)]
<退出选项>：C
        //选择"内容类型"选项
选择内容类型 [块(B)/多行文字(M)/无(N)] <多行文字
>：B
        //选择"块"选项
输入块名称 <1>：
        //输入要调用的块名称
输入选项 [引线类型(L)/引线基线(A)/内容类型(C)/最大
节点数(M)/第一个角度(F)/第二个角度(S)/退出选项(X)]
<内容类型>：F
        //选择"第一个角度"选项
输入第一个角度约束 <0>：60
        //输入引线箭头的角度
输入选项 [引线类型(L)/引线基线(A)/内容类型(C)/最大
节点数(M)/第一个角度(F)/第二个角度(S)/退出选项(X)]
<第一个角度>：S
        //选择"第二个角度"选项
输入第二个角度约束 <0>：180
        //输入基线的角度
输入选项 [引线类型(L)/引线基线(A)/内容类型(C)/最大
节点数(M)/第一个角度(F)/第二个角度(S)/退出选项(X)]
<第二个角度>：X
        //退出"选项"
指定引线箭头的位置或 [引线基线优先(L)/内容优先
(C)/选项(O)]<选项>：
        //在手柄处单击放置引线箭头
指定引线基线的位置：
        //在辅助线上单击放置，结束命令
```

5.3.2 添加引线

"添加引线"命令可以将引线添加至现有的多重引线对象，从而创建一对多的引线效果。可以通过以下方法执行"添加引线"命令。

◆ 功能区1：在"默认"选项卡中，单击"注释"面板中的"添加引线"按钮 ，如图5-85所示。

◆ 功能区2：在"注释"选项卡中，单击"引线"面板中的"添加引线"按钮 ，如图5-86所示。

执行命令后，添加引线，如图5-87所示。命令行提示如下。

图5-85 "标注"面板上的"添加引线"按钮

图5-86 "引线"面板上的"添加引线"按钮

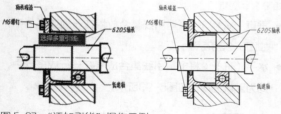

图5-87 "添加引线"操作示例

选择多重引线：
　　//选择要添加引线的多重引线
找到 1 个
指定引线箭头位置或 [删除引线(R)]：
　　//指定新的引线箭头位置，按Enter键结束命令

5.3.3 删除引线

"删除引线"命令可以将引线从现有的多重引线对象中删除，即将"添加引线"命令所创建的引线删除。可以通过以下方法执行"删除引线"命令。

◆ 功能区1：在"默认"选项卡中，单击"注释"面板中的"删除引线"按钮 ，如图5-85所示。

◆ 功能区2：在"注释"选项卡中，单击"引线"面板中的"删除引线"按钮 ，如图5-86所示。

执行命令后，直接选择要删除的多重引线即可，如图

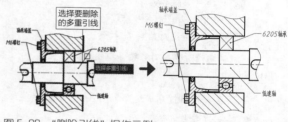

5-88所示。命令行提示如下。

图5-88 "删除引线"操作示例

选择多重引线：
　　//选择要删除引的多重引线
找到 1 个
指定要删除的引线或 [添加引线(A)]：
　　//按Enter键结束命令

5.3.4 对齐引线

"对齐引线"命令可以将选定的多重引线对齐，并按一定的间距进行排列。可以通过以下方法执行"对齐引线"命令。

◆ 功能区1：在"默认"选项卡中，单击"注释"面板中的"对齐"按钮 ，如图5-85所示。

◆ 功能区2：在"注释"选项卡中，单击"引线"面板中的"对齐"按钮 ，如图5-86所示。

◆ 命令行：输入MLEADERALIGN。

单击"对齐"按钮 执行命令后，选择所有要对齐的多重引线，然后按Enter键确认，接着根据提示指定一多重引线，则其余多重引线均对齐至该多重引线，如图5-89所示。命令行提示如下。

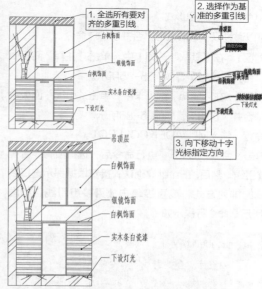

图5-89 "对齐引线"操作示例

```
命令：_mleaderalign
        //执行"对齐引线"命令
选择多重引线：指定对角点：找到 6 个
        //选择所有要对齐的多重引线
选择多重引线：↙
        //按Enter键完成选择
当前模式：使用当前间距
        //显示当前的对齐设置
选择要对齐到的多重引线或 [选项(O)]：
        //选择作为对齐基准的多重引线
指定方向：
        //移动十字光标指定对齐方向，单击结
        束命令
```

5.3.5 合并引线

"合并引线"命令可以将包含"块"的多重引线组织成一行或一列，并使用单引线显示结果，多用于机械行业中的装配图。在装配图中，有时会遇到若干个零部件成组出现的情况，如1个螺栓，就可能配有2个弹性垫圈和1个螺母。如果都一一对应一条多重引线来表示，那图形就非常凌乱，因此一组紧固件以及装配关系清楚的零件组，可采用公共指引线，如图5-90所示。

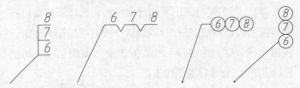

图 5-90 零件组的编号形式

可以通过以下方法执行"合并引线"命令。

◆ 功能区1：在"默认"选项卡中，单击"注释"面板中的"合并"按钮 🔟8，如图5-85所示。

◆ 功能区2：在"注释"选项卡中，单击"引线"面板中的"合并"按钮 🔟8，如图5-86所示。

◆ 命令行：输入MLEADERCOLLECT。

单击"合并"按钮 🔟8 执行命令后，选择所有要合并的多重引线，然后按Enter键确认，接着根据提示选择多重引线的排列方式，或直接单击放置多重引线，如图5-91所示。命令行提示如下。

```
命令：_mleadercollect
        //执行"合并引线"命令
选择多重引线：指定对角点：找到 3 个
```

```
        //选择所有要合并的多重引线
选择多重引线：↙
        //按Enter键完成选择
指定收集的多重引线位置或 [垂直(V)/水平(H)/缠绕(W)]<水
平>：
        //选择引线排列方式，或单击结束命令
```

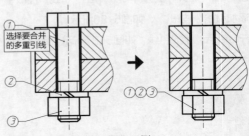

图 5-91 "合并引线"操作示例

> **提示**
>
> 执行"合并"命令的多重引线，其注释的内容必须是"块"。如果是多行文字，则无法操作。

命令行中提供了3种合并多重引线的方式，分别介绍如下。

◆ 垂直（V）：将多重引线集合放置在一列或多列中，如图5-92所示。

◆ 水平（H）：将多重引线集合放置在一行或多行中，此为默认选项，如图5-93所示。

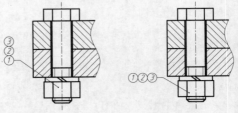

图 5-92 "垂直（V）"合并多重引线   图 5-93 "水平（H）"合并多重引线

◆ 缠绕（W）：指定缠绕的多重引线集合的宽度。选择该选项后，可以指定"缠绕宽度"和"数目"，可以指定序号的列数，效果如图5-94所示。

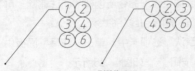

列数为2   列数为3

图 5-94 不同列数的合并效果

对"多重引线"执行"合并"命令时，最终的引线序号应按顺序依次排列，而不能出现数字颠倒、错位的情况。错位现象的出现是由于用户在操作时没有按顺序选择多重引线，因此无论是单独点选，还是一次性框选，都需要考虑各引线的先后选择顺序，如图5-95所示。

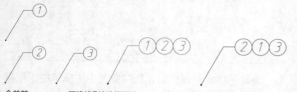

合并前　　　正确排列（选择顺序1、2、3）　错误排列（选择顺序2、1、3）

图 5-95　选择顺序对"合并引线"的影响效果

除了序号排列效果，最终合并引线的水平基线和箭头所指点也与选择顺序有关，具体总结如下。

◆ 水平基线即为所选的第一个多重引线的基线。

◆ 箭头所指点即为所选的最后一个多重引线的箭头所指点。

下面便通过一个具体实例来详细讲解选择顺序对"合并引线"的影响。

【练习 5-11】合并引线调整序列号

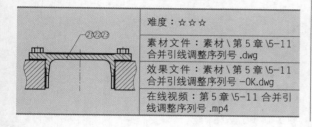

难度：☆☆☆
素材文件：素材 \ 第 5 章 \5-11 合并引线调整序列号 .dwg
效果文件：素材 \ 第 5 章 \5-11 合并引线调整序列号 -OK.dwg
在线视频：第 5 章 \5-11 合并引线调整序列号 .mp4

装配图中有一些零部件是成组出现的，因此可以采用公共指引线的方式来调整，使得图形显示效果更为简洁。

01 打开素材文件"第5章\5-11 合并引线调整序列号.dwg"，素材图形为装配图的一部分，其中已经创建好了3个多重引线标注，序号21、22、23，如图5-96所示。

02 在"默认"选项卡中，单击"注释"面板中的"合并"按钮 ⁄8 ，选择序号21为第一个多重引线，然后选择序号22，最后选择序号23，如图5-97所示。

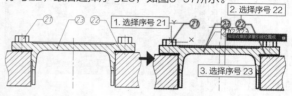

图 5-96　素材图形　　　图 5-97　选择要合并的多重引线

03 此时可预览合并后引线序号顺序为21、22、23，且引线箭头点与原引线23一致。在任意点处单击放置，即可结束命令，图形最终效果如图5-98所示。

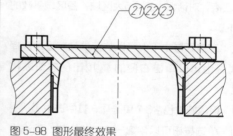

图 5-98　图形最终效果

5.4　表格

表格在各类制图中的运用非常普遍，主要用来展示与图形相关的标准、数据信息、材料和装配信息等内容。根据不同类型的图形（如机械图形、工程图形、电子的线路图形等），对应的制图标准也不相同，这就需要设置符合产品设计要求的表格样式，并利用表格功能快速、清晰、醒目地反映设计思想及创意。使用AutoCAD的表格功能，能够自动创建和编辑表格，其操作方法与Word、Excel软件相似。

5.4.1　创建表格

表格是在行和列中包含数据的对象，在设置表格样式后便可以用空表格或其他表格样式创建表格对象，还可以将表格链接至Excel电子表格中的数据。在AutoCAD 2020中插入表格有以下几种常用方法。

◆ 功能区：在"默认"选项卡中，单击"注释"面板中的"表格"按钮 ▦ ，如图5-99所示。

◆ 菜单栏：选择"绘图"|"表格"命令。

◆ 命令行：输入TABLE或TB。

通过以上任意一种方法执行该命令后，系统弹出"插入表格"对话框，如图5-100所示。在"插入表格"面板中包含多个选项组和对应选项。

图 5-99 "注释"面板中的"表格"按钮

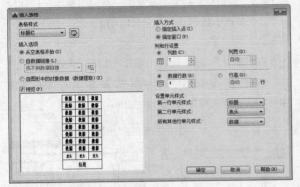

图 5-100 "插入表格"对话框

设置好列数和列宽、行数和行高后,单击"确定"按钮,并在绘图区指定插入点,将会在当前位置按照表格设置插入一个表格,然后在此表格中添加上相应的文本信息即可完成表格的创建。

"插入表格"对话框中包含5大区域,各区域参数的含义说明如下。

◆ 表格样式:在该区域中不仅可以从下拉列表框中选择表格样式,也可以单击右侧的 [图] 按钮创建新表格样式。

◆ 插入选项:该区域中包含3个单选项,其中选中"从空表格开始"单选按钮可以创建一个空的表格;而选中"自数据连接"单选按钮可以从外部导入数据来创建表格,如Excel;若选中"自图形中的对象数据(数据提取)"单选按钮则可以用于从可输出到表格或外部的图形中提取数据来创建表格。

◆ 插入方式:该区域中包含两个单选项,其中选中"指定插入点"单选按钮可以在绘图区的某点插入固定大小的表格;选中"指定窗口"单选按钮可以在绘图区通过指定表格两对角点的方式来创建任意大小的表格。

◆ 列和行设置:在此选项区域中,可以通过改变"列数""列宽""数据行数""行高"等文本框中的数值来调整表格的外观大小。

◆ 设置单元样式:在此选项组中可以设置"第一行单元样式""第二行单元样式""所有其他单元样式"选项。默认情况下,系统均以"从空表格开始"方式插入表格。

【练习 5-12】 通过表格创建标题栏

难度:☆☆	
素材文件:素材 \ 第 5 章 \5-12 通过表格创建标题栏 .dwg	
效果文件:素材 \ 第 5 章 \5-12 通过表格创建标题栏 -OK.dwg	
在线视频:第 5 章 \5-12 通过表格创建标题栏 .mp4	

与其他技术制图类似,机械制图中的标题栏也配置在图框的右下角。

01 打开素材文件"第5章\5-12 通过表格创建标题栏.dwg",其中已经绘制好了零件图。

02 在命令行输入TB并按Enter键,系统弹出"插入表格"对话框。选择插入方式为"指定窗口",然后设置"列数"为7、"数据行数"为2,设置所有的单元样式均为"数据",如图5-101所示。

03 单击"插入表格"对话框中的"确定"按钮,然后在绘图区单击确定表格左下角点,向上移动十字光标,在合适的位置单击确定表格右下角点。生成的表格如图5-102所示。

图 5-101 设置表格参数

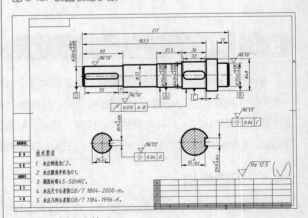

图 5-102 插入表格

提示

在设置行数的时候需要看清楚对话框中设置的是"数据行数",这里的数据行数应该减去标题与表头的行数,即"最终行数=输入行数+2"。

将 Excel 输入为 AutoCAD 中的表格

　　AutoCAD具有完善的图形绘制功能、强大的图形编辑功能能。尽管还有文字与表格的处理能力，但相对于具备专业的数据处理、统计分析和辅助决策的Excel软件来说其功能还是很弱的。但在实际工作中，往往需要绘制各种复杂的表格，输入大量的文字，并调整表格大小和文字样式。这在AutoCAD中无疑会比较烦琐。

　　因此如果将Word、Excel等文档中的表格数据选择性粘贴插入到AutoCAD中，且插入后的表格数据也会以表格的形式显示于绘图区，如图5-103所示，这样就能极大地方便用户整理。

图 5-103 粘贴生成的 AutoCAD 表格

5.4.2　编辑表格

　　在添加完成表格后，不仅可根据需要对表格整体或表格单元执行拉伸、合并或添加等操作，而且可以对表格的表指示器进行所需的编辑，其中包括编辑表格形状和添加表格颜色等设置。

　　当选中整个表格，单击鼠标右键，弹出的快捷菜单如图5-104所示。可以对表格进行剪切、复制、删除、移动、缩放和旋转等简单操作，还可以均匀调整表格的行、列大小，删除所有特性替代等。当选择"输出"命令时，还可以打开"输出数据"对话框，以CSV格式输出表格中的数据。

　　当选中表格后，也可以通过拖动夹点来编辑表格，其各夹点的含义如图5-105所示。

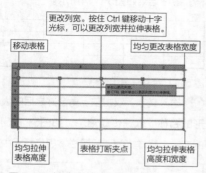

图 5-104 快捷菜单　　图 5-105 选中表格时各夹点的含义

5.4.3　编辑表格单元

　　当选中表格单元时，其右键快捷菜单如图5-106所示。而在选中的表格单元格周围也会出现夹点，也可以通过拖动这些夹点来编辑单元格，各夹点的含义如图5-107所示。如果要选择多个单元，可以单击鼠标左键并在欲选择的单元上拖动；也可以按住shift键并在欲选择的单元内单击鼠标左键，可以同时选中这两个单元及它们之间的所有单元。

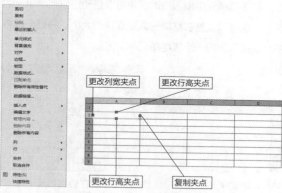

图 5-106 快捷菜单　　图 5-107 通过夹点调整单元格

5.4.4　添加表格内容

　　在AutoCAD 2020中，表格的主要作用就是清晰、完整、系统地表现图纸中的数据。表格中的数据都是通过表格单元进行添加的，表格单元不仅可以包含文本信息，而且还可以包含多个块。此外，还可以将AutoCAD中的表格数据与Excel电子表格中的数据进行链接。

　　确定表格的结构之后，最后在表格中添加文字、块、公式等内容。添加表格内容之前，必须了解单元格的选中状态和激活状态。

◆ 选中状态：单元格的选中状态在上一节已经介绍，如图5-107所示。单击单元格内部即可选中单元格，选中单元格之后系统弹出"表格单元"选项卡。

◆ 激活状态：在单元格的激活状态，单元格呈灰底显示，并出现闪动光标，如图5-108所示。双击单元格可以激活单元格，激活单元格之后系统弹出"文字编辑器"选项卡。

1.　添加数据

　　创建表格后，系统会自动高亮显示第一个表格单元，并打开文字格式工具栏，此时可以开始输入文字，在输入文字的过程中，单元格的行高会随输入文字的高度或行数的增加而增加。要移动到下一单元格，可以按Tab键或箭头键向左、向右、向上、向下移动。在选中的单元中按F2键可以快速编辑单元格文字。

2. 在表格中添加块

在表格中添加块需要选中单元格。选中单元格之后，系统将弹出"表格单元"选项卡，单击"插入"面板上的"块"按钮，系统弹出"在表格单元中插入块"对话框，如图5-109所示。可以通过浏览块文件然后插入块。在表格单元中插入块时，块可以自动适应表格单元的大小，也可以调整表格单元以适应块的大小，并且可以将多个块插入到同一个表格单元中。

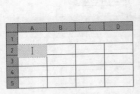

图5-108 激活单元格

图5-109 "在表格单元中插入块"对话框

3. 在表格中添加方程式

在表格中添加方程式可以将某单元格的值定义为其他单元格的组合运算值。选中单元格之后，在"表格单元"选项卡中，单击"插入"面板上的"公式"按钮，弹出如图5-110所示的下拉列表框，选择"方程式"选项，将激活单元格，进入文字编辑模式。输入与单元格标号相关的运算公式，如图5-111所示。该方程式的运算结果如图5-112所示。如果修改方程所引用的单元格数据，运算结果也随之更新。

图5-110 "公式"下拉列表框

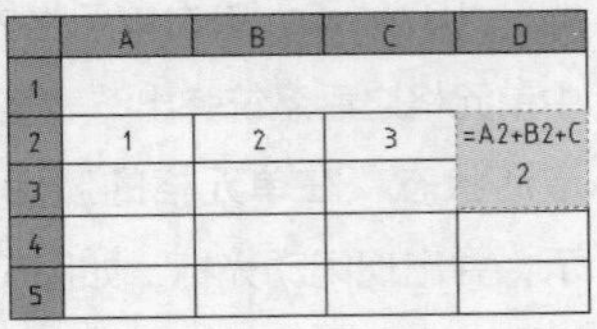

图5-111 输入方程式

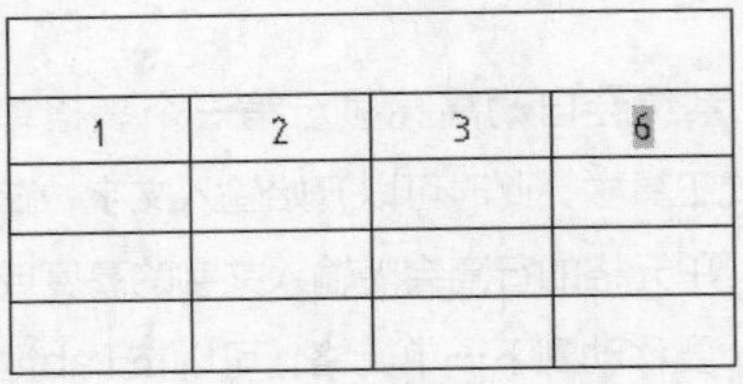

图5-112 方程式运算结果

【练习5-13】填写标题栏表格

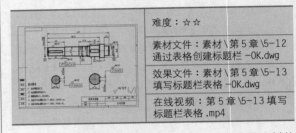

难度：☆☆	
素材文件：素材\第5章\5-12 通过表格创建标题栏 -OK.dwg	
效果文件：素材\第5章\5-13 填写标题栏表格 -OK.dwg	
在线视频：第5章\5-13 填写标题栏表格 .mp4	

机械制图中的标题栏一般由更改区、签字区、其他区、名称以及代号区组成。填写的内容主要有零件的名称、材料、数量、比例、图样代号等，还有设计者、审核者、批准者的姓名、日期等。本例延续"练习5-12"的结果，填写已经创建完成的标题栏。

01 打开素材文件"第5章/5-12 通过表格创建标题栏-OK.dwg"，如图5-102所示，其中已经绘制好了零件图形和标题栏。

02 编辑标题栏。选中左上角的6个单元格，然后单击"表格单元"选项卡中"合并"面板上的"合并全部"选项，合并结果如图5-113所示。

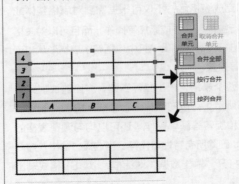

图5-113 合并单元格

03 合并其余单元格。使用相同的方法，合并其余的单元格，最终结果如图5-114所示。

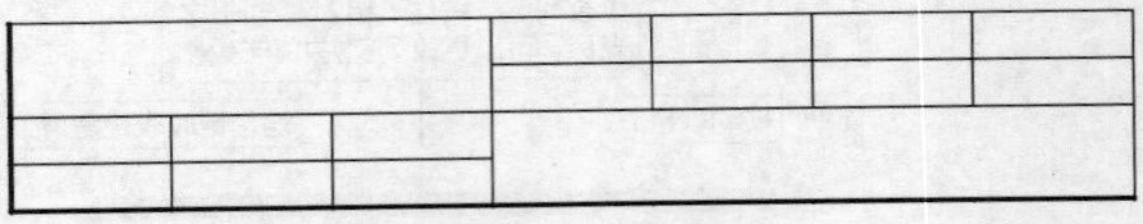

图5-114 合并其余单元格

04 输入文字。双击左上角合并之后的大单元格，输入图形的名称"低速传动轴"，如图5-115所示。此时输入的文字，其样式为"标题栏"表格样式中所设置的样式。

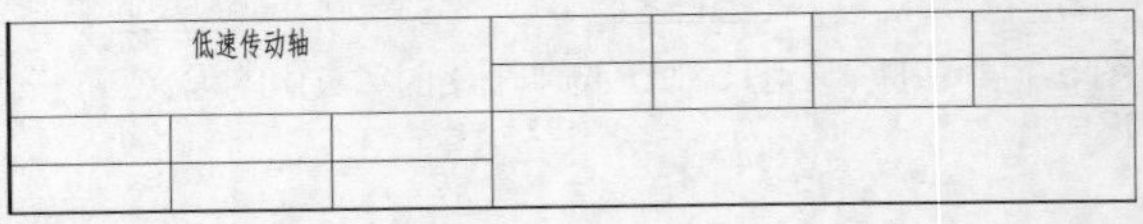

图5-115 输入单元格文字

05 按相同方法，输入其他文字，如"设计""审核"等，如图5-116所示。

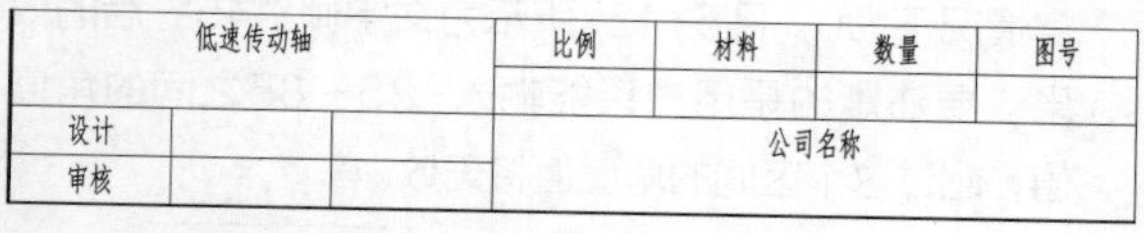

低速传动轴		比例	材料	数量	图号
设计		公司名称			
审核					

图 5-116 在其他单元格中输入文字

06 调整文字内容。单击左上角的大单元格，在"表格单元"选项卡中，选择"单元样式"面板下的"正中"选项，将文字调整至单元格的中心，如图5-117所示。

07 按相同方法，对齐所有单元格内容（也可以直接选中表格，再单击"正中"，即将表格中所有单元格对齐方式统一为"正中"），再将两处文字字高调整为8，则最终结果如图5-118所示。

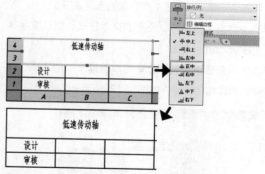

图 5-117 调整单元格内容的对齐方式

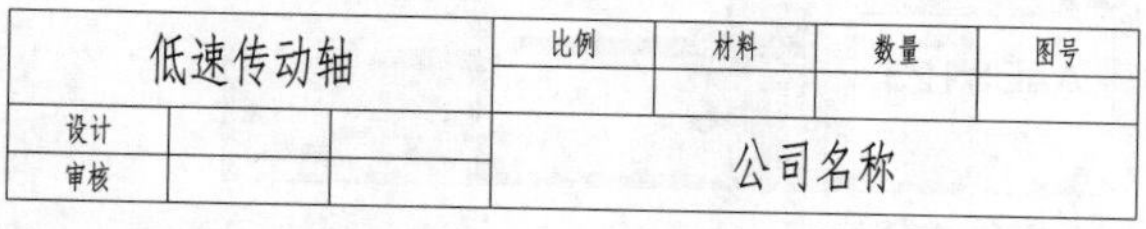

低速传动轴		比例	材料	数量	图号
设计		公司名称			
审核					

图 5-118 对齐其他单元格

5.5　注释的样式

　　"样式"在AutoCAD中是一个非常重要的概念，可以理解为一种风格。如当创建文字时，默认的字体是Arial，文字高度是2.5，而如果需要创建多个字体为"宋体"、文字高度为6的文字，肯定不能创建了文字之后再一个个进行修改。此时就可以创建一个字体为"宋体"、文字高度为6的文字样式，在该样式下创建的文字都将符合要求，这便是"样式"的作用。前文介绍的文字、尺寸标注、引线、表格等都具有样式，样式可以在"注释"面板的扩展区域中选择，如图5-119所示。

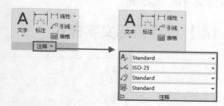

图 5-119 样式列表

5.5.1 文字样式

　　文字内容可以设置"文字样式"来定义文字的外观，包括字体、高度、宽度比例、倾斜角度排列方式等。文字样式是对文字特性的一种描述。

1. 新建文字样式

　　要创建文字样式首先要打开"文字样式"对话框。该对话框不仅显示当前图形文件中已经创建的所有文字样式，并显示当前文字样式及与其有关的设置、外观预览等。在该对话框中不但可以新建并设置文字样式，还可以修改或删除已有的文字样式。

　　调用"文字样式"有如下几种常用方法。

◆ 功能区：在"默认"选项卡中，单击"注释"滑出面板上的"文字样式"按钮 A，如图5-120所示。

◆ 菜单栏：选择"格式"|"文字样式"命令。

◆ 命令行：输入STYLE或ST。

图 5-120 "注释"面板中的"文字样式"按钮

　　执行该命令后，系统弹出"文字样式"对话框，如图5-121所示，可以在其中新建或修改当前文字样式，指定字体、大小等参数。

图 5-121 "文字样式"对话框

"文字样式"对话框中各参数的含义如下。

- 样式：列出了当前可以使用的文字样式，默认文字样式为Standard（标准）。

- 字体名：在该下拉列表框中可以选择不同的字体，如宋体、黑体和楷体等，如图5-122所示。

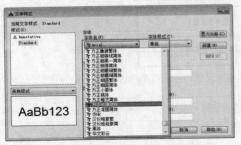

图5-122 选择字体

- 使用大字体：用于指定亚洲语言的大字体文件，只有扩展名为.shx的字体文件才可以创建大字体。

- 字体样式：在该下拉列表框中可以选择其他字体样式。

- 置为当前：单击该按钮，可以将选择的文字样式设置成当前的文字样式。

- 新建：单击该按钮，系统弹出"新建文字样式"对话框，如图5-123所示。在样式名文本框中输入新建样式的名称，单击"确定"按钮，新建文字样式将显示在"样式"列表框中。

图5-123 "新建文字样式"对话框

- 颠倒：勾选"颠倒"复选框之后，文字方向将翻转，如图5-124所示。

- 反向：勾选"反向"复选框，文字的阅读顺序将与开始时相反，如图5-125所示。

图5-124 颠倒文字效果　　图5-125 反向文字效果

- 高度：该文本框的参数可以控制文字的高度，即控制文字的大小。

- 宽度因子：该文本框的参数控制文字的宽度，正常情况下宽度比例为1。如果增大比例，那么文字将会变

宽。图5-126所示为宽度因子变为2时的效果。

- 倾斜角度：该文本框的参数控制文字的倾斜角度，正常情况下为0。图5-127所示为文字倾斜45°后的效果。要注意的是用户只能输入-85～85之间的角度值，超过这个区间的角度值将无效。

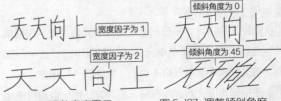

图5-126 调整宽度因子　　图5-127 调整倾斜角度

> **提示**
>
> 在"文字样式"对话框中修改的文字效果，仅对单行文字有效。用户如果使用的是多行文字创建的内容，则无法通过更改"文字样式"对话框中的设置来达到相应效果，如倾斜、颠倒等。

如果打开文件后字体和符号变成了问号"？"或有些字体不显示，又或者是打开文件时提示"缺少.SHX文件"或"未找到字体"，这些问题均是由于字体库出现了问题，可能是系统中缺少显示该文字的字体文件、指定的字体不支持全角标点符号或文字样式已被删除，有的特殊文字需要特定的字体才能正确显示。

【练习5-14】 创建国标文字样式

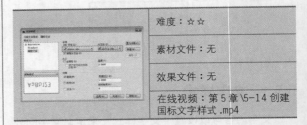

难度：☆☆
素材文件：无
效果文件：无
在线视频：第5章\5-14 创建国标文字样式.mp4

国家标准规定了工程图纸中字母、数字及汉字的书写规范（详见GB/T 14691—1993《技术制图字体》）。AutoCAD也专门提供了3种符合国家标准的中文字体文件，即"gbenor.shx""gbeitc.shx""gbcbig.shx"文件。其中，"gbenor.shx""gbeitc.shx"用于标注直体和斜体字母和数字，"gbcbig.shx"用于标注中文（需要勾选"使用大字体"复选框）。本例便创建"gbenor.shx"字体的国标文字样式。

01 单击快速访问工具栏中的"新建"按钮，新建图形文件。

02 在"默认"选项卡中，单击"注释"面板中的"文字样式"按钮 ，系统弹出"文字样式"对话框，如图5-128所示。

图 5-128 "文件样式"对话框

03 单击"新建"按钮，弹出"新建文字样式"对话框，系统默认新建"样式1"样式名，在"样式名"文本框中输入"国标文字"，如图5-129所示。

图 5-129 "新建文字样式"对话框

04 单击"确定"按钮，在样式列表框中新增"国标文字"文字样式，如图5-130所示。

图 5-130 新建文字样式

05 在"字体"选项组下的"SHX字体"列表框中选择"gbenor.shx"字体，勾选"使用大字体"复选框，在"大字体"列表框中选择"gbcbig.shx"字体。其他选项保持默认设置，如图5-131所示。

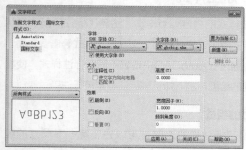

图 5-131 更改设置

06 单击"应用"按钮，然后单击"置为当前"按钮，将

"国标文字"置为当前样式。

07 单击"关闭"按钮，完成"国标文字"的创建。创建完成的样式可用于"多行文字""单行文字"等文字创建命令，也可以用于标注、动态块中的文字。

2. 应用文字样式

在创建的多种文字样式中，只能有一种文字样式作为当前的文字样式，系统默认创建的文字均按照当前文字样式。因此要应用文字样式，首先应将其设置为当前文字样式。

设置当前文字样式的方法有以下两种。

◆ 在"文字样式"对话框的"样式"列表框中选中要置为当前的文字样式，单击"置为当前"按钮，如图5-132所示。

◆ 在"注释"面板的"文字样式"下拉列表框中选择要置为当前的文字样式，如图5-133所示。

图 5-132 在"文字样式"对话框中置为当前

图 5-133 通过"注释"面板设置当前文字样式

【练习 5-15】将???还原为正常文字

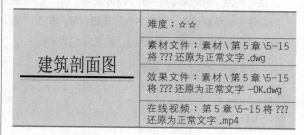	难度：☆☆
	素材文件：素材 \ 第 5 章 \5-15 将 ??? 还原为正常文字 .dwg
	效果文件：素材 \ 第 5 章 \5-15 将 ??? 还原为正常文字 -OK.dwg
	在线视频：第 5 章 \5-15 将 ??? 还原为正常文字 .mp4

在进行实际的设计工作时，因为要经常与其他设计师进行图纸交流，所以会碰到许多外来图纸，这时就很容易碰到图纸中文字或标注显示不正常的情况。这一般都是样式出现了问题，因为计算机中没有样式所选用的字体，

而显示问号或其他乱码。

01 打开"第5章/5-15 将???还原为正常文字.dwg"素材文件，所创建的文字显示为问号，内容不明，如图5-134所示。

02 选中出现问号的文字，单击鼠标右键，在弹出的下拉列表框中选择"特性"选项，系统弹出"特性"管理器。在"特性"管理器的"文字"列表框中，可以查看文字的"内容""样式""高度"等特性，并且能够修改。将其样式修改为"宋体"，如图5-135所示。

图 5-134 素材文件　　　　图 5-135 修改文字样式

03 文字得到正确显示，如图5-136所示。

建筑剖面图

图 5-136 正常显示的文字

3. 重命名文字样式

有时在命名文字样式时出现错误，需对其重新进行修改，重命名文字样式的方法有以下两种。

◆ 在命令行输入RENAME（或REN）并按Enter键，打开"重命名"对话框。在"命名对象"列表框中选择"文字样式"，然后在"项数"列表框中选择"标注"，在"重命名为"后的文本框中输入新的名称，如"园林景观标注"，然后单击"重命名为"按钮，最后单击"确定"按钮确定设置并关闭对话框，如图5-137所示。

图 5-137 "重命名"对话框

◆ 在"文字样式"对话框的"样式"列表框中选择要重

命名的样式名，并单击鼠标右键，在弹出的快捷菜单中选择"重命名"命令，如图5-138所示。但采用这种方式不能重命名Standard文字样式。

图 5-138 重命名文字样式

4. 删除文字样式

文字样式会占用一定的系统存储空间，可以删除一些不需要的文字样式，以节约存储空间。删除文字样式的方法有两种，即在"文字样式"对话框的"样式"列表框中选择要删除的样式名，并单击鼠标右键，在弹出的快捷菜单中选择"删除"命令，或单击对话框中的"删除"按钮，如图5-139所示。

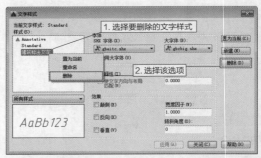

图 5-139 删除文字样式

提示

当前的文字样式不能被删除。如果要删除当前文字样式，可以先将别的文字样式置为当前样式，然后再进行删除。

5.5.2 标注样式

标注样式的内容相当丰富，涵盖了标注从箭头形状到尺寸线的消隐、伸出距离、文字对齐方式等诸多方面。因此可以通过在AutoCAD中设置不同的标注样式，使其适应不同的绘图环境，如机械标注、建筑标注等。

1. 尺寸的组成

在学习标注样式之前，可以先了解一下尺寸的组成，这有助于读者更好地理解标注样式。在AutoCAD中，一个完整的尺寸标注由"尺寸界线""尺寸箭头""尺寸线""尺寸文字"4个要素构成，如图5-140所示。AutoCAD的尺寸标注命令和样式设置，都是围绕着这4个要素进行的。

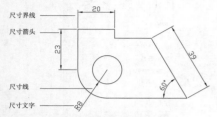

图 5-140 尺寸标注的组成要素

各组成部分的作用与含义分别如下。

◆ 尺寸界线：也称为投影线，用于标注尺寸的界限，由图样中的轮廓线、轴线或对称中心线引出。标注时，延伸线从所标注的对象上自动延伸出来，它的端点与所标注的对象接近但并未相连。

◆ 尺寸箭头：也称为标注符号。标注符号显示在尺寸线的两端，用于指定标注的起始位置。AutoCAD默认使用闭合的填充箭头作为标注符号。此外，AutoCAD还提供了多种箭头符号，以满足不同行业的需要，如建筑制图的箭头以45°的粗短斜线表示，而机械制图的箭头以实心三角形箭头表示等。

◆ 尺寸线：用于表明标注的方向和范围。通常与所标注对象平行，放在两延伸线之间，一般情况下为直线，但在角度标注时，尺寸线呈圆弧形。

◆ 尺寸文字：表明标注图形的实际尺寸大小，通常位于尺寸线上方或中断处。在进行尺寸标注时，AutoCAD会自动生成所标注对象的尺寸数值，用户也可以对标注的文字进行修改、添加等操作。

2. 新建标注样式

要新建标注样式，可以通过"标注样式和管理器"对话框来完成。在AutoCAD 2020中调用"标注样式和管理器"有如下几种方法。

◆ 功能区：在"默认"选项卡中单击"注释"面板下拉列表框中的"标注样式"按钮 ，如图5-141所示。

图 5-141 "注释"面板中的"标注样式"按钮

◆ 菜单栏：选中"格式"|"标注样式"命令。

◆ 命令行：输入DIMSTYLE或D。

执行上述任一命令后，系统弹出"标注样式管理器"对话框，如图5-142所示。

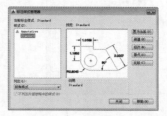

图 5-142 "标注样式管理器"对话框

"标注样式管理器"对话框中各按钮的含义介绍如下。

◆ 置为当前：将在左边"样式"列表框中选定的标注样式设定为当前标注样式。当前样式将应用于所创建的标注。

◆ 新建：单击该按钮，打开"创建新标注样式"对话框，输入名称后单击"确定"按钮可打开"新建标注样式"对话框，从而可以定义新的标注样式。

◆ 修改：单击该按钮，打开"修改标注样式"对话框，从而可以修改现有的标注样式。该对话框各选项均与"新建标注样式"对话框一致。

◆ 替代：单击该按钮，打开"替代当前样式"对话框，从而可以设定标注样式的临时替代值。该对话框各选项与"新建标注样式"对话框一致。替代将作为未保存的更改结果显示在"样式"列表框中的标注样式下，如图5-143所示。

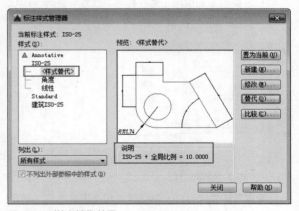

图 5-143 样式替代效果

◆ 比较：单击该按钮，打开"比较标注样式"对话框，如图5-144所示。从中可以比较所选定的两个标注样式（选择相同的标注样式进行比较，则会列出该样式的所有特性）。

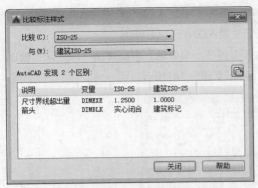

图 5-144 "比较标注样式"对话框

单击"新建"按钮，系统弹出"创建新标注样式"对话框，如图5-145所示。然后在"新样式名"文本框中输入新样式的名称，单击"继续"按钮，即可打开"新建标注样式"对话框进行新建。

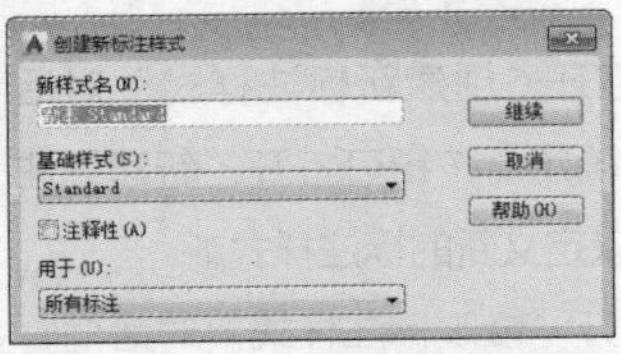

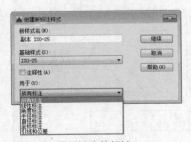

图 5-145 "创建新标注样式"对话框

"创建新标注样式"对话框中各项含义介绍如下。

◆ 基础样式：在该下拉列表框中选择一种基础样式，新样式将在该基础样式的基础上进行修改。

◆ 注释性：勾选该"注释性"复选框，可将标注定义成可注释对象。

◆ 用于：选择其中的一种标注，即可创建一种仅适用于该标注类型（如仅用于直径标注、线性标注等）的标注子样式，如图5-146所示。

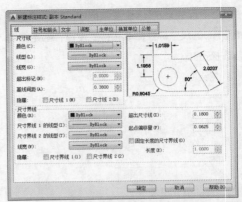

图 5-146 用于选定的标注

设置新样式的名称、基础样式和适用范围后，单击该对话框中的"继续"按钮，系统弹出"新建标注样式：副本 Standard"对话框，在7个选项卡中可以设置标注中的线、符号和箭头、文字、单位等内容，如图5-147所示。

图 5-147 "新建标注样式：副本 Standard"对话框

> **提示**
>
> AutoCAD 2020中的标注按类型分为"线性标注""角度标注""半径标注""直径标注""坐标标注""引线和公差"6个。

5.5.3 标注样式内容详解

在上文新建标注样式的介绍中，打开"新建标注样式"对话框之后的操作是最重要的，这也是本节所要着重讲解的。在"新建标注样式"对话框中可以设置尺寸标注的各种特性，对话框中有"线""符号和箭头""文字""调整""主单位""换算单位""公差"7个选项卡，如图5-147所示，每一个选项卡对应一种特性的设置，分别介绍如下。

1. "线"选项卡

切换到"新建标注样式"对话框中的"线"选项卡，如图5-147所示，可见"线"选项卡中包括"尺寸线"和"尺寸界线"两个选项组。在该选项卡中可以设置尺寸线、尺寸界线的格式和特性。

尺寸线中各项含义介绍如下。

◆ 颜色：用于设置尺寸线的颜色，一般保持默认值"Byblock"（随块）即可。也可以使用变量DIMCLRD设置。

◆ 线型：用于设置尺寸线的线型，一般保持默认值"Byblock"（随块）即可。

◆ 线宽：用于设置尺寸线的线宽，一般保持默认值"Byblock"（随块）即可。也可以使用变量DIMLWD设置。

◆ 超出标记：用于设置尺寸线超出量。若尺寸线两端是箭头，则此框无效；若在对话框的"符号和箭头"选项卡中设置了箭头的形式是"倾斜"和"建筑标记"，可以设置尺寸线超过尺寸界线外的距离，如图5-148所示。

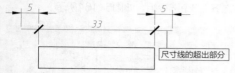

图 5-148　"超出标记"设置为 5 时的示例

◆ 基线间距：用于设置基线标注中尺寸线之间的间距。

◆ 隐藏："尺寸线1"和"尺寸线2"分别控制了第一条和第二条尺寸线的可见性，如图5-149所示。

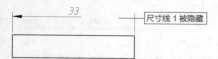

图 5-149　"隐藏尺寸线1"效果图

尺寸界线中各项含义介绍如下。

◆ 颜色：用于设置延伸线的颜色，一般保持默认值"Byblock"（随块）即可。也可以使用变量DIMCLRD设置。

◆ 线型：分别用于设置"尺寸界线1"和"尺寸界线2"的线型，一般保持默认值"Byblock"（随块）即可。

◆ 线宽：用于设置延伸线的宽度，一般保持默认值"Byblock"（随块）即可。也可以使用变量DIMLWD设置。

◆ 隐藏："尺寸线1"和"尺寸线2"分别控制了第一条和第二条尺寸界线的可见性。

◆ 超出尺寸线：控制尺寸线超出尺寸线的距离，如图5-150所示。

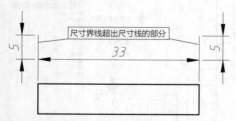

图 5-150　"超出尺寸线"设置为 5 时的示例

◆ 起点偏移量：控制尺寸界线起点与标注对象端点的距离，如图5-151所示。

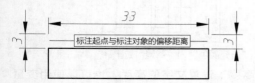

图 5-151　"起点偏移量"设置为 3 时的示例

机械制图中的标注，为了区分尺寸标注和被标注对象，用户应使尺寸界线与标注对象不接触，因此尺寸界线的"起点偏移量"一般设置为2~3mm。

2. "符号和箭头"选项卡

"符号和箭头"选项卡中包括"箭头""圆心标记""折断标注""弧长符号""半径折弯标注""线性折弯标注"6个选项组，如图5-152所示。

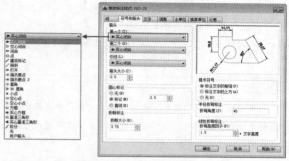

图 5-152　"符号和箭头"选项卡

◆ 第一个/第二个：用于选择尺寸线两端的箭头样式。在建筑绘图中通常设为"建筑标注"或"倾斜"样式，如图5-153所示；机械制图中通常设为"箭头"样式，如图5-154所示。

◆ 引线：用于设置快速引线标注（命令：LE）中的箭头样式，如图5-155所示。

◆ 箭头大小：用于设置箭头的大小。

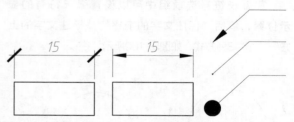

图 5-153　建筑标注　图 5-154　机械标注　图 5-155　引线样式

AutoCAD中提供了多种箭头，如果选择了第一个箭头的样式，第二个箭头会自动选择和第一个箭头一样的样式。也可以在第二个箭头下拉列表框中选择不同的样式。

圆心标记是一种特殊的标注类型，在使用"圆心标记"（命令是DIMCENTER）时，可以在圆弧中心生成一个标注符号，"圆心标记"选项组用于设置圆心标记的样式。各选项的含义如下。

- 无：使用"圆心标记"命令时，无圆心标记，如图5-156所示。
- 标记：创建圆心标记。在圆心位置将会出现小十字，如图5-157所示。
- 直线：创建中心线。在使用"圆心标记"命令时，十字线将会延伸到圆或圆弧外边，如图5-158所示。

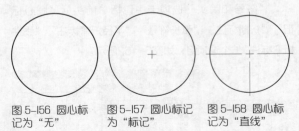

图5-156 圆心标记为"无"　图5-157 圆心标记为"标记"　图5-158 圆心标记为"直线"

提示

可以取消选中"调整"选项卡中的"在尺寸界线之间绘制尺寸线"复选框，这样就能在标注直径或半径尺寸时创建圆心标记，如图5-159所示。

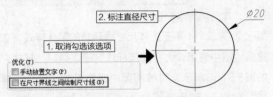

图5-159 标注的同时创建尺寸与圆心标记

折断标注中的"折断大小"文本框可以设置在执行"标注打断（DIMBREAK）"命令时标注线的打断长度。

在弧长符号选项组中可以设置弧长符号的显示位置，包括"标注文字的前缀""标注文字的上方""无"3种方式，如图5-160所示。

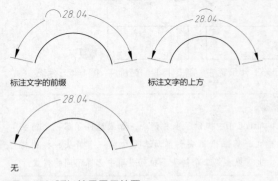

图5-160 弧长符号显示位置

半径折弯标注中的"折弯角度"文本框可以确定折弯半径标注中尺寸线的横向角度，其值不能大于90。

线性折弯标注中的"折弯高度因子"文本框可以设置折弯标注打断时折弯线的高度。

3. "文字"选项卡

"文字"选项卡包括"文字外观""文字位置""文字对齐"3个选项组，如图5-161所示。

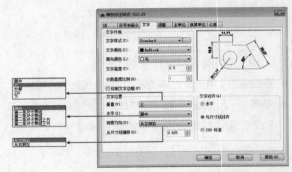

图5-161 "文字"选项卡

- 文字样式：用于选择标注的文字样式。也可以单击其后的 按钮，系统弹出"文字样式"对话框，选择文字样式或新建文字样式。
- 文字颜色：用于设置文字的颜色，一般保持默认值"Byblock"（随块）即可。也可以使用变量DIMCLRT设置。
- 填充颜色：用于设置标注文字的背景色。默认为"无"，如果图纸中尺寸标注很多，就会出现图形轮廓线、中心线、尺寸线等与标注文字相重叠的情况，这时若将"填充颜色"设置为"背景"，即可有效改善图形效果，如图5-162所示。

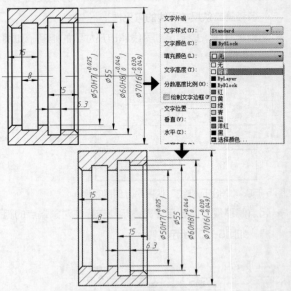

图5-162 "填充颜色"为"背景"效果

- 文字高度：设置文字的高度，也可以使用变量DIMCTXT设置。
- 分数高度比例：设置标注文字的分数相对于其他标注

文字的比例，AutoCAD将该比例值与标注文字高度的乘积作为分数的高度。

◆ 绘制文字边框：设置是否给标注文字加边框。

◆ 垂直：用于设置标注文字相对于尺寸线在垂直方向的位置。"垂直"下拉列表框中有"居中""上""外部""JIS"等选项。选择"居中"选项可以把标注文字放在尺寸线中间；选择"上"选项将把标注文字放在尺寸线的上方；选择"外部"选项可以把标注文字放在远离第一定义点的尺寸线一侧；选择"JIS"选项则按JIS规则（日本工业标准）放置标注文字。各种效果如图5-163所示。

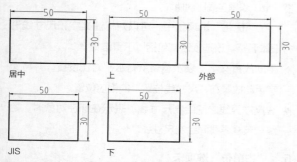

居中　　　　　上　　　　　外部

JIS　　　　　下

图 5-163　文字设置垂直方向的位置效果图

◆ 水平：用于设置标注文字相对于尺寸线和延伸线在水平方向的位置。其中水平放置位置有"居中""第一条尺寸界线""第二条尺寸界线""第一条尺寸界线上方""第二条尺寸界线上方"，各种效果如图5-164所示。

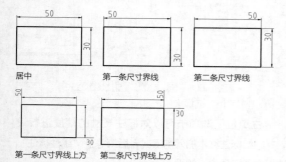

居中　　　　第一条尺寸界线　　　第二条尺寸界线

第一条尺寸界线上方　第二条尺寸界线上方

图 5-164　尺寸文字在水平方向上的相对位置

◆ 从尺寸线偏移：设置标注文字与尺寸线之间的距离，如图5-165所示。

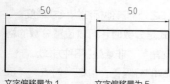

文字偏移量为 1　　　文字偏移量为 5

图 5-165　文字偏移量设置

在"文字对齐"选项组中，可以设置标注文字的对齐方式，如图5-166所示。各项的含义如下。

◆ 水平：无论尺寸线的方向如何，文字始终水平放置。

◆ 与尺寸线对齐：文字的方向与尺寸线平行。

◆ ISO标准：按照ISO标准对齐文字。当文字在尺寸界线内时，文字与尺寸线对齐。当文字在尺寸界线外时，文字水平排列。

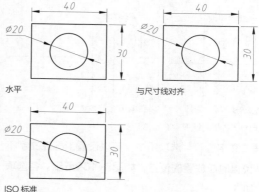

水平　　　　　　　　　与尺寸线对齐

ISO 标准

图 5-166　尺寸文字对齐方式

4. "调整"选项卡

"调整"选项卡包括"调整选项""文字位置""标注特征比例""优化"4个选项组，可以设置标注文字、尺寸线、尺寸箭头的位置，如图5-167所示。

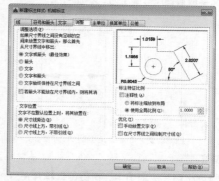

图 5-167　"调整"选项卡

在"调整选项"选项组中，可以设置当尺寸界线之间没有足够的空间同时放置标注文字和箭头时，应从尺寸界线之间移出的对象，如图5-168所示。各选项的含义如下。

◆ 文字或箭头(最佳效果)：表示由系统选择一种最佳方式来安排尺寸文字和尺寸箭头的位置。

◆ 箭头：表示将尺寸箭头放在尺寸界线外侧。

◆ 文字：表示将标注文字放在尺寸界线外侧。

◆ 文字和箭头：表示将标注文字和尺寸箭头都放在尺寸界线外侧。

◆ 文字始终保持在尺寸界线之间：表示标注文字始终放在尺寸界线之间。

◆ 若箭头不能放在尺寸界线内，则将其消除：表示当尺寸界线之间不能放置箭头时，不显示标注箭头。

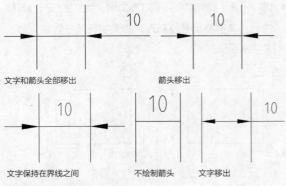

图 5-I68 尺寸要素调整

在"文字位置"选项组中，可以设置当标注文字不在默认位置时对应放置的位置，如图5-169所示。各选项的含义如下。

◆ 尺寸线旁边：表示当标注文字在尺寸界线外部时，将文字放置在尺寸线旁边。

◆ 尺寸线上方，带引线：表示当标注文字在尺寸界线外部时，将文字放置在尺寸线上方并加一条引线相连。

◆ 尺寸线上方，不带引线：表示当标注文字在尺寸界线外部时，将文字放置在尺寸线上方，不加引线。

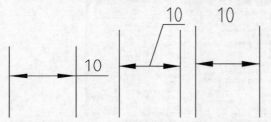

图 5-I69 文字位置调整

在"标注特征比例"选项组中，可以设置标注尺寸的特征比例，以便通过设置全局比例来调整标注的大小。各选项的含义如下。

◆ 注释性：选择该复选框，可以将标注定义成可注释性对象。

◆ 将标注缩放到布局：选择该单选按钮，可以根据当前模型空间视口与图纸之间的缩放关系设置比例。

◆ 使用全局比例：选择该单选按钮，可以对全部尺寸标注设置缩放比例，该比例不改变尺寸的测量值，效果如图5-170所示。

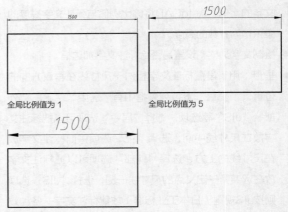

图 5-I70 设置全局比例值

在"优化"选项组中，可以对标注文字和尺寸线进行细微调整。该选项区域包括以下复选框。

◆ 手动放置文字：表示忽略所有水平对正设置，并将文字手动放置在"尺寸线位置"的相应位置。

◆ 在尺寸界线之间绘制尺寸线：表示在标注对象时，始终在尺寸界线间绘制尺寸线。

5. "主单位"选项卡

"主单位"选项卡包括"线性标注""测量单位比例""消零""角度标注""消零"5个选项组，如图5-171所示。

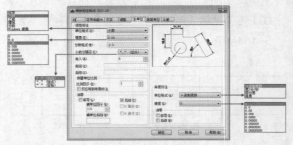

图 5-I7I "主单位"选项卡

"主单位"选项卡可以对标注尺寸的精度进行设置，并能给标注文本加入前缀或者后缀等。"线性标注"选项组中各选项含义如下。

◆ 单位格式：设置除角度标注之外的其余各标注类型的尺寸单位，包括"科学""小数""工程""建筑""分数"等选项。

◆ 精度：设置除角度标注之外的其他标注的尺寸精度。

◆ 分数格式：当单位格式是分数时，可以设置分数的格式，包括"水平""对角""非堆叠"3种方式。

◆ 小数分隔符：设置小数的分隔符，包括"句点""逗点""空格"3种方式。

◆ 舍入：用于设置除角度标注外的其他标注的尺寸测量值的舍入值。

◆ 前缀和后缀：设置标注文字的前缀和后缀，在相应的文本框中输入字符即可。

使用"比例因子"可以设置测量尺寸的缩放比例，AutoCAD的实际标注值为测量值与该比例的积。选中"仅应用到布局标注"复选框，可以设置该比例关系仅适用于布局。

"消零"选项组中包括"前导"和"后续"两个选项。设置是否消除角度尺寸的前导和后续零，如图5-172所示。

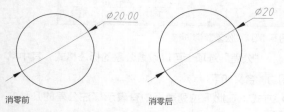

图5-172 "后续"消零示例

"角度标注"选项组中各选项如下。

◆ 单位格式：在此下拉列表框中设置标注角度时的单位。

◆ 精度：在此下拉列表框中设置标注角度的尺寸精度。

6. "换算单位"选项卡

"换算单位"选项卡包括"换算单位""消零""位置"3个选项组，如图5-173所示。"换算单位"可以方便地改变标注的单位，通常我们用的就是公制单位与英制单位的互换。选中"显示换算单位"复选框后，对话框的其他选项才可用，可以在"换算单位"选项组中设置换算单位的"单位格式""精度""换算单位倍数""舍入精度""前缀""后缀"等，方法与设置主单位的方法相同，在此不一一讲解。

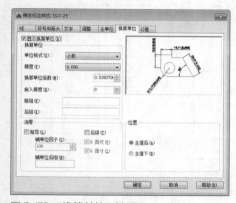

图5-173 "换算单位"选项卡

【练习5-16】 创建公制−英制的换算样式

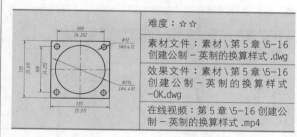

难度：☆☆
素材文件：素材 \ 第 5 章 \5-16 创建公制 − 英制的换算样式 .dwg
效果文件：素材 \ 第 5 章 \5-16 创建公制 − 英制的换算样式 −OK.dwg
在线视频：第 5 章 \5-16 创建公制 − 英制的换算样式 .mp4

在现实的设计工作中，有时会碰到一些国外设计师所绘制的图纸，或发往国外的图纸。此时就必须注意图纸上所标注的尺寸是"公制"还是"英制"。一般来说，图纸上如果标有单位标记，如INCHES、in（英寸），或在标注数字后有"'"标记，则为英制尺寸；反之，带有METRIC、mm（毫米）字样的，则为公制尺寸。

1 in（英寸）= 25.4 mm（毫米），因此英制尺寸如果换算为我国所用的公制尺寸，需放大25.4倍，反之缩小原尺寸的1/25.4（约0.0394）。本例便通过新建标注样式的方式，在公制尺寸旁添加英制尺寸的参考，高效、快速地完成尺寸换算。

①1 打开"第5章\5-16 创建公制−英制的换算样式.dwg"素材文件，其中已绘制好一个零件图，并已添加公制尺寸标注，如图5-174所示。

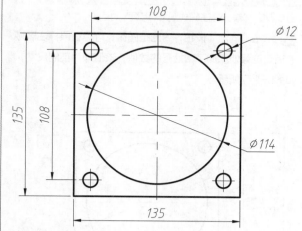

图5-174 素材图形

①2 单击"注释"面板中的"标注样式"按钮，打开"标注样式管理器"对话框，选择当前正在使用的"ISO-25"标注样式，单击"修改"按钮，如图5-175所示。

①3 启用换算单位。打开"修改标注样式：ISO-25"对话框，切换到其中的"换算单位"选项卡，勾选"显示

换算单位"复选框，然后在"换算单位倍数"文本框中输入0.0393701，即毫米换算至英寸的比例值，再在"位置"区域选择换算尺寸的放置位置，如图5-176所示。

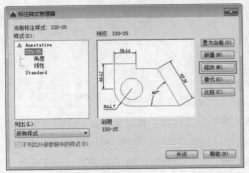

图5-175 "标注样式管理器"对话框

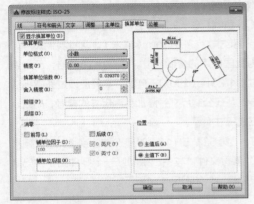

图5-176 "修改标注样式：ISO-25"对话框

04 单击"确定"按钮，返回绘图区，可见在原标注区域的指定位置处添加了带括号的数值，该值即为英制尺寸，如图5-177所示。

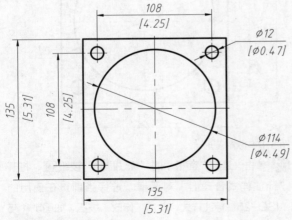

图5-177 最终结果

7. "公差"选项卡

"公差"选项卡包括"公差格式""公差对齐"

"消零""换算单位公差""消零"5个选项组，如图5-178所示。

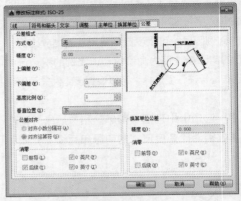

图5-178 "公差"选项卡

"公差"选项卡可以设置公差的标注格式，其中常用功能含义如下。

◆ 方式：在此下拉列表框中有表示标注公差的几种方式，效果如图5-179所示。

◆ 上偏差和下偏差：设置尺寸上偏差值、下偏差值。

◆ 高度比例：确定公差文字的高度比例因子。确定后，AutoCAD将该比例因子与尺寸文字高度之积作为公差文字的高度。

◆ 垂直位置：控制公差文字相对于尺寸文字的位置，包括"下""中""上"3种方式。

◆ 换算单位公差：当标注换算单位时，可以设置换算单位精度和是否消零。

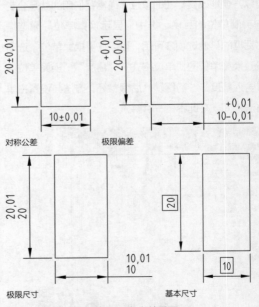

图5-179 公差的各种表示方式效果图

【练习 5-17】创建建筑制图标注样式

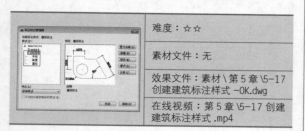

难度：☆☆
素材文件：无
效果文件：素材 \ 第 5 章 \5-17 创建建筑标注样式 -OK.dwg
在线视频：第 5 章 \5-17 创建建筑标注样式 .mp4

建筑标注样式可按GB/T 50001—2001《房屋建筑制图统一标准》来进行设置。需要注意的是，建筑制图中的线性标注箭头为斜线的建筑标记，而半径标注、直径标注、角度标注则仍为实心箭头，因此在新建建筑标注样式时要注意分开设置。

01 新建空白文档，单击"注释"面板中的"标注样式"按钮，打开"标注样式管理器"对话框，如图5-180所示。

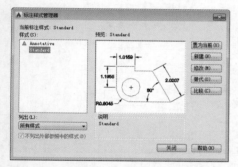

图 5-180　"标注样式管理器"对话框

02 设置通用参数。单击"标注样式管理器"对话框中的"新建"按钮，打开"创建新标注样式"对话框，在其中输入"建筑标注"新样式名，如图5-181所示。

图 5-181　"创建新标注样式"对话框

03 单击"创建新标注样式"对话框中的"继续"按钮，打开"新建标注样式：建筑标注"对话框，选择"线"选项卡，设置"基线间距"为7、"超出尺寸线"为2、"起点偏移量"为3，如图5-182所示。

04 选择"符号和箭头"选项卡，在"箭头"参数栏的"第一个"下拉列表框"第二个"下拉列表框中选择"建筑标记"；在"引线"下拉列表框中保持默认，最后设置箭头大小为2，如图5-183所示。

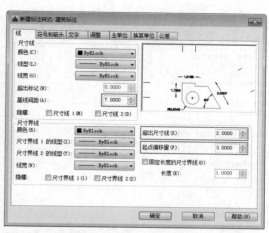

图 5-182　设置"线"选项卡中的参数

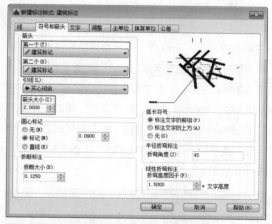

图 5-183　设置"符号和箭头"选项卡中的参数

05 选择"文字"选项卡，设置"文字高度"为3.5，然后在"垂直"下拉列表框中选择"上"，文字对齐方式选择"与尺寸线对齐"，如图5-184所示。

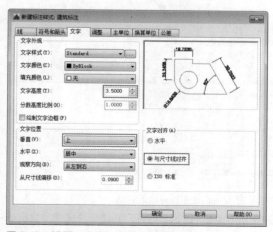

图 5-184　设置"文字"选项卡中的参数

06 选择"调整"选项卡，因为建筑图往往尺寸都非常大，所以设置全局比例为100，如图5-185所示。

197

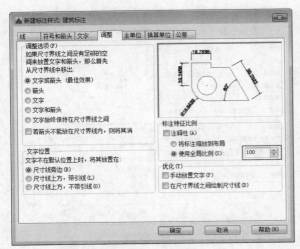

图 5-185 设置"调整"选项卡中的参数

07 其余选项卡参数保持默认，单击"确定"按钮，返回"标注样式管理器"对话框。以上为建筑标注的常规设置，接着再针对性地设置半径、直径、角度等标注样式。

08 设置半径标注样式。在"标注样式管理器"对话框中选择创建好的"建筑标注"，然后单击"新建"按钮，打开"创建新标注样式"对话框，输入新样式名为"半径"，在"用于"下拉列表框中选择"半径标注"选项，如图5-186所示。

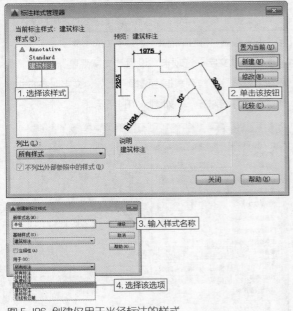

图 5-186 创建仅用于半径标注的样式

09 单击"继续"按钮，打开"新建标注样式：建筑标注：半径"对话框，设置其中的箭头符号为"实心闭合"，文字对齐方式为"ISO标准"，其余选项卡参数不变，如图5-187所示。

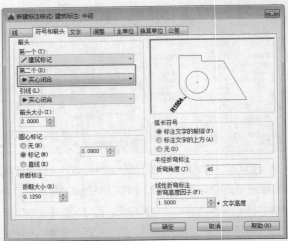

图 5-187 设置半径标注的参数

10 单击"确定"按钮，返回"标注样式管理器"对话框，可在左侧的"样式"列表框中发现在"建筑标注"下多出了一个"半径"分支，如图5-188所示。

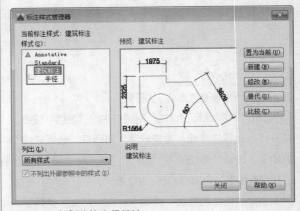

图 5-188 新创建的半径标注

11 设置直径标注样式。按相同方法，设置仅用于直径的标注样式，结果如图5-189所示，单击"确定"按钮即可。

图 5-189　设置直径标注样式的参数

⑫ 设置角度标注样式。按相同方法，设置仅用于角度的标注样式，结果如图5-190所示，单击"确定"按钮即可。

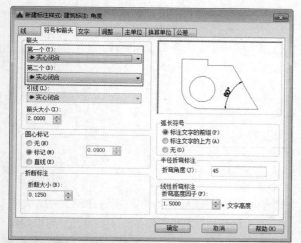

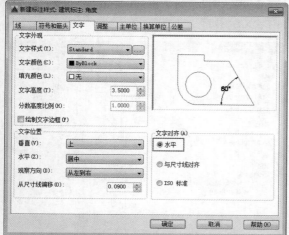

图 5-190　设置角度标注样式的参数

⑬ 设置完成之后的建筑标注样式在"标注样式管理器"中如图5-191所示，典型的标注实例如图5-192所示。

图 5-191　新创建的半径标注、角度标注、直径标注样式

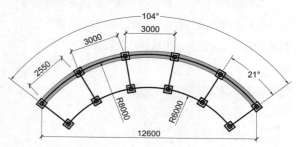

图 5-192　建筑标注样例

5.5.4　多重引线样式

多重引线也可以设置"多重引线样式"来指定引线的效果，如箭头、引线、文字等特征。创建不同样式的多重引线，可以使其适用于不同的使用环境。

在AutoCAD 2020中打开"多重引线样式管理器"有如下几种常用方法。

◆ 功能区：在"默认"选项卡中单击"注释"面板下拉列表框中的"多重引线样式"按钮 ，如图5-193所示。

图 5-193　"注释"面板中的"多重引线样式"按钮

◆ 菜单栏：选择"格式"|"多重引线样式"命令。

◆ 命令行：输入MLEADERSTYLE或MLS。

执行以上任意方法，系统均将打开"多重引线样式管理器"对话框，如图5-194所示。

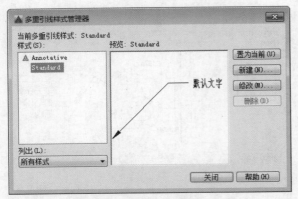

图 5-194 "多重引线样式管理器"对话框

该对话框和"标注样式管理器"对话框功能类似，可以设置多重引线的格式和内容。单击"新建"按钮，系统弹出"创建新多重引线样式"对话框，如图5-195所示。

图 5-195 "创建新多重引线样式"对话框

在"新样式名"文本框中输入新样式的名称，单击"继续"按钮，即可打开"修改多重引线样式：副本 Seandard"对话框进行修改。在对话框中可以设置多重引线标注的各种特性，对话框中有"引线格式""引线结构""内容"3个选项卡，如图5-196所示。每一个选项卡对应一种特性的设置，分别介绍如下。

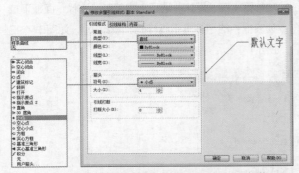

图 5-196 "修改多重引线样式：副本 Standard"对话框

"引线格式"选项卡如图5-196所示，可以设置引线的线型、颜色和类型等，各选项含义介绍如下。

◆ 类型：用于设置引线的类型，包含"直线""样条曲线""无"3种，效果同5.3.1节介绍过的"引线类型（L）"命令行选项，见本章图5-72~图5-74。

◆ 颜色：用于设置引线的颜色，一般保持默认值

◆ "ByBlock"（随块）即可。

◆ 线型：用于设置引线的线型，一般保持默认值"ByBlock"（随块）即可。

◆ 线宽：用于设置引线的线宽，一般保持默认值"ByBlock"（随块）即可。

◆ 符号：可以设置多重引线的箭头符号（共20种）。

◆ 大小：用于设置箭头的大小。

◆ 打断大小：设置多重引线在用于"标注打断（DIMBREAK）"命令时的打断大小。该值只有在对"多重引线"使用"标注打断"命令时才能观察到效果，值越大，则打断的距离越大，如图5-197所示。

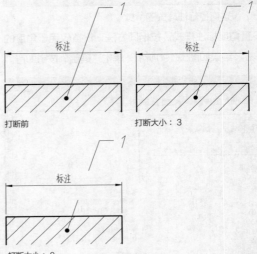

图 5-197 不同"打断大小"在执行"标注打断"后的效果

"引线结构"选项卡如图5-198所示，可以设置"多重引线"的折点数、引线角度及基线长度等，各选项具体含义介绍如下。

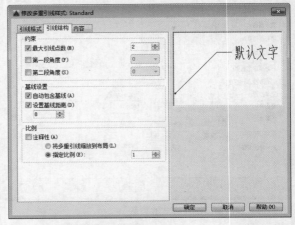

图 5-198 "引线结构"选项卡

◆ 最大引线点数：可以指定新引线的最大点数或线段

数，效果同5.3.1节介绍的"最大节点数（M）"命令行选项。

◆ 第一段角度：该选项可以约束新引线中的第一个点的角度，效果同5.3.1节介绍的"第一个角度（F）"命令行选项。

◆ 第二段角度：该选项可以约束新引线中的第二个点的角度，效果同5.3.1节介绍的"第二个角度（S）"命令行选项。

◆ 自动包含基线：确定"多重引线"命令中是否含有水平基线。

◆ 设置基线距离：确定"多重引线"中基线的固定长度。只有勾选"自动包含基线"复选框后才可使用。

"内容"选项卡如图5-199所示，在该选项卡中，可以对"多重引线"的注释内容进行设置，如文字样式、文字角度、文字颜色等。相关选项介绍如下。

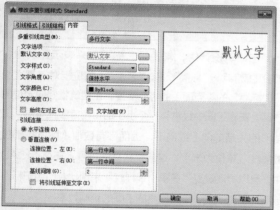

图5-199 "内容"选项卡

◆ 多重引线类型：该下拉列表框中可以选择"多重引线"的内容类型，包含"多行文字""块""无"3个选项，效果同5.3.1节介绍过的"内容类型（C）"命令行选项，见本章图5-75~图5-77。

◆ 文字样式：用于选择标注的文字样式。也可以单击其后的 按钮，系统弹出"文字样式"对话框，选择文字样式或新建文字样式。

◆ 文字角度：指定标注文字的旋转角度，下有"保持水平""按插入""始终正向读取"3个选项。"保持水平"为默认选项，无论引线如何变化，文字始终保持水平位置，如图5-200所示；"按插入"则根据引线方向自动调整文字角度，使文字对齐至引线，如图5-201所示；"始终正向读取"同样可以让文字对齐至引线，但对齐时会根据引线方向自动调整文字方向，使其一直保

持从左往右的正向读取方向，如图5-202所示。

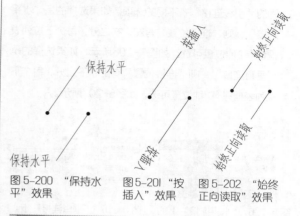

图5-200 "保持水平"效果　图5-201 "按插入"效果　图5-202 "始终正向读取"效果

提示

"文字角度"只有在取消勾选"自动包含基线"复选框后才会生效。

◆ 文字颜色：用于设置文字的颜色，一般保持默认值"ByBlock"（随块）即可。

◆ 文字高度：设置文字的高度。

◆ 始终左对正：始终指定文字内容左对齐。

◆ 文字加框：为文字内容添加边框，如图5-203所示。边框始终从基线的末端开始，与文本之间的间距就相当于基线到文本的距离，因此通过修改"基线间隙"文本框中的值，就可以控制文字和边框之间的距离。

◆ 水平连接：将引线插入到文字内容的左侧或右侧，"水平连接"包括文字和引线之间的基线，如图5-204所示。为默认设置。

图5-203 "文字加框"效果

◆ 垂直连接：将引线插入到文字内容的顶部或底部，"垂直连接"不包括文字和引线之间的基线，如图5-205所示。

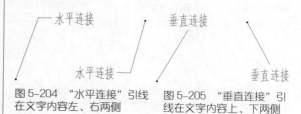

图5-204 "水平连接"引线在文字内容左、右两侧　图5-205 "垂直连接"引线在文字内容上、下两侧

◆ 连接位置：该选项控制基线连接到文字的方式，根据不同的"引线连接"有不同的选项。如果选择的是"水平连接"，则"连接位置"有左、右之分，每个下拉列表框都有9种位置可选，如图5-206所示；如果选择的是"垂直连接"，则"连接位置"有上、下之分，每个下拉列表框只有2种位置可选，如图5-207所示。

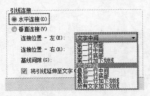 

图 5-206 "水平连接"下的 引线连接位置　　图 5-207 "垂直连接"下 的引线连接位置

提示

"水平连接"下的9种引线连接位置如图5-208所示；"垂直连接"下的2种引线连接位置如图5-209所示。通过指定合适的位置，可以创建出适用于不同行业的多重引线，有关案例请见本章多重引线练习。

"从Web和Mobile 中打开" 📷 或"保存到Web和Mobile" 🖫 都是AutoCAD 2019新加入的命令，在此之前的版本没有这两个命令。

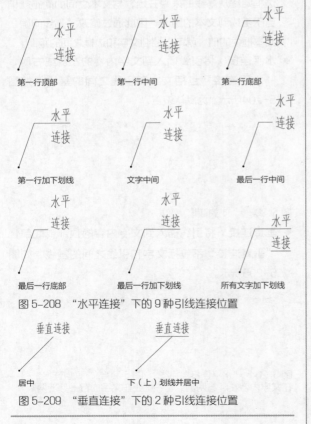

图 5-208 "水平连接"下的 9 种引线连接位置

垂直连接　　　　垂直连接

居中　　　　　下（上）划线并居中

图 5-209 "垂直连接"下的 2 种引线连接位置

◆ 基线间隙：该文本框中可以指定基线和文本内容之间的距离，如图5-210所示。

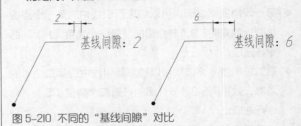

图 5-210 不同的"基线间隙"对比

【练习5-18】多重引线标注立面图标高

难度：☆ ☆ ☆ ☆
素材文件：素材 \ 第 5 章 \5-18 多重引线标注立面图标高 .dwg
效果文件：素材 \ 第 5 章 \5-18 多重引线标注立面图标高 -OK. dwg
在线视频：第 5 章 \5-18 多重引 线标注立面图标高 .mp4

在建筑设计中，常使用"标高"来表示建筑物各部分的高度。"标高"是建筑物某一部位相对于基准面（"标高"的零点面）的竖向高度，是建筑物竖向定位的依据。在施工图中经常有一个小小的直角等腰三角形，三角形的尖端或向上或向下，上面带有数值（即所指部位的高度，单位为米），这便是标高的符号。在AutoCAD中，可以灵活设置"多重引线样式"来创建专门用于标注标高的多重引线，大大提高施工图的绘制效率。

01 打开"第5章\5-18 多重引线标注立面图标高.dwg"素材文件，其中已绘制好楼层的立面图，和名称为"标高"的属性图块，如图5-211所示。

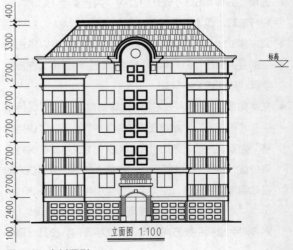

图 5-211 素材图形

02 创建引线样式。在"默认"选项卡中单击"注释"面板下拉列表框中的"多重引线样式"按钮，打开"多重引线样式管理器"对话框，单击"新建"按钮，新建一个名称为"标高引线"的样式，如图5-212所示。

图 5-212 新建"标高引线"样式

03 设置引线参数。单击"继续"按钮，打开"修改多重引线样式：标高引线"对话框，在"引线格式"选项卡中设置箭头符号为"无"，如图5-213所示；在"引线结构"选项卡中取消勾选"自动包含基线"复选框，如图5-214所示。

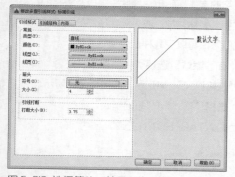

图 5-213 选择箭头"符号"为"无"

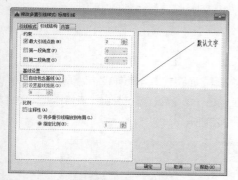

5-214 取消"自动包含基线"复选框的勾选

04 设置引线内容。切换至"内容"选项卡，在"多重引线类型"下拉列表框中选择"块"，然后在"源块"下拉列表框中选择"用户块"，即用户自己所创建的图块，如图5-215所示。

05 系统自动打开"选择自定义内容块"对话框，在下拉列表框中提供了图形中所有的图块，在其中选择素材图形

中已创建好的"标高"图块即可，如图5-216所示。

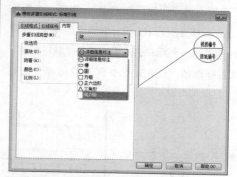

图 5-215 设置多重引线内容

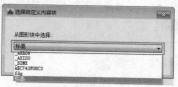

图 5-216 选择"标高"图块

06 选择完毕后自动返回"修改多重引线样式：标高引线"对话框，然后再在"内容"选项卡的"附着"下拉列表框中选择"插入点"选项，则所有引线参数设置完成，如图5-217所示。

图 5-217 设置多重引线的附着点

07 单击"确定"按钮完成引线设置，返回"多重引线样式管理器"对话框，将"标高引线"置为当前，如图5-218所示。

图 5-218 将"标高引线"样式置为当前

08 标注标高。返回绘图区后，在"默认"选项卡中，单击"注释"面板上的"引线"按钮 ，执行"多重引线"命令，从左侧标注的最下方尺寸界线端点开始，水平向左引出第一条引线，然后单击放置，打开"编辑属性"对话框，输入标高值"0.000"，即基准标高，如图5-219所示。

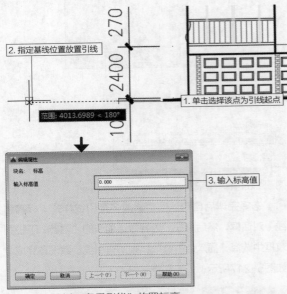

图 5-219 通过"多重引线"放置标高

09 第一个标高标注效果如图5-220所示。接着按相同方法，对其余位置进行标注，即可快速创建该立面图的所有标高，最终效果如图5-221所示。

图 5-220 标注第一个标高

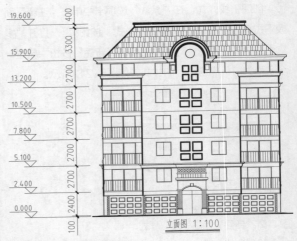

图 5-221 标注其余标高

5.5.5　表格样式

与文字类似，AutoCAD中的表格也有一定样式，包括表格内文字的字体、颜色、高度等，以及表格的行高、行距等。在插入表格之前，应先创建所需的表格样式。创建表格样式的方法有以下几种。

◆ 功能区：在"默认"选项卡中，单击"注释"滑出面板上的"表格样式"按钮 田，如图5-222所示。

◆ 菜单栏：选择"格式"|"表格样式"命令。

◆ 命令行：输入TABLESTYLE或TS。

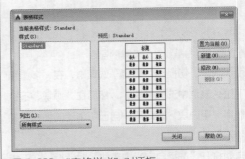

图 5-222 "注释"面板中的"表格样式"按钮

执行上述任一命令后，系统弹出"表格样式"对话框，如图5-223所示。

图 5-223 "表格样式"对话框

通过该对话框可执行将表格样式置为当前、新建、修改或删除操作。单击"新建"按钮,系统弹出"创建新的表格样式"对话框,如图5-224所示。

图 5-224 "创建新的表格样式"对话框

在"新样式名"文本框中输入表格样式名称,在"基础样式"下拉列表框中选择一个表格样式为新的表格样式提供默认设置,单击"继续"按钮,系统弹出"新建表格样式:Standard 副本"对话框,如图5-225所示,可以对样式进行具体设置。

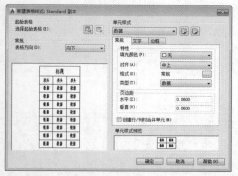

图 5-225 "新建表格样式:Standard 副本"对话框

当单击对话框中的"管理单元样式"按钮 图 时,弹出如图5-226所示"管理单元样式"对话框,在该对话框里可以对单元样式进行新建、重命名和删除。

图 5-226 "管理单元样式"对话框

"新建表格样式"对话框由"起始表格""常规""单元样式""单元样式预览"4个选项组组成,其各选项的含义如下。

"起始表格"选项组允许用户在图形中制定一个表格用作样列来设置此表格样式的格式。单击"选择表格"按钮 图 ,进入绘图区,可以在绘图区选择表格录入表格。"删除表格"按钮 图 与"选择表格"按钮作用相反。

"常规"选项组用于更改表格方向,通过"表格方向"下拉列表框选择"向下"或"向上"来设置表格方向。

◆ 向下:创建由上而下读取的表格,标题行和列都在表格的顶部。

◆ 向上:创建由下而上读取的表格,标题行和列都在表格的底部。

◆ 预览框:显示当前表格样式设置效果的样例。

"单元样式"区域用于定义新的单元样式或修改现有单元样式。

"单元样式"下拉列表框 数据 中显示表格中的单元样式。系统默认提供了"数据""标题""表头"3种单元样式,用户如需要创建新的单元样式,可以单击右侧第一个"创建新单元样式"按钮 图 ,打开"创建新单元样式"对话框,如图5-227所示。在对话框中输入新的单元样式名,单击"继续"按钮创建新的单元样式。

如单击右侧第二个"管理单元样式"按钮 图 时,则弹出如图5-228所示的"管理单元样式"对话框,在该对话框里可以对单元样式进行新建、重命名和删除。

图 5-227 "创建新单元样式" 图 5-228 "管理单元样式"
对话框   对话框

"单元样式"区域中还有3个选项卡,如图5-229所示。

"常规"选项卡   "文字"选项卡

"边框"选项卡

图 5-229 "单元样式"区域中的 3 个选项卡

"常规"选项卡中各选项含义如下。

◆ 填充颜色:制定表格单元的背景颜色,默认值为"无"。

◆ 对齐:设置表格单元中文字的对齐方式。

◆ 水平:设置单元文字与左右单元边界之间的距离。

◆ 垂直:设置单元文字与上下单元边界之间的距离。

"文字"选项卡中各选项含义如下。

◆ 文字样式：选择文字样式，单击 按钮，打开"文字样式"对话框，利用它可以创建新的文字样式。

◆ 文字角度：设置文字倾斜角度。默认逆时针方向为正值，顺时针为负值。

"边框"选项卡中各选项含义如下。

◆ 线宽：指定表格单元的边界线宽。

◆ 颜色：指定表格单元的边界颜色。

◆ 田按钮：将边界特性设置应用于所有单元格。

◆ 回按钮：将边界特性设置应用于单元的外部边界。

◆ 田按钮：将边界特性设置应用于单元的内部边界。

◆ 按钮：将边界特性设置应用于单元的底、左、上或下边界。

◆ 田按钮：隐藏单元格的边界。

5.6 其他标注方法

除了"注释"面板中的标注命令外，还有部分标注命令比较常用，它们出现在"注释"选项卡中，如图5-230所示。由于篇幅有限，这里仅仅介绍其中常用的几种。

图 5-230 "注释"选项卡

5.6.1 标注打断

在图纸内容丰富、标注繁多的情况下，过于密集的标注线就会影响图纸的观察效果，甚至让用户混淆尺寸，导致疏漏，造成损失。因此为了使图纸尺寸结构清晰，就可使用"标注打断"命令在标注线交叉的位置将其打断。

执行"标注打断"命令的方法有以下几种。

◆ 功能区：在"注释"选项卡中，单击"标注"面板中的"打断"按钮 ，如图5-231所示。

◆ 菜单栏：选择"标注"|"标注打断"命令。

◆ 命令行：输入DIMBREAK。

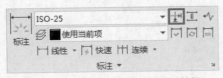

图 5-231 "标注"面板上的"打断"按钮

"标注打断"的操作示例如图5-232所示。命令行提示如下。

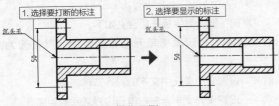

图 5-232 "标注打断"操作示例

```
命令：_DIMBREAK
        //执行"标注打断"命令
选择要添加/删除折断的标注或［多个(M)］：
        //选择线性尺寸标注50
选择要折断标注的对象或［自动(A)/手动(M)/删除(R)］
<自动>：↙
        //选择多重引线或直接按Enter键
1 个对象已修改
```

命令行中各选项的含义如下。

◆ 多个（M）：指定要向其中添加折断或要从中删除折断的多个标注。

◆ 自动（A）：此选项是默认选项，用于在标注相交位置自动生成打断。普通标注的打断距离为"修改标注样式"对话框中"箭头和符号"选项卡下"折断大小"文本框中的值，见本章5.5.3节中的图5-152；多重引线的打断距离则通过"修改多重引线样式"对话框中"引线格式"选项卡下的"打断大小"文本框中的值来控制，见本章5.5.4节中的图5-196。

◆ 手动（M）：选择此项，需要用户指定两个打断点，将两点之间的标注线打断。

◆ 删除（R）：选择此项可以删除已创建的打断。

【练习 5-19】打断标注优化图形

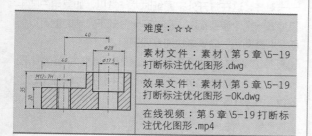

难度：☆☆
素材文件：素材 \ 第 5 章 \5-19 打断标注优化图形 .dwg
效果文件：素材 \ 第 5 章 \5-19 打断标注优化图形 -OK.dwg
在线视频：第 5 章 \5-19 打断标注优化图形 .mp4

如果图形中孔系繁多，结构复杂，那图形的定位尺寸、定形尺寸的种类就相当丰富，而且可能互相交叉，对我们观察图形有一定影响。而且这类图形打印出来之后，如果打印机分辨率不高，就可能模糊成一团，让加工人员无从下手。因此本例便通过对定位块的标注进行优化，来让读者进一步理解"标注打断"命令的操作。

01 打开素材文件"第5章\5-19 打断标注优化图形.dwg"，如图5-233所示。可见各标注相互交叉，有尺寸被遮挡。

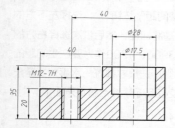

图 5-233 素材图形

02 在"注释"选项卡中，单击"标注"面板中的"打断"按钮 ，然后在命令行中输入M，执行"多个（M）"选项，接着选择最上方的尺寸40，连按两次Enter键，完成打断标注的选取，结果如图5-234所示。命令行提示如下。

```
命令：_DIMBREAK
选择要添加/删除折断的标注或 [多个(M)]：M↙
        //选择"多个"选项
选择标注：找到 1 个
        //选择左上方的尺寸40为要打断的尺寸
选择标注：↙
        //按Enter键完成选择
选择要折断标注的对象或 [自动(A)/删除(R)]<自动>：↙
        //按Enter键完成要显示的标注选择，即
        所有其他标注
1 个对象已修改
```

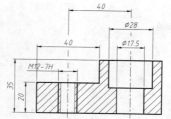

图 5-234 打断尺寸 40

03 根据相同的方法，打断其余交叉的尺寸，最终结果如图5-235所示。

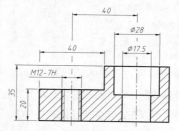

图 5-235 图形的最终打断效果

5.6.2 调整标注间距

在AutoCAD中进行基线标注时，如果没有设置合适的基线间距，可能使尺寸线之间的距离过大或过小，如图5-236所示。利用"调整间距"命令，可调整互相平行的线性尺寸或角度尺寸之间的距离。

执行"调整间距"命令的方法有以下几种。

◆ 功能区：在"注释"选项卡中，单击"标注"面板中的"调整间距"按钮 ，如图5-237所示。

◆ 菜单栏：选择"标注"|"调整间距"命令。

◆ 命令行：输入DIMSPACE。

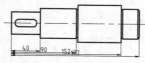

图 5-236 标注间距过小

图 5-237 "标注"面板上的"调整间距"按钮

"调整间距"命令的操作示例如图5-238所示。命令行提示如下。

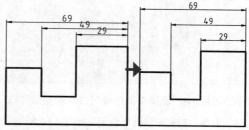

图 5-238 调整标注间距的效果

```
命令：_DIMSPACE
            //执行"调整间距"命令
选择基准标注：
            //选择尺寸29
选择要产生间距的标注：找到 1 个
            //选择尺寸49
选择要产生间距的标注：找到 1 个，总计 2 个
            //选择尺寸69
选择要产生间距的标注：↙
            //按Enter键，结束选择
输入值或 [自动(A)] <自动>：10↙
            //输入间距值
```

　　"调整间距"命令可以通过"输入值"和"自动（A）"这两种方式来创建间距，两种方式的含义如下。

◆ 输入值：为默认选项。可以在选定的标注间隔处输入间距值。如果输入的值为0，则可以将多个标注对齐在同一水平线上，如图5-239所示。

◆ 自动（A）：根据所选择的基准标注的标注样式中指定的文字高度自动计算间距。所得的间距是标注文字高度的2倍，如图5-240所示。

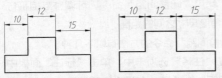

图 5-239 输入间距值为 0 的效果

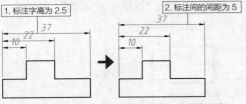

图 5-240 "自动（A）"根据字高自动调整间距

【练习 5-20】调整间距优化图形

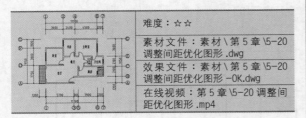

难度：☆☆
素材文件：素材 \ 第 5 章 \5-20 调整间距优化图形 .dwg
效果文件：素材 \ 第 5 章 \5-20 调整间距优化图形 -OK.dwg
在线视频：第 5 章 \5-20 调整间距优化图形 .mp4

　　在工程类图纸中，墙体及其轴线尺寸均需要整列或整排的对齐。但是，有些时候图形会因为标注关联点的设

置问题，导致尺寸标注移位，这时就需要重新将尺寸标注——对齐，这在打开外来图纸时尤其常见。如果用户纯手工地去一个个调整标注，那效率十分低下，这时就可以借助"调整间距"命令来快速整理图形。

01 打开素材文件"第5章\5-20 调整间距优化图形.dwg"，如图5-241所示，图形中各尺寸标注出现了移位，并不工整。

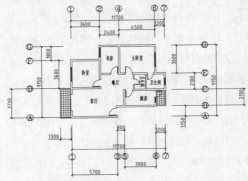

图 5-241 素材图形

02 水平对齐底部尺寸标注。在"注释"选项卡中，单击"标注"面板中的"调整间距"按钮 ▮，选择左下方的阳台尺寸标注1300作为基准标注，然后依次选择右方的尺寸标注5700、900、3900、1200作为要产生间距的标注，输入间距值为0，则所选尺寸都统一水平对齐至尺寸标注1300处，如图5-242所示。命令行提示如下。

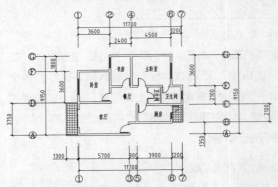

图 5-242 水平对齐尺寸标注

```
命令：_DIMSPACE
选择基准标注：
            //选择尺寸1300
选择要产生间距的标注：找到 1 个
            //选择尺寸5700
选择要产生间距的标注：找到 1 个，总计 2 个
            //选择尺寸900
选择要产生间距的标注：找到 1 个，总计 3 个
            //选择尺寸3900
```

选择要产生间距的标注：找到 1 个，总计 4 个
//选择尺寸1200
选择要产生间距的标注：✓
//按Enter键，结束选择
输入值或［自动(A)］＜自动＞：0✓
//输入间距值0，得到水平排列

03 垂直对齐右侧尺寸标注。选择右下方1350尺寸标注为基准标注，然后选择上方的尺寸标注2100、2100、3600，输入间距值为0，得到垂直对齐尺寸标注，如图5-243所示。

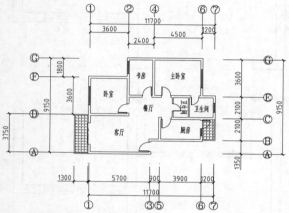

图 5-243 垂直对齐尺寸标注

04 对齐其他尺寸标注。按相同方法，对齐其余尺寸标注，最外层的总长尺寸标注除外，效果如图5-244所示。

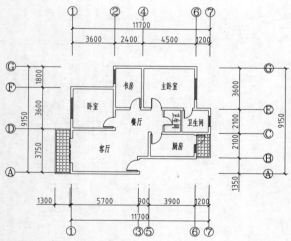

图 5-244 对齐其余尺寸标注

05 调整外层间距。再次执行"调整间距"命令，仍选择左下方的阳台尺寸标注1300作为基准标注，然后选择下方的总长尺寸标注11700为要产生间距的尺寸标注，输入间距值为1300，效果如图5-245所示。

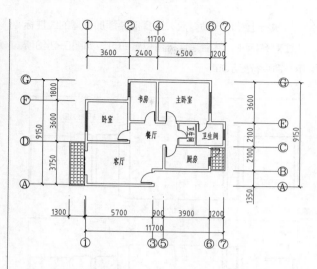

图 5-245 垂直对齐尺寸标注

06 按相同方法，调整所有的外层总长尺寸标注，最终结果如图5-246所示。

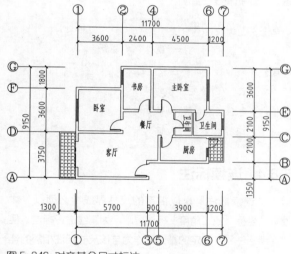

图 5-246 对齐其余尺寸标注

5.6.3　折弯线性标注

在标注一些长度较大的轴类打断视图的长度尺寸时，可以对应的使用折弯线性标注。在AutoCAD 2020中调用"折弯线性"标注有如下几种常用方法。

◆ 功能区：在"注释"选项卡中，单击"标注"面板中的"折弯线性"按钮 ⌄，如图5-247所示。

◆ 菜单栏：选择"标注"|"折弯线性"命令。

◆ 命令行：输入DIMJOGLINE。

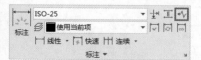

图 5-247 "标注"面板上的"折弯线性"按钮

执行上述任一命令后，选择需要添加折弯的线性标注或对齐标注，然后指定折弯位置即可，如图5-248所示。命令行提示如下。

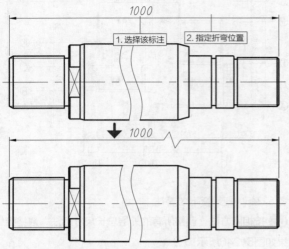

图 5-248 折弯线性标注

```
命令：_dimjogline
        //执行"折弯线性"标注命令
选择要添加折弯的标注或 [删除(R)]：
        //选择要折弯的标注
指定折弯位置（或按 ENTER 键）：
        //指定折弯位置，结束命令
```

5.6.4 连续标注

"连续标注"是以指定的尺寸界线（必须以"线性""坐标"或"角度"标注界限）为基线进行标注。但"连续标注"所指定的基线仅作为与该尺寸标注相邻的连续标注尺寸的基线，以此类推，下一个尺寸标注都以前一个标注与其相邻的尺寸界线为基线进行标注。

在AutoCAD 2020中调用"连续"标注有如下几种常用方法。

◆ 功能区：在"注释"选项卡中，单击"标注"面板中的"连续"按钮 ⊩⊩⊩，如图5-249所示。

◆ 菜单栏：选择"标注" | "连续"命令。

◆ 命令行：输入DIMCONTINUE或DCO。

图 5-249 "标注"面板上的"连续"按钮

标注连续尺寸前，必须存在一个尺寸界线起点。进行连续标注时，系统默认将上一个尺寸界线终点作为连续标注的起点，提示用户选择第二条延伸线起点，重复指定第二条延伸线起点，则创建出连续标注。在进行墙体标注时使用"连续"标注极为方便，其效果如图5-250所示。命令行提示如下。

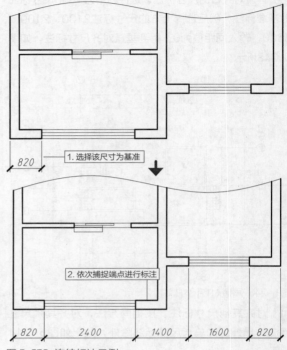

图 5-250 连续标注示例

```
命令：_dimcontinue
        //执行"连续标注"命令
选择连续标注：
        //选择作为基准的标注
指定第二个尺寸界线原点或 [选择(S)/放弃(U)] <选择>：
        //指定标注的下一点，系统自动放置
        尺寸
标注文字 = 2400
指定第二个尺寸界线原点或 [选择(S)/放弃(U)] <选择>：
        //指定标注的下一点，系统自动放置
        尺寸
标注文字 = 1400
指定第二个尺寸界线原点或 [选择(S)/放弃(U)] <选择>：
        //指定标注的下一点，系统自动放置尺寸
标注文字 = 1600
```

指定第二个尺寸界线原点或 [选择(S)/放弃(U)] <选择>：

//指定标注的下一点，系统自动放置

尺寸

标注文字 = 820

指定第二个尺寸界线原点或 [选择(S)/放弃(U)] <选择>：↙

//按Enter键完成标注

选择连续标注：*取消*↙

//按Enter键结束命令

在执行"连续标注"时，可随时执行命令行中的"选择（S）"命令进行重新选取，也可以执行"放弃（U）"命令回退到上一步进行操作。

【练习 5-21】连续标注墙体轴线尺寸

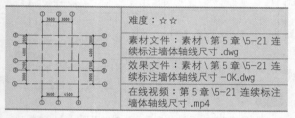

	难度：☆☆
	素材文件：素材 \ 第 5 章 \5-21 连续标注墙体轴线尺寸 .dwg
	效果文件：素材 \ 第 5 章 \5-21 连续标注墙体轴线尺寸 −OK.dwg
	在线视频：第 5 章 \5-21 连续标注墙体轴线尺寸 .mp4

建筑轴线是为了标示构件的详细尺寸，人为地在建筑图纸中按照一般的习惯或标准虚设的一道线（在图纸上），习惯上标注在对称界面或截面构件的中心线上，如基础、梁、柱等结构上。这类图形的尺寸标注基本采用"连续标注"，这样标注出来的图形尺寸完整、外形美观工整。

01 按快捷键Ctrl+O，打开"第5章\5-21 连续标注墙体轴线尺寸.dwg"素材文件，如图5-251所示。

02 标注第一个竖直尺寸。在命令行中输入DLI，执行"线性标注"命令，为轴线添加第一个尺寸标注，如图5-252所示。

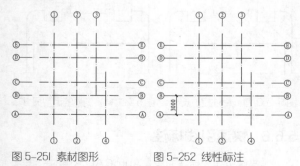

图 5-251 素材图形　　　　图 5-252 线性标注

03 在"注释"选项卡中，单击"标注"面板中的"连

续"按钮，执行"连续"命令，结果如图5-253所示。命令行提示如下。

命令：DCO↙ DIMCONTINUE

//调用"连续标注"命令

选择连续标注：

//选择标注

指定第二条尺寸界线原点或 [放弃(U)/选择(S)] <选择>：

//指定第二条尺寸界线原点

标注文字 = 2100

指定第二条尺寸界线原点或 [放弃(U)/选择(S)] <选择>：

标注文字 = 4000

//按Esc键退出绘制

04 用上述相同的方法继续标注轴线，结果如图5-254所示。

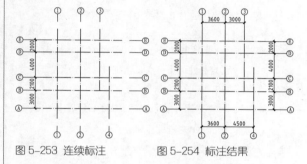

图 5-253 连续标注　　　　图 5-254 标注结果

5.6.5 基线标注

"基线标注"用于以同一尺寸界线为基准的一系列尺寸标注，即从某一点引出的尺寸界线作为第一条尺寸界线，依次进行多个对象的尺寸标注。

在AutoCAD 2020中调用"基线"标注有如下几种常用方法。

◆ 功能区：在"注释"选项卡中，单击"标注"面板中的"基线"按钮，如图5-255所示。

◆ 菜单栏：选择"标注"|"基线"命令。

◆ 命令行：输入DIMBASELINE或DBA。

图 5-255 "标注"面板上的"基线"按钮

按上述方式执行"基线标注"命令后,将十字光标移动到第一条尺寸界线起点,单击即完成一个尺寸标注。重复拾取第二条尺寸界线的终点即可以完成一系列基线尺寸的标注,如图5-256所示。命令行提示如下。

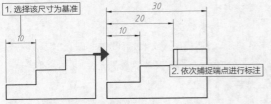

图 5-256 基线标注示例

```
命令:_dimbaseline
              //执行"基线标注"命令
选择基准标注:
              //选择作为基准的标注
指定第二个尺寸界线原点或 [选择(S)/放弃(U)] <选择>:
              //指定标注的下一点,系统自动放置尺寸
标注文字 = 20
指定第二个尺寸界线原点或 [选择(S)/放弃(U)] <选择>:
              //指定标注的下一点,系统自动放置尺寸
标注文字 = 30
指定第二个尺寸界线原点或 [选择(S)/放弃(U)] <选择>:↙
              //按Enter键完成标注
选择基准标注:↙
              //按Enter键结束命令
```

"基线标注"的各命令行选项与"连续标注"相同,在此不重复介绍。

【练习5-22】基线标注密封沟槽尺寸

难度:☆☆	
素材文件:素材 \ 第 5 章 \5-22 基线标注密封沟槽尺寸 .dwg	
效果文件:素材 \ 第 5 章 \5-22 基线标注密封沟槽尺寸 -OK.dwg	
在线视频:第 5 章 \5-22 基线标注密封沟槽尺寸 .mp4	

如果机械零件中有多个面平行的结构特征,那就可以先确定基准面,然后使用"基线"命令来添加标注。在各类工程机械的设计中,液压部分的密封沟槽就具有这样的特征,如图5-257所示,因此非常适合使用"基线标注"。本例便通过"基线"命令为图5-257中的活塞密封沟槽添加尺寸标注。

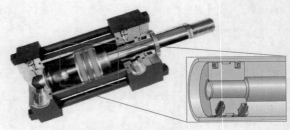

图 5-257 液压缸中的活塞结构示意图

01 打开"第5章\5-22 基线标注密封沟槽尺寸.dwg"素材文件,其中已绘制好活塞的半边剖面图,如图5-258所示。

02 标注第一个水平尺寸。单击"注释"面板中的"线性"按钮,在活塞上端添加一个水平标注,如图5-259所示。

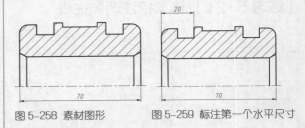

图 5-258 素材图形　　　图 5-259 标注第一个水平尺寸

> **提示**
>
> 如果图形为对称结构,那在绘制剖面图时可以选择只绘制半边图形,如图5-258所示。

03 标注沟槽定位尺寸。切换至"注释"选项卡,单击"标注"面板中的"基线"按钮,系统自动以上步骤创建的标注为基准,接着依次选择活塞图上各沟槽的右侧端点,用作定位尺寸,如图5-260所示。

04 补充沟槽定型尺寸。退出"基线"命令,重新切换到"默认"选项卡,再次执行"线性"命令,依次将各沟槽的定型尺寸补齐,如图5-261所示。

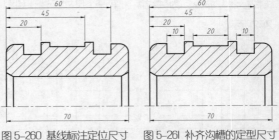

图 5-260 基线标注定位尺寸　　图 5-261 补齐沟槽的定型尺寸

5.6.6 快速引线标注

"快速引线"标注命令是AutoCAD常用的引线标

注命令，相较于"多重引线"来说，"快速引线"标注是一种形式较为自由的引线标注方式，其结构组成如图5-262所示，其中转折次数可以设置，注释内容也可设置为其他类型。

"快速引线"命令只能在命令行中输入QLEADER或LE来执行。在命令行中输入QLEADER或LE，然后按Enter键，此时命令行提示如下。

```
命令：LE↙
               //执行"快速引线"命令
QLEADER
指定第一个引线点或 [设置(S)] <设置>：
               //指定引线箭头位置
指定下一点：
               //指定转折点位置
指定下一点：
               //指定要放置内容的位置
指定文字宽度 <0>：↙
               //输入文本宽度或保持默认
输入注释文字的第一行 <多行文字(M)>：快速引线↙
               //输入文本内容
输入注释文字的下一行：↙
               //指定下一行内容或按Enter键完成操作
```

在命令行中输入S，系统弹出"引线设置"对话框，如图5-263所示，可以在其中对引线的注释、引线和箭头、附着等参数进行设置。

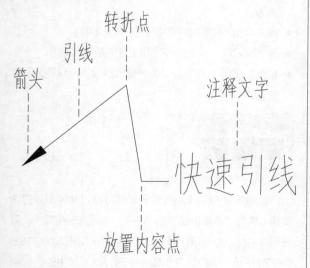

图 5-262 快速引线的结构

图 5-263 "引线设置"对话框

5.6.7 形位公差标注

在产品加工及工程施工时很难做到分毫无差，因此必须考虑形位公差标注，否则最终产品不仅有尺寸误差，而且还有形状上的误差和位置上的误差。通常将形状误差和位置误差统称为"形位误差"，这类误差影响产品的功能，因此设计时应规定相应的"公差"，并按规定的标准符号标注在图样上。

通常情况下，形位公差的标注主要由公差框格和指引线组成，而公差框格内又主要包括公差代号、公差值及基准代号。其中，第一个特征控制框为几何特征符号，表示应用公差的几何特征，例如位置、轮廓、形状、方向或跳动。形位公差可以控制直线度、平行度、圆度和圆柱度。形位公差的典型组成结构如图5-264所示。下面简单介绍形位公差的标注方法。

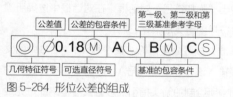

图 5-264 形位公差的组成

在AutoCAD中启用"形位公差"标注有如下几种常用方法。

◆ 功能区：在"注释"选项卡中，单击"标注"面板中的"公差"按钮，如图5-265所示。
◆ 菜单栏：选择"标注"|"公差"命令。
◆ 命令行：输入TOLERANCE或TOL。

图 5-265 "标注"面板上的"公差"按钮

要在AutoCAD中添加一个完整的形位公差，可遵循以下步骤。

01 绘制基准代号和箭头指引线。通常在进行形位公差标注之前指定公差的基准位置绘制基准代号，并在图形上的合适位置利用引线工具绘制公差标注的箭头指引线，如图5-266所示。

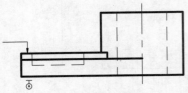

图 5-266 绘制公差基准代号和箭头指引线

02 指定形位公差符号。通过前文介绍的方法执行"公差"命令后，系统弹出"形位公差"对话框，如图5-267所示。选择对话框中的"符号"色块，系统弹出"特征符号"对话框，选择公差符号，即可完成公差符号的指定，如图5-268所示。

图 5-267 "形位公差"对话框　　图 5-268 "特征符号"对话框

03 指定公差值和包容条件。在"形位公差"对话框中的"公差1"区域中的文本框中直接输入公差值，并选择后侧的色块弹出"附加符号"对话框，在对话框中选择所需的包容条件符号即可完成指定。

04 指定基准并放置公差框格。在"基准1"区域中的文本框中直接输入该公差基准代号A，然后单击"确定"按钮，并在图中所绘制的箭头指引处放置公差框格即可完成公差标注，如图5-269所示。

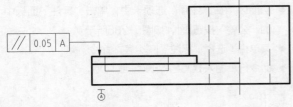

图 5-269 标注形位公差

通过"形位公差"对话框，可添加特征控制框里的各个符号及公差值等。各个区域的含义如下。

◆ 符号：单击■，系统弹出"特征符号"对话框，如图5-268所示，在该对话框中选择公差符号。各个符号的含义和类型如表5-2所示。单击"特征符号"对话框中的■，表示清空已填入的符号。

表 5-2 特征符号的含义和类型

符号	含义	类型
⊕	位置	位置
◎	同轴（同心）度	位置
=	对称度	位置
//	平行度	方向
⊥	垂直度	方向
∠	倾斜度	方向
⌀	圆柱度	形状
▱	平面度	形状
○	圆度	形状
—	直线度	形状
⌒	面轮廓度	轮廓
⌒	线轮廓度	轮廓
↗	圆跳动	跳动
↗↗	全跳动	跳动

◆ 公差1/公差2区域：每个"公差"区域包含3个框。第一个为■，单击插入直径符号；第二个为文本框，可输入公差值；第三个为■，单击后弹出"附加符号"对话框（见图5-270），用来插入公差的包容条件。其中符号M代表材料的一般中等情况；L代表材料的最大状况；S代表材料的最小状况。

◆ 基准1/基准2/基准3：这3个区域用来添加基准参照，3个区域分别对应第一级、第二级和第三级基准参照。

◆ 高度：输入特征控制框中的投影公差零值。

◆ 基准标识符：输入参照字母组成的基准标识符。

◆ 延伸公差带：在延伸公差带值的后面插入延伸公差带符号。

图 5-270 "附加符号"对话框

如需标注带引线的形位公差，可通过两种引线方法实现：执行"多重引线"标注命令，不输入任何文字，直接创建箭头，然后运行形位公差并标注于引线末端，如图5-271所示；执行快速引线命令后，选择其中的"公差（T）"选项，实现带引线的形位公差标注，如图5-272所示。

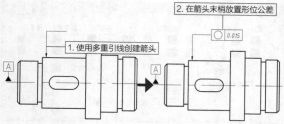

图 5-271　使用"多重引线"标注形位公差

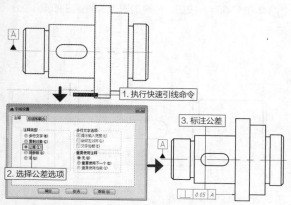

图 5-272　使用"快速引线"标注形位公差

【练习 5-23】标注轴的形位公差

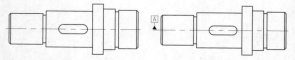

	难度：☆☆
	素材文件：素材 \ 第 5 章 \5-23 标注轴的形位公差 .dwg
	效果文件：素材 \ 第 5 章 \5-23 标注轴的形位公差 -OK.dwg
	在线视频：第 5 章 \5-23 标注轴的形位公差 .mp4

形位公差的作用已经介绍过，因此本例便根据前文所学的"多重引线"和"快速引线"两种方法来分别创建形位公差，让读者达到学以致用的目的，并能举一反三。

01 打开素材文件"第 5 章\5-23 标注轴的形位公差.dwg"，如图5-273所示。

02 单击"绘图"面板中的"矩形""直线"等按钮，绘制基准符号，并添加文字，如图5-274所示。

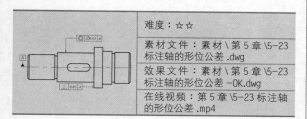

图 5-273　素材图形　　　图 5-274　绘制基准符号

03 选择"标注""公差"等命令，弹出"形位公差"对话框，选择公差类型为"同轴度"，然后输入公差值0.03和公差基准A，如图5-275所示。

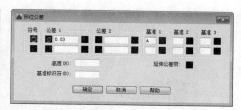

图 5-275　设置公差参数

04 单击"确定"按钮，在要标注的位置附近单击，放置该形位公差，如图5-276所示。

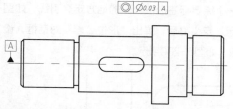

图 5-276　生成的形位公差

05 单击"注释"面板中的"多重引线"按钮，绘制多重引线指向公差位置，如图5-277所示。

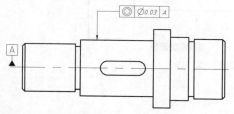

图 5-277　添加多重引线

06 使用"快速引线"命令快速绘制形位公差。在命令行中输入LE并按Enter键，利用快速引线标注形位公差，命令行提示如下。

```
命令：LE↙ //调用"快速引线"命令
QLEADER
指定第一个引线点或 [设置(S)] <设置>：
          //选择"设置"选项，弹出"引线设
          置"对话框，设置类型为"公差"，
          如图5-278所示，单击"确定"按钮
指定第一个引线点或 [设置(S)] <设置>：
          //在要标注公差的位置单击，指定引
          线箭头位置
指定下一点：
          //指定引线转折点
指定下一点：
          //指定引线端点
```

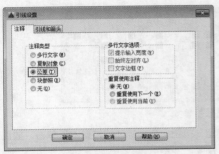

图 5-278 "引线设置"对话框

07 在下一个需要标注形位公差的地方定义引线，如图 5-279所示。定义之后，弹出"形位公差"对话框，设置公差参数，如图5-280所示。

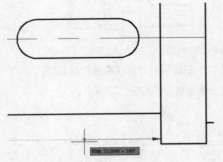

图 5-279 绘制快速引线

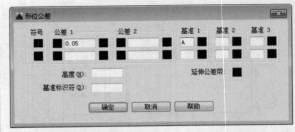

图 5-280 设置公差参数

08 单击"确定"按钮，创建的形位公差标注如图5-281所示。

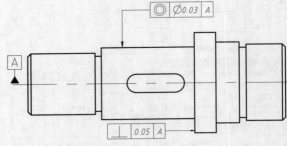

图 5-281 标注的形位公差

第 6 章
图层与图形特性

AutoCAD图层相当于传统图纸中使用的重叠图纸。它就如同一张张透明的图纸，整个AutoCAD文档就是由若干透明图纸上下叠加的结果，如图6-1所示。用户可以根据不同的特征、类别或用途，将图形对象分类组织到不同的图层中。通常，同一个图层中的图形对象具有许多相同的外观属性，如线宽、颜色、线型等。

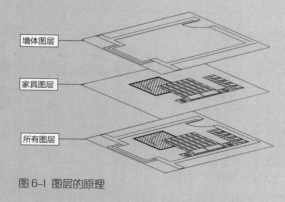

图 6-1 图层的原理

6.1 图层的创建与设置

图层的新建、设置等操作通常在"图层特性管理器"选项板中进行。"图层特性管理器"选项板中可以控制图层的颜色、线型、线宽、透明度、是否打印等，本节仅介绍其中常用的前3种，后面的设置方法与此相同，便不再介绍。

6.1.1 新建并命名图层

在使用AutoCAD进行绘图工作前，用户宜先根据自身行业要求创建好对应的图层。AutoCAD的图层创建和设置都在"图层特性管理器"选项板中进行。

打开"图层特性管理器"选项板有以下几种方法。

◆ 功能区：在"默认"选项卡中，单击"图层"面板中的"图层特性"按钮 ，如图6-2所示。

◆ 菜单栏：选择"格式"|"图层"命令。

◆ 命令行：输入LAYER或LA。

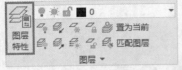

图 6-2 "图层"面板中的"图层特性"按钮

执行任意命令后，弹出"图层特性管理器"选项板，如图6-3所示，单击对话框上方的"新建"按钮 ，即可新建一个图层。默认情况下，创建的图层会以"图层1""图层2"等按顺序进行命名，用户也可以自行输入易辨别的名称，如"轮廓线""中心线"等。输入图层名称之后，依次设置该图层对应的颜色、线型、线宽等特性。

提示

图层的名称最多可以包含255个字符，并且中间可以含有空格。图层名区分大小写字母。图层名不能包含的符号有<、>、/、"、"、;、?、*、|、,、=、'等，如果用户在命名图层时提示失败，可检查是否输入了这些字符。

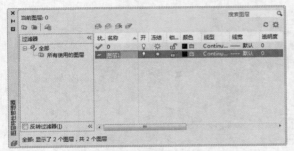

图 6-3 "图层特性管理器"选项板

设置为当前的图层前会出现 ✔ 符号。图6-4所示为

将粗实线图层置为当前图层，颜色设置为红色、线型为实线，线宽为0.3mm的结果。

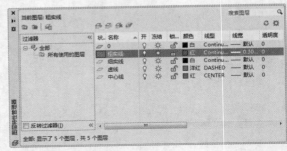

图 6-4 粗实线图层

6.1.2 设置图层颜色

如前文所述，为了区分不同的对象，通常为不同的图层设置不同的颜色。设置图层颜色之后，该图层上的所有对象均显示为该颜色（修改了特性的对象除外）。

打开"图层特性管理器"选项板，单击某一图层对应的"颜色"项目，如图6-5所示，弹出"选择颜色"对话框，如图6-6所示。在调色板中选择一种颜色，单击"确定"按钮，即完成颜色设置。

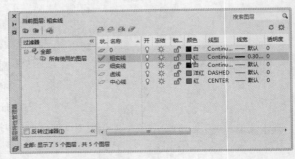

图 6-5 单击图层颜色项目

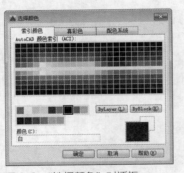

图 6-6 "选择颜色"对话框

6.1.3 设置图层线型

线型是指图形基本元素中线条的组成和显示方式,如实线、中心线、点画线、虚线等。通过线型的区别,可以直观判断图形对象的类别。在AutoCAD中默认的线型是实线(Continuous),其他的线型需要加载才能使用。

在"图层特性管理器"选项板中,单击某一图层对应的"线型"项目,弹出"选择线型"对话框,如图6-7所示。在默认状态下,"选择线型"对话框中只有Continuous(实线)一种线型。如果要使用其他线型,必须将其添加到"选择线型"对话框中。单击"加载"按钮,弹出"加载或重载线型"对话框,如图6-8所示,从对话框中选择要使用的线型,单击"确定"按钮,完成线型设置。

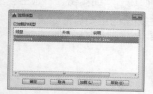

图6-7 "选择线型"对话框　　图6-8 "加载或重载线型"对话框

【练习6-1】 调整中心线线型比例

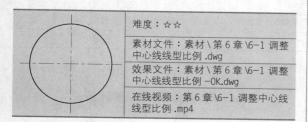

	难度:☆☆
	素材文件:素材\第6章\6-1 调整中心线线型比例.dwg
	效果文件:素材\第6章\6-1 调整中心线线型比例-OK.dwg
	在线视频:第6章\6-1 调整中心线线型比例.mp4

有时设置好了非连续线型(如虚线、中心线)的图层,但绘制时仍会显示出实线的效果。这通常是因为线型的"线型比例"值过大,修改线型比例相关数值即可显示出合适的线型效果,如图6-9所示。具体操作方法说明如下。

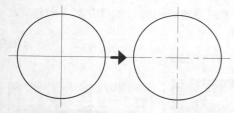

图6-9 线型比例的变化效果

01 打开"第6章\6-1 调整中心线线型比例.dwg"素材文件,如图6-10所示,图形的中心线为实线显示。

02 在"默认"选项卡中,单击"特性"面板中"线型"下拉列表框中的"其他"按钮,如图6-11所示。

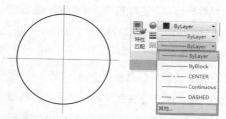

图6-10 素材图形　　图6-11 "其他"按钮

03 系统弹出"线型管理器"对话框,在中间的线型列表框中选中中心线所在的图层"CENTER",然后在右下方的"全局比例因子"文本框中输入新值为0.25,如图6-12所示。

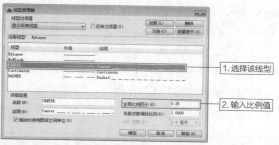

图6-12 "线型管理器"对话框

04 设置完成之后,单击对话框中的"确定"按钮返回绘图区,可以看到中心线的效果发生了变化,变为合适的点划线,如图6-13所示。

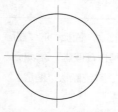

图6-13 修改线型比例值之后的图形

6.1.4 设置图层线宽

线宽即线条显示的宽度。使用不同宽度的线条表现对象的不同部分,可以提高图形的表达性和可读性,如图6-14所示。

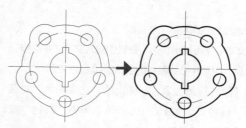

图6-14 线宽变化

在"图层特性管理器"选项板中，单击某一图层对应的"线宽"项目，弹出"线宽"对话框，如图6-15所示，从中选择所需的线宽即可。

如果需要自定义线宽，在命令行中输入LWEIGHT或LW并按Enter键，弹出"线宽设置"对话框，如图6-16所示，通过调整线宽比例，可使图形中的线宽显示得更粗或更细。

 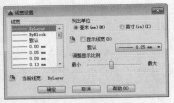

图6-I5 "线宽"对话框　　图6-I6 "线宽设置"对话框

机械、建筑制图中通常采用粗、细两种线宽，在

AutoCAD中常设置粗细比例为2：1，共有0.25/0.13、0.35/0.18、0.5/0.25、0.7/0.35、1/0.5、1.4/0.7、2/1（线宽单位均为mm）7种组合，同一图纸只允许采用一种组合。其余行业制图请查阅相关标准。

【练习 6-2】创建绘图基本图层

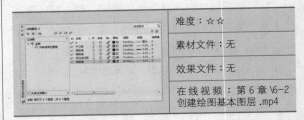

难度：☆☆	
素材文件：无	
效果文件：无	
在线视频：第 6 章 \6-2 创建绘图基本图层 .mp4	

本案例介绍绘图基本图层的创建，在该实例中要求分别建立"粗实线""中心线""细实线""标注与注释""细虚线"层，这些图层的主要特性如表 6-1 所示。

表 6-I 图层列表

序号	图层名	线宽 / mm	线 型	颜色	打印属性
1	粗实线	0.3	CONTINUOUS	白	打印
2	细实线	0.15	CONTINUOUS	红	打印
3	中心线	0.15	CENTER	红	打印
4	标注与注释	0.15	CONTINUOUS	绿	打印
5	细虚线	0.15	ACAD-ISO 02W100	蓝	打印

01 在"默认"选项卡中，单击"图层"面板中的"图层特性"按钮 ▤。系统弹出"图层特性管理器"选项板，单击"新建"按钮 ▣，新建图层。系统默认"图层1"为新建图层的名称，如图6-17所示。

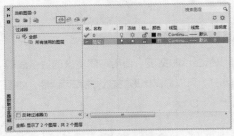

图6-I7 "图层特性管理器"选项板

02 此时文本框呈可编辑状态，在其中输入文字"中心线"并按Enter键，完成中心线图层的创建，如图6-18所示。

03 单击"颜色"属性项，在弹出的"选择颜色"对话框，选择"红色"，如图6-19所示。单击"确定"按钮，返回"图层特性管理器"选项板。

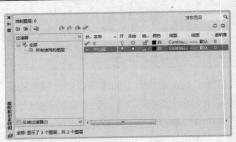

图6-I8 重命名图层

04 单击"线型"属性项，弹出"选择线型"对话框，如图6-20所示。

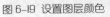
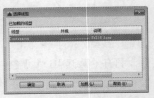

图6-I9 设置图层颜色　　图6-20 "选择线型"对话框

05 在对话框中单击"加载"按钮，在弹出的"加载或重载线型"对话框中选择CENTER线型，如图6-21所示。单击"确定"按钮，返回"选择线型"对话框。再次选择CENTER线型，如图6-22所示。

图 6-21 "加载或重载线型" 图 6-22 设置线型
对话框

06 单击"确定"按钮，返回"图层特性管理器"选项板。单击"线宽"属性项，在弹出的"线宽"对话框中，选择线宽为0.15mm，如图6-23所示。

图 6-23 选择线宽

07 单击"确定"按钮，返回"图层特性管理器"选项板。设置的中心线图层如图6-24所示。

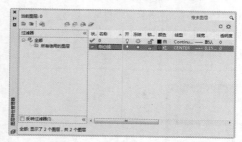

图 6-24 设置的中心线图层

08 重复上述步骤，分别创建"粗实线"层、"细实线"层、"标注与注释"层和"细虚线"层，为各图层选择合适的颜色、线型和线宽特性，结果如图6-25所示。

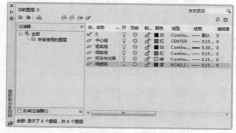

图 6-25 图层设置结果

6.2　图层的其他操作

在AutoCAD中，还可以对图层进行隐藏、冻结及锁定等其他操作，这样在使用AutoCAD绘制复杂的图形对象时，就可以有效地减少误操作，提高绘图效率。

6.2.1　打开与关闭图层

在绘图的过程中可以将暂时不用的图层关闭，被关闭的图层中的图形对象将不可见，并且不能被选择、编辑、修改以及打印。在AutoCAD中关闭图层的常用方法有以下几种。

◆ 选项板：在"图层特性管理器"选项板中选中要关闭的图层，单击 💡 按钮即可关闭选择图层，图层被关闭后该按钮将显示为 💡 ，表明该图层已经被关闭，如图6-26所示。

◆ 功能区：在"默认"选项卡中，打开"图层"面板中的"图层控制"下拉列表框，单击目标图层 💡 按钮即可关闭图层，如图6-27所示。

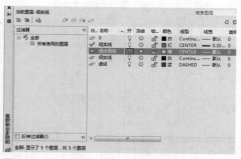

图 6-26 通过图层特性管理器关闭图层

图 6-27 通过功能面板图标关闭图层

提示

当关闭的图层为"当前图层"时，将弹出如图6-28所示的对话框，此时单击"关闭当前图层"即可。如果要恢复关闭的图层，重复以上操作，单击图层前的"关闭"图标 💡 即可打开图层。

图 6-28 确定关闭当前图层

【练习 6-3】 通过关闭图层控制图形

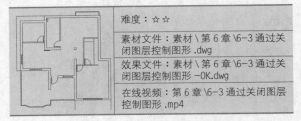

	难度：☆☆
	素材文件：素材 \ 第 6 章 \6-3 通过关闭图层控制图形 .dwg
	效果文件：素材 \ 第 6 章 \6-3 通过关闭图层控制图形 -OK.dwg
	在线视频：第 6 章 \6-3 通过关闭图层控制图形 .mp4

在进行室内设计时，通常会将不同的对象分属于各个不同的图层，如家具图形属于"家具层"，墙体图形属于"墙体层"，轴线类图形属于"轴线层"等。这样做的好处就是可以通过打开或关闭图层来控制设计图的显示，使其快速呈现仅含墙体或仅含轴线之类的图形。

① 打开素材文件"第6章\6-3 通过关闭图层控制图形.dwg"，其中已经绘制好了室内平面图，如图6-29所示；且图层效果全是打开状态，如图6-30所示。

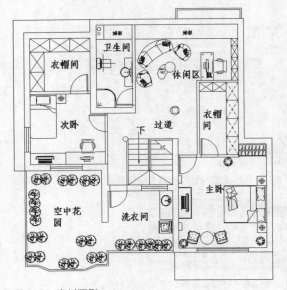

图 6-29 素材图形

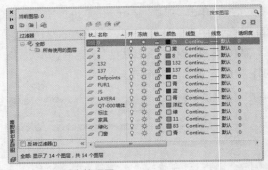

图 6-30 素材中的图层

② 设置图层显示状态。在"默认"选项卡中，单击"图层"面板中的"图层特性"按钮 ，打开"图层特性管理器"选项板。在对话框内找到"家具"层，选中该层前的打开/关闭图层按钮 💡，单击此按钮使按钮变成 💡，即可关闭"家具"层。再按此方法关闭其他图层，只保留"QT-000墙体"和"门窗"图层开启，如图6-31所示。

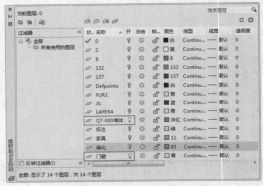

图 6-31 关闭除墙体和门窗之外的所有图层

③ 关闭"图层特性管理器"选项板，此时图形仅包含墙体和门窗，效果如图6-32所示。

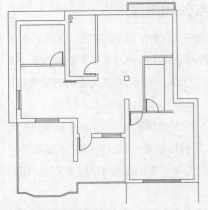

图 6-32 关闭图层效果

6.2.2 冻结与解冻图层

将长期不需要显示的图层冻结，可以提高系统运行速度，减少图形刷新的时间，因为这些图层将不会被加载到内存中。AutoCAD不会在被冻结的图层上显示、打印或重生成对象。

在AutoCAD中冻结图层的常用方法有以下几种。

◆ 选项板：在"图层特性管理器"选项板中单击要冻结的图层前的"冻结"按钮 ☼，即可冻结该图层，图层冻结后该按钮将显示为 ❆，如图6-33所示。

◆ 功能区：在"默认"选项卡中，打开"图层"面板中的"图层控制"下拉列表框，单击目标图层 ❆ 按钮，如图6-34所示。

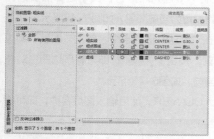

图 6-33 通过图层特性管理器冻结图层

图 6-34 通过功能面板图标冻结图层

提示

如果要冻结的图层为"当前图层"，将弹出如图6-35所示的对话框，提示无法冻结"当前图层"，此时需要将其他图层设置为"当前图层"才能冻结该图层。如果要恢复冻结的图层，重复以上操作，单击图层前的"解冻"图标 ❆ 即可解冻图层。

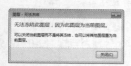

图 6-35 图层无法冻结

【练习 6-4】通过冻结图层控制图形

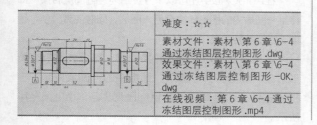

	难度：☆☆
	素材文件：素材 \ 第 6 章 \6-4 通过冻结图层控制图形 .dwg
	效果文件：素材 \ 第 6 章 \6-4 通过冻结图层控制图形 -OK. dwg
	在线视频：第 6 章 \6-4 通过冻结图层控制图形 .mp4

在使用AutoCAD绘图时，有时会在绘图区的空白处随意绘制一些辅助图形。待图纸全部绘制完毕后，既不想让辅助图形影响整张设计图的完整性，又不想删除这些辅助图形，这时就可以使用"冻结"工具来将其隐藏。

01 打开素材文件"第6章\6-4 通过冻结图层控制图形.dwg"，其中已经绘制好了完整图形，但在图形上方还有绘制过程中遗留的辅助图，如图6-36所示。

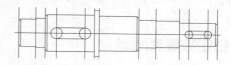

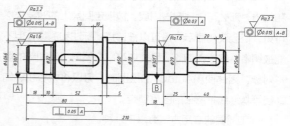

图 6-36 素材图形

02 冻结图层。在"默认"选项卡中，打开"图层"面板中的"图层控制"下拉列表框，在列表框内找到"Defpoints"层，单击该层前的"冻结"按钮 ☼，变成 ❆，即可冻结"Defpoints"层，如图6-37所示。

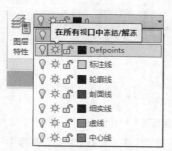

图 6-37 冻结不需要的图形图层

03 冻结"Defpoints"层之后的图形如图6-38所示，可见上方的辅助图形被隐藏。

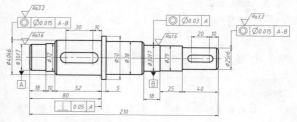

图 6-38 图层冻结之后的结果

图层"冻结"和"关闭"的区别

图层的"冻结"和"关闭",都能使该图层上的对象全部被隐藏,看似效果一致,其实仍有不同。被"关闭"的图层,不能显示、不能编辑、不能打印,但仍然存在于图形当中,图形刷新时仍会计算该图层上的对象,可以近似理解为被"忽视";而被"冻结"的图层,除了不能显示、不能编辑、不能打印之外,还不会再被认为是属于图形,图形刷新时也不会再计算该层上的对象,可以理解为被"无视"。

6.2.3 锁定与解锁图层

如果某个图层上的对象只需要显示、不需要被选择和编辑,那么可以锁定该图层。被锁定图层上的对象仍然可见,但会淡化显示,虽可以被选择、标注和测量,但不能被编辑、修改和删除,另外还可以在该层上添加新的图形对象。因此使用AutoCAD绘图时,可以将中心线、辅助线等基准线条所在的图层锁定。

锁定图层的常用方法有以下几种。

◆ 选项板:在"图层特性管理器"选项板中单击"锁定"图标 ☐ ,即可锁定该图层,图层锁定后该图标将显示为 ☐ ,如图6-39所示。

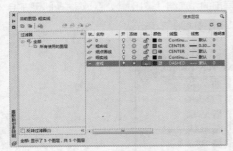

图6-39 通过"图层特性管理器"锁定图层

◆ 功能区:在"默认"选项卡中,打开"图层"面板中的"图层控制"下拉列表框,单击 ☐ 图标即可锁定该图层,如图6-40所示。

图6-40 通过功能面板图标锁定图层

提示

如果要解除图层锁定,重复以上的操作并单击"解锁"按钮 ☐ ,即可解锁已经锁定的图层。

6.2.4 设置当前图层

当前图层是当前工作状态下所处的图层。设定某一图层为当前图层之后,接下来所绘制的对象都位于该图层中。如果要在其他图层中绘图,就需要更改当前图层。

在AutoCAD中设置当前图层有以下几种常用方法。

◆ 选项板:在"图层特性管理器"选项板中选择目标图层,单击"置为当前"按钮 ☐ ,如图6-41所示。被置为当前的图层在项目前会出现 ✔ 符号。

◆ 功能区1:在"默认"选项卡中,单击"图层"面板中"图层控制"下拉列表框,在其中选择需要的图层,即可将其设置为当前图层,如图6-42所示。

◆ 功能区2:在"默认"选项卡中,单击"图层"面板中"置为当前"按钮 ☐ 置为当前 ,即可将所选图形对象的图层置为当前,如图6-43所示。

◆ 命令行:输入CLAYER,然后输入图层名称,即可将该图层置为当前。

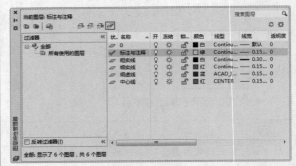

图6-41 "图层特性管理器"中置为当前

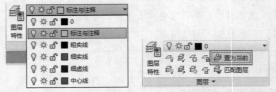

图6-42 "图层控制"下拉 图6-43 "置为当前"按钮
列表框

6.2.5 转换图形所在图层

在AutoCAD中还可以十分灵活地进行图层转换,即将某一图层内的图形转换至另一图层,同时使其颜色、线型、线宽等特性发生改变。

如果某图形对象需要转换图层,可以先选择该图形对象,然后打开"图层"面板中的"图层控制"下拉列表框,选择要转换的目标图层即可,如图6-44所示。

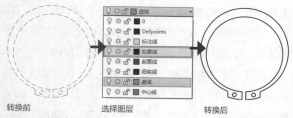

图 6-44　图层转换

　　绘制复杂的图形时，由于图形元素的性质不同，用户常需要将某个图层上的对象转换到其他图层上，同时使其颜色、线型、线宽等特性发生改变。除了之前所介绍的方法之外，在AutoCAD中转换图层的其他方法如下。

1.　通过"图层控制"列表框转换图层

　　选择图形对象后，在"图层控制"下拉列表框选择所需图层。操作结束后，列表框自动关闭，被选中的图形对象转移至刚选择的图层上。

2.　通过"图层"面板中的命令转换图层

　　在"图层"面板中，有如下命令可以帮助转换图层。

◆　匹配图层 [匹配图层]：先选择要转换图层的对象，然后按Enter键确认，再选择目标图层对象，即可将原对象转换至目标图层。

◆　更改为当前图层 [图]：选择图形对象后单击该按钮，即可将对象图层转换为当前图层。

【练习 6-5】 切换图形至Defpoints层

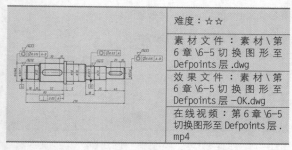

难度：☆☆	
素材文件：素材\第6 章 \6-5 切换图形至Defpoints 层 .dwg	
效果文件：素材\第6 章 \6-5 切换图形至Defpoints 层 -OK.dwg	
在线视频：第 6 章 \6-5 切换图形至 Defpoints 层 .mp4	

　　"练习6-4"中素材遗留的辅助图，已经被事先设置为"Defpoints"层，这在现实的工作当中是不大可能出现的。因此习惯的做法是最后新建一个单独的图层，然后将要隐藏的图形转移至该图层上，再进行冻结、关闭等操作。

01　打开"第6章\6-5 切换图形至Defpoints层.dwg"素材文件，其中已经绘制好了完整图形，在图形上方还有绘制过程中遗留的辅助图，如图6-45所示。

02　选择要切换图层的对象。选择上方的辅助图，如图6-46所示。

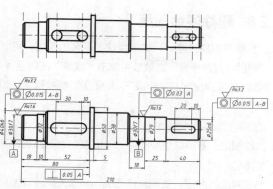

图 6-45　素材图形

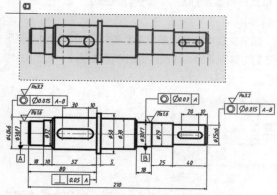

图 6-46　选择对象

03　切换图层。然后在"默认"选项卡中，打开"图层"面板中的"图层控制"下拉列表框，在该下拉列表框内选择"Defpoints"层并单击，如图6-47所示。

图 6-47　"图层控制"下拉列表框

04　此时图形对象由其他图层转换为"Defpoints"层，如图6-48所示。再延续"练习6-4"的操作，即可完成冻结。

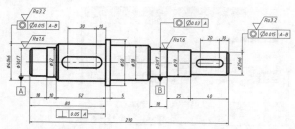

图 6-48　最终效果

6.2.6 删除多余图层

在图层创建过程中，如果新建了多余的图层，可以在"图层特性管理器"选项板中单击"删除"按钮 将其删除，但AutoCAD规定以下4类图层不能被删除，如下所述。

◆ 图层0和图层Defpoints。

◆ 当前图层。要删除当前图层，可以改变当前图层到其他图层。

◆ 包含对象的图层。要删除该图层，必须先删除该图层中所有的图形对象。

◆ 依赖外部参照的图层。要删除该图层，必先删除外部参照。

如果文档中图层太多且杂乱不易管理，找到不使用的图层将其删除时，却被系统提示无法删除，如图6-49所示。

图6-49 "图层-未删除"对话框

不仅如此，局部打开图形中的图层也被视为已参照并且不能删除。对于0图层和Defpoints图层是系统建立的，无法删除这是常识，用户应该把图形绘制在别的图层；对于当前图层无法删除，可以更改当前图层再实行删除操作；对于包含对象或依赖外部参照的图层实行移动操作比较困难，用户可以使用"图层转换"或"图层合并"的方式删除。

1. 图层转换的方法

图层转换是将当前图像中的图层映射到指定图形或标准文件中的其他图层名和图层特性，然后使用这些贴图对其进行转换。下面介绍其操作步骤。

单击功能区"管理"选项卡"CAD标准"面板中"图层转换器"按钮 ，系统弹出"图层转换器"对话框，如图6-50所示。

图6-50 "图层转换器"对话框

单击对话框"转换为"功能框下的"新建"按钮，

系统弹出"新图层"对话框，如图6-51所示。在"名称"文本框中输入现有的图层名称或新的图层名称，并设置线型、线宽、颜色等属性，单击"确定"按钮。

单击"图层转换器"对话框中的"设置"按钮，弹出如图6-52所示"设置"对话框。在此对话框中可以设置转换后图层的属性状态和转换时的请求，设置完成后单击"确定"按钮。

图6-51 "新图层"对话框　图6-52 "设置"对话框

在"图层转换器"对话框"转换自"选项列表中选择需要转换的图层名称，在"转换为"选项列表中选择需要转换到的图层。这时激活"映射"按钮，单击此按钮，在"图层转换映射"列表框中将显示图层转换映射列表，如图6-53所示。

映射完成后单击"转换"按钮，系统弹出"图层转换器-未保存更改"对话框，如图6-54所示，选择"仅转换"选项即可。这时打开"图层特性管理器"选项板，会发现选择的"转换自"图层不见了，这是由于转换后图层被系统自动删除，如果选择的"转换自"图层是0图层和Defpoints图层，将不会被删除。

图6-53 "图层转换器"对话框　图6-54 "图层转换器-未保存更改"对话框

2. 图层合并的方法

可以通过合并图层来减少图形中的图层数。将所合并图层上的对象移动到目标图层，并从图形中清理原始图层。以这种方法同样可以删除顽固图层，下面介绍其操作步骤。

在命令行中输入LAYMRG并按Enter键，系统提示："选择要合并的图层上的对象或[命名(N)]"。可以用十字光标在绘图区选择图形对象，也可以输入N并按Enter键。输入N并按Enter键后弹出"合并图层"对话框，如图6-55所示。在"合并图层"对话框中选择要合并的图层，单击"确定"按钮。

如需继续选择合并对象可以选择绘图区对象或输入N并按Enter键；如果选择完毕，按Enter键即可。命令行提示："选择目标图层上的对象或[名称(N)]"。可以用十字光标在绘图区选择图形对象，也可以输入N并按Enter键。输入N并按Enter键弹出"合并图层"对话框，如图6-56所示。

图 6-55 选择要合并的图层　　图 6-56 选择合并到的图层

在"合并图层"对话框中选择要合并的图层，单击"确定"按钮。系统弹出"合并到图层"对话框，如图6-57所示。单击"是"按钮。这时打开"图层特性管理器"选项板，图层列表中"墙体"被删除了。

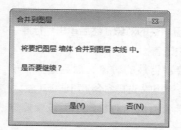

图 6-57 "合并到图层"对话框

6.3 图形特性设置

在AutoCAD的功能区中有一个"特性"面板，专门用于显示图形对象的颜色、线宽和线型，如图6-58所示。一般情况下"特性"面板和图层设置参数是一致的，用户可以手动改变"特性"面板中的设置，而不影响图层效果。

图 6-58 "特性"面板

6.3.1 查看并修改图形特性

一般情况下，图形对象的显示特性都是"随图层"（ByLayer），表示图形对象的属性与其所在的图层特性相同；若选择"随块"（ByBlock）选项，则对象与它所在的块的颜色和线型一致。

1. 通过"特性"面板编辑对象属性

在"默认"选项卡的"特性"面板中选择要编辑的属性栏，该面板分为多个选项列表框，分别控制对象的不同特性。选择一个对象，然后在对应选项列表框中选择要修改为的特性，即可修改对象的特性。

默认设置下，对象颜色、线宽、线型3个特性为ByLayer（随图层），即与所在图层一致，这种情况下绘制的对象将使用当前图层的特性，通过3种特性的下拉列表框（见图6-59），可以修改当前图层的特性。

图 6-59 "特性"面板选项列表框

图形对象有几个基本属性，即颜色、线型、线宽等，这几个属性可以控制图形的显示效果和打印效果。合理设置对象的属性，不仅可以使图面看上去更美观、清晰，更重要的是可以获得正确的打印效果。在设置对象的颜色、线型、线宽的属性时都会看到列表中的ByLayer（随层）、ByBlock（随块）这两个选项。

ByLayer（随层）即对象属性使用它所在的图层的属性。绘图过程中通常会将同类的图形放在同一个图层中，用图层来控制图形对象的属性很方便。因此通常先设置好图层的颜色、线型、线宽等，然后在所在图层绘制图形，假如图形对象属性有误，还可以调换图层。

图层特性是硬性的，不管独立的图形对象、图块、外部参照等都会分配在图层中。图块对象所属图层跟图块定义时图形所在图层和块参照插入的图层都有关系。如果图块在0层创建定义，图块插入哪个层，图块就属于哪个层；如果图块不在0层创建定义，则图块无论插入到哪个层，图块仍然属于原来创建的那个图层。

ByBlock（随块）即对象属性使用它所在的图块的属性。通常只有将要做成图块的图形对象设置为这个属性。当图形对象设置为ByBlock并被定义成图块后，我们可以直接调整图块的属性，设置成ByBlock属性的对象属性将跟随图块设置变化而变化。

2. 通过"特性"选项板编辑对象属性

"特性"面板能查看和修改的图形特性只有颜色、线型和线宽，"特性"选项板则能查看并修改更多的对象特性。在AutoCAD中打开对象的"特性"选项板有以下几种常用方法。

◆ 功能区：选择要查看特性的对象，然后单击"标准"面板中的"特性"按钮 。

◆ 菜单栏：选择要查看特性的对象，然后选择"修改"|"特性"命令；也可先选择命令，再选择对象。

◆ 快捷键：选择要查看特性的对象，然后按快捷键Ctrl+1。

◆ 命令行：选择要查看特性的对象，然后在命令行中输入PROPERTIES、PR或CH后，按Enter键。

如果只选择了单个图形，执行以上任意一种操作都将打开该对象的"特性"选项板，如图6-60所示，对其中所显示的图形信息进行修改即可。

从选项板中可以看到，该选项板不但列出了颜色、线宽、线型、打印样式、透明度等图形常规属性，还有"三维效果"和"几何图形"两个属性列表框，可以查看和修改其材质效果以及几何属性。

如果同时选择了多个对象，弹出的选项板则显示这些对象的共同属性，在不同特性的项目上显示"*多种*"，如图6-61所示。"特性"选项板包括选项列表框和文本框等项目，选择相应的选项或输入参数，即可修改对象的特性。

图 6-60 单个图形的"特性"选项板　图 6-61 多个图形的"特性"选项板

6.3.2　匹配图形属性

特性匹配的功能就如同Office软件中的"格式刷"，可以把一个图形对象（源对象）的特性完全"继承"给另外一个（或一组）图形对象（目标对象），使这些图形对象的部分或全部特性与源对象相同。

在AutoCAD中执行"特性匹配"命令有以下常用方法。

◆ 菜单栏：选择"修改"|"特性匹配"命令。

◆ 功能区：单击"默认"选项卡内"特性"面板的"特性匹配"按钮 ，如图6-62所示。

◆ 命令行：输入MATCHPROP或MA。

特性匹配命令执行过程当中，需要选择两类对象：源对象和目标对象。操作完成后，目标对象的部分或全部特性与源对象相同。命令行操作如下。

命令：MA✓
　　　　//调用"特性匹配"命令
MATCHPROP
选择源对象：
　　　　//单击选择源对象
当前活动设置：颜色 图层 线型 线型比例 线宽 透明度 厚度 打印样式 标注 文字 图案填充 多段线 视口 表格材质 阴影显示 多重引线
选择目标对象或 [设置(S)]：
　　　　//十字光标变成格式刷形状，选择目标对象，可以立即修改其属性
选择目标对象或 [设置(S)]：✓
　　　　//选择目标对象完毕后按Enter键，结束命令

通常，源对象可供匹配的特性很多，选择"设置"选项，将弹出如图6-63所示的"特性设置"对话框。在该对话框中，可以设置哪些特性允许匹配，哪些特性不允许匹配。

图 6-62 "特性"面板　　图 6-63 "特性设置"对话框

【练习 6-6】 特性匹配图形

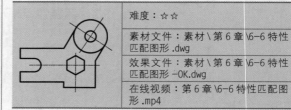

	难度：☆☆
	素材文件：素材\第6章\6-6特性匹配图形.dwg
	效果文件：素材\第6章\6-6特性匹配图形-OK.dwg
	在线视频：第6章\6-6特性匹配图形.mp4

为如图 6-64 所示的素材图形进行特性匹配,其最终效果如图 6-65 所示。

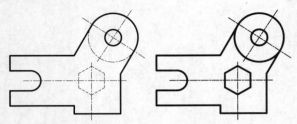

图 6-64 素材图形　　　　图 6-65 完成后效果

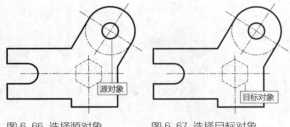

图 6-66 选择源对象　　　　图 6-67 选择目标对象

01 单击"快速访问栏"中的打开按钮 📂,打开"第6章\6-6 特性匹配图形.dwg"素材文件,如图 6-64 所示。

02 单击"默认"选项卡中"特性"面板中的"特性匹配"按钮 🖌,选择如图 6-66 所示的源对象。

03 当鼠标指针由方框变成刷子时,表示源对象选择完成。单击素材图形中的六边形,如图 6-67 所示。命令行提示如下。

命令:'_matchprop
选择源对象:
　　　　//选择源对象
当前活动设置: 颜色 图层 线型 线型比例 线宽 透明度 厚度 打印样式 标注 文字 图案填充 多段线 视口 表格材质 阴影显示 多重引线
选择目标对象或 [设置(S)]:
　　　　//选择目标对象

04 重复以上操作,继续给素材图形进行特性匹配,完成最终效果。

第 7 章

图块与外部参照

　　在实际制图中，常常需要用到同样的图形，例如机械设计中的粗糙度符号，室内设计中的门、床、电器等。如果每次都重新绘制，不但会浪费大量的时间，同时也会降低工作效率。因此，AutoCAD提供了图块的功能，用户可以将一些经常使用的图形对象定义为图块。当需要重新利用到这些图形时，只需要按合适的比例将相应的图块插入到指定的位置即可。

7.1 图块的创建

图块是由多个对象组成的集合并具有块名。通过建立图块，用户可以将多个对象作为一个整体来操作。在AutoCAD中，使用图块可以提高绘图效率、节省存储空间，同时还便于修改和重新定义图块。图块的特点具体解释如下。

◆ 提高绘图效率。使用AutoCAD绘图，经常需要绘制一些重复出现的图形，如建筑工程图中的门和窗等。如果把这些图形做成图块并以文件的形式保存在电脑中，当需要调用时将其调入到图形文件中，就可以避免大量的重复工作，从而提高工作效率。

◆ 节省存储空间。AutoCAD要保存图形中的每一个相关信息，如对象的图层、线型和颜色等，这些信息都占用大量的存储空间。可以把这些相同的图形先定义成一个块，然后再插入所需的位置，如在绘制建筑工程图时，可将需要修改的对象用图块定义，从而节省大量的存储空间。

◆ 为图块添加属性。AutoCAD允许为图块创建具有文字信息的属性，并可以在插入图块时指定是否显示这些属性。

7.1.1 内部图块

内部图块是存储在图形文件内部的块，只能在存储文件中使用，而不能在其他图形文件中使用。调用"创建块"命令的方法如下。

◆ 菜单栏：选择"绘图"｜"块"｜"创建"命令。

◆ 命令行：输入BLOCK或B。

◆ 功能区：在"默认"选项卡中，单击"块"面板中的"创建"按钮 ，如图7-1所示。

执行上述任一命令后，系统弹出"块定义"对话框，如图7-2所示。在对话框中设置好块名称、块对象、块基点这3个主要要素即可创建图块。

图 7-1 "创建"按钮　图 7-2 "块定义"对话框

该对话框中常用选项的功能介绍如下。

◆ 名称：用于输入或选择块的名称。

◆ 拾取点 ：单击该按钮，系统切换到绘图窗口中拾取基点。

◆ 选择对象 ：单击该按钮，系统切换到绘图区选择创建块的对象。

◆ 保留：创建块后保留源对象不变。

◆ 转换为块：创建块后将源对象转换为块。

◆ 删除：创建块后删除源对象。

◆ 允许分解：勾选该选项，允许块被分解。

创建图块之前需要有图形源对象，才能使用AutoCAD创建块。可以定义一个或多个图形对象为图块。

【练习 7-1】 创建电视内部图块

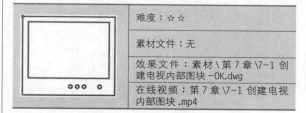

	难度：☆ ☆
	素材文件：无
	效果文件：素材 \ 第 7 章 \7-1 创建电视内部图块 -OK.dwg
	在线视频：第 7 章 \7-1 创建电视内部图块 .mp4

本例创建好的电视机图块只存在于"创建电视内部图块-OK.dwg"这个素材文件之中。

01 单击快速访问工具栏中的"新建"按钮 ，新建空白文档。

02 在"常用"选项卡中，单击"绘图"面板中的"矩形"按钮 ，绘制长800、宽600的矩形。

03 在命令行中输入O，将矩形向内偏移50，如图7-3所示。

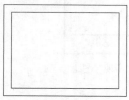

图 7-3 绘制矩形

04 在"常用"选项卡中，单击"修改"面板中的"拉伸"按钮 ，窗交选择外侧矩形的下侧边作为拉伸对象，向下拉伸100的距离，如图7-4所示。

05 在矩形内绘制几个圆作为电视机按钮，拉伸结果如图7-5所示。

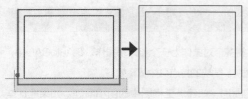

图 7-4 选择拉伸对象

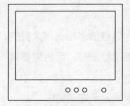

图 7-5 矩形拉伸后效果

06 在"常用"选项卡中,单击"块"面板中的"创建"按钮 ，系统弹出"块定义"对话框,在"名称"文本框中输入"电视",如图7-6所示。

图 7-6 "块定义"对话框

07 在"对象"选项区域单击"选择对象"按钮 ，在绘图区选择整个图形,按空格键返回对话框。

08 在"基点"选项区域单击"拾取点"按钮 ，返回绘图区指定图形中心点作为块的基点,如图7-7所示。

09 单击"确定"按钮,完成普通块的创建,此时图形成为一个整体,如图7-8所示。

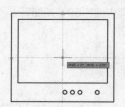

图 7-7 选择基点　　图 7-8 "电视"图块

7.1.2 外部图块

内部图块仅限于在创建块的图形文件中使用,当其他文件也需要使用时,则需要创建外部图块,也就是永久图块。外部图块不依赖于当前图形,可以在任意图形文件中调用并插入。使用"写块"命令可以创建外部图块。"写块"命令只能通过在命令行中输入WBLOCK或W

来执行。执行命令后,系统弹出"写块"对话框,如图7-9所示。

图 7-9 "写块"对话框

"写块"对话框常用选项介绍如下。

◆ 块：将已定义好的块保存,可以在下拉列表框中选择已有的内部图块,如果当前文件中没有定义的块,该单选按钮不可用。

◆ 整个图形：将当前工作区中的全部图形保存为外部图块。

◆ 对象：选择图形对象定义为外部图块。该项为默认选项,一般情况下选择此项即可。

◆ 拾取点：单击该按钮,系统切换到绘图区选择基点。

◆ 选择对象：单击该按钮,系统切换到绘图区选择创建块的对象。

◆ 保留：创建块后保留源对象不变。

◆ 从图形中删除：将选定对象另存为文件后,从当前图形中删除它们。

◆ 目标：用于设置块的保存路径和块名。单击该选项组"文件名和路径"文本框右边的 按钮,可以在打开的对话框中设置保存路径。

【练习 7-2】 创建电视外部图块

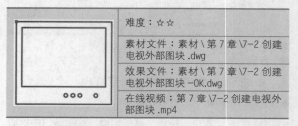

	难度：☆ ☆
	素材文件：素材 \ 第 7 章 \7-2 创建电视外部图块 .dwg
	效果文件：素材 \ 第 7 章 \7-2 创建电视外部图块 -OK.dwg
	在线视频：第 7 章 \7-2 创建电视外部图块 .mp4

本例创建好的电视机图块,不仅存在于"7-2创建电视外部图块-OK.dwg"中,还存在于所指定的路径(桌面)中。

01 单击快速访问工具栏中的"打开"按钮 ，打开"第7章\7-2 创建电视外部图块.dwg"素材文件,如图7-10所示。

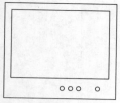

图 7-l0 素材图形

02 在命令行中输入WBLOCK，打开"写块"对话框，在"源"选项区域选择"块"复选框，然后在其右侧的下拉列表框中选择"电视"图块。

03 指定保存路径。在"目标"选项区域，单击"文件和路径"文本框右侧的按钮，在弹出的对话框中选择保存路径，将其保存到桌面上，如图7-11所示。

04 单击"确定"按钮，完成外部图块的创建。

图 7-ll 指定保存路径

7.1.3 属性块

图块包含的信息可以分为两类：图形信息和非图形信息。块属性是图块的非图形信息，例如办公室工程设计中定义办公桌图块，每个办公桌的编号、使用者等属性。块属性必须和图块结合在一起使用，在图纸上显示为块实例的标签或说明，单独的属性是没有意义的。

1. 创建块属性

在AutoCAD中添加块属性的操作主要分为3步。

◆ 定义块属性。

◆ 在定义图块时附加块属性。

◆ 在插入图块时输入属性值。

定义块属性必须在定义块之前进行。定义块属性的方法如下。

◆ 功能区：单击"插入"选项卡"属性"面板"定义属性"按钮，如图7-12所示。

◆ 菜单栏：选择"绘图"|"块"|"定义属性"命令。

◆ 命令行：输入ATTDEF或ATT。

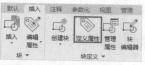

图 7-l2 "定义属性"按钮

执行上述任一命令后，系统弹出"属性定义"对话框，如图7-13所示。然后分别填写"标记""提示""默认"，再设置好文字位置与对齐等属性，单击"确定"按钮，即可创建块属性。

"属性定义"对话框中常用选项的含义如下。

◆ 属性：用于设置属性数据，包括"标记""提示""默认"3个文本框。

◆ 插入点：该选项组用于指定图块属性的位置。

◆ 文字设置：该选项组用于设置属性文字的对正、样式、高度和旋转等。

2. 修改属性定义

直接双击块属性，系统弹出"增强属性编辑器"对话框。在"属性"选项卡的列表框中选择要修改的文字属性，然后在下面的"值"文本框中输入块中定义的标记和值属性，如图7-14所示。

图 7-l3 "属性定义"对话框　　图 7-l4 "增强属性编辑器"对话框

在"增强属性编辑器"对话框中，各选项卡的含义如下。

◆ 属性：显示块中每个属性的标识、提示和值。在列表框中选择某一属性后，在"值"文本框中将显示出该属性对应的属性值，可以通过它来修改属性值。

◆ 文字选项：用于修改属性文字的格式，该选项卡如图7-15所示。

◆ 特性：用于修改属性文字的图层、线宽、线型、颜色及打印样式等，该选项卡如图7-16所示。

图 7-l5 "文字选项"选项卡　　图 7-l6 "特性"选项卡

下面通过一个典型例子来说明属性块的作用与含义。

【练习 7-3】 创建标高属性块

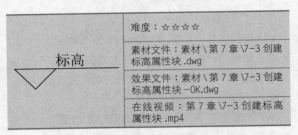

难度：☆☆☆☆	
素材文件：素材\第 7 章 \7-3 创建标高属性块 .dwg	
效果文件：素材\第 7 章 \7-3 创建标高属性块 -OK.dwg	
在线视频：第 7 章\7-3 创建标高属性块 .mp4	

标高符号在图形中形状相似，仅数值不同，因此可以创建为属性块，在绘图时直接调用即可，具体方法如下。

01 打开"第7章\7-3 创建标高属性块.dwg"素材文件，如图7-17所示。

图 7-I7 素材图形

02 在"默认"选项卡中，单击"块"面板上的"定义属性"按钮 ，系统弹出"属性定义"对话框，定义属性参数，如图7-18所示。

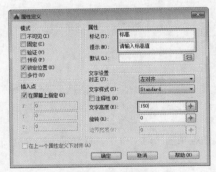

图 7-I8 "属性定义"对话框

03 单击"确定"按钮，在水平线上合适位置放置属性定义，如图7-19所示。

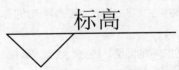

图 7-I9 设置属性定义

04 在"默认"选项卡中，单击"块"面板上的"创建"按钮，系统弹出"块定义"对话框。在"名称"下拉列表框中输入"标高"；单击"拾取点"按钮，拾取三角形的下角点作为基点；单击"选择对象"按钮，选择符号图形和属性定义，如图7-20所示。

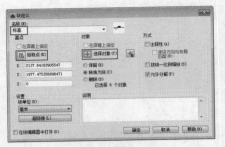

图 7-20 "块定义"对话框

05 单击"确定"按钮，系统弹出"编辑属性"对话框，更改标高值为0.000，如图7-21所示。

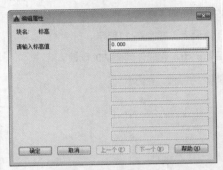

图 7-2I "编辑属性"对话框

06 单击"确定"按钮，标高符号创建完成，如图7-22所示。

图 7-22 标高属性块

7.1.4 动态图块

在AutoCAD中，可以为普通图块添加动作，将其转换为动态图块。动态图块可以直接通过移动动态夹点来调整图块大小、角度，避免了频繁地输入参数或调用命令（如缩放、旋转、镜像等命令），使图块的操作变得更加简单。

创建动态图块的步骤有两步：一是往图块中添加参数，二是为添加的参数添加动作。动态图块的创建需要用"块编辑器"。块编辑器是一个专门的编写区域，用于添加能够使块成为动态图块的元素。

调用"块编辑器"命令的方法如下。

◆ 菜单栏：选择"工具"｜"块编辑器"命令。

◆ 命令行：输入BEDIT或BE。

◆ 功能区：在"插入"选项卡中，单击"块"面板中的"块编辑器"按钮 。

【练习 7-4】 创建门动态图块

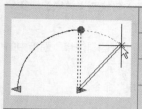

难度：☆☆☆	
素材文件：素材 \ 第 7 章 \7-4 创建门动态图块 .dwg	
效果文件：素材 \ 第 7 章 \7-4 创建门动态图块 -OK.dwg	
在线视频：第 7 章 \7-4 创建门动态图块 .mp4	

01 打开"第7章\7-4创建门动态图块.dwg"素材文件，图形中已经创建了一个门的普通块，如图7-23所示。

02 在命令行中输入BE并按Enter键，系统弹出"编辑块定义"对话框，选择"门"图块，如图7-24所示。

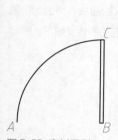

图 7-23　素材图形　　图 7-24　"编辑块定义"对话框

03 单击"确定"按钮，进入块编辑模式，系统弹出"块编辑器"选项卡，同时弹出"块编写选项板"，如图7-25所示。

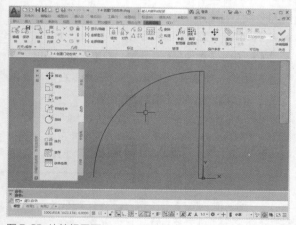

图 7-25　块编辑界面

04 为块添加线性参数。选择"块编写选项板"上的"参数"选项卡，单击"线性参数"按钮，为门的宽度添加一个线性参数，如图7-26所示。命令行提示如下。

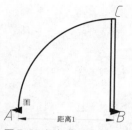

图 7-26　添加线性参数

```
命令：_bparameter
指定起点或 [名称(N)/标签(L)/链(C)/说明(D)/基点(B)/选
项板(P)/值集(V)]：
        //选择圆弧端点A
指定端点：
        //选择矩形端点B
指定标签位置：
        //向下移动十字光标，在合适位置放置
        线性参数标签
```

05 为线性参数添加动作。切换到"块编写选项板"上的"动作"选项卡，单击"缩放"按钮，为线性参数添加缩放动作，如图7-27所示。命令行提示如下。

```
命令：_bactiontool
选择参数：
        //选择上一步添加的线性参数
指定动作的选择集
选择对象：找到 1 个
选择对象：找到 1 个，总计 2 个
        //依次选择门图块包含的全部轮廓线，包括
一条圆弧和一个矩形
选择对象：
        //按Enter键结束选择，完成动作的创建
```

06 为块添加旋转参数。切换到"块编写选项板"上的"参数"选项卡，单击"旋转"按钮，添加一个旋转参数，如图7-28所示。命令行提示如下。

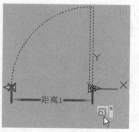

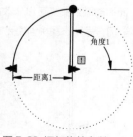

图 7-27　添加缩放动作　　图 7-28　添加旋转参数

```
命令：_bparameter 旋转
指定基点或 [名称(N)/标签(L)/链(C)/说明(D)/选项板(P)/
值集(V)]：
            //选择矩形角点 B 作为旋转基点
指定参数半径：
            //选择矩形角点 C 定义参数半径
指定默认旋转角度或 [基准角度(B)] <0>：90
            //设置默认旋转角度为90°
指定标签位置：
            //指定参数标签位置，在合适位置单击
            放置标签
```

07 为旋转参数添加动作。切换到"块编写选项板"中的"动作"选项卡，单击"旋转"按钮，为旋转参数添加旋转动作，如图7-29所示。命令行提示如下。

```
命令：_bactiontool 旋转
选择参数：
            //选择创建的角度参数
指定动作的选择集
选择对象：找到 1 个
            //选择矩形作为动作对象
选择对象：
            //按Enter键结束选择，完成动作的创建
```

08 在"块编辑器"选项卡中，单击"打开/保存"面板上的"保存块"按钮，保存对块的编辑。单击"关闭块编辑器"按钮 关闭块编辑器，返回绘图区，此时单击创建的动态块，该块上出现3个夹点，如图7-30所示。

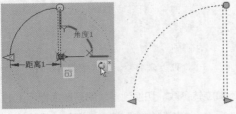

图7-29 添加旋转动作   图7-30 块的夹点

09 拖动三角形夹点可以修改门的大小，如图7-31所示；而拖动圆形夹点可以修改门的打开角度，如图7-32所示。门符号动态图块创建完成。

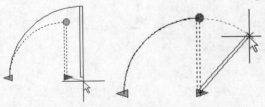

图7-31 拖动三角形夹点   图7-32 拖动圆形夹点

7.1.5 插入块

块定义完成后，就可以插入与块定义关联的块实例了。启动"插入块"的方法如下。

◆ 功能区：单击"插入"选项卡上的"注释"面板中的"插入"按钮 ，如图7-33所示。

◆ 菜单栏：选择"插入" | "块"命令。

◆ 命令行：输入INSERT或I。

图7-33 "插入"按钮

执行上述任一命令后，系统弹出"插入"对话框，如图7-34所示。在其中选择要插入的图块，再返回绘图区指定基点即可。该对话框中常用选项的含义如下。

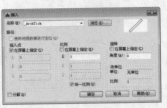

图7-34 "插入"对话框

◆ 名称：用于选择块或图形。可以单击其后的"浏览"按钮，系统弹出"打开图形文件"对话框，选择保存的块和外部图形。

◆ 插入点：设置块的插入点位置。

◆ 比例：用于设置块的插入比例。

◆ 旋转：用于设置块的旋转角度。可直接在"角度"文本框中输入角度值，也可以通过选中"在屏幕上指定"复选框，在屏幕上指定旋转角度。

◆ 分解：可以将插入的块分解成块的各基本对象。

【练习 7-5】 插入螺钉图块

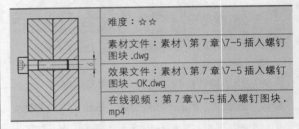

	难度：☆☆
	素材文件：素材\第7章\7-5 插入螺钉图块.dwg
	效果文件：素材\第7章\7-5 插入螺钉图块-OK.dwg
	在线视频：第7章\7-5 插入螺钉图块.mp4

在如图7-35所示的通孔图形中，插入定义好的"螺钉"块。因为定义的螺钉图块直径为10，该通孔的直径仅为6，因此图块应缩小至原来的0.6倍。

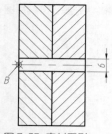

图 7-35 素材图形

01 打开素材文件"第7章\7-5 插入螺钉图块.dwg"，其中已经绘制好了通孔，如图7-35所示。

02 调用"插入"命令，系统弹出"插入"对话框。

03 选择需要插入的内部图块。打开"名称"下拉列表框，选择"螺钉"图块。

04 确定缩放比例。勾选"统一比例"复选框，在"X"文本框中输入"0.6"，如图7-36所示。

05 确定插入基点位置。勾选"插入点"选项区域的"在屏幕上指定"复选框，单击"确定"按钮退出对话框。插入块实例到所示的 *B* 点位置，如图7-37所示，结束操作。

图 7-36 设置插入参数

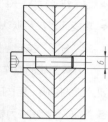

图 7-37 完成图形

7.2 编辑块

图块在创建完成后还可随时进行编辑，如重命名图块、分解图块、删除图块和重定义图块等操作。

7.2.1 设置插入基点

在创建图块时，可以为图块设置插入基点，这样在插入时就可以直接捕捉基点插入。但是如果创建的块事先没有指定插入基点，插入时系统默认的插入点为该图的坐标原点，这样往往会带来不便，此时可以使用"基点"命令为图块制定新的插入原点。

调用"基点"命令的方法如下。

◆ 菜单栏：选择"绘图"|"块"|"基点"命令。

◆ 命令行：输入BASE。

◆ 功能区：在"默认"选项卡中，单击"块"面板中的"设置基点"按钮 。

执行该命令后，可以根据命令行提示输入基点坐标或用十字光标直接在绘图区中指定。

7.2.2 重命名图块

创建图块后，对其进行重命名的方法有多种。如果是外部图块文件，可直接在保存目录中对该图块文件进行重命名；如果是内部图块，可使用"重命名"命令RENAME或REN来更改图块的名称。

调用"重命名图块"命令的方法如下。

◆ 命令行：输入RENAME或REN。

◆ 菜单栏：选择"格式"|"重命名"命令。

【练习 7-6】 重命名图块

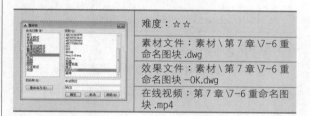

难度：☆ ☆
素材文件：素材 \ 第 7 章 \7-6 重命名图块 .dwg
效果文件：素材 \ 第 7 章 \7-6 重命名图块 -OK.dwg
在线视频：第 7 章 \7-6 重命名图块 .mp4

如果已经定义好了图块，但最后觉得图块的名称不合适，便可以通过该方法来重新定义。

01 单击快速访问工具栏中的"打开"按钮 ，打开"第7章\7-6重命名图块.dwg"文件。

02 在命令行中输入REN，系统弹出"重命名"对话框。

03 在对话框左侧的"命名对象"列表框中选择"块"选项，在右侧的"项数"列表框中选择"中式吊灯"块。

04 在"旧名称"文本框中显示的是该块的旧名称，在"重命名为"按钮后面的文本框中输入新名称"吊灯"。

05 单击"重命名为"按钮确定操作，重命名图块完成，如图 7-38所示。

图 7-38 重命名完成效果

7.2.3 分解图块

由于插入的图块是一个整体，在需要对图块进行编辑时，必须先将其分解。调用"分解图块"的命令方法如下。

◆ 菜单栏：选择"修改"|"分解"命令。

◆ 命令行：输入EXPLODE或X。

◆ 功能区：在"默认"选项卡中，单击"修改"面板中的"分解"按钮 。

分解图块的操作非常简单，执行分解命令后，选择要分解的图块，再按Enter键即可。图块被分解后，它的各个组成元素将变为单独的图形对象，之后便可以单独对各个组成对象进行编辑。

【练习 7-7】分解图块

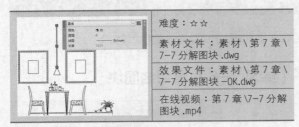

	难度：☆☆
	素材文件：素材\第7章\7-7 分解图块 .dwg
	效果文件：素材\第7章\7-7 分解图块 -OK.dwg
	在线视频：第7章\7-7 分解图块 .mp4

01 单击快速访问工具栏中的"打开"按钮 ，打开"第7章\7-7 分解图块.dwg"文件，如图 7-39所示。

02 框选图形，图块的夹点显示和属性板如图 7-40所示。

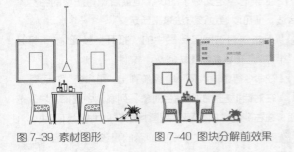

图 7-39 素材图形   图 7-40 图块分解前效果

03 在命令行中输入X，按Enter键确认分解，分解后图块框选效果如图 7-41所示。

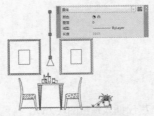

图 7-41 图块分解后效果

7.2.4 删除图块

如果图块是外部图块文件，可直接在计算机中删除；如果图块是内部图块，可使用以下方法删除。

◆ 应用程序：单击"应用程序"按钮 ，在下拉菜单中选择"图形实用工具"中的"清理"命令。

◆ 命令行：输入PURGE或PU。

7.2.5 重新定义图块

通过对图块的重定义，可以更新所有与之关联的块实例，实现自动修改，其方法与定义块的方法基本相同。

具体操作步骤如下。

01 使用分解命令将当前图形中需要重新定义的图块分解为由单个元素组成的对象。

02 对分解后的图块组成对象进行编辑。完成编辑后，再重新执行"块定义"命令，在打开的"块定义"对话框的"名称"下拉列表框中选择源图块的名称。

03 选择编辑后的图块并为图块指定插入基点及单位，单击"确定"按钮，在打开的对话框中单击"重定义"按钮，完成图块的重定义，如图7-42所示。

图 7-42 "重定义块"对话框

7.3 外部参照

用户可以将某个图形作为参照附着到当前图形中，如参照其他人绘制的图纸进行模仿。外部参照的属性与图块类似，但外部参照与图块有一些重要的区别，如现在有两个图形文件A和B，都具有相同的图块X，如果单独修改文件A中的图块X，那么只有文件A中的图块X会得到修改，文件B中的图块X是不会受影响的，如图7-43所示。

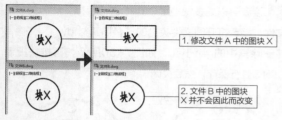

图 7-43 相同图块在不同文件中的表现

图形作为图块插入时，它便会自动存储在当前图形中，不会再随原始图形的改变而更新。但将图形作为外部参照插入时，会以链接的形式插入当前图形，因此对参照图形所做的任何修改都会显示在当前图形中。如果单独修改文件A中的参照X，那么文件A和文件B都会受到影响，如图7-44所示。

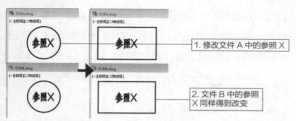

图 7-44 相同参照在不同文件中的表现

提示

一个图形可以作为外部参照同时附着到多个图形中，同样也可以将多个图形作为外部参照附着到单个图形中。

7.3.1 附着外部参照

用户可以将其他文件的图形作为参照图形附着到当前图形中，这样可以通过在图形中参照其他用户的图形来协调各用户之间的工作，查看当前图形是否与其他图形相匹配。

下面介绍4种"附着"外部参照的方法。

◆ 菜单栏：选择"插入"|"DWG参照"命令。

◆ 命令行：输入XATTACH或XA。

◆ 功能区：在"插入"选项卡中，单击"参照"面板中的"附着"按钮 。

执行附着命令，选择一个DWG文件打开后，弹出"附着外部参照"对话框，如图7-45所示。

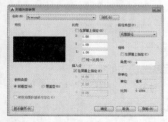

图 7-45 "附着外部参照"对话框

"附着外部参照"对话框各选项介绍如下。

◆ 参照类型：选择"附着型"表示显示嵌套参照中的嵌套内容；选择"覆盖型"表示不显示嵌套参照中的嵌套内容。

◆ 路径类型："完整路径"，使用此选项附着外部参照时，外部参照的精确位置将保存到主图形中，此选项的精确度最高，但灵活性最小，如果移动工程文件，AutoCAD将无法融入任何使用完整路径附着的外部参照；"相对路径"，使用此选项附着外部参照时，将保存外部参照相对于主图形的位置，此选项的灵活性最大，如果移动工程文件，AutoCAD仍可以融入使用相对路径附着的外部参照，只要此外部参照相对主图形的位置未发生变化；"无路径"，在不使用路径附着外部参照时，AutoCAD首先在主图形中的文件夹中查找外部参照，当外部参照文件与主图形位于同一个文件夹时，此选项非常有用。

【练习 7-8】 附着外部参照

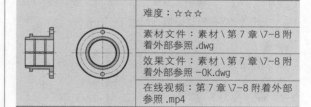

	难度：☆☆☆
	素材文件：素材 \ 第 7 章 \7-8 附着外部参照 .dwg
	效果文件：素材 \ 第 7 章 \7-8 附着外部参照 -OK.dwg
	在线视频：第 7 章 \7-8 附着外部参照 .mp4

外部参照图形非常适合用作参考插入。据统计，如果要参考某一现成的DWG文件来进行绘制，那绝大多数设计师都会采取打开该DWG文件，然后使用快捷键Ctrl+C和Ctrl+V直接将图形复制到新创建的文档上。这种方法方便、快捷，但缺点就是新建的文档与原来的DWG文件没有关联性，如果参考的DWG文件有所更改，则新建的文档不会有所提升。而如果采用外部参照的方式插入参考用的DWG文件，则可以实时更新。下面通过一个例子来介绍。

01 单击快速访问工具栏中的"打开"按钮，打开"第7章\7-8 附着外部参照.dwg"文件，如图 7-46所示。

02 在"插入"选项卡中，单击"参照"面板中的"附着"按钮 ，系统弹出"选择参照文件"对话框。在"文件类型"下拉列表框中选择"图形（*.dwg）"，并找到同文件夹内的"参照素材.dwg"文件，如图 7-47所示。

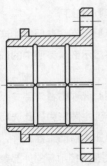

图 7-46 素材图形

图 7-47 "选择参照文件"对话框

03 单击"打开"按钮,系统弹出"附着外部参照"对话框,所有选项保持默认设置,如图 7-48所示。

图 7-48 "附着外部参照"对话框

04 单击"确定"按钮,在绘图区指定端点,并调整其位置,即可附着外部参照,如图 7-49所示。

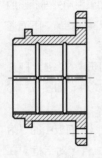
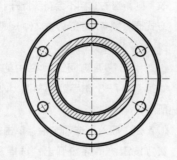

图 7-49 附着参照效果

05 插入的参照图形为该零件的右视图,此时就可以结合现有图形与参照图形绘制零件的其他视图,或者进行标注。

06 读者可以先按快捷键Ctrl+S进行保存,然后关闭该文件;接着打开同文件夹内的"参照素材.dwg"文件,并删除其中的4个小孔,如图7-50所示;再按快捷键Ctrl+S进行保存,然后关闭。

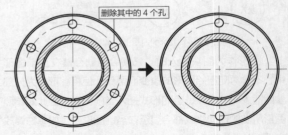

图 7-50 对参照文件进行修改

07 此时再重新打开"7-8附着外部参照.dwg"文件,则会出现如图7-51所示的提示。单击"重载 参照素材"链接,则图形如图7-52所示。这样,参照的图形得到了实时更新,可以保证设计的准确性。

图 7-51 参照提示

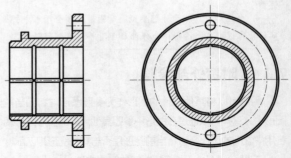

图 7-52 更新参照对象后的附着效果

7.3.2 管理外部参照

在AutoCAD中,可以在"外部参照"选项板中对外部参照进行编辑和管理。调用"外部参照"选项板的方法如下。

◆ 功能区:在"插入"选项卡中,单击"参照"面板右下角箭头按钮。
◆ 菜单栏:选择"插入"|"外部参照"命令。
◆ 命令行:输入XREF或XR。

"外部参照"选项板各选项功能如下。

◆ 按钮区域:此区域有"附着""刷新""帮助"3个按钮。"附着"按钮可以用于添加不同格式的外部参照文件;"刷新"按钮用于刷新当前选项卡显示状态;

"帮助"按钮可以打开系统的帮助页面,从而可以快速了解相关的信息。

◆ 文件参照:此列表框中显示了当前图形中各个外部参照文件名称,单击其右上方的"列表图"或"树状图"按钮,可以设置文件列表框的显示形式。"列表图"表示以列表形式显示,如图7-53所示;"树状图"表示以树形显示,如图 7-54所示。

◆ 详细信息:用于显示外部参照文件的各种信息。选择任意一个外部参照文件后,将在此处显示该外部参照文件的名称、加载状态、文件大小、参照类型、参照日期以及参照文件的存储路径等内容。

图 7-53 "列表图"样式 图 7-54 "树状图"样式

当附着多个外部参照后,在文件参照列表框中的文件上单击鼠标右键,弹出快捷菜单,在菜单上选择不同的命令可以对外部参照进行相关操作。快捷菜单中部分命令的含义如下。

◆ 打开:单击该命令可在新建窗口中打开选定的外部参照进行编辑。在"外部参照管理器"选项板关闭后,显示新建窗口。

◆ 附着:单击该命令可打开"选择参照文件"对话框,在该对话框中可以选择需要插入到当前图形中的外部参照文件。

◆ 卸载:单击该命令可从当前图形中移走不需要的外部参

照文件,但移走后仍保留该文件的路径,当希望再次参照该图形时,单击快捷菜单中的"重载"命令即可。

◆ 重载:单击该命令可在不退出当前图形的情况下,更新外部参照文件。

◆ 拆离:单击该命令可从当前图形中移去不再需要的外部参照文件。

延伸讲解 外部参照的其他应用

前文已经介绍了外部参照与图块的功能区别,但这并不是它们最直观的区别。首先,图块在AutoCAD中的显示与正常图形无异,而外部参照则是以一种灰色淡显的效果显示的,因此从外观就能区分出它们,如图7-55所示。

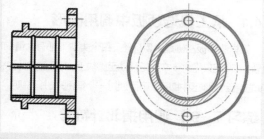

图 7-55 正常图形与外部参照

其次,外部参照被选中时是没有夹点显示的,因此无法像图块一样被分解。如果要复制外部参照中的图形至当前文件,则只有通过第4章提到的"复制嵌套对象"命令来进行,如图7-56所示。

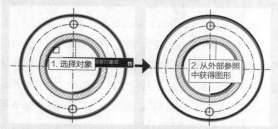

图 7-56 通过"复制嵌套对象"命令获得参照中的对象

7.4 AutoCAD的工具选项板

除了自己创建图块或附着外部参照外,AutoCAD本身也预设了多种图块,如果用户需要使用这些图块,便可以打开工具选项板进行调用。在AutoCAD 2020中,进入"工具选项板"有以下两种常用方法。

◆ 快捷键:Ctrl+3。

◆ 功能区:在"视图"选项卡中,单击"选项板"面板中的"工具选项板"按钮,如图7-57所示。

执行上述任一命令后,均可打开AutoCAD工具选项板,如图7-58所示。

图 7-57 "选项板"面板中的"
工具选项板"按钮

图 7-58 工具选项板

7.4.1 从工具选项板中调用图形

工具选项板左侧是类型标签，每个类型下都有大量的预设图块，调用只需将十字光标移动至图块上，然后选中图块并将其放置到工作区中即可。下面通过一个案例来进行说明。

【练习 7-9】调用指北针符号

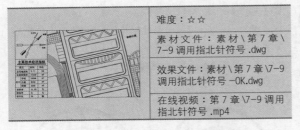

难度：☆☆
素材文件：素材 \ 第 7 章 \ 7-9 调用指北针符号 .dwg
效果文件：素材 \ 第 7 章 \7-9 调用指北针符号 -OK.dwg
在线视频：第 7 章 \7-9 调用指北针符号 .mp4

在使用AutoCAD绘制一些市政规划图或地形图时，其中有一个必不可少的图形，那就是指北针符号。指北针用于在图纸中表示明确的方向信息，有时也会和一些风向、指向等附加标识共用。本例便通过工具选项板来调用AutoCAD中现成的指北针符号。

01 单击快速访问工具栏中的"打开"按钮，打开"第7章\7-9 调用指北针符号.dwg"文件，其中已经绘制好了一局部的规划图，如图7-59所示。

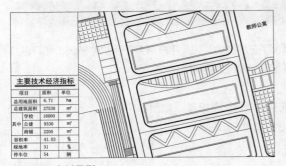

图 7-59 素材图形

02 按快捷键Ctrl+3，打开工具选项板，然后定位至"注释"标签，选择其中的"指北针-公制"，如图7-60所示。

图 7-60 工具选项板

03 此时指针出现指北针符号效果，将其移动至图形左上方的空白处，单击即可放置，如图7-61所示。

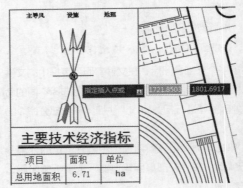

图 7-61 放置指北针符号

04 放置后的指北针符号在被选中时会出现可以移动的夹点，选中最右侧箭头的夹点，然后将其拖动至45°方向，即表明该方向为正北，如图7-62所示。

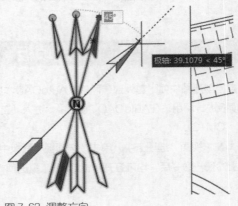

图 7-62 调整方向

05 使用相同方法，捕捉可移动的夹点，分别设置各箭头的方向和文字，得到最终的效果如图7-63所示。

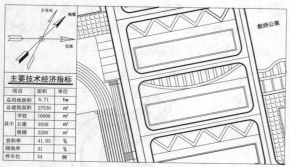

图 7-63 最终效果

7.4.2 往工具选项板中添加图形

除了从工具选项板中调用图形外，用户还可以将自制的图形符号创建为块，然后添加至工具选项板中。这样以后每次打开工具选项板都能快速找到自己制作的图形符号。同样通过一个案例来进行说明。

【练习 7-10】将吊钩符号导入工具选项板

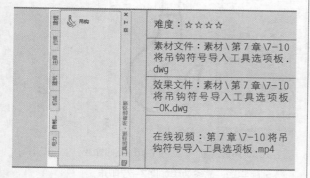

	难度：☆☆☆☆
	素材文件：素材 \ 第 7 章 \7-10 将吊钩符号导入工具选项板 .dwg
	效果文件：素材 \ 第 7 章 \7-10 将吊钩符号导入工具选项板 -OK.dwg
	在线视频：第 7 章 \7-10 将吊钩符号导入工具选项板 .mp4

工具选项板是一个强大的帮手，它能够将"块"图形、几何图形（如直线、圆、多段线）、填充、外部参照、光栅图像及命令等都组织到工具选项板里面并创建成工具，以便将这些工具应用于当前正在设计的图纸。事先将绘制好的动态图块导入工具选项板，准备好需要的零件图块甚至零件图块库，待使用时调出，这无疑将大大提高绘图效率。

01 打开素材文件"第7章\7-10 将吊钩符号导入工具选项板.dwg"，其中已经绘制好了吊钩，如图7-64所示。

图 7-64 素材图形

02 单击"块"中的"创建"按钮，弹出"块定义"对话框，设置"名称"为"吊钩"，如图7-65所示。

图 7-65 "块定义"对话框

03 单击"块"面板中的"块编辑"按钮，弹出"编辑块定义"对话框，选择"吊钩"，然后单击"确定"按钮，如图7-66所示。

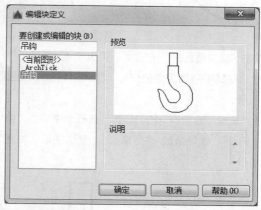

图 7-66 编辑图形

04 在"块编写选项板"的"参数"选项卡中单击"角度"按钮，选择基点为圆弧圆心，设置半径为50、角度为360°，如图7-67所示。

05 在"块编写选项板"的"动作"选项卡中单击"旋转"按钮，选择"角度1"，如图7-68所示。

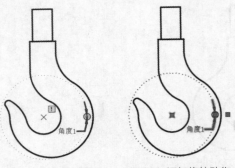

图 7-67 设置角度参数　　图 7-68 添加旋转动作

06 在"块编写选项板"的"参数"选项卡中单击"线性"按钮，选择"距离1"，如图7-69所示。

07 单击激活"距离1"，然后单击鼠标右键，在快捷菜单中选择"特性"，弹出"特性"选项板，下拉滚动条，在"值集"中选择"距离类型"为"列表"，如图7-70所示。

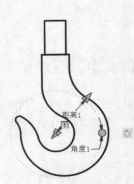

图 7-69 设置参数集　　图 7-70 特性选项板

08 单击"距离值列表"按钮 □，弹出"添加距离值"对话框，在其中添加距离值50、60、70、80，如图7-71所示。

09 在"块编写选项板"的"动作"选项卡中单击"缩放"按钮 📷，选择参数 "距离1"，全选图形，如图7-72所示。

图 7-7l 添加距离

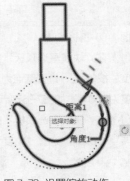

图 7-72 设置缩放动作

10 单击"打开/保存"面板中的"测试块"按钮 ，单击图形，如图7-73所示。

11 单击夹点，拖动图形，测试图块是否设置成功，如图7-74所示。测试成功后，单击"块编辑器"菜单栏中的"保存"按钮 ，将编辑好的动态块保存。

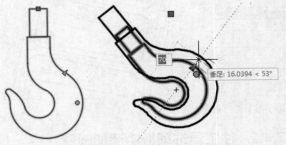

图 7-73 测试块　　图 7-74 测试效果

12 按快捷键Ctrl+3，弹出"工具选项板"，用鼠标右键单击左列的按钮，选择"新建选项板"，如图7-75所示。

13 设置新选项板名字"自制图块"，选择"吊钩"图块，将图块拖入"工具选项板"中，如图7-76所示。

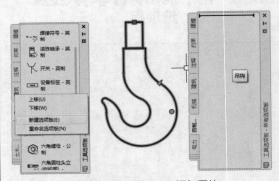

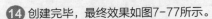

图 7-75 工具选项板　　图 7-76 添加图块

14 创建完毕，最终效果如图7-77所示。

图 7-77 最终效果

第 8 章

图形约束

　　图形约束是从AutoCAD 2010开始新增的一大功能，这已大大改变在AutoCAD中绘制图形的思路和方式。图形约束能够使设计更加方便，也是今后设计领域的发展趋势。常用的约束有几何约束和标注约束两种，其中几何约束用于控制对象的关系；标注约束用于控制对象的距离、长度、角度和半径等的值。

8.1 几何约束

几何约束用来定义图形元素和确定图形元素之间的关系。几何约束类型包括重合约束、共线约束、平行约束、垂直约束、同心约束、固定约束、平行约束、水平约束、竖直约束、相切约束、平滑约束、对称约束、相约束等。

8.1.1 重合约束

重合约束用于强制使两个点或一个点和一条直线重合。执行"重合"约束命令有以下方法。

◆ 功能区：单击"参数化"选项卡中"几何"面板上的"重合"按钮 ▙ 。

◆ 菜单栏：选择"参数"|"几何约束"|"重合"命令。

执行该命令后，根据命令行的提示，选择不同的两个对象上的第一个点和第二个点，将第二个点与第一个点重合，如图8-1所示。

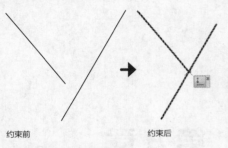

约束前　　　　　　　约束后

图 8-I 重合约束

8.1.2 共线约束

共线约束用于约束两条直线，使其位于同一直线上。执行"共线"约束命令有以下方法。

◆ 功能区：单击"参数化"选项卡中"几何"面板上的"共线"按钮 ▨ 。

◆ 菜单栏：选择"参数"|"几何约束"|"共线"命令。

执行该命令后，根据命令行的提示，选择第一个对象和第二个对象，将第二个对象与第一个对象共线，如图8-2所示。

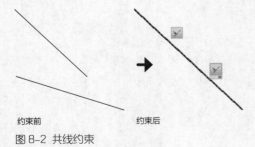

约束前　　　　　　约束后

图 8-2 共线约束

8.1.3 同心约束

同心约束用于约束选定的圆、圆弧或者椭圆，使其具有相同的圆心。执行"同心"约束命令有以下方法。

◆ 功能区：单击"参数化"选项卡中"几何"面板上的"同心"按钮 ◎ 。

◆ 菜单栏：选择"参数"|"几何约束"|"同心"命令。

执行该命令后，根据命令行的提示，分别选择第一个圆弧或圆和第二个圆弧或圆，第二个圆弧或圆将会移动，与第一个对象具有同一个圆心，如图8-3所示。

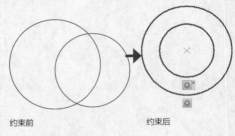

约束前　　　　　　　约束后

图 8-3 同心约束

8.1.4 固定约束

固定约束用于约束一个点或一条曲线，使其固定在相对于世界坐标系的特定位置和方向上。执行"固定"约束命令有以下方法。

◆ 功能区：单击"参数化"选项卡中"几何"面板上的"固定"按钮 ▧ 。

◆ 菜单栏：选择"参数"|"几何约束"|"固定"命令。

执行该命令后，根据命令行的提示，选择对象上的点，应用固定约束节点将被锁定，但仍然可以移动该对象，如图8-4所示。

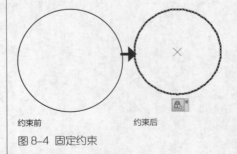

约束前　　　　　　约束后

图 8-4 固定约束

8.1.5 平行约束

平行约束用于约束两条直线，使其保持相互平行。执行"平行"约束命令有以下方法。

◆ 功能区：单击"参数化"选项卡中"几何"面板上的

"平行"按钮 ⫽ 。

◆ 菜单栏：选择"参数"|"几何约束"|"平行"命令。

执行该命令后，根据命令行的提示，依次选择要进行平行约束的两个对象，第二个对象将被设为与第一个对象平行，如图8-5所示。

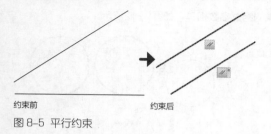

约束前　　　　　　　　约束后

图 8-5 平行约束

8.1.6 垂直约束

垂直约束用于约束两条直线，使其夹角始终保持90°。执行"垂直"约束命令有以下方法。

◆ 功能区：单击"参数化"选项卡中"几何"面板上的"垂直"按钮 ⟨ 。

◆ 菜单栏：选择"参数"|"几何约束"|"垂直"命令。

执行该命令后，根据命令行的提示，依次选择要进行垂直约束的两个对象，第二个对象将被设为与第一个对象垂直，如图8-6所示。

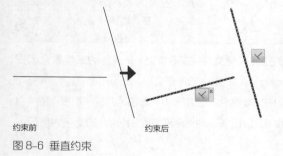

约束前　　　　　　　　约束后

图 8-6 垂直约束

8.1.7 水平约束

水平约束用于约束一条直线或一对点，使其与当前UCS的 X 轴保持平行。执行"水平"约束命令有以下方法。

◆ 功能区：单击"参数化"选项卡中"几何"面板上的"水平"按钮 ＝ 。

◆ 菜单栏：选择"参数"|"几何约束"|"水平"命令。

执行该命令后，根据命令行的提示，选择要进行水平约束的直线，直线将会自动水平放置，如图8-7所示。

8.1.8 竖直约束

竖直约束用于约束一条直线或者一对点，使其与当

前UCS的 Y 轴保持平行。执行"竖直"约束命令有以下方法。

◆ 功能区：单击"参数化"选项卡中"几何"面板上的"竖直"按钮 ⫼ 。

◆ 菜单栏：选择"参数"|"几何约束"|"竖直"命令。

执行该命令后，根据命令行的提示，选择要置为竖直的直线，直线将会自动竖直放置，如图8-8所示。

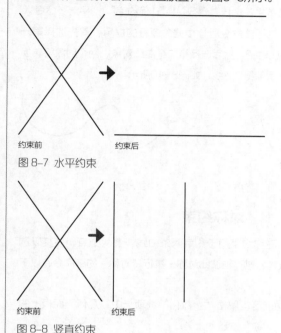

约束前　　　　　　　　约束后

图 8-7 水平约束

约束前　　　　　　　　约束后

图 8-8 竖直约束

8.1.9 相切约束

相切约束用于约束两条曲线，或是一条直线和一段曲线（圆、圆弧等），使其彼此相切或其延长线彼此相切。执行"相切"约束命令有以下方法。

◆ 功能区：单击"参数化"选项卡中"几何"面板上的"相切"按钮 ⟨ 。

◆ 菜单栏：选择"参数"|"几何约束"|"相切"命令。

执行该命令后，根据命令行的提示，依次选择要相切的两个对象，使第二个对象与第一个对象相切于一点，如图8-9所示。

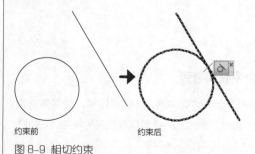

约束前　　　　　　　　约束后

图 8-9 相切约束

8.1.10 平滑约束

平滑约束用于约束一条样条曲线，使其与其他样条曲线、直线、圆弧或多段线彼此相连并保持平滑连续。执行"平滑"约束命令有以下方法。

◆ 功能区：单击"参数化"选项卡中的"几何"面板上的"平滑"按钮 。

◆ 菜单栏：选择"参数"|"几何约束"|"平滑"命令。

执行该命令后，根据命令行的提示，首先选择第一个曲线对象，然后选择第二个曲线对象，两个对象将转换为相互连续的曲线，如图8-10所示。

约束前　　　　　约束后

图 8-10 平滑约束

8.1.11 对称约束

对称约束用于约束两条曲线或者两个点，使其以选定直线为对称轴彼此对称。执行"对称"约束命令有以下方法。

◆ 功能区：单击"参数化"选项卡中"几何"面板上的"对称"按钮 。

◆ 菜单栏：选择"参数"|"几何约束"|"对称"命令。

执行该命令后，根据命令行的提示，依次选择第一个对象和第二个对象，然后选择对称直线，即可将选定对象关于选定直线对称约束，如图8-11所示。

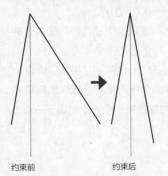

约束前　　　　　约束后

图 8-11 对称约束

8.1.12 相等约束

相等约束用于约束两条直线或多段线，使其具有相同的长度，或约束圆弧和圆使其具有相同的半径值。执行"相等"约束命令有以下方法。

◆ 菜单栏：选择"参数"|"几何约束"|"相等"命令。

◆ 功能区：单击"参数化"选项卡中"几何"面板上的"相等"按钮 。

执行该命令后，根据命令行的提示，依次选择第一个对象和第二个对象，第二个对象的相关参数即可与第一个对象的相关参数相等，如图8-12所示。

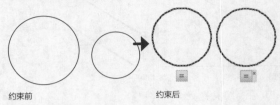

约束前　　　　　约束后

图 8-12 相等约束

在某些情况下，应用约束时两个对象选择的顺序非常重要。通常所选的第二个对象会根据第一个对象调整。例如应用水平约束时，第二个对象将调整为平行于第一个对象。

【练习 8-1】 通过约束修改几何图形

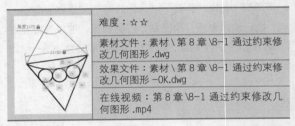

	难度：☆☆
	素材文件：素材 \ 第 8 章 \8-1 通过约束修改几何图形 .dwg
	效果文件：素材 \ 第 8 章 \8-1 通过约束修改几何图形 -OK.dwg
	在线视频：第 8 章 \8-1 通过约束修改几何图形 .mp4

01 打开素材文件"第8章\8-1 通过约束修改几何图形.dwg"，如图8-13所示。

02 在"参数化"选项卡中，单击"几何"面板中的"自动约束"按钮 ，对图形添加重合约束，如图8-14所示。

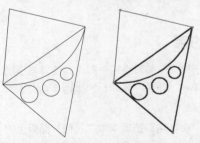

图 8-13 素材图形　　图 8-14 创建"自动约束"

03 在"参数化"选项卡中，单击"几何"面板中的"固定"按钮 ，选择直线上任意一点，为三角形的一边创建固定约束，如图8-15所示。

04 在"参数化"选项卡中，单击"几何"面板中的"相等"按钮 ，为3个圆创建相等约束，如图8-16所示。命令行操作如下。

命令：_GcEqual
        //调用"相等"约束命令
选择第一个对象或 [多个(M)]: M
        //激活"多个"对象选项
选择第一个对象:
        //选择左侧圆为第一个对象
选择对象以使其与第一个对象相等:
        //选择第二个圆
选择对象以使其与第一个对象相等:
        //选择第三个圆，并按Enter键结束操作

束，对圆弧圆心辅助线创建角度约束，结果如图8-19所示。

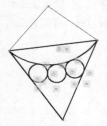 

图 8-18 创建"相切"约束　　图 8-19 创建标注约束

08 在"参数化"选项卡中，单击"管理"面板上的"参数管理器"按钮 f_x，在弹出的"参数管理器"选项板中修改标注约束参数，结果如图8-20所示。

图 8-20 "参数管理器"选项板

09 关闭"参数管理器"选项板，此时可以看到绘图区图形也发生了相应的变化，几何图形完成效果如图8-21所示。

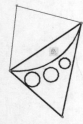

图 8-15 "固定"约束

05 按空格键重复命令操作，将三角形的边创建相等约束，如图8-17所示。

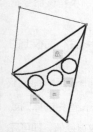 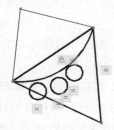

图8-16 为圆创建"相　　图8-17 为边创建"相
等"约束　　　　　　等"约束

06 在"参数化"选项卡中，单击"几何"面板中的"相切"按钮 ，选择相切关系的圆、直线边和圆弧，创建相切约束，如图8-18所示。

07 在"参数化"选项卡中，单击"标注"面板上的"对齐"按钮 和"角度"按钮 ，分别对三角形边创建对齐约

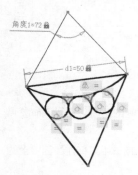

图 8-21 完成效果

8.2 尺寸约束

尺寸约束用于控制二维对象的大小、角度以及两点之间的距离，改变尺寸约束将使对象发生相应变化。尺寸约束类型包括水平约束、竖直约束、对齐约束、半径约束、直径约束和角度约束。

8.2.1 水平约束

水平约束用于约束两点之间的水平距离。执行该命令有以下方法。

◆ 功能区：单击"参数化"选项卡中"标注"面板上的"水平"按钮 。

◆ 菜单栏：选择"参数"|"标注约束"|"水平"命令。

执行该命令后，根据命令行的提示，分别指定第一个约束点和第二个约束点，然后修改尺寸值，即可完成水平尺寸约束，如图8-22所示。

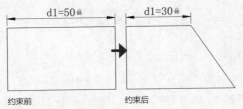

图 8-22 水平约束

8.2.2 竖直约束

竖直约束用于约束两点之间的竖直距离。执行该命令有以下方法。

◆ 功能区：单击"参数化"选项卡中"标注"面板上的"竖直"按钮。

◆ 菜单栏：选择"参数"|"标注约束"|"竖直"命令。

执行该命令后，根据命令行的提示，分别指定第一个约束点和第二个约束点，然后修改尺寸值，即可完成竖直尺寸约束，如图8-23所示。

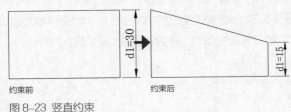

图 8-23 竖直约束

8.2.3 对齐约束

对齐约束用于约束两点之间的距离。执行该命令有以下方法。

◆ 功能区：单击"参数化"选项卡中"标注"面板上的"对齐"按钮。

◆ 菜单栏：选择"参数"|"标注约束"|"对齐"命令。

执行该命令后，根据命令行的提示，分别指定第一个约束点和第二个约束点，然后修改尺寸值，即可完成对齐尺寸约束，如图8-24所示。

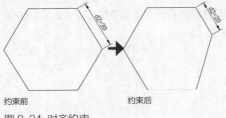

图 8-24 对齐约束

8.2.4 半径约束

半径约束用于约束圆或圆弧的半径。执行该命令有以下方法。

◆ 功能区：单击"参数化"选项卡中"标注"面板上的"半径"按钮。

◆ 菜单栏：选择"参数"|"标注约束"|"半径"命令。

执行该命令后，根据命令行的提示，首先选择圆或圆弧，再确定尺寸线的位置，然后修改半径值，即可完成半径尺寸约束，如图8-25所示。

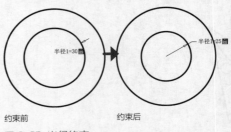

图 8-25 半径约束

8.2.5 直径约束

直径约束用于约束圆或圆弧的直径。执行该命令有以下方法。

◆ 功能区：单击"参数化"选项卡中"标注"面板上的"直径"按钮。

◆ 菜单栏：选择"参数"|"标注约束"|"直径"命令。

执行该命令后，根据命令行的提示，首先选择圆或圆弧，接着指定尺寸线的位置，然后修改直径值，即可完成直径尺寸约束，如图8-26所示。

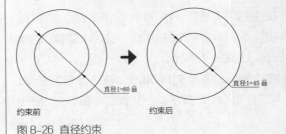

图 8-26 直径约束

8.2.6 角度约束

角度约束用于约束直线之间的角度或圆弧的包含角。执行该命令有以下方法。

◆ 功能区：单击"参数化"选项卡中"标注"面板上的"角度"按钮。

◆ 菜单栏：选择"参数"|"标注约束"|"角度"命令。

执行该命令后，根据命令行的提示，首先指定第一条直线和第二条直线，然后指定尺寸线的位置，最后修改角度值，即可完成角度尺寸约束，如图8-27所示。

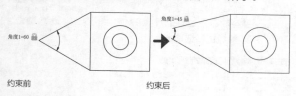

图 8-27　角度约束

【练习 8-2】通过尺寸约束修改机械图形

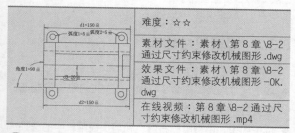

难度：☆ ☆
素材文件：素材 \ 第 8 章 \8-2 通过尺寸约束修改机械图形 .dwg
效果文件：素材 \ 第 8 章 \8-2 通过尺寸约束修改机械图形 -OK. dwg
在线视频：第 8 章 \8-2 通过尺寸约束修改机械图形 .mp4

01 打开素材文件"第8章\8-2 通过尺寸约束修改机械图形.dwg"，如图8-28所示。

02 在"参数化"选项卡中，单击"标注"面板上的"水平"按钮，水平约束图形，结果如图8-29所示。

03 在"参数化"选项卡中，单击"标注"面板上的"竖直"按钮，竖直约束图形，结果如图8-30所示。

04 在"参数化"选项卡中，单击"标注"面板上的"半径"按钮，半径约束圆孔并修改相应参数，如图8-31所示。

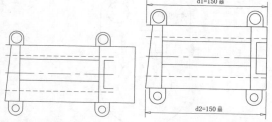

图 8-28　素材图形　　　　图 8-29　水平约束

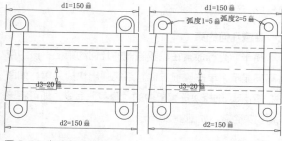

图 8-30　竖直约束　　　　图 8-3l　半径约束

05 在"参数化"选项卡中，单击"标注"面板上的"角度"按钮，为图形添加角度约束，结果如图8-32所示。

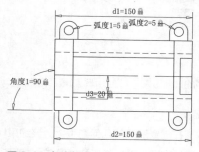

图 8-32　角度约束

8.3　编辑约束

参数化绘图中的几何约束和尺寸约束可以进行编辑，以下将对其进行讲解。

8.3.1　编辑几何约束

在参数化绘图中添加几何约束后，对象旁会出现约束图标。将十字光标移动到图形对象或图标上，然后相关的对象及图标将高亮显示。此时可以对添加到图形中的几何约束进行显示、隐藏以及删除等操作。

1. 全部显示几何约束

单击"参数化"选项卡中"几何"面板上的"全部显示"按钮，即可将图形中所有的几何约束显示出来，如图8-33所示。

2. 全部隐藏几何约束

单击"参数化"选项卡中的"几何"面板上的"全

部隐藏"按钮，即可将图形中所有的几何约束隐藏，如图8-34所示。

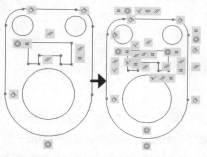

全部显示前　　　　全部显示后

图 8-33　全部显示几何约束

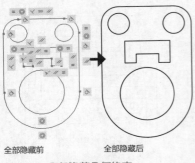

全部隐藏前　　　　　全部隐藏后

图 8-34　全部隐藏几何约束

3. 隐藏几何约束

将十字光标放置在需要隐藏的几何约束上，该约束将高亮显示，单击鼠标右键，系统弹出快捷菜单，如图8-35所示。选择快捷菜单中的"隐藏"命令，即可将该几何约束隐藏，如图8-36所示。

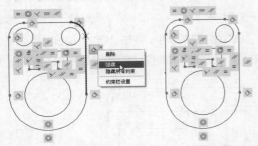

图 8-35　选择需隐藏的几何约束　　图 8-36　隐藏几何约束

4. 删除几何约束

将十字光标放置在需要删除的几何约束上，该约束将高亮显示，单击鼠标右键，系统弹出快捷菜单，如图8-37所示。选择快捷菜单中的"删除"命令，即可将该几何约束删除，如图8-38所示。

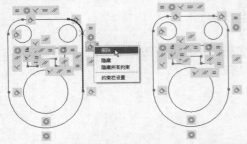

图 8-37　选择需删除的几何约束　　图 8-38　删除几何约束

5. 约束设置

单击"参数化"选项卡中的"几何"面板或"标注"面板右下角的小箭头，如图8-39所示。系统将弹出一个如图8-40所示的"约束设置"对话框。通过该对话框可以设置约束栏图标的显示类型以及约束栏图标的透明度。

图 8-39　"参数化"选项卡

图 8-40　"约束设置"对话框

8.3.2　编辑尺寸约束

编辑尺寸约束的方法如下。

◆ 双击尺寸约束或在命令行输入DDEDIT命令编辑值、变量名称或表达式。

◆ 选中约束，单击鼠标右键，利用快捷菜单中的选项编辑约束。

◆ 选中尺寸约束，拖动与其关联的三角形关键点改变约束的值，同时改变图形对象。

执行"参数"|"参数管理器"命令，系统弹出如图8-41所示的"参数管理器"选项板。在该选项板中列出了所有的尺寸约束，修改表达式的参数即可改变图形的大小。

执行"参数"|"约束设置"命令，系统弹出如图8-42所示的"约束设置"对话框，在其中可以设置标注名称的格式，是否"为注释性约束显示锁定图标"和是否"为选定对象显示隐藏的动态约束"。图8-43所示即取消"为注释性约束显示锁定图标"的前后效果对比。

图 8-41　"参数管理器"选项板　　图 8-42　"约束设置"对话框

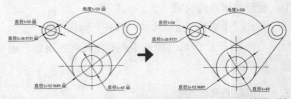

图 8-43　取消"为注释性约束显示锁定图标"的前后效果对比

【练习 8-3】 创建参数化图形

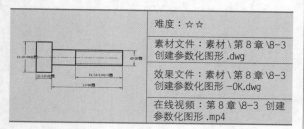

难度：☆☆	
素材文件：素材\第8章\8-3 创建参数化图形.dwg	
效果文件：素材\第8章\8-3 创建参数化图形 -OK.dwg	
在线视频：第8章\8-3 创建参数化图形.mp4	

通过常规方法绘制好的图形，在进行修改的时候，只能操作一步、修改一步，不能达到"一改俱改"的目的。对于日益激烈的工作竞争来说，这种效率绝对是难以满足要求的。因此可以考虑参数化大部分图形，使各个尺寸互相关联，这样就可以做到"一改俱改"。

01 打开素材文件"第8章\8-3 创建参数化图形.dwg"，其中已经绘制好了螺钉示意图，如图8-44所示。

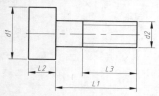

图 8-44 素材图形

02 该图形是使用常规方法创建的图形，对图形中的尺寸进行编辑修改时，不会对整体图形产生影响。如调整 d_2 部分尺寸大小时，d_1 不会发生改变，即使出现 $d_2 > d_1$ 这种不合理的情况。而对该图形进行参数化后，即可避免这种情况。

03 删除素材图中的所有尺寸标注。

04 在"参数化"选项卡中，单击"几何"面板上的"自动约束"按钮，框选整个图形并按Enter键确认，即可为整个图形快速添加约束，操作结果如图8-45所示。

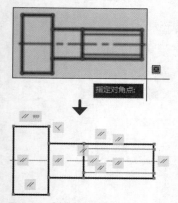

图 8-45 创建几何约束

05 在"参数化"选项卡中，单击"标注"面板上的"线性"按钮，根据图8-46所示的尺寸，依次添加线性尺寸约束，并修改其参数名称，结果如图8-46所示。

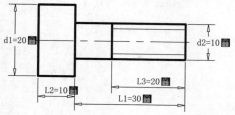

图 8-46 添加尺寸约束

06 在"参数化"选项卡中，单击"管理"面板中的"参数管理权"按钮 f_x，打开"参数管理器"选项板，在 L_3 栏中输入表达式"L_1*2/3"，再在 d_1 栏中输入表达式"2*d_2"、L_2 栏中输入"d_2"，如图8-47所示。

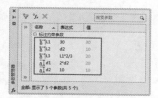

图 8-47 将尺寸参数相关联

07 这样添加的表达式，即表示 L_3 的长度始终为 L_1 的2/3，d_1 的尺寸始终为 d_2 的两倍，同时 L_2 段的长度数值与 d_2 数值相等。

08 单击"参数管理器"选项板左上角的"关闭"按钮，退出参数管理器，此时可见图形的约束尺寸变成了 f_x 开头的参数尺寸，如图8-48所示。

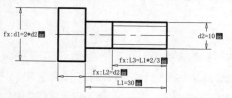

图 8-48 尺寸参数化后的图形

09 此时双击 L_1 或 d_2 处的尺寸约束，然后输入新的数值，如使 $d_2=20$、$L_1=90$，则可以快速得到新图形，如图8-49所示。

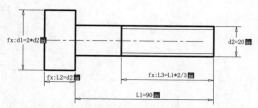

图 8-49 调整参数即可改变图形

10 由此可见只需输入不同的数值，便可以得到全新的正确图形，大大提高了绘图效率，对于标准化图纸来说尤其有效。

第 9 章

图形打印和输出

当完成所有的设计和制图工作之后，就需要将图形文件通过绘图仪或打印机输出为图纸。本章主要讲述AutcCAD出图过程中涉及的一些问题，包括模型空间与图样空间的转换、打印样式、打印比例设置等。

9.1 模型空间与布局空间

模型空间和布局空间是两个功能不同的工作空间，单击绘图区下面的标签页，可以在模型空间和布局空间切换，一个打开的文件中只有一个模型空间和两个默认的布局空间。用户也可创建更多的布局空间。

9.1.1 模型空间

当打开或新建一个图形文件时，系统将默认进入模型空间，如图9-1所示。模型空间是一个无限大的绘图区域，可以在其中创建二维或三维图形，以及进行必要的尺寸标注和文字说明等操作。

图 9-1 模型空间

模型空间对应的窗口称模型窗口，在模型窗口中，十字光标在整个绘图区域都处于激活状态，并且可以创建多个不重复的平铺视口，以展示图形的不同视口。如在绘制机械三维图形时，可以创建多个视口，以从不同的角度观测图形。在一个视口中对图形做出修改后，其他视口也会随之更新，如图9-2所示。

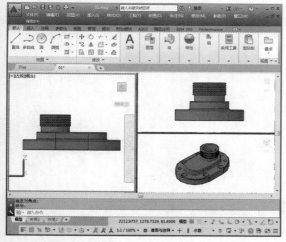

图 9-2 模型空间的视口

9.1.2 布局空间

布局空间又称为图纸空间，主要用于出图。模型建立后，需要将模型打印到纸面上形成图样。使用布局空间可以方便地设置打印设备、纸张、比例尺、图样布局等，还可以预览实际出图的效果，如图9-3所示。

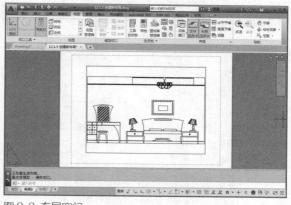

图 9-3 布局空间

布局空间对应的窗口称布局窗口。可以在同一个AutoCAD文档中创建多个不同的布局图。单击工作区左下角的各个布局按钮，可以从模型窗口切换到各个布局窗口。当需要将多个视图放在同一张图样上输出时，布局窗口就可以很方便地控制图形的位置，输出比例等参数。

9.1.3 空间管理

使用鼠标右键单击绘图窗口下"模型"或"布局"选项卡，在弹出的快捷菜单中选择相应的命令，可以对布局窗口进行删除、新建、重命名、移动、复制、页面设置等操作，如图9-4所示。

1. 空间的切换

在"模型"窗口中绘制完图样后，若需要进行打印，可单击绘图区左下角的布局空间标签，即"布局1"和"布局2"，进入布局空间，对图样打印输出的布局效果进行设置。设置完毕后，单击"模型"标签即可返回到模型空间，如图9-5所示。

2. 插入样板布局

在AutoCAD中，提供了多种样板布局供用户使用。其创建方法如下。

◆ 菜单栏：选择"插入"|"布局"|"来自样板的布局"命令，如图9-4所示。

◆ 功能区：在"布局"选项卡中，单击"布局"面板上的"从样板"按钮 ，如图9-5所示。

◆ 快捷方式：使用鼠标右键单击绘图区左下方的布局选项卡，在弹出的快捷菜单中选择"从样板"命令。

图9-4 "菜单栏"调用 "来自样板的布局"命令　　图9-5 "功能区"调用"从样板"命令

执行上述命令后，将弹出"从文件选择样板"对话框，可以在其中选择需要的样板创建布局。

【练习 9-1】插入样板布局

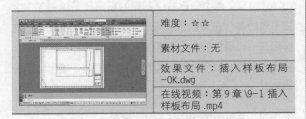

难度：☆☆	
素材文件：无	
效果文件：插入样板布局 -OK.dwg	
在线视频：第 9 章 \9-1 插入 样板布局 .mp4	

如果需要将图纸发送给国外的客户，可以尽量采用AutoCAD中自带的英制或公制模板。

01 单击快速访问工具栏中的"新建"按钮 ，新建空白文档。

02 在"布局"选项卡中，单击"布局"面板上的"从样板"按钮 ，系统弹出"从文件选择样板"对话框，如图9-6所示。

03 选择"Tutorial-iArch.dwt"，单击"打开"按钮，系统弹出"插入布局"对话框，如图9-7所示，选择布局名称后单击"确定"按钮。

04 完成样板布局的插入，切换至新创建的"D-Size

Layout"布局空间，效果如图9-8所示。

图9-6 "从文件选择样板"对话　　图9-7 "插入布局"对话框

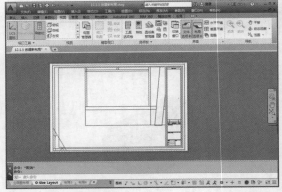

图9-8 样板空间

3. 布局的组成

布局图中通常存在3个边界，如图9-9所示，最外层的是纸张边界，是由"纸张设置"中的纸张类型和打印方向确定的。虚线线框为打印边界，其作用与Word文档中的页边距一样，只有位于打印边界内部的图形才会被打印出来。位于图形四周的（即最里面的）实线线框为视口边界，边界内部的图形就是模型空间中的模型，视口边界的大小和位置是可调的。

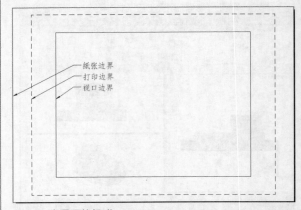

图9-9 布局图的组成

9.2 布局图样

在正式出图之前，需要在布局窗口中创建好布局图，并对绘图设备、打印样式、纸张、比例尺和视口等进行设置。布局图显示的效果就是图样打印的实际效果。

9.2.1 创建布局

打开一个新的AutoCAD图形文件时，就已经存在了"布局1"和"布局2"。在布局图标签上右击，弹出快捷菜单。在弹出的快捷菜单中选择"新建布局"命令，通过该方法，可以新建更多的布局图。"创建布局"命令的方法如下。

◆ 功能区：在"布局"选项卡中，单击"布局"面板中的"新建"按钮 。

◆ 菜单栏：选择"插入"|"布局"|"新建布局"命令。

◆ 命令行：输入LAYOUT。

◆ 快捷方式：在"布局"选项卡上单击鼠标右键，在弹出的快捷菜单中选择"新建布局"命令。

上文介绍的方法所创建的布局，都与图形自带的"布局1"与"布局2"相同，如果要创建新的布局，只能通过布局向导来创建。下面通过一个例子来进行介绍。

【练习 9-2】 通过向导创建布局

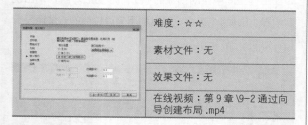

	难度：☆☆
	素材文件：无
	效果文件：无
	在线视频：第 9 章 \9-2 通过向导创建布局 .mp4

通过向导创建布局，可以选择"打印机／绘图仪"、定义"图纸尺寸"、插入"标题栏"等，还能够自定义视口，能够使模型在视口中显示完整。这些定义能够被创建为模板文件（.dwt），方便调用。要使用向导创建布局，可以按以下方法来操作。

◆ 方法一：在命令行中输入LAYOUTWIZARD后按Enter键。

◆ 方法二：单击"插入"菜单，在弹出的下拉菜单中选择"布局"|"创建布局向导"命令。

◆ 方法三：单击"工具"菜单，在弹出的下拉菜单中选择"向导"|"创建布局"命令。

01 新建空白文档，然后按上述任意方法执行命令后，系统弹出"创建布局-开始"对话框，在"输入新布局的名

称"文本框中输入名称，如图9-10所示。

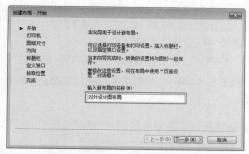

图 9-10 "创建布局 - 开始"对话框

02 单击"下一步"按钮，跳转到"创建布局-打印机"对话框，在绘图仪列表框中选择合适的选项，如图9-11所示。

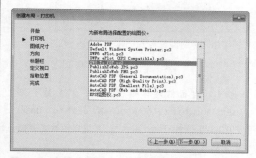

图 9-11 "创建布局 - 打印机"对话框

03 单击"下一步"按钮，跳转到"创建布局-图纸尺寸"对话框，在图纸尺寸下拉列表框中选择合适的尺寸，尺寸根据实际图纸的大小来确定，这里选择A4图纸，如图9-12所示。并设置图形单位为"毫米"。

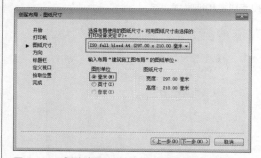

图 9-12 "创建布局 - 图形尺寸"对话框

04 单击"下一步"按钮，跳转到"创建布局-方向"对话框，一般选择图形方向为"横向"，如图9-13所示。

图 9-13 "创建布局 – 方向"对话框

05 单击"下一步"按钮，跳转到"创建布局–标题栏"对话框，如图 9-14所示，此处选择系统自带的国外版建筑图标题栏。

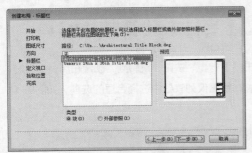

图 9-14 "创建布局 – 标题栏"对话框

> **提示**
>
> 用户也可以自行创建标题栏文件，然后放至路径：C:\Users\Administrator\AppData\Local\Autodesk\AutoCAD 2020\R20.1\chs\Template中。可以以图块或外部参照的方式创建布局。

06 单击"下一步"按钮，跳转到"创建布局–定义视口"对话框，在"视口设置"选项组中可以设置4种不同的选项，如图9-15所示。这与"VPORTS"命令类似，在这里可以设置"阵列"视口，而在"视口"对话框中可以修改视图样式和视觉样式等。

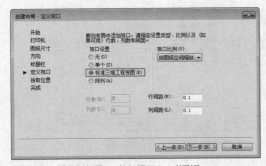

图 9-15 "创建布局 – 定义视口"对话框

07 单击"下一步"按钮，跳转到"创建布局–拾取位

置"对话框，如图9-16所示。单击"选择位置"按钮，可以在图纸空间中选择矩形作为视口，如果不指定位置直接单击"下一步"按钮，系统会默认以"布满"的方式。

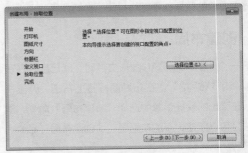

图 9-16 "创建布局 – 拾取位置"对话框

08 单击"下一步"按钮，跳转到"创建布局–完成"对话框，再单击对话框中"完成"按钮，结束整个布局的创建。

9.2.2 调整布局

创建好一个新的布局图后，接下来的工作就是对布局图中的图形位置和大小进行调整和布置。

1. 调整视口

视口的大小和位置是可以调整的，视口边界实际上是在图样空间中自动创建的一个矩形图形对象，单击视口边界，出现4个夹点，可以利用夹点拉伸的方法调整视口，如图 9-17所示。

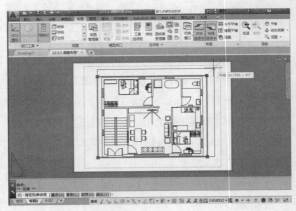

图 9-17 利用夹点调整视口

如果出图时只需要一个视口，通常可以调整视口边界直到它充满整个打印边界。

2. 设置图形比例

设置比例尺是出图过程中最重要的一个步骤，该比例尺反映了图上距离和实际距离的换算关系。

AutoCAD制图和传统纸面制图在设置比例尺这一步骤上有很大的不同。传统制图的比例尺一开始就已经确定，并且绘制的是经过比例换算后的图形。而在AutoCAD建模过程中，在布局空间中始终按照1：1的实际尺寸绘图。只有在出图时，才按照比例尺寸将模型缩小到布局图上进行出图。

如果需要观看当前布局图的比例尺，首先应在视口内部双击，使当前视口内的图形处于激活状态，然后单击工作区右下角"图样"/"模型"切换开关，将视口切换到模型空间状态。然后打开视口工具栏。在该工具栏右边文本框中显示的数值，就是图样空间相对于模型空间的比例尺，同时也是出图时的最终比例。

3. 在图样空间中增加对象

有时候需要在出图时添加一些不属于模型本身的内容，例如制图说明、图例符号、图框、标题栏、会签栏等，此时可以在布局空间状态下添加这些对象，这些对象只会添加到布局图中，而不会添加到模型空间中。

9.3 打印出图

打印出图之前还需设定好页面设置，这是出图准备过程中的最后一个步骤。打印的图形在进行布局之前，先要对布局的页面进行设置，以确定出图的纸张大小等参数。页面设置包括打印设备、纸张、打印区域、打印方向等参数的设置。页面设置可以命名保存，可以将同一个页面设置应用到多个布局图中，也可以从其他图形中输入命名页设置并应用到当前图形的布局中，这样就避免了在每次打印前都进行打印设置的麻烦。

页面设置在"页面设置管理器"对话框中进行，调用"新建页面设置"的方法如下。

◆ 功能区：在"输出"选项卡中，单击"布局"面板或"打印"面板上的"页面设置管理器"按钮 ⬚，如图9-18所示。

◆ 菜单栏：选择"文件"|"页面设置管理器"命令，如图9-19所示。

◆ 命令行：输入PAGESETUP。

图 9-18 菜单栏调用"页面设置管理器"命令

图 9-19 功能区调用"页面设置管理器"命令

◆ 快捷方式：使用鼠标右键单击绘图区下的"模型"或"布局"选项卡，在弹出的快捷菜单中，选择"页面设置管理器"命令。

执行该命令后，将打开"页面设置管理器"对话框，如图9-20所示，对话框中显示了已存在的所有页面设置的列表。通过鼠标右键单击页面设置，或鼠标左键单击右边的工具按钮，可以对页面设置进行新建、修改、删除、重命名或置为当前等操作。

单击对话框中的"新建"按钮，新建一个页面，或选中某页面设置后单击"修改"按钮，都将打开如图9-21所示的"页面设置-模型"对话框。在该对话框中，可以进行打印设备、图纸尺寸、打印区域、打印比例等设置。

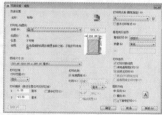

图 9-20 "页面设置管理器"对话框　　图 9-21 "页面设置-模型"对话框

9.3.1 指定打印设备

"打印机/绘图仪"用于设置出图的打印机或绘图仪。如果打印设备已经与计算机或网络系统正确连接，并且驱动程序也已经正常安装，那么在"名称"下拉列表框中就会显示该打印设备的名称，可以选择需要打印设备。

AutoCAD将打印介质和打印设备的相关信息储存在扩展名为.pc3的打印配置文件中，这些信息包括绘图仪配置、指定端口信息、光栅图形和矢量图形的质量、图样尺寸，以及取决于绘图仪类型的自定义特性。这样使得打印配置可以用于其他AutoCAD文档，能够实现共享，避免了重复设置。

单击"输出"选项卡"打印"组面板上的"打印"按钮，系统弹出"打印-模型"对话框，如图9-22所示。在"打印机／绘图仪"选项的"名称"下拉列表框中选择要设置的名称选项，单击右边的"特性"按钮 ，系统弹出"绘图仪配置编辑器-DWG To PDF.pc3"对话框，如图9-23所示。

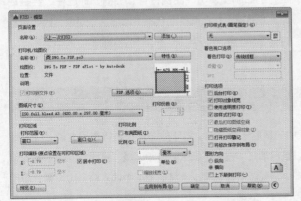

图 9-22 "打印－模型"对话框

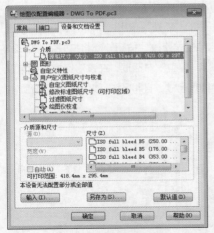

图 9-23 "绘图仪配置编辑器"对话框

切换到"设备和文档设置"选项卡，选择各个节点，然后进行更改即可。

9.3.2 设定图纸尺寸

在"图纸尺寸"下拉列表框中选择打印出图时的纸张类型，控制出图比例。

工程制图的图纸有一定的规范尺寸，一般采用英制A系列图纸尺寸，包括A0、A1、A2等标准型号，以及A0+、A1+等加长图纸型号。图纸加长的规定是：可以将边延长1/4或1/4的整数倍，最多可以延长至原尺寸的两倍，短边不可延长。各型号图纸的尺寸如表 9-1 所示。

表 9-1 标准图纸尺寸

图纸型号	长宽尺寸
A0	1189mm×841mm
A1	841mm×594mm
A2	594mm×420mm
A3	420mm×297mm
A4	297mm×210mm

新建图纸尺寸的步骤为首先在打印机配置文件中新建一个或若干个自定义尺寸，然后保存为新的打印机配置文件。这样，以后需要使用自定义尺寸时，只需要在"打印机/绘图仪"选项组中选择该配置文件即可。

9.3.3 设置打印区域

在使用模型空间打印时，一般在"打印"对话框中设置打印范围，如图 9-24所示。

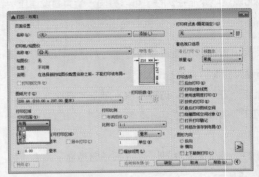

图 9-24 设置打印范围

"打印范围"下拉列表框用于确定设置图形中需要打印的区域，其各选项含义如下。

◆ 布局：打印当前布局图中的所有内容。该选项是默认选项，选择该项可以精确地确定打印范围、打印尺寸和比例。

◆ 窗口：用窗选的方法确定打印区域。单击该按钮后，"打印"对话框暂时消失，系统返回绘图区，可以用十字光标在模型窗口中的工作区拉出一个矩形窗口，该窗口内的区域就是打印范围。使用该选项确定打印范围简单方便，但是不能精确比例尺和出图尺寸。

◆ 范围：打印模型空间中包含所有图形对象的范围。

◆ 显示：打印模型窗口当前视图状态下显示的所有图形对象，可以通过"缩放"调整视图状态，从而调整打印范围。

在使用布局空间打印图形时，单击"打印"面板上的"预览"按钮 ，预览当前的打印效果，如图 9-25所示。有时会出现部分不能完全打印的状况，这是因为图形大小超越了图纸可打印区域。可通过"绘图配置编辑器"对话框中的"修改标准图纸尺寸（可打印区域）"选择重新设置图纸的可打印区域来解决，图 9-26所示的虚线表示图纸的可打印区域。

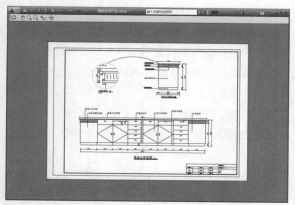

图 9-25 打印预览

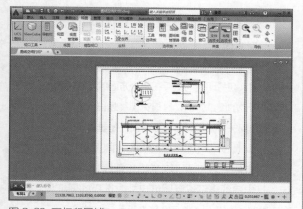

图 9-26 可打印区域

单击"打印"面板上的"绘图仪管理器"按钮，系统弹出"Plotters"文件夹，如图 9-27所示。双击所设置的打印设备，系统弹出"绘图配置编辑器"对话框，在对话框中选择"修改标准图纸尺寸（可打印区域）"选项，重新设置图纸的可打印区域，如图 9-28所示。也可在"打印"对话框中选择打印设备后，再单击右边的"特性"按钮，打开"绘图仪配置编辑器"对话框。

图 9-27 "Plotters"文件夹

图 9-28 "绘图仪配置编辑器"对话框

在"修改标准图纸尺寸"栏中选择当前使用的图纸类型（即在"页面设置"对话框中的"图纸尺寸"列表中选择的图纸类型），如图 9-29所示。不同打印机有不同的显示。

单击"修改"按钮，弹出"自定义图纸尺寸"对话框，如图 9-30所示，分别设置上、下、左、右的页边距（使打印范围略大于图框即可），单击两次"下一步"按钮，再单击"完成"按钮，返回"绘图仪配置编辑器"对话框，单击"确定"按钮关闭对话框。

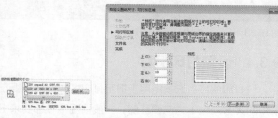

图 9-29 选择图纸   图 9-30 "自定义图纸尺寸"对话框
类型

修改图纸可打印区域之后，此时布局如图 9-31所示（虚线内表示可打印区域）。

在命令行中输入LAYER，调用"图层特性管理器"命令，系统弹出"图层特性管理器"对话框，将视口边框所在图层设置为不可打印，如图 9-32所示。这样视口边框将不会被打印。

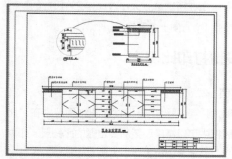

图 9-31 布局效果

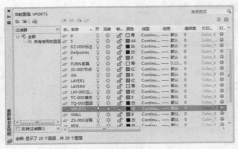

图 9-32 设置视口边框图层属性

再次预览打印效果如图 9-33所示，图形可以正确打印。

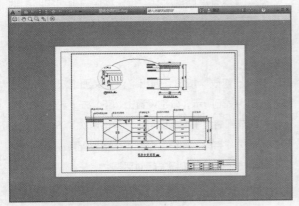

图 9-33 修改页边距后的打印效果

9.3.4 设置打印偏移

"打印偏移"选项组用于指定打印区域偏离图纸左下角的 X 方向和 Y 方向偏移值，一般情况下，都要求出图充满整个图纸，所以设置 X 和 Y 偏移值均为0，如图9-34所示。

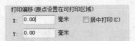

图 9-34 "打印偏移"设置选项

通常情况下打印的图形和纸张的大小一致，不需要修改设置。选中"居中打印"复选框，则图形居中打印。这个"居中"是指在所选纸张大小A1、A2等尺寸的基础上居中，也就是4个方向上各留空白。

9.3.5 设置打印比例

1. 打印比例

"打印比例"选项组用于设置出图比例尺。在"比例"下拉列表框中可以精确设置需要出图的比例尺。如果选择"自定义"选项，则可以在下方的文本框中设置与图形单位等价的英寸数来创建自定义比例尺。

如果对出图比例尺和打印尺寸没有要求，可以直接选中"布满图纸"复选框，这样AutoCAD会将打印区域自动缩放到充满整个图纸。"缩放线宽"复选框用于设置线宽值是否按打印比例缩放。通常要求直接按照线宽值打印，而不按打印比例缩放。

在AutoCAD中，有如下方法控制打印出图比例。

◆ 在打印设置或页面设置的"打印比例"选项组设置比例，如图9-35所示。

◆ 在图纸空间中使用视口控制比例，然后按照1∶1打印。

图 9-35 "打印比例"设置选项

2. 图形方向

工程制图多需要使用大幅的卷筒纸打印，在使用卷筒纸打印时，在打印方向上存在两个方面的问题：第一，图纸阅读时所说的图纸方向，是横宽还是竖长；第二，图形与卷筒纸的方向关系，是顺着出纸方向还是垂直于出纸方向。

在AutoCAD中使用图纸尺寸和图形方向来控制最后出图的方向。在"图形方向"区域可以看到小示意图，其中白纸表示设置图纸尺寸时选择的图纸尺寸是横宽还是竖长，字母A表示图形在纸张上的方向。

9.3.6 指定打印样式表

"打印样式表"下拉列表框用于选择已存在的打印样式，从而非常方便地用设置好的打印样式替代图形对象原有属性，并体现到出图格式中。

9.3.7 设置打印方向

在"图形方向"选项组中选择纵向或横向打印，选中"上下颠倒打印"复选按钮，可以上下颠倒地放置并打印图形。

9.3.8 最终打印

在完成上述的所有设置工作后，就可以开始打印出图了。调用"打印"命令的方法如下。

◆ 功能区：在"输出"选项卡中，单击"打印"面板上的"打印"按钮 。

◆ 菜单栏：选择"文件"|"打印"命令。

◆ 命令行：输入PLOT。

◆ 快捷键：Ctrl+P。

在模型空间中，执行"打印"命令后，系统弹出"打印-模型"对话框，如图9-36所示。该对话框可以进行出图前的最后设置。

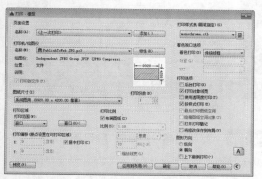

图 9-36 模型空间"打印-模型"对话框

下面通过具体的实例来讲解模型空间打印的具体步骤。

【练习 9-3】 零件图打印实例

难度：☆☆
素材文件：素材\第9章\9-3 零件图打印实例.dwg
效果文件：素材\第9章\9-3 零件图打印实例.pdf
在线视频：第9章\9-3 零件图打印实例.mp4

通过本实例的操作，读者可以熟悉布局空间的创建、多视口的创建、视口的调整、打印比例的设置、图形的打印等。

01 单击快速访问工具栏中的"打开"按钮，打开提供的配套资源"第9章\9-3 零件图打印实例.dwg"素材文件，如图9-37所示。

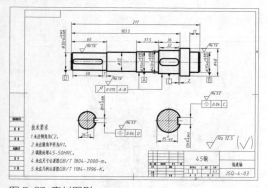

图 9-37 素材图形

02 按快捷键Ctrl+P，弹出"打印-模型"对话框。然后在"名称"下拉列表框中选择所需的打印机，本例以"DWG To PDF.pc3"打印机为例。该打印机可以打印

出PDF格式的图形文件。

03 设置图纸尺寸。在"图纸尺寸"下拉列表框中选择"ISO full bleed A3（420.00 × 297.00 毫米）"选项，如图9-38所示。

图 9-38 设置图形尺寸

04 设置打印区域。在"打印范围"下拉列表框中选择"窗口"选项，系统自动返回至绘图区，然后在其中框选出要打印的区域即可，如图9-39所示。

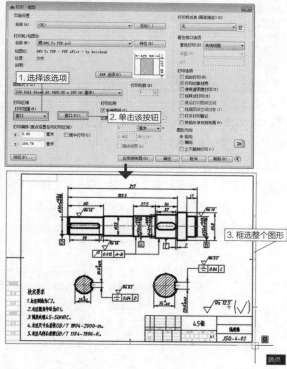

图 9-39 设置打印区域

05 设置打印偏移。返回"打印"对话框之后，勾选"打印偏移"选项区域中的"居中打印"选项，如图9-40所示。

06 设置打印比例。取消勾选"打印比例"选项区域中的"布满图纸"选项，然后在"比例"下拉列表框中选择

1：1选项，如图9-41所示。

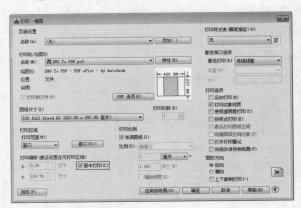

图 9-40 设置打印偏移

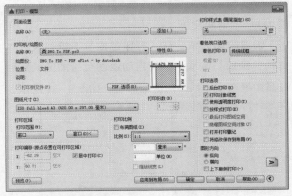

图 9-41 设置打印比例

07 设置图形方向。本例图框为横向放置，因此在"图形方向"选项区域中选择打印方向为"横向"，如图9-42所示。

08 打印预览。所有参数设置完成后，单击对话框左下角的"预览"按钮进行打印预览，效果如图9-43所示。

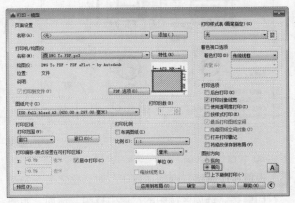

图 9-42 设置图形方向

09 打印图形。图形显示无误后，便可以在预览窗口中单击鼠标右键，在弹出的快捷菜单中选择"打印"选项，即可打印。

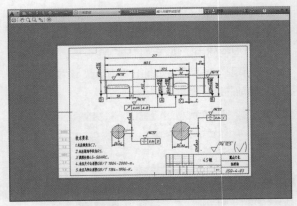

图 9-43 打印预览

延伸讲解 **打印出高分辨率的 JPG 图片**

DWG图纸还可以通过命令将选定对象输出为不同格式的图像，例如使用JPGOUT命令导出JPEG图像文件、使用BMPOUT命令导出BMP位图图像文件、使用TIFOUT命令导出TIF图像文件、使用WMFOUT命令导出Windows图元文件等。但是导出的这些格式的图像分辨率较低，如果图形比较大，就无法满足印刷的要求，如图9-44所示。

图 9-44 分辨率较低的 JPG 图片

不过，学习了打印方法后，就可以通过修改图纸尺寸的方式输出高分辨率的JPG图片，如图9-45所示。

图 9-45 分辨率较高的 JPG 图片

9.4 文件的输出

AutoCAD拥有强大、方便的绘图工具，有时候我们利用其绘图后，需要将绘图的结果用于其他程序，在这种情况下，我们需要将AutoCAD图形输出为通用格式的图像文件，如JPG、PDF等。

9.4.1 输出为DXF文件

DXF是Autodesk公司开发的用于AutoCAD与其他软件之间进行CAD数据交换的CAD数据文件格式。

DXF即Drawing Exchange File(图形交换文件)，这是一种ASCII文本文件，它包含对应的dwg文件的全部信息，不是ASCII码形式，可读性差，但用它形成图形速度快。不同类型的计算机哪怕是用同一版本的文件，其DWG文件也是不可交换的。为了克服这一缺点，AutoCAD提供了DXF类型文件，其内部为ASCII码，这样不同类型的计算机可通过交换DXF文件来达到交换图形的目的，由于DXF文件可读性好，用户可方便地对它进行修改、编程，达到从外部图形进行编辑、修改的目的。

【练习 9-4】 输出DXF文件在其他建模软件中打开

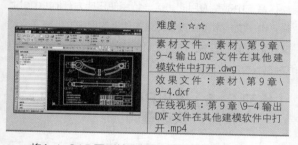

	难度：☆☆
	素材文件：素材\第9章\9-4 输出 DXF 文件在其他建模软件中打开 .dwg
	效果文件：素材\第9章\9-4.dxf
	在线视频：第9章\9-4 输出 DXF 文件在其他建模软件中打开 .mp4

将AutoCAD图形输出为DXF文件后，就可以导入至其他的建模软件中打开，如NX、Creo、Sketchup等。DXF文件适用于AutoCAD的二维草图输出。

01 打开要输出的素材文件"第9章\9-4 输出DXF文件在其他建模软件中打开.dwg"，如图9-46所示。

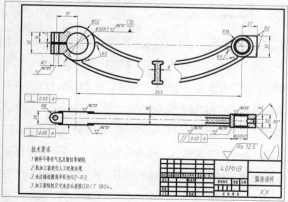

图 9-46 素材图形

02 单击快速访问工具栏"另存为"按钮，或按快捷键Ctrl+Shift+S，打开"图形另存为"对话框，选择输出路径，输入新的文件名为"9-4"，在"文件类型"下拉列表框中选择"AutoCAD 2018 DXF（*.dxf）"选项，如图9-47所示。

图 9-47 "图形另存为"对话框

03 在建模软件中导入生成的"9-4.dxf"文件，具体方法请见各软件有关资料，最终效果如图9-48所示。

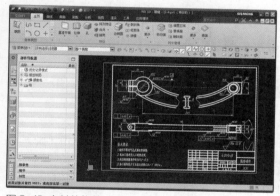

图 9-48 在其他软件（NX）中导入的 DXF 文件

9.4.2 输出为STL文件

STL文件是一种平板印刷文件，可以将实体数据以三角形网格面形式保存，一般用来转换AutoCAD的三维模型。近年来发展迅速的3D打印技术就需要使用到该种文件格式。除了3D打印之外，STL文件还用于通过沉淀塑料、金属或复合材质的薄图层的连续性来创建对象。生成的部分和模型通常用于以下方面。

◆ 可视化设计概念，识别设计问题。

◆ 创建产品实体模型、建筑模型和地形模型，测试外形、拟合和功能。

◆ 为真空成型法创建主文件。

【练习 9-5】输出STL文件并用于3D打印

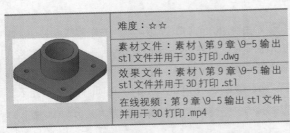

难度：☆☆
素材文件：素材\第9章\9-5 输出 stl 文件并用于 3D 打印 .dwg
效果文件：素材\第9章\9-5 输出 stl 文件并用于 3D 打印 .stl
在线视频：第9章\9-5 输出 stl 文件并用于 3D 打印 .mp4

除了专业的三维建模，AutoCAD 2020所提供的三维建模命令也可以使用用户创建出自己想要的模型，并通过输出STL文件来进行3D打印。

① 打开素材文件"第9章\9-5 输出stl文件并用于3D打印.dwg"，其中已经创建好了三维模型，如图9-49所示。

② 单击"应用程序"按钮 ▲，在弹出的下拉菜单中选择"输出"选项，在右侧的输出菜单中选择"其他格式"命令，如图9-50所示。

图 9-49 素材模型　　图 9-50 输出其他格式

③ 系统自动打开"输出数据"对话框，在文件类型下拉列表框中选择"平板印刷（*.stl）"选项，单击"保存"按钮，如图9-51所示。

图 9-5l "输出数据"对话框

④ 单击"保存"按钮后系统返回绘图界面，命令行提示选择实体或无间隙网络，手动将整个模型选中，然后按Enter键完成选择，即可在指定路径生成STL文件，如图9-52所示。

图 9-52 输出 STL 文件

⑤ 该STL文件即可支持3D打印，具体方法请参阅3D打印的有关资料。

9.4.3　输出为PDF文件

PDF（Portable Document Format，便携式文档格式），是由Adobe 开发公司的文件格式。PDF文件以PostScript语言图像模型为基础，无论在哪种打印机上都可保证精确的颜色和准确的打印效果，即PDF会忠实地再现原稿的每一个字符、颜色以及图像。

PDF这种文件格式与操作系统无关，也就是说，PDF文件不管是在Windows、UNIX，还是在macOS等操作系统中都是通用的。这一特点使它成为在Internet上进行电子文档发行和数字化信息传播的理想文档格式。越来越多的电子图书、产品说明、公司文稿、网络资料、电子邮件使用PDF格式文件。

【练习 9-6】输出PDF文件供客户快速查阅

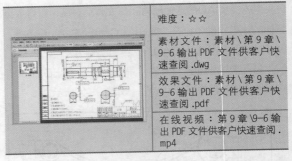

难度：☆☆
素材文件：素材\第9章\9-6 输出 PDF 文件供客户快速查阅 .dwg
效果文件：素材\第9章\9-6 输出 PDF 文件供客户快速查阅 .pdf
在线视频：第9章\9-6 输出 PDF 文件供客户快速查阅 .mp4

对于AutoCAD用户来说，掌握PDF文件的输出尤为重要。因为有些客户并非设计专业，在他们的计算机中不会装有AutoCAD或者简易的Autodesk DWF Viewer，这样交流设计图的时候就会很麻烦，直接通过截图的方式交流，截图的分辨率低；打印成高分辨率的JPEG图形又不方便添加批注等信息。这时就可以将DWG图形输出为PDF文件，既能高清还原AutoCAD图纸信息，又能添加

批注，更重要的是PDF文件普及度高，任何平台、任何系统都能有效打开。

01 打开素材文件"第9章\9-6 输出PDF文件供客户快速查阅.dwg"，其中已经绘制好了一完整图纸，如图9-53所示。

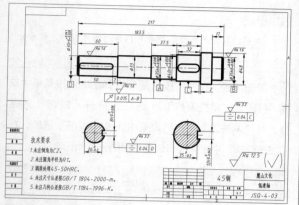

图 9-53 素材图形

02 单击"应用程序"按钮，在弹出的下拉菜单中选择"输出"选项，在右侧的输出菜单中选择"PDF"，如图9-54所示。

图 9-54 输出 PDF

03 系统自动打开"另存为PDF"对话框，在对话框中指定输出路径、文件名，然后在"PDF预设"下拉列表框中选择"AutoCAD PDF（High Quality Print）"，即"高品质打印"，读者也可以自行选择要输出PDF的品质，如图9-55所示。

图 9-55 "另存为PDF"对话框

04 在对话框的"输出"下拉列表框中选择"窗口"，系统返回绘图界面，然后选择素材图形即可，如图9-56所示。

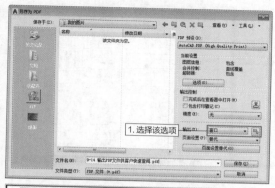

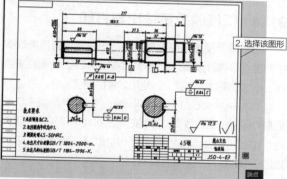

图 9-56 定义输出窗口

05 在对话框的"页面设置"下拉列表框中选择"替代"，再单击下方的"页面设置替代"按钮，打开"页面设置替代"对话框，在其中定义好打印样式和图纸尺寸等，如图9-57所示。

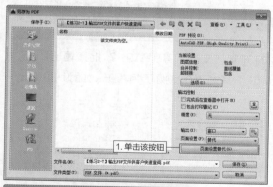

图 9-57 定义页面设置

06 单击"确定"按钮返回"另存为PDF"对话框，再单击"保存"按钮，即可输出PDF文件，效果如图9-58所示。

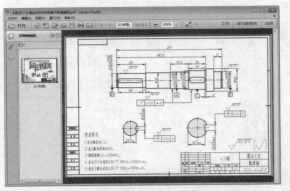

图 9-58 输出的 PDF 文件效果

9.4.4 图纸的批量输出与打印

图纸的批量输出或批量打印，历来是读者问询较多的问题。很多时候都只能通过安装AutoCAD的插件来完成，但这些插件并不稳定，使用效果也差强人意。

其实在AutoCAD中，可以通过"发布"功能来实现批量打印或输出的效果，最终的输出格式可以是电子版文档，如PDF文件、DWF文件，也可以是纸质文件。下面通过一个具体案例来进行说明。

【练习 9-7】 批量输出PDF文件

难度：☆☆
素材文件：素材\第9章\9-7 批量输出 PDF 文件 .dwg
效果文件：素材\第9章\9-7 批量输出 PDF 文件 .pdf
在线视频：第 9 章\9-7 批量输出 PDF 文件 .mp4

01 打开素材文件"第9章\9-7 批量输出PDF文件.dwg"，其中已经绘制好了4张图纸，如图9-59所示。

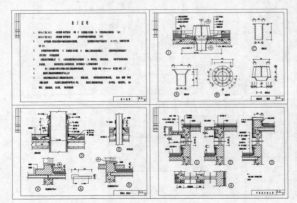

图 9-59 素材图形

02 在状态栏中可以看到已经创建好了对应的4个布局，如图9-60所示，每一个布局对应一张图纸，并控制该图纸的打印。

模型 　热工说明 　管道泛水屋面出口图 　铸铁罩图 　平屋面天窗大样图 ＋

图 9-60 素材创建好的布局

提示

如需打印新的图纸，读者可以自行新建布局，然后分别将各布局中的视口对准至要打印的部分即可。

03 单击"应用程序"按钮▲，在弹出的下拉菜单中选择"打印"|"批处理打印" 选项，打开"发布"对话框，在"发布为"下拉列表框中选择"PDF"选项，在"发布选项"中定义发布位置，如图9-61所示。

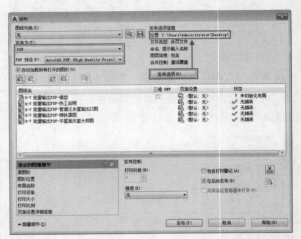

图 9-61 "发布"对话框

04 在"图纸名"列表栏中可以查看到要发布为PDF的文件，用鼠标右键单击其中的任一文件，在弹出的快捷菜单选择"重命名图纸"命令，如图9-62所示。为图形输入合适的名称，最终效果如图9-63所示。

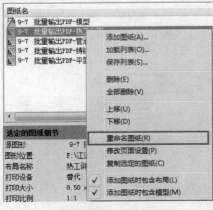

图 9-62 重命名图纸

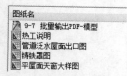

图 9-63 重命名效果

05 设置无误后，单击"发布"对话框中的"发布"按钮，打开"指定PDF文件"对话框，在"文件名"文本框中输入发布后PDF文件的文件名，单击"选择"即可发布，如图9-64所示。

图 9-64 "指定 PDF 文件"对话框

06 如果是第一次进行PDF发布，会打开"发布–保存图纸列表"对话框，如图9-65所示，单击"否"即可。

图 9-65 "发布 – 保存图纸列表"对话框

07 此时AutoCAD弹出对话框如图9-66所示，开始处理PDF文件的输出；输出完成后在状态栏右下角出现如图9-67所示的提示，PDF文件即输出完成。

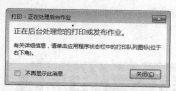

图 9-66 "打印 – 正在处理后台作业"对话框

图 9-67 完成打印和发布作业的提示

第 3 篇　三维篇

第 10 章
三维绘图基础

如今三维设计已经越发普遍，相比之下传统的平面绘图难免有不够直观、不够生动的缺点，为此AutoCAD从2005版本开始便提供了三维建模的工具，到如今AutoCAD 2020，三维建模工具各项功能已经得到了很大的改进和完善，能够满足基本的设计需要。

本章主要介绍三维建模的预备知识，包括三维建模空间、坐标系的使用、视图和视觉样式的调整等知识，为后续章节创建复杂模型的知识奠定基础。

10.1　三维建模工作空间

　　AutoCAD三维建模工作空间是一个三维空间，与草图和注释空间相比，此空间多了一个Z轴方向的维度。三维建模功能区的选项卡有："常用""实体""曲面""网格""可视化""参数化""插入""注释""视图""管理""输出"等，每个选项卡下都有与之对应的功能面板。由于此空间侧重的是实体建模，因此功能区提供了"建模""视觉样式""光源""材质""渲染"等面板，这些都为创建、观察三维图形，以及对附着材质、创建动画、设置光源等操作提供了便利。

　　进入三维模型空间的执行方法如下。

◆ 快速访问工具栏：启动AutoCAD 2020，单击快速访问工具栏上的"切换工作空间"列表框，如图10-1所示，在下拉列表框中选择"三维建模"工作空间。
◆ 状态栏：在状态栏右边，单击"切换工作空间"按钮，展开菜单如图10-2所示，选择"三维建模"工作空间。

图 10-1　快速访问工具栏切换工作空间

图 10-2　状态栏切换工作空间

10.2　三维模型分类

　　AutoCAD支持3种类型的三维模型——线框模型、表面模型和实体模型。每种模型都有各自的创建和编辑方法，以及不同的显示效果。

10.2.1　线框模型

　　线框模型是一种轮廓模型，它是三维对象的轮廓描述，主要有描述对象的三维直线和曲线轮廓，没有面和体的特征。在AutoCAD中，可以通过在三维空间绘制点、线、曲线的方式得到线框模型。图10-3所示为线框模型效果。

10.2.2　表面模型

　　表面模型是由零厚度的表面拼接组合成的三维模型，只有表面而没有内部填充。AutoCAD中表面模型分为曲面模型和网格模型，曲面模型是连续曲率的单一表面，而网格模型是用许多多边形网格来拟合曲面。表面模型适合构造不规则的曲面，如模具、发动机叶片、汽车的表面等网格模型的多边形网格越密，曲面的光滑程度越高。此外，由于表面模型具有面的特征，因此可以对它进行计算面积、隐藏、着色、渲染、求两表面交线等操作。图10-4所示为创建的表面模型。

提示

　　线框模型虽然具有三维的显示效果，但实际上是由线构成的，没有面和体的特征，既不能对其进行面积、体积、重心、转动惯量、惯性矩等计算，也不能进行着色、渲染等操作。

10.2.3　实体模型

　　实体模型具有边线、表面和厚度等属性，是最接近真实物体的三维模型。在AutoCAD中，实体模型不仅具有线和面的特征，而且还具有体的特征，各实体对象间可以进行各种运算操作，从而创建复杂的三维实体模型。在AutoCAD中还可以直接了解它的特性，如体积、重心、转动惯量、惯性矩等，可以对它进行隐藏、剖切、装配干涉检查等操作，还可以对具有基本形状的实体进行并、交、差等布尔运算，以构造复杂的模型。图10-5所示为创建的实体模型。

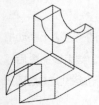

图 10-3　线框模型

图 10-4　表面模型

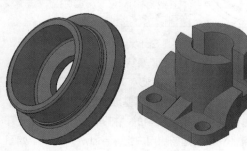

图 10-5　实体模型

10.3 三维坐标系

AutoCAD的三维坐标系由3个通过同一点且彼此垂直的坐标轴构成，这3个坐标轴分别称为 X 轴、Y 轴、Z 轴它们的交点为坐标系的原点，也就是各个坐标轴的坐标原点。从原点出发，沿坐标轴正方向上的点用正的坐标值度量，而沿坐标轴负方向上的点用负的坐标值度量。因此在三维空间中，任意一点的位置可以由该点的三维坐标（X,Y,Z）确定。

在AutoCAD 2020中，"世界坐标系"和"用户坐标系"是常用的两大坐标系。"世界坐标系"是系统默认的二维图形坐标系，它的原点及各个坐标轴方向固定不变。对于二维图形绘制，世界坐标系足以满足要求，但在三维建模过程中，需要频繁地定位对象，使用固定不变的坐标系十分不便。三维建模一般需要使用"用户坐标系"，"用户坐标系"是用户自定义的坐标系，可在建模过程中灵活创建。

10.3.1 定义UCS

UCS表示了当前坐标系的坐标轴方向和坐标原点位置，也表示了相对于当前UCS的 X Y 平面的视图方向，尤其在三维建模环境中，它可以根据不同的指定方位来创建模型特征。

在AutoCAD 2020中管理UCS主要有如下几种常用方法。

◆ 功能区：单击"坐标"面板工具按钮，如图10-6所示。

◆ 菜单栏：选择"工具"|"新建UCS"命令，如图10-7所示。

◆ 命令行：输入UCS。

图 10-6 "坐标"面板中的"UCS"命令　　图 10-7 菜单栏中的"UCS"命令

【练习 10-1】 创建新的用户坐标系

	难度：☆☆
	素材文件：素材\第10章\10-1 创建新的用户坐标系 .dwg
	效果文件：素材\第10章\10-1 创建新的用户坐标系 -OK.dwg
	在线视频：第10章\10-1 创建新的用户坐标系 .mp4

与其他的建模软件（Solidworks、Rhino）不同，AutoCAD中没有"基准面""基准轴"的命令，取而代之的是灵活的UCS。在AutoCAD中新建的UCS，同样可以有其他软件中的"基准面""基准轴"效果。

01 单击快速访问工具栏中的"打开"按钮 ，打开"第10章\10-1 创建新的用户坐标系.dwg"文件，如图10-8所示。

02 在"视图"选项卡中，单击"坐标"面板上的"原点"工具按钮 。当系统命令行提示指定UCS原点时，捕捉到圆心并单击，即可创建一个以圆心为原点的新用户坐标系，如图10-9所示。命令行提示如下。

```
命令： _ucs
        //调用"新建坐标系"命令
当前 UCS 名称： *没有名称*
指定 UCS 的原点或 [面(F)/命名(NA)/对象(OB)/上一个
(P)/视图(V)/世界(W)/Z轴(ZA)]<世界>： _o
指定新原点 <0,0,0>：
        //单击选中的圆心
```

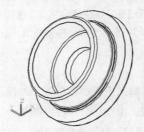

图 10-8 素材模型　　　　图 10-9 新建用户坐标系

10.3.2 动态UCS

动态UCS可以在创建对象时使UCS的 X Y 平面自动与实体模型上的平面临时对齐。

执行动态UCS命令的方法如下。

◆ 状态栏：单击状态栏中的"动态UCS"按钮 。

◆ 快捷键：F6。

使用绘图命令时，可以通过在面的一条边上移动指针对齐UCS，而无需使用UCS命令。结束该命令后，UCS将恢复到上一个位置和方向。使用动态UCS绘图如图10-10所示。

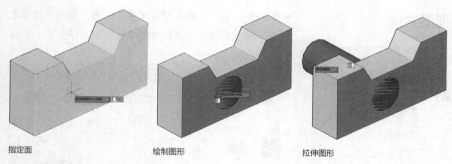

指定面　　　　　　　　绘制图形　　　　　　　　　拉伸图形

图 10-10　使用动态 UCS 绘图

10.4　三维模型的观察

为了从不同角度观察、验证三维效果模型，AutoCAD提供了视图变换工具。所谓视图变换，是指在模型所在的空间坐标系保持不变的情况下，从不同的视点来观察模型的视图。

因为视图是二维的，所以能够显示在工作区。这里，视点如同一架照相机的镜头，观察对象则是相机对准拍摄的目标点，视点和目标点的连线形成了视线，而拍摄出的照片就是视图。从不同角度拍摄的照片有所不同，所以从不同视点观察的视图也不同。

10.4.1　视图控制器

AutoCAD提供了俯视、仰视、右视、左视、前视和后视6个基本视点，如图10-11所示。选择"视图"|"三维视图"命令，或者单击视图工具栏中相应的按钮图标，工作区即显示从上述视点观察三维模型的6个基本视图。

从这6个基本视点来观察图形非常方便。因为这6个基本视点的视线方向都与X、Y、Z三坐标轴之一平行，而与XY、XZ、YZ三坐标轴平面之一正交。所以，相对应的6个基本视图实际上是三维模型投影在XY、XZ、YZ平面上的二维图形。这样，就将三维模型转换为了二维模型。在这6个基本视图上对模型进行编辑，就如同绘制二维图形。

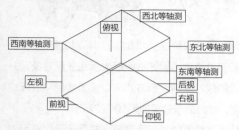

图 10-11　三维视图观察方向

另外，AutoCAD还提供了西南等轴测、东南等轴测、东北等轴测和西北等轴测4个特殊视点。从这4个特殊视点观察，可以得到具有立体感的4个特殊视图。在各个视图间进行切换的方法主要有以下几种。

◆ 菜单栏：选择"视图"|"三维视图"命令，展开其子菜单，如图10-12所示，选择所需的三维视图。

◆ 功能区：在"常用"选项卡中，展开"视图"面板上的"视图"下拉列表框，如图10-13所示，选择所需的模型视图。

图 10-12　三维视图菜单　　　　图 10-13　"三维视图"下拉
　　　　　　　　　　　　　　　列表框

◆ 视图控件：单击绘图区左上角的视图控件，在弹出的菜单中选择所需的模型视图，如图10-14所示。

图 10-14　视图控件菜单

【练习 10-2】调整视图方向

难度：☆☆
素材文件：素材 \ 第 10 章 \10-2 调整视图方向 .dwg
效果文件：素材 \ 第 10 章 \10-2 调整视图方向 -OK.dwg
在线视频：第 10 章 \10-2 调整视图方向 .mp4

通过AutoCAD自带的视图工具，可以很方便地将模型视图调整至标准方向。

① 单击快速访问工具栏中的"打开"按钮 ▷，打开"第10章\10-2 调整视图方向.dwg"文件，如图10-15所示。

② 单击视图面板上的"西南等轴测"按钮，选择俯视面区域，转换至西南等轴测，结果如图10-16所示。

图 10-15　素材图形　　图 10-16　西南等轴测视图

10.4.2　视觉样式

视觉样式用于控制视口中的三维模型边缘和着色的显示。一旦对三维模型应用了视觉样式或更改了其他设置，就可以在视口中查看视觉效果。

在各个视觉样式间进行切换的方法主要有以下几种。

◆ 菜单栏：选择"视图"|"视觉样式"命令，展开其子菜单，如图10-17所示，选择所需的视觉样式。

图 10-17　视觉样式菜单

◆ 功能区：在"常用"选项卡中，展开"视图"面板上的"视觉样式"下拉列表框，如图10-18所示，选择所需的视觉样式。

◆ 视觉样式控件：单击绘图区左上角的视觉样式控件，在弹出的菜单中选择所需的视觉样式，如图10-19所示。

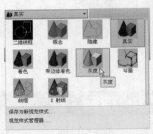

图 10-18　"视觉样式"下拉列　　图 10-19　视觉样式控件菜单
表框

选择任意视觉样式，即可将视图切换至对应的效果。AutoCAD 2020中有以下几种视觉样式。

◆ 二维线框：是在三维空间中的任何位置放置二维（平面）对象来创建的线框模型，图形显示用直线和曲线表示边界的对象。光栅和OLE对象、线型和线宽均可见，而且默认显示模型的所有轮廓线，如图10-20所示。

◆ 概念：使用平滑着色和古氏面样式显示对象，同时对三维模型消隐。古氏面样式在冷暖颜色而不是明暗效果之间转换。效果缺乏真实感，但可以更方便地查看模型的细节，如图10-21所示。

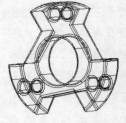

图 10-20　二维线框视觉样式　　图 10-21　概念视觉样式

◆ 隐藏：即三维隐藏，用三维线框表示法显示对象，并隐藏背面的线。此种显示方式可以较为容易和清晰地观察模型，此时显示效果如图10-22所示。

◆ 真实：使用平滑着色来显示对象，并显示已附着到对象的材质，此种显示方法可得到三维模型的真实感，如图10-23所示。

◆ 着色：该样式与真实样式类似，不显示对象轮廓线，使用平滑着色显示对象，效果如图10-24所示。

◆ 带边缘着色：该样式与着色样式类似，对其表面轮廓线以暗色线条显示，如图10-25所示。

图 I0-22 隐藏视觉样式　　图 I0-23 真实视觉样式

图 I0-24 着色视觉样式　　图 I0-25 带边缘着色视觉样式

◆ 灰度：使用平滑着色和单色灰度显示对象并显示可见边，效果如图10-26所示。

◆ 勾画：使用线延伸和抖动边修改显示手绘效果的对象，仅显示可见边，如图10-27所示。

图 I0-26 灰度视觉样式　　图 I0-27 勾画视觉样式

◆ 线框：即三维线框，通过使用直线和曲线表示边界的方式显示对象，所有的边和线都可见。在此种显示方式下，复杂的三维模型难以分清结构。此时，坐标系变为一个着色的三维UCS图标。如果系统变量COMPASS为1，三维指北针将出现，如图10-28所示。

◆ X射线：以局部透视方式显示对象，因而不可见边也会褪色显示，如图10-29所示。

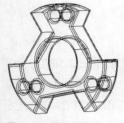

图 I0-28 线框视觉样式　　图 I0-29 X 射线视觉样式

【练习10-3】切换视觉样式与视点

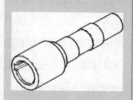

难度：☆☆
素 材 文 件：素材 \ 第 10 章 \ 10-3 切换视觉样式与视点 .dwg
效果文件：素材 \ 第 10 章 \10-3 切换视觉样式与视点 -OK.dwg
在线视频：第 10 章 \10-3 切换视觉样式与视点 .mp4

AutoCAD提供了多种视觉样式，选择对应的选项，即可快速切换至所需的样式。

01 单击快速访问工具栏中的"打开"按钮 ，打开"第10章\10-3 切换视觉样式与视点.dwg"文件，如图10-30所示。

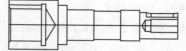

图 I0-30 素材图形

02 单击"视图"面板上的"西南等轴测"按钮，将视图转换至西南等轴测，结果如图 10-31所示。

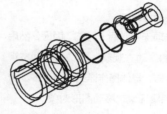

图 I0-3I 西南等轴测图

03 在"视图"选项卡中，在"视觉样式"面板上展开"视觉样式"下拉列表框，如图 10-32所示，选择"勾画"视觉样式。

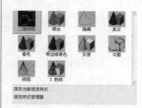

图 I0-32 选择视觉样式

04 至此"视觉样式"设置完成，结果如图 10-33所示。

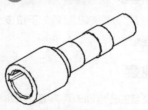

图 I0-33 最终结果

10.4.3 三维视图的平移、旋转与缩放

利用"三维平移"工具可以将图形所在的图纸随鼠标指针的任意移动而移动。利用"三维缩放"工具可以改变图纸的整体比例，从而达到放大图形观察细节或缩小图形观察整体的目的。通过如图10-34所示"三维建模"工作空间"视图"选项卡中的"导航"面板可以快速执行这两项操作。

图10-34 三维建模空间视图选项卡

1. 三维平移对象

三维平移有以下几种操作方法。

◆ 功能区：单击"导航"面板上的"平移"功能按钮 🖐️，此时绘图区中的指针呈 ✥ 形状，按住鼠标左键并沿任意方向拖动指针，窗口内的图形将随指针在同一方向上移动。

◆ 鼠标操作：按住鼠标滚轮进行拖动。

2. 三维旋转对象

三维旋转有以下几种操作方法。

◆ 功能区：在"视图"选项卡中激活"导航"面板，然后执行"导航"面板上的"动态观察"或"自由动态观察"命令，即可进行旋转，具体操作详见10.4.4节。

◆ 鼠标操作：按住Shift和鼠标滚轮移动图形对象。

3. 三维缩放对象

三维缩放有以下几种操作方。

◆ 功能区：单击"导航"面板上的"缩放"功能按钮 🔍，此根据实际需要，选择其中一种方式进行缩放即可。

◆ 鼠标操作：滚动鼠标滚轮。

单击"导航"面板上的"缩放"功能按钮 🔍 后，命令行提示如下。

> [全部(A)/中心(C)/动态(D)/范围(E)/上一个(P)/比例(S)/窗口(W)/对象(O)]〈实时〉：

此时也可直接单击"缩放"功能按钮 🔍 后的下拉按钮，选择对应的工具按钮进行缩放。

10.4.4 三维动态观察

AutoCAD提供了一个交互的三维动态观察器，该命令可以在当前视口中创建一个三维视图，用户可以使用鼠标来实时地控制和改变这个视图，以得到不同的观察效果。使用三维动态观察器，既可以查看整个图形，也可以查看模型中任意的对象。

通过如图10-35所示"视图"选项卡"导航"面板工具，可以快速执行三维动态观察。

图10-35 三维"动态观察"

1. 受约束的动态观察

利用此工具可以对视图中的图形进行一定约束的动态观察，即水平、垂直或对角拖动对象进行动态观察。在观察视图时，视图的目标位置保持不动，相机位置（或观察点）围绕该目标移动。默认情况下，观察点会约束沿着世界坐标系的 XY 平面或 Z 轴移动。

单击"导航"面板上的"动态观察"按钮 🔄，此时绘图区指针呈 ✥ 形状。按住鼠标左键并移动指针可以对视图进行受约束三维动态观察，如图10-36所示。

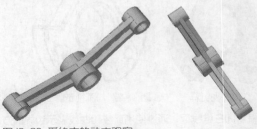

图10-36 受约束的动态观察

2. 自由动态观察

利用此工具可以对视图中的图形进行任意角度的动态观察，此时选择并在转盘的外部移动指针，这将使视图围绕延长线通过转盘的中心并垂直于屏幕的轴旋转。

单击"导航"面板上的"自由动态观察"按钮 ⊘，此时在绘图区显示出一个导航球，如图10-37所示，分别介绍如下。

指针在弧线球内移动

当在弧线球内移动指针进行图形的动态观察时，指针将变成 ✥ 形状，此时观察点可以在水平、垂直及对角线等任意方向上移动任意角度，即可以对观察对象做全方位的动态观察，如图10-38所示。

图 10-37 导航球　　　图 10-38 指针在弧线球内移动

指针在弧线球外拖动

当指针在弧线球外部移动时，指针呈⊙形状，此时移动指针，图形将围绕着一条穿过弧线球球心且与屏幕正交的轴（即弧线球中间的绿色圆心 ● ）旋转，如图10-39所示。

指针在左右侧小圆内移动

当指针置于导航球顶部或者底部的小圆上时，指针呈 ⊕ 形状，按住鼠标左键并上下移动指针，将使视图围绕着通过导航球中心的水平轴旋转。当指针置于导航球左侧或者右侧的小圆时，指针呈 -⊙- 形状，按住鼠标左键并左右移动指针，将使视图围绕着通过导航球中心的垂直轴旋转，如图10-40所示。

图 10-39 指针在顶部小圆　　图 10-40 指针在右侧小圆内
内移动　　　　　　　　　　移动

3. 连续动态观察

利用此工具可以使观察对象绕指定的旋转轴和旋转速度连续做旋转运动，从而对其进行连续动态的观察。

单击"导航"面板上的"连续动态观察"按钮 ❷ ，此时在绘图区指针呈❽形状，按住鼠标左键并移动指针，使对象沿移动方向开始移动。释放鼠标后，对象将在指定的方向上继续移动。指针移动的速度决定了对象的旋转速度。

10.4.5　ViewCube（视角立方）

在"三维建模"工作空间中，使用ViewCube工具可切换各种正交或轴测视图模式，即可切换6种正交视图、8种正等轴测视图和8种斜等轴测视图，以及其他视图方向，可以根据需要快速调整模型的视点。

ViewCube工具中显示了非常直观的3D导航立方

体，单击该工具图标的各个位置将显示不同的视图效果，如图10-41所示。

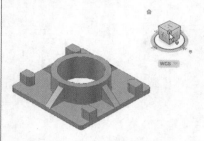

图 10-41 利用导航工具切换视图方向

该工具图标的显示方式可根据设计进行必要的修改，用鼠标右键单击立方体并执行"ViewCube设置"选项，系统弹出"ViewCube设置"对话框，如图10-42所示。

在该对话框设置参数值可控制立方体的显示和行为，并且可在对话框中设置默认的位置、尺寸和立方体的透明度。

图 10-42　"ViewCube 设置"对话框

此外，用鼠标右键单击ViewCube工具，可以通过弹出的快捷菜单定义三维图形的投影样式，模型的投影样式可分为"平行"投影和"透视"投影两种。

◆ 平行：是平行的光源照射到物体上所得到的投影，可以准确地反映模型的实际形状和结构，效果如图10-43所示。

◆ 透视：可以直观地表达模型的真实投影状况，具有较强的立体感。透视投影视图取决于理论相机和目标点之间的距离。当距离较小时产生的投影效果较为明显；反之，当距离较大时产生的投影效果较为轻微，效果如图10-44所示。

图 10-43　"平行"投影模式　　图 10-44　"透视"投影模式

第 11 章

创建三维实体和曲面

在AutoCAD中，曲面、网格和实体都能用来表现模型的外观。本章先介绍实体建模方法，包括基本实体、由二维图形创建实体的各种方法，再介绍创建网格曲面的方法。

11.1　创建基本实体

基本实体是构成三维实体模型的最基本的元素，如长方体、楔体、球体等，在AutoCAD中可以通过多种方法来创建基本实体，一般通过"三维建模"空间中"建模"面板上的命令来执行，如图 11-1 所示。

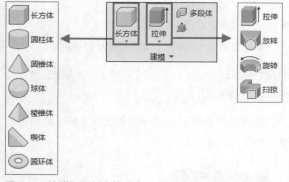

图 11-1　"建模"面板上的命令

11.1.1　创建长方体

长方体具有长、宽、高3个尺寸参数，在AutoCAD中可以创建各种方形基体，例如创建零件的底座、支撑板、建筑墙体及家具等。在AutoCAD 2020中调用绘制"长方体"命令有如下几种方法。

◆ 功能区：在"常用"选项卡中，单击"建模"面板上的"长方体"按钮🔲。

◆ 菜单栏：选择"绘图"|"建模"|"长方体"命令。

◆ 命令行：输入BOX。

通过以上任意一种方法执行该命令，命令行出现如下提示。

```
指定第一个角点[中心（C）]。
```

此时可以根据提示利用两种方法进行"长方体"的绘制。

1.　指定角点

该方法是创建长方体的默认方法，即通过依次指定长方体底面的两个对角点或指定一个对角点和高的方式进行长方体的创建，如图11-2所示。

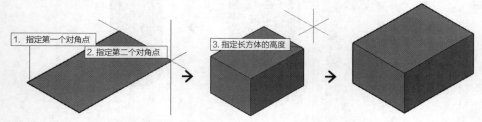

图 11-2　利用指定角点的方法绘制长方体

2.　指定中心

利用该方法可以先指定长方体中心点，再指定长方体中截面的一个对角点或长度等参数，最后指定高度来创建长方体，如图11-3所示。

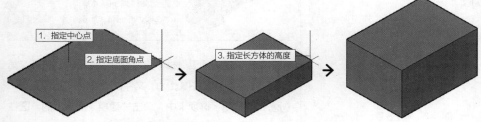

图 11-3　利用指定中心的方法绘制长方体

【练习 11-1】 绘制长方体

难度：☆☆	
素材文件：无	
效果文件：素材＼第 11 章＼11-1 绘制长方体 -OK.dwg	
在线视频：第 11 章＼11-1 绘制长方体 .mp4	

01 启动AutoCAD 2020，单击快速访问工具栏中的"新建"按钮，建立一个新的空白图形文件。

02 在"常用"选项卡中，单击"建模"面板上的"长方体"按钮，绘制一个长方体。命令行提示如下。

```
命令：_box
        //调用"长方体"命令
指定第一个角点或 [中心(C)]：C
        //选择定义长方体中心
指定中心：0,0,0
        //输入坐标，指定长方体中心
指定其他角点或 [立方体(C)/长度(L)]：L
        //由长度定义长方体
指定长度：40
        //捕捉到 X 轴正向，然后输入长度值为40
指定宽度：20
        //输入长方体宽度值为20
指定高度或 [两点(2P)]：20
        //输入长方体高度值为20
指定高度或 [两点(2P)] <175>：
        //指定高度
```

03 通过操作即可完成如图 11-4所示的长方体。

04 单击"功能区"中"实体编辑"面板上的"抽壳"按钮，选择顶面为删除的面，抽壳距离为2，即可创建一个长方体箱体，其效果如图 11-5所示。

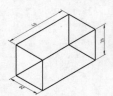

图 11-4 绘制长方体

图 11-5 完成效果

11.1.2 创建圆柱体

在AutoCAD中创建的"圆柱体"是以面或圆为截面形状、沿该截面法线方向拉伸所形成的实体，常用于绘制各类轴类零件、建筑图形中的各类立柱等特征对象。

在AutoCAD 2020中调用绘制"圆柱体"命令有如下几种常用方法。

◆ 菜单栏：选择"绘图"｜"建模"｜"圆柱体"命令。
◆ 功能区：在"常用"选项卡中，单击"建模"面板上的"圆柱体"按钮。
◆ 命令行：输入CYLINDER。

执行上述任一命令后，命令行提示如下。

> 指定底面的中心点或 [三点(3P)/两点(2P)/切点、切点、半径(T)/椭圆(E)]：

根据命令行提示选择一种创建方法即可绘制圆柱体，如图11-6所示。

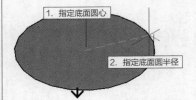

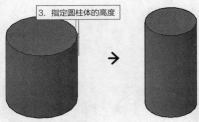

图 11-6 创建圆柱体

【练习 11-2】 绘制圆柱体

难度：☆☆	
素材文件：素材＼第 11 章＼11-2 绘制圆柱体 .dwg	
效果文件：素材＼第 11 章＼11-2 绘制圆柱体 -OK.dwg	
在线视频：第 11 章＼11-2 绘制圆柱体 .mp4	

01 单击快速访问工具栏中的"打开"按钮，打开"第11章\11-2 绘制圆柱体.dwg"文件，如图 11-7所示。

02 在"常用"选项卡中，单击"建模"面板上的"圆柱体"按钮，在底板上面绘制两个圆柱体，命令行提示如下。

```
命令：_cylinder
            //调用"圆柱体"命令
指定底面的中心点或 ［三点(3P)/两点(2P)/切点、切
点、半径(T)/椭圆(E)］:
            //捕捉到圆心为中心点
指定底面半径或 ［直径(D)］ <50.0000>: 7↙
            //输入圆柱体底面半径值
指定高度或 ［两点(2P)/轴端点(A)］ <10.0000>: 30↙
            //输入圆柱体高度值
```

03 通过以上操作，即可绘制一个圆柱体，如图11-8所示。

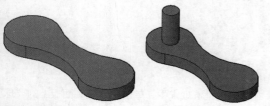

图 11-7　素材模型　　　　图 11-8　绘制圆柱体

04 重复以上操作，绘制另一边的圆柱体，即可完成连接板的绘制，其效果如图 11-9所示。

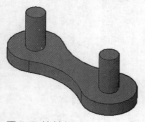

图 11-9　连接板

11.1.3　创建圆锥体

"圆锥体"是指以圆或椭圆为底面形状、沿其法线方向并按照一定锥度向上或向下拉伸而形成的实体。使用"圆锥体"命令可以创建"圆锥""平截面圆锥"两种类型的实体。

1.　创建常规圆锥体

在AutoCAD 2020中调用绘制"圆锥体"命令有如下几种常用方法。

◆ 菜单栏：选择"绘图"｜"建模"｜"圆锥体"命令。

◆ 功能区：在"常用"选项卡中，单击"建模"面板上的"圆锥体"按钮。

◆ 建模工具栏：单击建模工具栏上的"圆锥体"按钮△。

◆ 命令行：输入CONE。

执行上述任一命令后，在绘图区指定一点为底面圆心，并分别指定底面半径值或直径值，最后指定圆锥高度值，即可获得"圆柱体"效果，如图11-10所示。

2.　创建平截面圆锥体

平截面圆锥体即圆台体，可看作是由平行于圆锥底面，且与底面的距离小于锥体高度的平面为截面，截取该圆锥而得到的实体。

当启用"圆锥体"命令后，指定底面圆心及半径值，命令行提示信息为"指定高度或[两点(2P)/轴端点(A)/顶面半径(T)] <9.1340>："，选择"顶面半径"选项，输入顶面半径值，最后指定平截面圆锥体的高度，即可获得"平截面圆锥"，效果如图11-11所示。

图 11-10　圆锥体　　　　图 11-11　平截面圆锥体

【练习 11-3】绘制圆锥体

难度：☆☆
素材文件：素材＼第 11 章＼11-3 绘制圆锥体.dwg
效果文件：素材＼第 11 章＼11-3 绘制圆锥体–OK.dwg
在线视频：第 11 章＼11-3 绘制圆锥体.mp4

01 单击快速访问工具栏中的"打开"按钮📂，打开"第11章\11-3 绘制圆锥体.dwg"文件，如图 11-12所示。

图 11-12　素材模型

02 在"默认"选项卡中，单击"建模"面板上的"圆锥体"按钮△，绘制一个圆锥体。命令行提示如下。

命令：_cone
　　　　//调用"圆锥体"命令
指定底面的中心点或 [三点(3P)/两点(2P)/切点、切
点、半径(T)/椭圆(E)]：
　　　　//指定圆锥体底面中心
指定底面半径或 [直径(D)]：6↙
　　　　//输入圆锥体底面半径值
指定高度或 [两点(2P)/轴端点(A)/顶面半径(T)]：7↙
　　　　//输入圆锥体高度

03 通过以上操作，即可绘制一个圆锥体，如图 11-13
所示。

04 调用"对齐"命令，将圆锥体移动到圆柱顶面。其效
果如图 11-14所示。

图 11-13 圆锥体　　　图 11-14 效果

11.1.4 创建球体

在三维空间中，"球体"是到一个点（即球心）距离
相等的所有点的集合形成的实体，它广泛应用于机械、建
筑等制图中，如创建档位控制杆、建筑物的球形屋顶等。

在AutoCAD 2020中调用绘制"球体"命令有如下
几种常用方法。

◆ 菜单栏：选择"绘图"｜"建模"｜"球体"命令。

◆ 功能区：在"常用"选项卡中，单击"建模"面板上
　 的"球体"按钮◎。

◆ 命令行：输入SPHERE。

执行上述任一命令后，命令行提示如下。

指定中心点或 [三点(3P)/两点(2P)/切点、切点、半径
(T)]：

此时直接捕捉一点为球心，然后指定球体的半径值
或直径值，即可获得球体效果。另外，可以按照命令行提
示使用以下3种方法创建球体，即"三点""两点""相
切、相切、半径"，其具体的创建方法与二维图形中
"圆"的相关创建方法类似。

【练习 11-4】 绘制球体

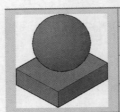

难度：☆☆
素材文件：素材 \ 第 11 章 \11-4 绘制球体 .dwg
效果文件：素材 \ 第 11 章 \11-4 绘制球体 -OK.dwg
在线视频：第 11 章 \11-4 绘制球体 .mp4

01 单击快速访问工具栏中的"打开"按钮◙，打开"第
11章\11-4 绘制球体.dwg"文件，如图 11-15所示。

图 11-15 素材模型

02 在"常用"选项卡中，单击"建模"面板上的"球
体"按钮◎，在底板上绘制一个球体。命令行提示
如下。

命令：_sphere
　　　　//调用"球体"命令
指定中心点或 [三点(3P)/两点(2P)/切点、切点、半径
(T)]：2p↙
　　　　//指定绘制球体方法
指定直径的第一个端点：
　　　　//捕捉到长方体上表面的中心
指定直径的第二个端点：120↙
　　　　//输入球体直径值，绘制完成

03 通过以上操作即可完成球体的绘制，其效果如图
11-16所示。

图 11-16 绘制球体

11.1.5 创建楔体

"楔体"可以看作是以矩形为底面，其一边沿法线
方向拉伸所形成的具有楔状特征的实体。该实体通常用于

填充物体的间隙，如安装设备时用于调整设备高度及水平度的楔体和楔木。

在AutoCAD 2020中调用绘制"楔体"命令有如下几种常用方法。

◆ 功能区：在"常用"选项卡中，单击"建模"面板上的"楔体"按钮◻。

◆ 菜单栏：选择"绘图"｜"建模"｜"楔体"命令。

◆ 命令行：输入WEDGE或WE。

执行以上任意一种方法均可创建"楔体"，创建"楔体"的方法与长方体的方法类似。操作过程如图11-17所示，命令行提示如下。

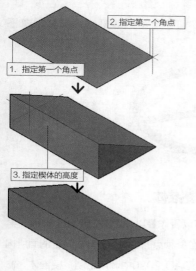

图 11-17 绘制楔体

```
命令：_wedge✓
        //调用"楔体"命令
指定第一个角点或 [中心(C)]：
        //指定楔体底面第一个角点
指定其他角点或 [立方体(C)/长度(L)]：
        //指定楔体底面另一个角点
指定高度或 [两点(2P)]：
        //指定楔体高度并完成绘制
```

【练习 11-5】 绘制楔体

	难度：☆☆
	素材文件：素材 \ 第 11 章 \11-5 绘制楔体 .dwg
	效果文件：素材 \ 第 11 章 \11-5 绘制楔体 -OK.dwg
	在线视频：第 11 章 \11-5 绘制楔体 .mp4

01 单击快速访问工具栏中的"打开"按钮◻，打开"第11章\11-5 绘制楔体.dwg"文件，如图11-18所示。

图 11-18 素材模型

02 在"常用"选项卡中，单击"建模"面板上的"楔体"按钮◻，在长方体底面创建两个支撑。命令行提示如下。

```
命令：_wedge
        //调用"楔体"命令
指定第一个角点或 [中心(C)]：
        //指定底面矩形的第一个角点
指定其他角点或 [立方体(C)/长度(L)]：L✓
        //指定第二个角点的输入方式为长度输入
指定长度 ：5✓
        //输入底面矩形的长度值
指定宽度：50✓
        //输入底面矩形的宽度值
指定高度或 [两点(2P)]： 10✓
        //输入楔体高度值
```

03 通过以上操作，即可绘制一个楔体，如图11-19所示。

04 重复以上操作绘制另一个楔体，调用"对齐"命令将两个楔体移动到合适位置，其效果如图 11-20所示。

图 11-19 绘制楔体　　　　图 11-20 绘制座板

11.1.6　创建圆环体

"圆环体"可以看作是在三维空间内，圆轮廓绕与其共面直线旋转所形成的实体，该直线即是圆环体的中心线；直线和圆心的距离即是圆环体的半径；圆轮廓的直径即是圆管的直径。

在AutoCAD 2020中调用绘制"圆环体"命令有如下几种常用方法。

◆ 菜单栏：选择"绘图"｜"建模"｜"圆环体"命令。

◆ 功能区：在"常用"选项卡中，单击"建模"面板上的"圆环体"按钮◎。

◆ 建模工具栏：单击建模工具栏上的"圆环体"按钮。

◆ 命令行：输入TORUS。

通过以上任意一种方法执行该命令后，首先确定圆环体的位置和半径，然后确定圆环圆管的半径即可完成创建，如图11-21所示。命令行提示如下。

```
命令：_torus↙
        //调用"圆环体"命令
指定中心点或 [三点(3P)/两点(2P)/切点、切点、半径
(T)]：
        //在绘图区合适位置拾取一点
指定半径或 [直径(D)] <50.0000>：15↙
        //输入圆环体半径值
指定圆管半径或 [两点(2P)/直径(D)]：3↙
        //输入圆管截面半径值
```

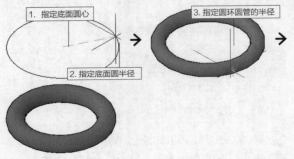

图11-21 创建圆环体

【练习 11-6】 绘制圆环体

	难度：☆☆
	素材文件：素材 \ 第 11 章 \11-6 绘制圆环体 .dwg
	效果文件：素材 \ 第 11 章 \11-6 绘制圆环体 -OK.dwg
	在线视频：第 11 章 \11-6 绘制圆环体 .mp4

01 单击快速访问工具栏中的"打开"按钮📂，打开"第11章\11-6 绘制圆环体.dwg"文件，如图 11-22所示。

图11-22 素材图形

02 在"常用"选项卡中，单击"建模"面板上的"圆环体"按钮◎，绘制一个圆环体。命令行提示如下。

```
命令：_torus
        //调用"圆环体"命令
指定中心点或 [三点(3P)/两点(2P)/切点、切点、半径
(T)]：
        //捕捉到圆心
指定半径或 [直径(D)] <20.0000>：45↙
        //输入圆环半径值
指定圆管半径或 [两点(2P)/直径(D)]：2.5↙
        //输入圆管半径值
```

03 通过以上操作，即可绘制一个圆环体。最终效果如图11-23所示。

图11-23 绘制圆环体

11.1.7 创建棱锥体

"棱锥体"可以看作是以一个多边形面为底面，其余各面是由有一个公共顶点的、具有三角形特征的面所构成的实体。在AutoCAD 2020中调用绘制"棱锥体"命令有如下几种常用方法。

◆ 菜单栏：选择"绘图"｜"建模"｜"棱锥体"命令。

◆ 功能区：在"常用"选项卡中，单击"建模"面板上的"棱锥体"按钮◇。

◆ 命令行：输入PYRAMID。

在AutoCAD中使用以上任意一种方法可以通过参数的调整创建多种类型的"棱锥体"和"平截面棱锥体"。其绘制方法与绘制"圆锥体"的方法类似，绘制完成的效果如图11-24和图11-25所示。

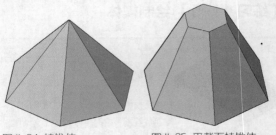

图11-24 棱锥体　　　　图11-25 平截面棱锥体

提示

在利用"棱锥体"工具创建棱锥体时，所指定的边数必须是3~32的整数。

11.1.8 拉伸

"拉伸"工具可以将二维图形沿其所在平面的法线方向扫描而形成三维实体。该二维图形可以是多段线、多边形、矩形、圆、椭圆、闭合的样条曲线、圆环和面域等。拉伸命令常用于创建某一方向上截面固定不变的实体，例如机械中的齿轮、轴套、垫圈等，建筑制图中的楼梯栏杆、管道、异形装饰等物体。

在AutoCAD中调用"拉伸"命令有如下几种常用方法。

- 功能区：在"常用"选项卡中，单击"建模"面板上的"拉伸"按钮。
- 菜单栏：选择"绘图"|"建模"|"拉伸"命令。
- 命令行：输入EXTRUDE或EXT。

通过以上任意一种方法执行该命令后，可以使用两种拉伸二维轮廓的方法：一种是指定拉伸的倾斜角度和高度，生成直线方向的常规拉伸体；另一种是指定拉伸路径，可以选择多段线或圆弧，路径可以闭合，也可以不闭合。图11-26所示为使用拉伸命令创建的实体模型。

调用"拉伸"命令后，选中要拉伸的二维图形，命令行提示如下。

```
指定拉伸的高度或 [方向(D)/路径(P)/倾斜角(T)/表达式
(E)] <2.0000>：2
```

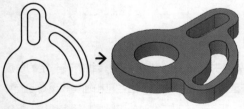

图 11-26 创建拉伸实体

提示

当指定拉伸角度时，其取值范围为-90°～90°，正值表示从基准对象逐渐变细，负值表示从基准对象逐渐变粗。默认情况下，角度为0°，表示在与二维对象所在的平面垂直的方向上进行拉伸。

命令行中各选项的含义如下。

- 方向（D）：默认情况下，对象可以沿Z轴方向拉伸，拉伸的高度可以为正值或负值，此选项通过指定

一个起点到端点的方向来定义拉伸方向。

- 路径（P）：通过指定拉伸路径将对象拉伸为三维实体，拉伸的路径可以是开放的，也可以是封闭的。
- 倾斜角（T）：通过指定的角度拉伸对象，拉伸的角度也可以为正值或负值，其绝对值不大于90°。若倾斜角为正，将产生内锥度，创建的侧面向里靠；若倾斜角度为负，将产生外锥度，创建的侧面则向外。

【练习 11-7】 绘制门把手

难度：☆☆
素材文件：无
效果文件：素材\第11章\11-7绘制门把手-OK.dwg
在线视频：第11章\11-7绘制门把手.mp4

01 启动AutoCAD 2020，单击快速访问工具栏中的"新建"按钮，建立一个新的空白图形文件。

02 将工作空间切换到"三维建模"，单击"绘图"面板上的"矩形"按钮，绘制一个长为10、宽为5的矩形。然后单击"修改"面板上的"圆角"按钮，在矩形边角创建半径为1的圆角。然后绘制两个半径为0.5的圆，其圆心到最近边的距离为1.2，截面轮廓效果如图11-27所示。

03 将视图切换到"东南等轴测"，将图形转换为面域，并利用"差集"命令由矩形面域减去两个圆的面域，然后单击"建模"面板上的"拉伸"按钮，拉伸高度为1.5，效果如图11-28所示。命令行提示如下。

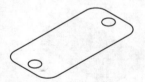

图 11-27 绘制底面　　　图 11-28 拉伸

```
命令： _extrude
          //调用拉伸命令
当前线框密度：  ISOLINES=4,闭合轮廓创建模式 ＝
实体
选择要拉伸的对象或 [模式(MO)]： _MO 闭合轮廓创
建模式 [实体(SO)/曲面(SU)] <实体>： _SO
选择要拉伸的对象或 [模式(MO)]： 找到 1 个
          //选择面域
指定拉伸的高度或 [方向(D)/路径(P)/倾斜角(T)/表达式
(E)]： 1.5
          //输入拉伸高度值
```

04 单击"绘图"面板上的"圆"按钮⊙，绘制两个半径为0.7的圆，位置如图 11-29所示。

05 单击"建模"面板上的"拉伸"按钮 ⑪，选择上一步绘制的两个圆，向下拉伸高度为0.2。单击实体编辑中的"差集"按钮⑩，在底座中减去两圆柱实体，效果如图 11-30所示。

图 11-29 绘制圆

图 11-30 沉孔效果

06 单击"绘图"面板上的"矩形"按钮，绘制一个边长为2的正方形，在边角处创建半径为0.5的圆角，效果如图 11-31所示。

07 单击"建模"面板上的"拉伸"按钮⑪，拉伸上一步绘制的正方形，拉伸高度为1，效果如图 11-32所示。

图 11-31 绘制正方形

图 11-32 拉伸正方体

08 单击"绘图"面板上的"椭圆"按钮，绘制如图 11-33所示的长轴为2、短轴为1的椭圆。

09 在椭圆和正方体的交点绘制一个高为3、长为10、圆角半径为1的路径，效果如图 11-34所示。

图 11-33 绘制椭圆

图 11-34 绘制拉伸路径

10 单击"建模"面板上的"拉伸"按钮⑪，拉伸椭圆，拉伸路径选择上一步绘制的拉伸路径。命令行提示如下。

```
命令：_extrude
        //调用"拉伸"命令
当前线框密度： ISOLINES=4，闭合轮廓创建模式 =
实体
选择要拉伸的对象或 [模式(MO)]： _MO 闭合轮廓创
建模式 [实体(SO)/曲面(SU)]<实体>： _SO
选择要拉伸的对象或 [模式(MO)]： 找到 1 个
        //选择椭圆
```

```
指定拉伸的高度或 [方向(D)/路径(P)/倾斜角(T)/表达式
(E)] <1.0000>： p✓
        //选择路径方式
选择拉伸路径或[倾斜角（T）]：
        //选择绘制的路径
```

11 通过以上操作步骤即可完成门把手的绘制，效果如图 11-35所示。

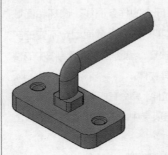
图 11-35 门把手

延伸讲解 **创建三维文字**

在一些专业的三维建模软件（如NX、Solidworks）中，可以利用创建好的三维文字与其他的模型实体进行编辑，得到镂空或雕刻状的铭文。AutoCAD的三维功能相比于上述专业软件来说虽然有所不足，但同样可以获得这种效果，如图11-36所示。

图 11-36 三维文字效果

11.1.9 旋转

旋转是将二维对象绕指定的旋转线旋转一定的角度而形成模型实体，例如带轮、法兰盘和轴类等具有回旋特征的零件。用于旋转的二维对象可以是封闭多段线、多边形、圆、椭圆、封闭样条曲线、圆环及封闭区域。三维对象、包含在块中的对象、有交叉或干涉的多段线不能被旋转，而且每次只能旋转一个对象。

在AutoCAD调用该命令有以下几种常用方法。

◆ 功能区：在"常用"选项卡中，单击"建模"面板上的"旋转"按钮 ⊙。

◆ 菜单栏：选择"绘图"|"建模"|"旋转"命令。

◆ 命令行：输入REVOLVE或REV。

通过以上任意一种方法可调用旋转命令，选择旋转对象，将其旋转360°，结果如图11-37所示。命令行提示如下。

```
命令：REVOLVE↙
选择要旋转的对象：找到 1 个
            //选取素材面域为旋转对象
选择要旋转的对象：↙
            //按Enter键
指定轴起点或根据以下选项之一定义轴 [对象(O)/X/Y/
Z] <对象>：
            //选择直线上端点为轴起点
指定轴端点：
            //选择直线下端点为轴端点
指定旋转角度或 [起点角度(ST)] <360>：↙
            //按Enter键
```

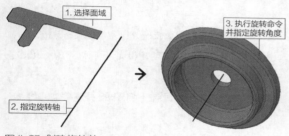

图 11-37 创建旋转体

【练习 11-8】 绘制花盆

难度：☆☆
素材文件：素材 \ 第 11 章 \11-8 绘制花盆 .dwg
效果文件：素材 \ 第 11 章 \11-8 绘制花盆 -OK.dwg
在线视频：第 11 章 \11-8 绘制花盆 .mp4

01 单击快速访问工具栏中的"打开"按钮，打开"第11章\11-8 绘制花盆.dwg"文件，如图 11-38所示。

02 单击"建模"面板上的"旋转"按钮。选中花盆的轮廓线，通过旋转命令绘制实体花盆。命令行提示如下。

03 通过以上操作即可完成花盆的绘制，其效果如图11-39所示。

```
命令：_revolve
            //调用"旋转"命令
当前线框密度：  ISOLINES=4，闭合轮廓创建模式 =
实体
选择要旋转的对象或 [模式(MO)]：_MO 闭合轮廓创
建模式 [实体(SO)/曲面(SU)] <实体>：_SO
选择要旋转的对象或 [模式(MO)]：指定对角点：找
到 40 个
            //选中花盆的所有轮廓线
指定轴起点或根据以下选项之一定义轴 [对象(O)/X/Y/
Z] <对象>：
            //指定旋转轴的起点
指定轴端点：
            //指定旋转轴的端点
指定旋转角度或 [起点角度(ST)/反转(R)/表达式(EX)]
<360>：↙
            //系统默认为旋转一周，按Enter键，旋
            转对象
```

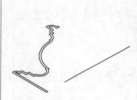

图 11-38 素材图形　　图 11-39 旋转效果

11.1.10　放样

"放样"实体即将横截面沿指定的路径或导向运动扫描所得到的三维实体。横截面指的是具有放样实体截面特征的二维对象，并且使用该命令时必须指定两个或两个以上的横截面来创建放样实体。

在AutoCAD 2020中调用"放样"命令有如下几种常用方法。

◆ 功能区：在"常用"选项卡中，单击"建模"面板上的"放样"按钮。

◆ 菜单栏：选择"绘图" | "建模" | "放样"命令。

◆ 命令行：输入LOFT。

执行"放样"命令后，根据命令行的提示，依次选择截面图形，然后定义放样选项，即可创建放样图形。操作过程如图11-40所示。命令行提示如下。

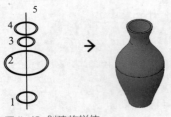

图 II-40 创建放样体

```
命令： _loft
        //调用"放样"命令
当前线框密度： ISOLINES=4，闭合轮廓创建模式 =
实体
按放样次序选择横截面或 ［点(PO)/合并多条边(J)/模式
(MO)］： _MO 闭合轮廓创建模式 ［实体(SO)/曲面(SU)］
〈实体〉： _SO
按放样次序选择横截面或 ［点(PO)/合并多条边(J)/模式
(MO)］： 找到 1 个
        //选取横截面1
按放样次序选择横截面或 ［点(PO)/合并多条边(J)/模式
(MO)］： 找到 1 个，总计 2 个
        //选取横截面2
按放样次序选择横截面或 ［点(PO)/合并多条边(J)/模式
(MO)］： 找到 1 个，总计 3 个
        //选取横截面3
按放样次序选择横截面或 ［点(PO)/合并多条边(J)/模式
(MO)］： 找到 1 个，总计 4 个
        //选取横截面4
选中了 4 个横截面
输入选项 ［导向(G)/路径(P)/仅横截面(C)/设置(S)/连续
性(CO)/凸度幅值(B)］： p↙
        //选择路径方式
选择路径轮廓：
        //选择路径5
```

【练习 11-9】 绘制花瓶

<table>
<tr><td rowspan="4"></td><td>难度：☆☆</td></tr>
<tr><td>素材文件：素材 \ 第 11 章 \11-9
绘制花瓶 .dwg</td></tr>
<tr><td>效果文件：素材 \ 第 11 章 \11-9
绘制花瓶 -OK.dwg</td></tr>
<tr><td>在线视频：第 11 章 \11-9 绘制花
瓶 .mp4</td></tr>
</table>

01 单击快速访问工具栏中的"打开"按钮，打开"第11章\11-9 绘制花瓶.dwg"素材文件。

02 单击"常用"选项卡"建模"面板上的"放样"按钮，然后依次选择素材中的4个模截面，操作如图11-41所示。命令行提示如下。

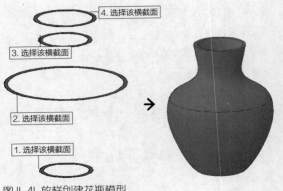

图 II-4I 放样创建花瓶模型

```
命令： _loft
        //调用"放样"命令
当前线框密度： ISOLINES=4，闭合轮廓创建模式 =
实体
按放样次序选择横截面或 ［点(PO)/合并多条边(J)/模式
(MO)］： _mo 闭合轮廓创建模式 ［实体(SO)/曲面(SU)］
〈实体〉： _su
按放样次序选择横截面或 ［点(PO)/合并多条边(J)/模式
(MO)］： 找到 1 个
按放样次序选择横截面或 ［点(PO)/合并多条边(J)/模式
(MO)］： 找到 1 个，总计 2 个
按放样次序选择横截面或 ［点(PO)/合并多条边(J)/模式
(MO)］： 找到 1 个，总计 3 个
按放样次序选择横截面或 ［点(PO)/合并多条边(J)/模式
(MO)］： 找到 1 个，总计 4 个
按放样次序选择横截面或 ［点(PO)/合并多条边(J)/模式
(MO)］：
 选中了 4 个横截面
输入选项 ［导向(G)/路径(P)/仅横截面(C)/设置(S)］〈仅
横截面〉： C↙
        //选择截面连接方式
```

提示

在创建比较复杂的放样实体时，可以指定导向曲线来控制点如何匹配相应的横截面，以防止创建的实体或曲面中出现褶皱等缺陷。

11.1.11 扫掠

使用"扫掠"工具可以将扫掠对象沿着开放或闭合的二维或三维路径运动扫描，来创建实体或曲面。在 AutoCAD 2020 中调用"扫掠"命令有如下几种常用方法。

◆ 菜单栏：选择"绘图"｜"建模"｜"扫掠"命令。

◆ 功能区：在"常用"选项卡中，单击"建模"面板上的"扫掠"按钮。

◆ 建模工具栏：单击建模工具栏上的"扫掠"按钮。

◆ 命令行：输入SWEEP。

执行"扫掠"命令后，按命令行提示选择扫掠截面与扫掠路径即可，如图11-42所示。

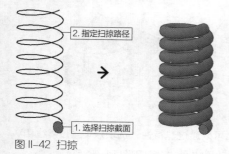

图 11-42 扫掠

【练习 11-10】 绘制连接管

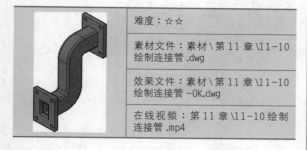

	难度：☆☆
	素材文件：素材\第 11 章\11-10 绘制连接管.dwg
	效果文件：素材\第 11 章\11-10 绘制连接管 -OK.dwg
	在线视频：第 11 章\11-10 绘制连接管.mp4

01 单击快速访问工具栏中的"打开"按钮，打开"第11章\11-10 绘制连接管.dwg"文件，如图 11-43 所示。

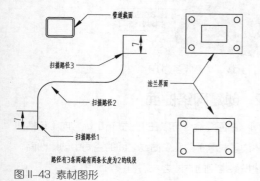

图 11-43 素材图形

02 单击建模工具栏上的"扫掠"按钮，选取图中管道的截面图形，选择中间的扫掠路径，完成管道的绘制。

03 通过以上的操作完成管道的绘制，如图11-44所示。接着创建法兰，再次单击"建模"工具栏上的"扫掠"按钮，选择法兰截面图形，选择路径1作为扫描路径，完成一端连接法兰的绘制，效果如图 11-45 所示。

04 重复以上操作，绘制另一端的连接法兰，效果如图 11-46所示。

图 11-44 绘制管道　图 11-45 绘制法兰　图 11-46 连接管实体

延伸讲解 **三维实体生成二维图形**

一般较为专业的工程类三维建模软件，都会提供从三维模型生成二维工程图的方法，因此一些比较复杂的实体就可以通过先创建三维实体模型，再转换为二维工程图，如图11-47所示。

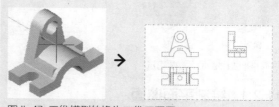

图 11-47 三维模型转换为二维工程图

这种绘制工程图的方式可以减少工作量、提高绘图速度与精度。在AutoCAD 2020中，将三维实体模型生成三视图的方法大致有以下两种。

◆ 使用VPORTS或MVIEW命令，在布局空间中创建多个二维视口，然后使用SOLPROF命令在每个视口分别生成实体模型的轮廓线，以创建零件的三视图。

◆ 使用SOLVIEW命令后，在布局空间中生出实体模型的各个二维视图视口，然后使用SOLDRAW命令在每个视口中分别生成实体模型的轮廓线，以创建三视图。

11.2 创建三维曲面

曲面是不具有厚度和质量特性的壳形对象。曲面模型也能够被隐藏、着色和渲染。AutoCAD中曲面的创建和编辑命令集中在功能区的"曲面"选项卡中，如图11-48所示。

图11-48 "曲面"选项卡

"创建"面板集中了创建曲面的各种方式，如图11-49所示，其中拉伸、放样、扫掠、旋转等生成方式与创建实体的操作类似，不再介绍。下面对其他创建和编辑命令进行介绍。

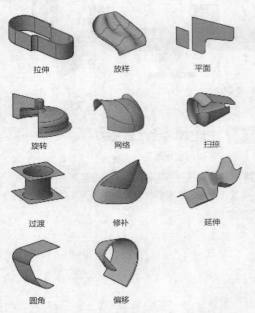

图11-49 创建曲面的主要方法

11.2.1 绘制平面曲面

平面曲面是以平面内某一封闭轮廓创建一个平面内的曲面。在AutoCAD中，既可以用指定角点的方式创建矩形的平面曲面，也可用指定对象的方式，创建复杂边界形状的平面曲面。

调用"平面曲面"命令有以下几种方法。

◆ 功能区：在"曲面"选项卡中，单击"创建"面板上的"平面"按钮◈。

◆ 菜单栏：选择"绘图" | "建模" | "曲面" | "平面"命令。

◆ 命令行：输入PLANESURF。

平面曲面的创建方法有"指定点"与"对象"两种，前者类似于绘制矩形，后者则像创建面域。根据命令行提示，指定角点或选择封闭区域即可创建平面曲面，效果如图11-50所示。

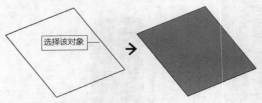

图11-50 创建平面曲面

平面曲面可以通过"特性"选项板设置U素线和V素线来控制，效果如图11-51和图11-52所示。

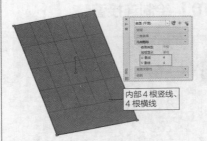

内部4根竖线、4根横线

图11-51 U素线、V素线各为4

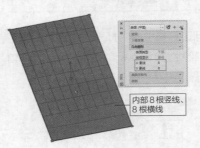

内部8根竖线、8根横线

图11-52 U素线、V素线各为8

11.2.2 创建网络曲面

"网络曲面"命令可以在 U 方向和 V 方向（包括曲面和实体边子对象）的几条曲线之间的空间中创建曲面，是曲面建模最常用的方法之一。

调用"网络曲面"命令有以下几种方法。

◆ 功能区：在"曲面"选项卡中，单击"创建"面板上的"网络"按钮❀。

◆ 菜单栏：选择"绘图"｜"建模"｜"曲面"｜"网络"命令。

◆ 命令行：输入SURFNETWORK。

执行"网络"命令后，根据命令行提示，先选择第一个方向上的曲线或曲面边，按Enter键确认，再选择第二个方向上的曲线或曲面边，即可创建出网格曲面，如图11-53所示。

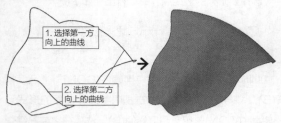

图 11-53 创建网格曲面

【练习 11-11】 创建鼠标曲面

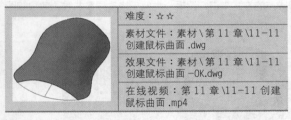

难度：☆☆	
素材文件：素材\第 11 章\11-11 创建鼠标曲面.dwg	
效果文件：素材\第 11 章\11-11 创建鼠标曲面-OK.dwg	
在线视频：第 11 章\11-11 创建鼠标曲面.mp4	

01 单击快速访问工具栏中的"打开"按钮📂，打开"第11章\11-11 创建鼠标曲面.dwg"素材文件，如图11-54所示。

02 在"曲面"选项卡中，单击"创建"面板上的"网络"按钮❀，选择横向的3根样条曲线为第一方向曲线，如图11-55所示。

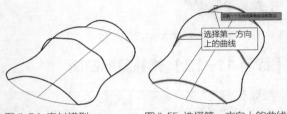

图 11-54 素材模型　　图 11-55 选择第一方向上的曲线

03 选择完毕后按Enter键确认，然后再根据命令行提示选择左右两侧的样条曲线为第二方向曲线，如图11-56所示。

04 鼠标曲面创建完成，如图11-57所示。

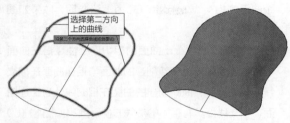

图 11-56 选择第二方向上的曲线　图 11-57 完成的鼠标曲面

11.2.3 创建过渡曲面

在两个现有曲面之间创建的连续的曲面称为过渡曲面。将两个曲面融合在一起时，需要指定曲面连续性和凸度幅值，创建过渡曲面的方法如下。

◆ 功能区：在"曲面"选项卡中，单击"创建"面板上的"过渡"按钮🖑。

◆ 菜单栏：选择"绘图"｜"建模"｜"曲面"｜"过渡"命令。

◆ 命令行：输入SURFBLEND。

执行"过渡"命令后，根据命令行提示，依次选择要过渡的曲面上的边，然后按Enter键即可创建过渡曲面，操作如图11-58所示。

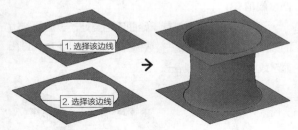

图 11-58 创建过渡曲面

指定完过渡边线后，命令行出现如下提示。

> 按 Enter 键接受过渡曲面或 [连续性(CON)/凸度幅值(B)]:

此时可以根据提示利用"连续性(CON)"和"凸度幅值(B)"这两种方式调整过渡曲面的形式，选项的具体含义说明如下。

连续性（CON）

"连续性（CON）"选项可调整曲面彼此融合的平滑程度。选择该选项时，有G0、G1、G2这3种连接形式可选。

◆ G0（位置连续性）：曲面的位置连续性是指新构造

的曲面与相连的曲面直接连接起来即可，不需要在两个曲面的相交线处相切。G0为默认选项，效果如图11-59所示。

- G1（相切连续性）：曲面的相切连续性是指在曲面位置连续的基础上，新创建的曲面与相连曲面在相交线处相切连续，即新创建的曲面在相交线处与相连曲面在相交线处具有相同的法线方向。效果如图11-60所示。

- G2（曲率连续性）：曲面的曲率连续性是指在曲面相切连续的基础上，新创建的曲面与相连曲面在相交线处曲率连续。效果如图11-61所示。

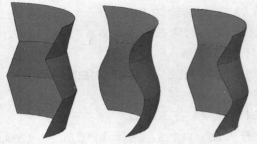

图11-59 位置连续性G0效果　图11-60 相切连续性G1效果　图11-61 曲率连续性G2效果

凸度幅值(B)

设定过渡曲面边与其原始曲面相交处该过渡曲面边的圆度。默认值为 0.5，有效值介于 0 和 1 之间，具体显示效果如图11-62所示。

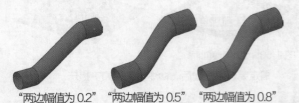

"两边幅值为0.2"　"两边幅值为0.5"　"两边幅值为0.8"

图11-62 不同凸度幅值的过渡效果

11.2.4　创建修补曲面

曲面"修补"即在创建新的曲面或封口时，闭合现有曲面的开放边，也可以通过闭环添加其他曲线以约束和引导修补曲面。创建"修补"曲面的方法如下。

- 功能区：在"曲面"选项卡中，单击"创建"面板上的"修补"按钮 。
- 菜单栏：选择"绘图"|"建模"|"曲面"|"修补"命令。
- 命令行：输入SURFPATCH。

执行"修补"命令后，根据命令行提示，选择现有曲面上的边线，即可创建出修补曲面，效果如图11-63所示。

1.选择该边线　2.调整连续性为相切

图11-63 创建修补曲面

选择要修补的边线后，命令行出现如下提示。

> 按 Enter 键接受修补曲面或 [连续性(CON)/凸度幅值(B)/导向(G)]:

此时可以根据提示利用"连续性(CON)""凸度幅值(B)""导向(G)"这3种方式调整修补曲面的形式。"连续性(CON)"和"凸度幅值(B)"选项在之前已经介绍过，这里不再赘述；"导向(G)"可以通过指定线、点的方式来定义修补曲面的生成形状，还可以通过调整曲线或点的方式来进行编辑，类似于修改样条曲线，效果如图11-64和图11-65所示。

图11-64 通过样条曲线导向创建修补曲面

图11-65 调整导向曲线修改修补曲面

【练习 11-12】 修补鼠标曲面

	难度：☆☆
	素材文件：素材\第11章\11-12修补鼠标曲面.dwg
	效果文件：素材\第11章\11-12修补鼠标曲面-OK.dwg
	在线视频：第11章\11-12修补鼠标曲面.mp4

在"练习11-11"的鼠标曲面案例中，鼠标曲面前方仍留有开口，这时就可以通过"修补"命令来进行封口。

01 打开"第11章\11-12 修补鼠标曲面.dwg"素材文件，也可以打开"第11章\11-11 创建鼠标曲面-OK.dwg"完成文件。如图11-66所示。

02 在"曲面"选项卡中，单击"创建"面板上的"拉伸"按钮 [拉伸]，选择鼠标曲面前方开口的弧线进行拉伸，拉伸任意距离，如图11-67所示。

创建过程中需要指定偏移距离。创建"偏移"曲面的方法如下。

◆ 功能区：在"曲面"选项卡中，单击"创建"面板上的"偏移"按钮 ◎。

◆ 菜单栏：选择"绘图"|"建模"|"曲面"|"偏移"命令。

◆ 命令行：输入SURFOFFSET。

　　执行"偏移"命令后，直接选择要进行偏移的面，然后输入偏移距离，即可创建偏移曲面，效果如图11-69所示。

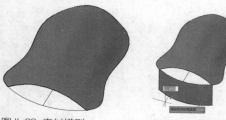

图11-66 素材模型　　　　　图11-67 创建辅助修补面

03 在"曲面"选项卡中，单击"创建"面板上的"修补"按钮 ⬒，选择鼠标曲面开口边与上步骤拉伸面的边线作为修补边，然后按Enter键，选择连续性为G1，即可创建修补面，效果如图11-68所示。

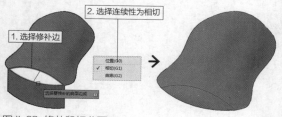

图11-68 修补鼠标曲面

11.2.5　创建偏移曲面

　　"偏移"曲面可以创建与原始曲面平行的曲面，在

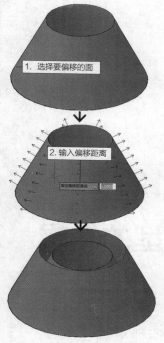

图11-69 创建偏移曲面

第 12 章

三维模型的编辑

在AutoCAD中，由基本的三维建模工具只能创建初步的模型的外观，而模型的细节部分，如壳、孔、圆角等特征，则需要由相应的编辑工具来创建。另外模型的尺寸、位置及局部形状等的修改，也需要用到一些编辑工具。

12.1　布尔运算

AutoCAD的"布尔运算"功能贯穿建模的整个过程，而在建立一些机械零件的三维模型时使用更为频繁。该运算用来确定多个形体（曲面或实体）之间的组合关系，也就是说通过该运算可将多个形体组合为一个形体，从而实现一些特殊的造型，如孔、槽、凸台和齿轮等特征形体都是执行布尔运算组合而成的新特征形体。

与二维面域中的"布尔运算"类似，三维建模中"布尔运算"包括"并集""差集""交集"3种运算方式。

12.1.1　并集运算

"并集"运算是将两个或两个以上的实体（或面域）对象组合成为一个新的组合对象。执行并集操作后，原来各实体相互重合的部分变为一体，使其成为完整的实体。

在AutoCAD 2020中启动"并集"运算有如下几种常用方法。

◆ 功能区：在"常用"选项卡中，单击"实体编辑"面板上的"并集"按钮，如图12-1所示。

◆ 菜单栏：选择"修改"｜"实体编辑"｜"并集"命令。

◆ 命令行：输入UNION或UNI。

图12-1　"实体编辑"面板上的"并集"按钮

执行上述任一命令后，在绘图区中选中所要合并的对象，按Enter键或单击鼠标右键，即可执行合并操作，效果如图12-2所示。

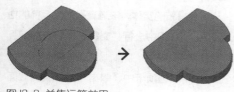

图12-2　并集运算效果

【练习12-1】　通过并集创建红桃心

难度：☆☆
素材文件：素材＼第12章＼12-1通过并集创建红桃心.dwg
效果文件：素材＼第12章＼12-1通过并集创建红桃心-OK.dwg
在线视频：第12章＼12-1通过并集创建红桃心.mp4

有时仅靠前面章节介绍的命令无法创建出满意的模型，还需要借助布尔运算来进行创建，如本例中的红桃心。

01 单击快速访问工具栏中的"打开"按钮，打开"第12章＼12-1通过并集创建红桃心.dwg"文件，如图12-3所示。

02 单击"实体编辑"面板上的"并集"按钮，依次选择左右两个椭圆体，然后单击鼠标右键完成并集运算。命令行提示如下。

```
命令：_union
        //调用"并集运算"命令
选择对象：找到 1 个
        //选中右边红色的椭圆体
选择对象：找到 1 个，总计 2 个
        //选中左边绿色的椭圆体
选择对象：
        //单击鼠标右键完成命令
```

03 通过以上操作即可完成并集运算，效果如图12-4所示。

图12-3　素材模型　　　图12-4　并集运算效果

12.1.2　差集运算

差集运算就是将一个对象减去另一个对象从而形成新的组合对象。与并集操作不同的是，差集运算首先选择的对象为被剪切对象，之后选择的对象为剪切对象。

在AutoCAD 2020中进行"差集"运算有如下几种常用方法。

◆ 功能区：在"常用"选项卡中，单击"实体编辑"面板上的"差集"按钮，如图12-5所示。

◆ 菜单栏：选择"修改"｜"实体编辑"｜"差集"命令。

◆ 命令行：输入SUBTRACT或SU。

图12-5 "实体编辑"面板上的"差集"按钮

　　执行上述任一命令后，在绘图区中选择被剪切的对象，按Enter键或单击鼠标右键，然后选择要剪切的对象，按Enter键或单击鼠标右键即可执行差集操作，差集运算效果如图12-6所示。

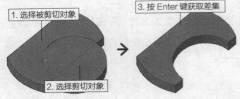

图12-6 差集运算效果

提示

　　在执行差集运算时，如果第二个对象包含在第一个对象之内，则差集操作的结果是第一个对象减去第二个对象；如果第二个对象只有一部分包含在第一个对象之内，则差集操作的结果是第一个对象减去两个对象的公共部分。

【练习 12-2】 通过差集创建通孔

难度：☆☆
素材文件：素材＼第 12 章＼12-2 通过差集创建通孔 .dwg
效果文件：素材＼第 12 章＼12-2 通过差集创建通孔 -OK.dwg
在线视频：第 12 章＼12-2 通过差集创建通孔 .mp4

　　在机械零件中常有孔、洞等，如果要创建这样的三维模型，那在AutoCAD中就可以通过"差集"命令来进行。

①① 单击快速访问工具栏中的"打开"按钮，打开"第12章\12-2 通过差集创建通孔.dwg"文件，如图12-7所示。

①② 单击"实体编辑"面板上的"差集"按钮，选择大圆柱体为被剪切的对象，按Enter键或单击鼠标右键完成选择，然后选择与大圆柱体相交的小圆柱体为要剪切的对象，按Enter键或单击鼠标右键即可执行差集操作。命令行提示如下。

```
命令：_subtract
        //调用"差集"命令
选择要从中减去的实体、曲面和面域...
选择对象：找到 1 个
        //选择被剪切对象
选择要减去的实体、曲面和面域...
选择对象：找到 1 个
        //选择要剪切对象
选择对象：
        //单击鼠标右键完成差集运算操作
```

①③ 通过以上操作即可完成"差集"运算，其效果如图12-8所示。

①④ 重复以上操作，继续进行"差集"运算，完成图形绘制。其效果如图12-9所示。

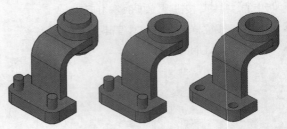

图12-7 素材模型　图12-8 初步差集　图12-9 绘制结果图
　　　　　　　　　　　 运算结果

12.1.3 交集运算

　　在三维建模过程中执行交集运算可获取两相交实体的公共部分，从而获得新的实体，该运算是差集运算的逆运算。在AutoCAD 2020中进行"交集"运算有如下几种常用方法。

◆ 功能区：在"常用"选项卡中，单击"实体编辑"面板上的"交集"按钮，如图12-10所示。

◆ 菜单栏：选择"修改"｜"实体编辑"｜"交集"命令。

◆ 命令行：输入INTERSECT或IN。

图12-10 "实体编辑"面板上的"交集"按钮

　　通过以上任意一种方法执行该命令，然后在绘图区选择具有公共部分的两个对象，按Enter键或单击鼠标右键即可执行相交操作，其运算效果如图12-11所示。

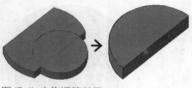

图 12-11 交集运算效果

【练习 12-3】 通过交集创建飞盘

	难度：☆☆
	素材文件：素材 \ 第 12 章\12-3 通过交集创建飞盘 .dwg
	效果文件：素材 \ 第 12 章\12-3 通过交集创建飞盘 -OK.dwg
	在线视频：第 12 章\12-3 通过交集创建飞盘 .mp4

与其他有技术含量的工作一样，建模也讲究技巧与方法，而不是单纯地掌握软件所提供的命令。本例的飞盘模型就是一个很典型的例子，如果不通过创建球体再取交集的方法，而是通过常规的建模手段来完成，则往往会事倍功半。

01 单击快速访问工具栏中的"打开"按钮，打开"第12章\12-3 通过交集创建飞盘.dwg"文件，如图12-12所示。

图 12-12 素材模型

02 单击"实体编辑"面板上的"交集"按钮，然后依次选择具有公共部分的两个球体，按Enter键或单击鼠标右键，执行相交操作。命令行提示如下。

命令：_intersect	//调用"交集"命令
选择对象：找到 1 个	//选择第一个球体
选择对象：找到 1 个，总计 2 个	//选择第二个球体
选择对象：	//单击鼠标右键完成交集命令

03 通过以上操作即可完成交集运算的操作，其效果如图12-13所示。

04 单击"修改"面板上的"圆角"按钮，在边线处创建圆角，其效果如图12-14所示。

图 12-13 完成交集运算效果　　图 12-14 创建的飞盘模型

12.1.4　编辑实体历史记录

利用布尔运算创建组合实体之后，原实体就消失了，且新生成的特征位置完全固定，如果想再次修改就会变得十分困难。例如利用差集在实体上创建孔，孔的大小和位置就只能用偏移面和移动面来修改；而将两个实体进行并集之后，其相对位置就不能再修改。AutoCAD提供的编辑实体历史记录功能，可以解决这一难题。

编辑实体历史记录之前，必须保存该记录，方法是选中该实体，然后单击鼠标右键，在快捷菜单中查看实体特性，在"实体历史记录"选项组选择历史记录即可，如图12-15所示。

图 12-15 设置实体历史记录

上述保存历史记录的方法需要逐个选择实体，然后设置特征，比较麻烦，适用于记录个别实体的历史。如果要在全局范围记录实体历史，则可在"实体"选项卡中，单击"图元"面板上的"实体历史记录"按钮来实现，命令行出现如下提示。

命令：_solidhist
输入 SOLIDHIST 的新值 <0>：1

SOLIDHIST的新值为1即记录实体历史记录，在此设置之后创建的所有实体均记录历史。

记录实体历史之后，对实体进行布尔运算操作，系统会保存实体的初始几何形状信息，如果在如图12-15

所示的面板中设置了显示历史记录，实体的历史记录将以线框的样式显示，如图12-16所示。

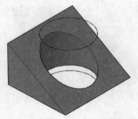

图12-16 实体历史记录的显示

对实体的历史记录进行编辑，即可修改布尔运算的结果。在编辑之前需要选择某一历史记录对象，方法是按住Ctrl键选择要修改的实体记录，图12-17所示是选中楔体的效果，图12-18所示是选中圆柱体的效果。可以看到，被选中的历史记录呈蓝色高亮显示，且出现夹点显示，编辑这些夹点，修改布尔运算的结果如图12-19所示。除了编辑夹点，实体的历史记录还可以被移动和旋转，得到多种多样的编辑效果。

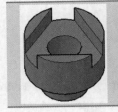

图12-17 选择楔体的历史记录　图12-18 选择圆柱体的历史记录　图12-19 编辑历史记录之后的效果

【练习 12-4】 修改联轴器

难度：☆☆
素材文件：素材＼第12章＼12-4 修改联轴器 .dwg
效果文件：素材＼第12章＼12-4 修改联轴器 -OK.dwg
在线视频：第12章＼12-4 修改联轴器 .mp4

在其他的建模软件中，如NX、Solidworks等，在工作界面都会有"特征树"之类的组成部分，如图12-20所示。"特征树"记录了模型创建过程中所用到的各种命令及参数，因此如果要对模型进行修改，就十分方便。而在AutoCAD中虽然没有这样的"特征树"，但同样可以通过本节所学习的编辑实体历史记录来达到回溯修改的目的。

01 打开"第12章＼12-4 修改联轴器.dwg"素材文件，如图12-21所示。

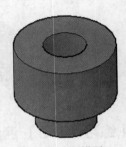

图12-20 其他软件中的"特征树"　图12-21 素材模型

02 单击"坐标"面板上的"原点"按钮，然后捕捉到圆柱顶面的中心点，放置原点，如图12-22所示。

03 单击绘图区左上角的视图控件，将视图调整到俯视的方向，然后在 XY 平面内绘制一个矩形多段线轮廓，如图12-23所示。

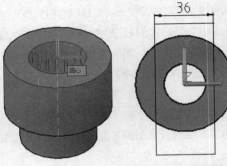

图12-22 捕捉圆心　　　图12-23 矩形轮廓

04 单击"建模"面板上的"拉伸"按钮，选择矩形多段线为拉伸的对象，拉伸方向指向圆柱体内部，输入拉伸高度值为14，创建的拉伸体如图12-24所示。

05 单击选中拉伸创建的长方体，然后单击鼠标右键，在快捷菜单中选择"特性"命令，弹出该实体的特性选项板，在选项板中，将历史记录修改为"记录"，并显示历史记录，如图12-25所示。

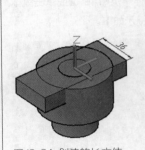

图12-24 创建的长方体　图12-25 设置实体历史记录

06 单击"实体编辑"面板上的"差集"按钮，从圆柱体中减去长方体，结果如图12-26所示，以线框显示的即为长方体的历史记录。

07 按住Ctrl键然后选择线框长方体，该历史记录呈夹点显示状态，将长方体两个顶点夹点合并，修改为三棱柱的形状，拖动夹点适当调整三角形形状，结果如图12-27所示。

08 选择圆柱体，用步骤05的方法打开实体的特性选项板，将"显示历史记录"选项修改为"否"，隐藏历史记

录，最终结果如图12-28所示。

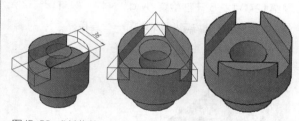

图 12-26 求差集的　图 12-27 编辑历史　图 12-28 最终结果
结果　　　　　　记录的结果

12.2 三维实体的编辑

在对三维实体进行编辑时，不仅可以对实体上的单个表面和边线执行编辑操作，同时还可以对整个实体执行编辑操作。

12.2.1 干涉检查

在装配过程中，往往会出现模型与模型之间的干涉现象，因而在执行两个或多个模型装配时，需要通过干涉检查操作，以便及时调整模型的尺寸和相对位置，达到准确装配的效果。在AutoCAD中调用"干涉检查"有如下几种常用方法。

◆ 功能区：在"常用"选项卡中，单击"实体编辑"面板上的"干涉"按钮 ，如图12-29所示。
◆ 菜单栏：选择"修改"|"三维操作"|"干涉检查"命令。
◆ 命令行：输入INTERFERE。

图 12-29 "实体编辑"面板上的"干涉"按钮

通过以上任意一种方法执行该命令后，在绘图区选择执行干涉检查的实体模型，按Enter键完成选择，接着选择执行干涉的另一个模型，按Enter键即可查看干涉检查效果，如图12-30所示。

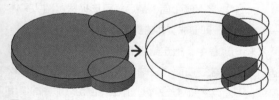

图 12-30 干涉检查

在显示检查效果的同时，系统将弹出"干涉检查"对话框，如图12-31所示。在该对话框中可设置模型间的显示方式，勾选"关闭时删除已创建的干涉对象"复选框，单击"关闭"按钮即可删除干涉对象。

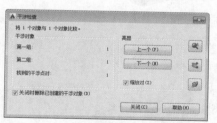

图 12-31 "干涉检查"对话框

【练习 12-5】 干涉检查装配体

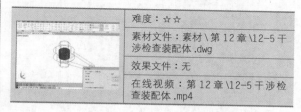

	难度：☆☆
	素材文件：素材＼第 12 章＼12-5 干涉检查装配体 .dwg
	效果文件：无
	在线视频：第 12 章＼12-5 干涉检查装配体 .mp4

在现实生活中，如果要对若干零部件进行组装，受实体外形所限，自然就会出现装不进的问题；而对于AutoCAD所创建的三维模型来说，不会有这种情况，即便模型之间的关系已经违背常理，明显无法进行装配。这也是目前三维建模技术的一个局限性，要想得到更为真实的效果，只能借助其他软件所带的仿真功能。但在AutoCAD中，也可以通过"干涉检查"命令来判断两零件之间的配合关系。

01 单击快速访问工具栏中的"打开"按钮 📂，打开"第12章\12-5 干涉检查.dwg"文件，如图12-32所示。其中已经创建好了一个销轴和一个连接杆。

图12-32 素材模型

02 单击"实体编辑"面板上的"干涉"按钮 🗗，选择如图12-33所示的图形为第一组对象。命令行提示如下。

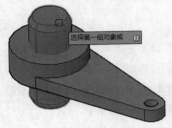

图12-33 选择第一组对象

```
命令：_interfere
        //调用"干涉检查"命令
选择第一组对象或 [嵌套选择(N)/设置(S)]：找到 1
个       //选择销轴为第一组对象
选择第一组对象或 [嵌套选择(N)/设置(S)]：
        //按Enter键结束选择
选择第二组对象或 [嵌套选择(N)/检查第一组(K)] <检
查>：找到 1 个
        //选择如图12-34所示的连接杆为第二组
        对象
选择第二组对象或 [嵌套选择(N)/检查第一组(K)] <检
查>：
        //按Enter键弹出干涉检查效果
```

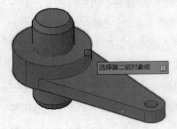

图12-34 选择第二组对象

03 通过以上操作，系统弹出"干涉检查"对话框，如图12-35所示，红色高亮显示的地方即为超差部分。单击关闭按钮即可完成干涉检查。

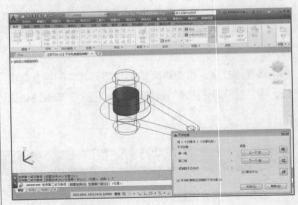

图12-35 干涉检查结果

12.2.2 剖切

在绘图过程中，为了表达实体内部的结构特征，可使用剖切工具假想一个与指定对象相交的平面或曲面将该实体剖切，从而创建新的对象。可通过指定点、选择曲面或平面对象来定义剖切平面。

在AutoCAD 2020中调用"剖切"有如下几种常用方法。

◆ 功能区：在"常用"选项卡中，单击"实体编辑"面板上的"剖切"按钮 🗐，如图12-36所示。

◆ 菜单栏：选择"修改"|"三维操作"|"剖切"命令。

◆ 命令行：输入SLICE或SL。

图12-36 "实体编辑"面板上的"剖切"按钮

通过以上任意一种方法执行该命令，然后选择要剖切的对象，接着按命令行提示定义剖切面，可以选择某个平面对象，例如曲面、圆、椭圆、圆弧、椭圆弧、二维样条曲面和二维多段线，也可选择坐标系定义的平面，如 XY、YZ、ZX 等平面。最后，可选择保留剖切实体的一侧或两侧，即完成实体的剖切。

在剖切过程中，指定剖切面的方式包括指定切面的起点、平面对象、曲面、Z轴、视图等，使用方法都较为简单。下面以平面对象为例，介绍"剖切"命令的使用方法。

【练习 12-6】平面对象剖切实体

难度：☆☆	
素材文件：素材 \ 第 12 章 \12-6 平面对象剖切实体 .dwg	
效果文件：素材 \ 第 12 章 \12-6 平面对象剖切实体 -OK.dwg	
在线视频：第 12 章 \12-6 平面对象剖切实体 .mp4	

通过绘制辅助平面的方法来进行剖切是最常用的一种剖切方法。对象除了是平面，还可以是曲面，因此能创建出任何所需的剖切图形。用户在需要用到剖切时，可以先自行创建辅助平面或曲面，然后使用该方法进行剖切。

01 单击快速访问工具栏中的"打开"按钮，打开"第12章\12-6 剖切素材.dwg"文件，如图12-37所示。

02 绘制如图12-38所示的平面，为剖切的平面。

图 12-37 素材模型　　　　图 12-38 绘制剖切平面

03 单击"实体编辑"面板上的"剖切"按钮，选择四通管实体为剖切对象。命令行提示如下。

```
命令：_slice
         //调用"剖切"命令
选择要剖切的对象：找到 1 个
         //选择剖切对象
选择要剖切的对象：
         //鼠标右键单击结束选择
指定 切面 的起点或 [平面对象(O)/曲面(S)/Z轴(Z)/视
图(V)/XY(XY)/YZ(YZ)/ZX(ZX)/三点(3)] <三点>：0
         //选择剖切方式
选择用于定义剖切平面的圆、椭圆、圆弧、二维样条
线或二维多段线：
         //单击选择平面
在所需的侧面上指定点或 [保留两个侧面(B)] <保留两
个侧面>：
         //选择需要保留的一侧
```

04 通过以上操作即可完成实体的剖切，其效果如图

12-39所示。

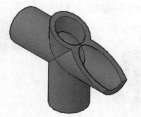

图 12-39 剖切结果

12.2.3 加厚

在三维建模环境中，可以将网格曲面、平面曲面或截面曲面等多种类型的曲面通过加厚处理形成具有一定厚度的三维实体。在AutoCAD 2020中调用"加厚"命令有如下几种常用方法。

◆ 功能区：在"实体"选项卡中，单击"实体编辑"面板上的"加厚"按钮，如图12-40所示。

◆ 菜单栏：选择"修改"｜"三维操作"｜"加厚"命令。

◆ 命令行：输入THICKEN。

图 12-40 "实体编辑"面板上的"加厚"按钮

执行上述任一命令后即可进入"加厚"模式，直接在绘图区选择要加厚的曲面，然后单击鼠标右键或按Enter键后，在命令行中输入厚度值再按Enter键确认，即可完成加厚操作，曲面加厚效果如图12-41所示。

图 12-41 曲面加厚效果

【练习 12-7】加厚命令创建花瓶

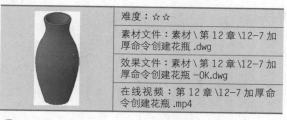

难度：☆☆	
素材文件：素材 \ 第 12 章 \12-7 加厚命令创建花瓶 .dwg	
效果文件：素材 \ 第 12 章 \12-7 加厚命令创建花瓶 -OK.dwg	
在线视频：第 12 章 \12-7 加厚命令创建花瓶 .mp4	

01 单击快速访问工具栏中的"打开"按钮，打开"第12章\12-7 加厚命令创建花瓶.dwg"素材文件。

02 单击"实体"选项卡中"实体编辑"面板上的"加厚"按钮 ◢，选择素材文件中的花瓶曲面，然后输入厚度值1即可，操作如图12-42所示。

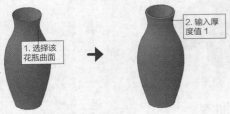

图 12-42 加厚花瓶曲面

12.2.4 抽壳

通过执行"抽壳"操作可将实体以指定的厚度形成一个空的薄层，同时还允许将某些指定面排除在壳外。软件默认指定正值从圆周外开始抽壳，指定负值从圆周内开始抽壳。在AutoCAD 2020中调用"抽壳"有如下几种常用方法。

- 功能区：在"实体"选项卡中，单击"实体编辑"面板上的"抽壳"按钮 ▣，如图12-43所示。
- 菜单栏：选择"修改"｜"实体编辑"｜"抽壳"命令。
- 命令行：输入SOLIDEDIT。

图 12-43 "实体编辑"面板上的"抽壳"按钮

执行上述任一命令后，可根据设计需要保留所有面执行抽壳操作（即中空实体）或删除单个面执行抽壳操作，分别介绍如下。

删除抽壳面

该抽壳方式通过移除面形成内孔实体。执行"抽壳"命令，在绘图区选择待抽壳的实体，继续选择要删除的单个或多个表面并单击鼠标右键，输入抽壳偏移距离，按Enter键，即可完成抽壳操作，其效果如图12-44所示。

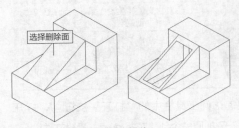

图 12-44 删除面执行抽壳操作

保留抽壳面

该抽壳方法与删除面抽壳操作不同之处在于：该抽壳方法是在选择抽壳对象后，直接按Enter键或单击鼠标右键，并不选择删除面，而是输入抽壳距离，从而形成中空的抽壳效果。其效果如图12-45所示。

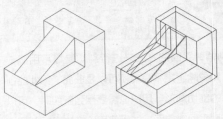

图 12-45 保留抽壳面

【练习 12-8】 绘制方槽壳体

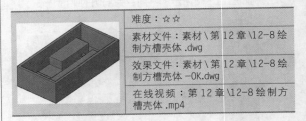	难度：☆☆
	素材文件：素材＼第 12 章＼12-8 绘制方槽壳体 .dwg
	效果文件：素材＼第 12 章＼12-8 绘制方槽壳体 -OK.dwg
	在线视频：第 12 章＼12-8 绘制方槽壳体 .mp4

灵活使用"抽壳"命令，再配合其他简单的建模操作，同样可以创建出很多看似复杂、实则简单的模型。

01 单击快速访问工具栏中的"打开"按钮 ▣，打开"第12章＼12-8 绘制方槽壳体.dwg"文件，如图12-46所示。

02 单击"修改"面板上的"三维旋转"按钮 ▣，将图形旋转180°，效果如图12-47所示。

图 12-46 素材模型　　　　图 12-47 旋转实体

03 单击"实体编辑"面板上的"抽壳"按钮 ▣，选择如图12-48所示的实体为抽壳对象。命令行提示如下。

```
命令： _solidedit
        //调用"抽壳"命令
实体编辑自动检查： SOLIDCHECK=1
输入实体编辑选项 [面(F)/边(E)/体(B)/放弃(U)/退出(X)]
<退出>： _body
输入体编辑选项
```

[压印(I)/分割实体(P)/抽壳(S)/清除(L)/检查(C)/放弃(U)/
退出(X)] <退出>：_shell

选择三维实体：

　　　　//选择要抽壳的对象

删除面或 [放弃(U)/添加(A)/全部(ALL)]：找到一个
面，已删除 1 个。

　　　　//选择要删除的面如图12-49所示

删除面或 [放弃(U)/添加(A)/全部(ALL)]：

　　　　//单击鼠标右键结束选择

输入抽壳偏移距离：2↙

　　　　//输入距离，按Enter键，执行操作

已开始实体校验。

已完成实体校验。

输入体编辑选项

[压印(I)/分割实体(P)/抽壳(S)/清除(L)/检查(C)/放弃(U)/
退出(X)] <退出>：↙

　　　　//按Enter键，结束操作

图 12-48 选择抽壳对象　　　图 12-49 选择删除面

04 通过以上操作即可完成抽壳操作，其效果如图12-50
所示。

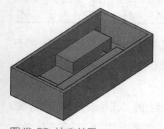

图 12-50 抽壳效果

12.2.5　创建倒角和圆角

"倒角"和"圆角"工具不仅在二维环境中能够实
现，在三维环境中，使用这两种工具能够实现三维对象的
倒角和圆角效果。

1. 三维倒角

在三维建模过程中创建倒角特征主要用于孔特征零

件或轴类零件，方便安装轴上其他零件，防止划伤其他零
件或安装人员。在AutoCAD 2020中调用"倒角"有如
下几种常用方法。

◆ 功能区：在"实体"选项卡中，单击"实体编辑"面
板上的"倒角边"按钮 ，如图12-51所示。

◆ 菜单栏：选择"修改"|"实体编辑"|"倒角边"
命令。

◆ 命令行：输入CHAMFEREDGE。

图 12-51 "实体编辑"面板上的"倒角边"按钮

执行上述任一命令后，根据命令行的提示，在绘图
区选择绘制倒角所在的基面，按Enter键分别指定倒角距
离，指定需要倒角的边线，按Enter键即可创建三维倒
角，效果如图12-52所示。

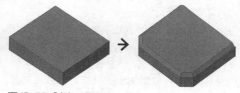

图 12-52 创建三维倒角

【练习 12-9】对模型倒斜角

	难度：☆☆
	素材文件：素材 \ 第 12 章 \12-9 对模型倒斜角 .dwg
	效果文件：素材 \ 第 12 章 \12-9 对模型倒斜角 -OK.dwg
	在线视频：第 12 章 \12-9 对模型倒斜角 .mp4

三维模型的倒斜角操作相比于二维图形来说，要更
为烦琐一些，在进行倒角边的选择时，选中目标可能显示
得不明显，这是操作"倒角边"要注意的地方。

01 单击快速访问工具栏中的"打开"按钮 ，打开"第
12章\12-9 对模型倒斜角.dwg"素材文件，如图12-53
所示。

02 在"实体"选项卡中，单击"实体编辑"面板上的
"倒角边"按钮 ，选择如图12-54所示的边线为倒角
边。命令行提示如下。

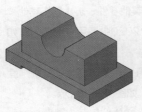

图 12-53 素材模型　　　　图 12-54 选择倒角边

```
命令：_chamferedge
        //调用"倒角边"命令
选择一条边或 [环(L)/距离(D)]：
        //选择同一面上需要倒角的边
选择同一个面上的其他边或 [环(L)/距离(D)]：
选择同一个面上的其他边或 [环(L)/距离(D)]：
选择同一个面上的其他边或 [环(L)/距离(D)]：
按 Enter 键接受倒角或 [距离(D)]：D
        //单击鼠标右键结束选择倒角边，然后
        输入D设置倒角参数
指定基面倒角距离或 [表达式(E)] <1.0000>：2
指定其他曲面倒角距离或 [表达式(E)] <1.0000>：2
        //输入倒角参数
按 Enter 键接受倒角或 [距离(D)]：↙
        //按Enter键结束倒角边命令
```

03 通过以上操作即可完成倒角边的操作，其效果如图12-55所示。

04 重复以上操作，继续完成其他边的倒角边操作，其效果如图12-56所示。

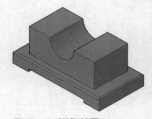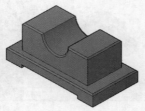

图 12-55 倒角效果　　　　图 12-56 完成所有边的倒角

2. 三维圆角

在三维建模过程中创建圆角特征主要用于回转零件的轴肩处，以防止轴肩应力集中，在长时间的运转中断裂。在AutoCAD 2020中调用"圆角"有如下几种常用方法。

◆ 功能区：在"实体"选项卡中，单击"实体编辑"面板上的"圆角边"按钮，如图12-57所示。

◆ 菜单栏：选择"修改"｜"实体编辑"｜"圆角边"命令。

◆ 命令行：输入FILLETEDGE。

图 12-57 "实体编辑"面板上的"圆角边"按钮

执行上述任一命令后，在绘图区选择需要绘制圆角的边线，输入圆角半径，按Enter键，其命令行出现"选择边或 [链(C)/环(L)/半径(R)]："提示。选择"链"选项，则可以选择多个边线进行倒圆角；选择"半径"选项，则可以创建不同半径值的圆角。最后按Enter键即可创建三维倒圆角，如图12-58所示。

图 12-58 创建三维倒圆角

【练习 12-10】对模型倒圆角

	难度：☆☆
	素材文件：素材 \ 第 12 章 \12-10 对模型倒圆角 .dwg
	效果文件：素材 \ 第 12 章 \12-10 对模型倒圆角 -OK.dwg
	在线视频：第 12 章 \12-10 对模型倒圆角 .mp4

01 单击快速访问工具栏中的"打开"按钮，打开"第12章\12-10 对模型倒圆角.dwg"文件，如图12-59所示。

02 单击"实体编辑"面板上的"圆角边"按钮，选择如图12-60所示的边作为要圆角的边，其命令行提示如下。

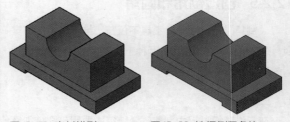

图 12-59 素材模型　　　　图 12-60 选择倒圆角边

命令：_filletedge

//调用"圆角边"命令

半径 = 1.0000

选择边或 [链(C)/环(L)/半径(R)]：

//选择要圆角的边

选择边或 [链(C)/环(L)/半径(R)]：

//单击鼠标右键结束边选择

已选定 1 个边用于圆角。

按 Enter 键接受圆角或 [半径(R)]：R✓

//选择半径参数

指定半径或 [表达式(E)] <1.0000>：5✓

//输入半径值

按 Enter 键接受圆角或 [半径(R)]：✓

//按Enter键结束操作

03 通过以上操作即可完成三维倒圆角的创建，其效果如

图12-61所示。

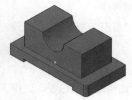

图 12-61 倒圆角效果

04 继续重复以上操作创建其他位置的倒圆角，效果如图
12-62所示。

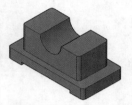

图 12-62 完成所有边倒圆角

12.3 操作三维对象

　　AutoCAD中的三维操作是指对实体进行移动、旋转、对齐等改变实体位置的命令，以及镜像、阵列等快速创建相同实体的命令。这些三维操作在装配实体时使用频繁，例如将螺栓装配到螺孔中，可能需要先将螺栓旋转到轴线与螺孔平行，然后通过移动将其定位到螺孔中，接着使用阵列操作，快速创建多个螺栓。

12.3.1 三维移动

　　"三维移动"可以将实体按指定距离在空间中进行移动，以改变对象的位置。使用"三维移动"工具能将实体沿 *X* 轴、*Y* 轴、*Z* 轴或其他任意方向，以及直线、面或任意两点间移动，从而将其定位到空间的准确位置。

　　在AutoCAD 2020中调用"三维移动"有如下几种常用方法。

◆ 功能区：在"常用"选项卡中，单击"修改"面板上的"三维移动"按钮，如图12-63所示。

图 12-63 "修改"面板上的"三维移动"按钮

◆ 菜单栏：选择"修改"｜"三维操作"｜"三维移动"命令。

◆ 命令行：输入3DMOVE。

　　执行上述任一命令后，在绘图区选择要移动的对象，绘图区将显示坐标系图标，如图12-64所示。

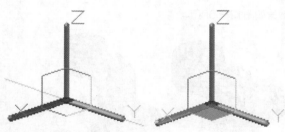

图 12-64 移动坐标系

　　单击选择坐标轴的某一轴，移动指针所选定的实体对象，将沿所约束的轴移动；若是将指针停留在两条轴柄之间的直线汇合处的平面上（用以确定一定平面），直至其变为黄色，然后选择该平面，移动指针将移动约束到该平面上。

【练习 12-11】 三维移动

难度：☆☆	
素材文件：素材 \ 第 12 章 \12-11 三维移动 .dwg	
效果文件：素材 \ 第 12 章 \12-11 三维移动 -OK.dwg	
在线视频：第 12 章 \12-11 三维移动 .mp4	

除了"三维移动",读者也可以通过二维环境下的"移动"命令(MOVE)来完成该操作。

01 单击快速访问工具栏中的"打开"按钮 📂,打开"第12章\12-11 三维移动.dwg"文件,如图12-65所示。

02 单击"修改"面板上的"三维移动"按钮 📧,选择要移动的底座实体,单击鼠标右键完成选择,然后在移动小控件上选择 Z 轴为约束方向。命令行提示如下。

```
命令：_3dmove
        //调用"三维移动"命令
选择对象：找到 1 个
        //选中底座为要移动的对象
选择对象：
        //单击鼠标右键完成选择
指定基点 或 [位移(D)]<位移>：
正在检查 666 个交点...
** MOVE **
指定移动点 或 [基点(B)/复制(C)/放弃(U)/退出(X)]：
        //将底座移动到合适位置，然后单击，结
        束操作。
```

03 通过以上操作即可完成三维移动的操作,图形移动的效果如图12-66所示。

图 12-65 素材模型　　　　图 12-66 三维移动效果图

12.3.2　三维旋转

利用"三维旋转"工具可将选择的三维对象和子对象沿指定旋转轴(X轴、Y轴、Z轴)旋转。在AutoCAD 2020中调用"三维旋转"有如下几种常用方法。

- 功能区：在"常用"选项卡中,单击"修改"面板上的"三维旋转"按钮 📧,如图12-67所示。
- 菜单栏：选择"修改"｜"三维操作"｜"三维旋转"命令。
- 命令行：输入3DROTATE。

图 12-67 "修改"面板上的"三维旋转"按钮

执行上述任一命令后,即可进入"三维旋转"模式,在绘图区选择需要旋转的对象,此时绘图区出现3个圆环(红色代表 X 轴、绿色代表 Y 轴、蓝色代表 Z 轴),然后在绘图区指定一点为旋转基点,如图12-68所示。指定完旋转基点后,选择夹点工具上圆环,用以确定旋转轴,接着直接输入角度值进行实体的旋转,或选择屏幕上的任意位置,用以确定旋转基点,再输入角度值即可获得实体三维旋转效果。

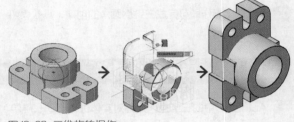

图 12-68 三维旋转操作

【练习 12-12】三维旋转

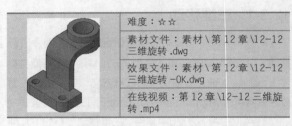

	难度：☆☆
	素材文件：素材\第 12 章\12-12 三维旋转 .dwg
	效果文件：素材\第 12 章\12-12 三维旋转 -OK.dwg
	在线视频：第 12 章\12-12 三维旋转 .mp4

与"三维移动"一样,"三维旋转"也可以使用二维环境中的"旋转"命令(ROTATE)来完成。

01 单击快速访问工具栏中的"打开"按钮 📂,打开"第12章\12-12 三维旋转.dwg"文件,如图12-69所示。

图 12-69 素材模型

02 单击"修改"面板上的"三维旋转"按钮 ⊚,选择连接板和圆柱体为旋转的对象,单击鼠标右键完成对象选择。然后拾取圆柱中心为基点,选择 Z 轴为旋转轴。输入旋转角度值为180。命令行提示如下。

```
命令：_3drotate
        //调用"三维旋转"命令
UCS 当前的正角方向： ANGDIR=逆时针 ANGBASE=0
选择对象： 找到 1 个
        //选择连接板和圆柱体为旋转对象
选择对象：
        //单击鼠标右键结束选择
指定基点：
        //指定圆柱中心点为基点
拾取旋转轴：
        //选择 Z 轴为旋转轴
指定角的起点或键入角度： 180↙
        //输入角度值
```

03 通过以上操作即可完成三维旋转的操作,效果如图12-70所示。

图 12-70 三维旋转效果

12.3.3 三维缩放

通过"三维缩放"小控件,用户可以沿轴或平面调整选定对象和子对象的大小,也可以统一调整对象的大小。在AutoCAD 2020中调用"三维缩放"有如下几种常用方法。

◆ 功能区：在"常用"选项卡中,单击"修改"面板上的"三维缩放"按钮 🔺,如图12-71所示。

◆ 建模工具栏：单击建模工具栏上的"三维旋转"按钮。

◆ 命令行：输入3DSCALE。

执行上述任一命令后,即可进入"三维缩放"模式,在绘图区选择需要缩放的对象,此时绘图区出现如图12-72所示的缩放小控件。然后在绘图区指定一点为缩放基点,移动指针即可进行缩放。

图 12-71 三维缩放按钮

图 12-72 缩放小控件

在缩放小控件中单击选择不同的区域,可以获得不同的缩放效果,具体介绍如下。

◆ 单击最靠近三维缩放小控件顶点的区域：将高亮显示小控件的所有轴的内部区域,如图12-73所示,模型整体按统一比例缩放。

内部区域高亮显示

图 12-73 统一比例缩放时的小控件

◆ 单击定义平面的轴之间的平行线：将高亮显示小控件上轴与轴之间的部分,如图12-74所示,会将模型缩放约束至平面。此选项仅适用于网格模型,不适用于实体模型或曲面模型。

◆ 单击轴：仅高亮显示小控件上的轴,如图12-75所示,会将模型缩放约束至轴上。此选项仅适用于网格模型,不适用于实体模型和曲面模型。

轴与轴之间高亮显示

单根轴高亮显示

图 12-74 约束至平面缩放时的小控件

图 12-75 约束至轴上缩放时的小控件

12.3.4 三维镜像

使用"三维镜像"工具能够将三维对象通过镜像平面获取与之完全相同的对象,其中镜像平面可以是与UCS平面平行的平面或三点确定的平面。在AutoCAD

2020中调用"三维镜像"有如下几种常用方法。

- 功能区：在"常用"选项卡中，单击"修改"面板上的"三维镜像"按钮 ⅢⅢ，如图12-76所示。

- 菜单栏：选择"修改" | "三维操作" | "三维镜像"命令。

- 命令行：输入MIRROR3D。

图 12-76 "修改"面板上的"三维镜像"按钮

执行上述任一命令后，即可进入"三维镜像"模式，在绘图区选择要镜像的实体后，按Enter键或单击鼠标右键。按照命令行提示选择镜像平面，用户可根据设计需要指定3个点确定镜像平面，然后根据需要确定是否删除源对象，单击鼠标右键或按Enter键即可获得三维镜像效果。

【练习 12-13】三维镜像

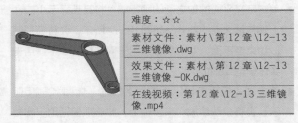

难度：☆☆
素材文件：素材 \ 第 12 章 \12-13 三维镜像 .dwg
效果文件：素材 \ 第 12 章 \12-13 三维镜像 -OK.dwg
在线视频：第 12 章 \12-13 三维镜像 .mp4

如果要镜像的对象只限于 X-Y 平面，那"三维镜像"命令同样可以用二维工作空间的"镜像"命令（MIRROR）替代。

01 单击快速访问工具栏中的"打开"按钮 ⏏，打开"第12章\12-13 三维镜像.dwg"文件，如图12-77所示。

02 单击"坐标"面板上的"Z 轴矢量"按钮，先捕捉到大圆圆心位置，定义坐标原点，然后捕捉到270° 极轴方向，定义 Z 轴方向，创建的坐标系如图12-78所示。

图 12-77 素材模型　　　图 12-78 创建坐标系

03 单击"修改"面板上的"三维镜像"按钮 ⊠，选择连杆臂作为镜像对象，镜像生成另一侧的连杆。命令行提示如下。

```
命令：_mirror3d
        //调用"三维镜像"命令
选择对象：指定对角点：找到 12 个
        //选择要镜像的对象
选择对象：
        //单击鼠标右键结束选择
指定镜像平面（三点）的第一个点或[对象(O)/最近的
(L)/Z轴(Z)/视图(V)/XY平面(XY)/YZ平面(YZ)/ZX平面(ZX)/三
点(3)]<三点>：YZ✓
        //由 YZ 平面定义镜像平面
指定 YZ 平面上的点 <0,0,0>：✓
        //输入镜像平面通过点的坐标（此处使用
        默认值，即以 YZ 平面作为镜像平面）
是否删除源对象？[是(Y)/否(N)]<否>：✓
        //按Enter键或空格键，系统默认为不删
        除源对象
```

04 通过以上操作即可完成三孔连杆的绘制，如图12-79所示。

图 12-79 三孔连杆

12.3.5 三维对齐

使用"三维对齐"工具可指定一对、两对或三对原点和定义点，从而使对象通过移动、旋转、倾斜或缩放对齐选定对象。在AutoCAD 2020中调用"三维对齐"有如下几种常用方法。

- 功能区：在"常用"选项卡中，单击"修改"面板上的"三维对齐"按钮 ⅢⅢ，如图12-80所示。

- 菜单栏：选择"修改" | "三维操作" | "三维对齐"命令。

- 命令行：输入ALIGN或AL。

图 12-80 "修改"面板上的"对齐"按钮

执行上述任一命令后，接下来对相关使用方法进行具体了解。

一对点对齐对象

该对齐方式是指定一对源点和目标点进行实体对齐。当只选择一对源点和目标点时，所选择的实体对象将在二维空间或三维空间中从源点 *a* 沿直线路径移动到目标点 *b*，如图12-81所示。

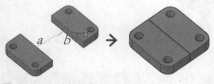

图 12-81 一对点对齐

两对点对齐对象

该对齐方式是指定两对源点和目标点进行实体对齐。当选择两对点时，可以在二维空间或三维空间移动、旋转和缩放选定对象，以便与其他对象对齐，如图12-82所示。

图 12-82 两对点对齐对象

三对点对齐对象

该对齐方式是指定三对源点和目标点进行实体对齐。当选择三对源点和目标点时，可直接在绘图区连续捕捉三对对应点即可对齐对象，其效果如图12-83所示。

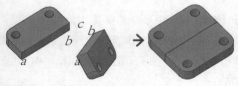

图 12-83 三对点对齐对象

【练习 12-14】 三维对齐装配螺钉

难度：☆☆☆
素材文件：素材 \ 第 12 章 \12-14 三维对齐装配螺钉 .dwg
效果文件：素材 \ 第 12 章 \12-14 三维对齐装配螺钉 -OK.dwg
在线视频：第 12 章 \12-14 三维对齐装配螺钉 .mp4

通过"三维对齐"命令，可以实现零部件的三维装配，这也是在AutoCAD中创建三维装配体的主要命令之一。

01 单击快速访问工具栏中的"打开"按钮，打开"第12章\12-14 三维对齐装配螺钉.dwg"素材文件，如图12-84所示。

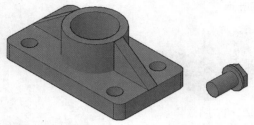

图 12-84 素材模型

02 单击"修改"面板上的"三维对齐"按钮，选择螺栓为要对齐的对象。命令行提示如下。

```
命令：_3dalign
        //调用"三维对齐"命令
选择对象：找到 1 个
        //选择螺栓为要对齐对象
选择对象：
        //右键鼠标单击结束对象选择
指定源平面和方向 ...
指定基点或 [复制(C)]:
        //指定第二个点或 [继续(C)] <C>:
指定第三个点或 [继续(C)] <C>:
        //在螺栓上指定3点确定源平面，如图
        12-85所示A、B、C这3点，指定目标平
        面和方向
指定第一个目标点：
指定第二个目标点或 [退出(X)] <X>:
指定第三个目标点或 [退出(X)] <X>:
        //在底座上指定3个点确定目标平面，如
        图12-86所示A、B、C这3点，完成三维
        对齐操作
```

图 12-85 选择源平面

图 12-86 选择目标平面

03 通过以上操作即可完成对螺栓的三维对齐，效果如图12-87所示。

图 12-87 三维对齐效果

04 复制螺栓实体图形，重复以上操作完成所有位置螺栓的装配，如图12-88所示。

图 12-88 装配效果

12.4 曲面编辑

与三维实体一样，曲面也可以进行倒圆、延伸等编辑操作。

12.4.1 圆角曲面

使用曲面"圆角"命令可以在现有曲面之间的空间中创建新的圆角曲面。圆角曲面具有固定半径轮廓且与原始曲面相切。创建"圆角"曲面的方法如下。

◆ 功能区：在"曲面"选项卡中，单击"编辑"面板上的"圆角"按钮💬，如图12-89所示。

◆ 菜单栏：选择"绘图"|"建模"|"曲面"|"圆角"命令。

◆ 命令行：输入SURFFILLET。

图 12-89 "编辑"面板上的"圆角"按钮

曲面创建圆角的命令与二维图形中的倒圆角类似，具体操作如图12-90所示。

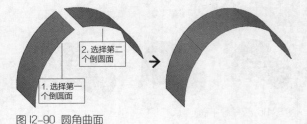

图 12-90 圆角曲面

12.4.2 修剪曲面

曲面建模工作流程中的一个重要步骤是修剪曲面。可以在曲面与相交对象相交处修剪曲面，或者可以将几何图形作为修剪边投影到曲面上。"修剪"命令可修剪与其他曲面或其他类型的几何图形相交的曲面部分，类似于二维绘图中的修剪。

执行曲面修剪的方法如下。

◆ 功能区：在"曲面"选项卡中，单击"编辑"面板上的"修剪"按钮✂，如图12-91所示。

◆ 菜单栏：选择"修改"|"曲面编辑"|"修剪"命令。

◆ 命令行：输入SURFTRIM。

图 12-91 "编辑"面板上的"修剪"按钮

执行"修剪"命令后，先选择要进行修剪的曲面，然后选择剪切用的边界，待出现预览边界之后，根据提示选择要剪去的部分，即可创建修剪曲面，操作如图12-92所示。

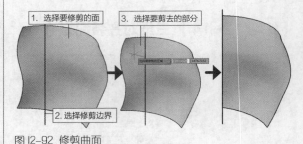

图 12-92 修剪曲面

> **提示**
>
> 可用作修剪边的曲线包含直线、圆弧、圆、椭圆、二维多段线、二维样条曲线拟合多段线、二维曲线拟合多段线、三维多段线、三维样条曲线拟合多段线、样条曲线和螺旋线等。还可以使用曲面和面域作为修剪边界。

启用"修剪"命令时,命令行会出现如下提示。

选择要修剪的曲面或面域或者 [延伸(E)/投影方向(PRO)]:

"延伸(E)"和"投影方向(PRO)"是曲面修剪时十分重要的两个延伸选项,具体说明如下。

延伸(E)

选择"延伸(E)"延伸选项后命令行提示如下。

延伸修剪几何图形 [是(Y)/否(N)] <是>:

该选项可以控制修剪边界与修剪曲面的相交。如果选择"是",则会自动延伸修剪边界,曲面超出边界的部分也会被修剪,如图12-93所示的上部分曲面。

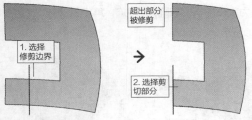

图 12-93 修剪曲面选择延伸

而如果选择"否",则只会修剪掉修剪边界所能覆盖的部分曲面,如图12-94所示。

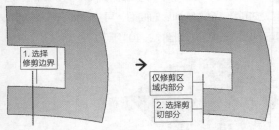

图 12-94 修剪曲面选择不延伸

投影方向(PRO)

"投影方向(PRO)"可以控制剪切几何图形投影到曲面的角度,选择该延伸选项后命令行提示如下。

指定投影方向 [自动(A)/视图(V)/UCS(U)/无(N)] <自动>:

各选项含义说明如下。

◆ 自动(A):在平面平行视图(例如,默认的俯视图、前视图和右视图)中修剪曲面或面域时,剪切几何图形将沿视图方向投影到曲面上;使用平面曲线在角度平行视图或透视视图中修剪曲面或面域时,剪切几何图形将沿与曲线平面垂直的方向投影到曲面上。

用三维曲线在角度平行视图或透视视图(例如,默认的透视视图)中修剪曲面或面域时,剪切几何图形将沿与当前 UCS 的 Z 方向平行的方向投影到曲面上。

◆ 视图(V):基于当前视图投影几何图形。
◆ UCS(U):沿当前 UCS 的 + Z 和 - Z 轴投影几何图形。
◆ 无(N):仅当剪切曲线位于曲面上时才会修剪曲面。

12.4.3 延伸曲面

延伸曲面可通过将曲面延伸到与另一对象的边相交或指定延伸长度来创建新曲面。可以将延伸曲面合并为原始曲面的一部分,也可以将其附加为与原始曲面相邻的第二个曲面。执行方式介绍如下。

◆ 功能区:在"曲面"选项卡中,单击"修改"面板上的"延伸"按钮。
◆ 菜单栏:选择"修改"|"曲面编辑"|"延伸"命令。
◆ 命令行:输入SURFEXTEND。

执行"延伸"命令后,先选择要延伸的曲面边线,然后再指定延伸距离,即可创建延伸曲面,效果如图12-95所示。

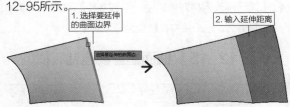

图 12-95 延伸曲面

12.4.4 曲面造型

在其他专业性质的三维建模软件中,如NX、Solidworks、Rhino等,均有将封闭曲面转换为实体的功能,这极大地提高了产品的曲面造型技术。在AutoCAD 2020中,也有与此功能相似的命令,那就是"造型"。

执行"造型"命令的方法如下。

◆ 功能区:在"曲面"选项卡中,单击"编辑"面板上的"造型"按钮,如图12-96所示。
◆ 菜单栏:选择"修改"|"曲面编辑"|"造型"命令。
◆ 命令行:输入SURFSCULPT。

图 12-96 "编辑"面板上的"造型"按钮

执行"造型"命令后，直接选择完全封闭的一个或多个曲面（曲面之间必须没有间隙），即可创建一个三维实体对象，如图12-97所示。

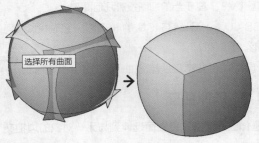

图 12-97 曲面造型

在某些情况下，如果尝试将曲面模型和网格模型转换为三维实体，将显示错误消息。可从以下方面考虑解决该问题。

◆ 曲面可能没有完全封闭。如果将闭合曲面延伸至其他曲面之外，则可以降低出现小间隙的概率。

◆ 使用小控件编辑网格时可能会导致面之间出现间隙或孔。在某些情况下，可以先对网格对象进行平滑处理来闭合间隙。

◆ 如果已修改网格对象以使一个或多个面与同一对象中的面相交，则无法将其转换为三维实体。

【练习 12-15】曲面造型创建钻石模型

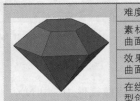

	难度：☆☆
	素材文件：素材＼第12章＼12-15曲面造型创建钻石模型.dwg
	效果文件：素材＼第12章＼12-15曲面造型创建钻石模型 -OK.dwg
	在线视频：第12章＼12-15曲面造型创建钻石模型.mp4

钻石色泽光鲜、璀璨夺目，但它是一种昂贵的装饰材料，因此在家具、灯饰上通常使用玻璃、塑料等制成的假钻石来作为替代。与真钻石一样，这些替代品也被制成多面体形状，如图12-98所示。

01 单击快速访问工具栏中的"打开"按钮 ，打开"第 12章\12-15曲面造型创建钻石模型.dwg"素材文件，如图12-99所示。

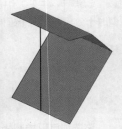

图 12-98 钻石模型　　　　图 12-99 素材图形

02 单击"常用"选项卡"修改"面板上的"环形阵列"按钮 ，选择素材中已经创建好的3个曲面，然后以直线为旋转轴，设置阵列数为6，角度为360°，如图12-100所示。

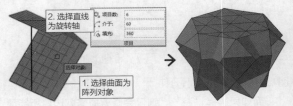

图 12-100 曲面阵列

03 在"曲面"选项卡中，单击"编辑"面板上的"造型"按钮 ，全选阵列后的曲面，再按Enter确认选择，即可创建钻石模型，如图12-101所示。

图 12-101 创建的钻石模型

第4篇 应用篇

第13章

机械设计与绘图

机械制图是用图样确切表示机械的结构形状、尺寸大小、工作原理和技术要求的学科。图样由图形、符号、文字和数字组成，是表达设计意图和制造要求、交流经验的技术文件，常被称为工程界的语言。本章讲解AutoCAD在机械制图中的应用方法与技巧。

13.1 机械设计概述

机械设计（Machine Design）是根据使用要求对机械的工作原理、结构、运动方式、力和能量的传递方式、各个零件的材料和形状尺寸、润滑方法等进行构思，分析和计算相关参数并将其转化为具体的描述，从而作为制造依据的工作过程。这个"具体的描述"便是本章所讲的机械制图。

13.1.1 机械制图的标准

图样被称为工程界的语言，作为一种语言必须要有统一的规范。对于机械图样的图形画法、尺寸标注等，国家相关部门都做了明确的标准规定。在绘制机械图样的过程中，应了解和遵循这些绘图标准和规范。

◆ 《技术制图 比例》GB/T 14690—1993。

◆ 《技术制图 字体》GB/T 14691—1993。

◆ 《机械工程 CAD制图规则》GB/T 14665—2012。

◆ 《机械制图 图样画法 视图》 GB/T 4458.1—2002。

◆ 《技术制图 简化表示法 第1部分：图样画法》 GB/T 16675.1—2012。

1. 图形比例标准

比例是指机械制图中图形与实物相应要素的尺寸之比。例如，比例为1：1表示实物与图样相应的尺寸相等，比例大于1则实物的尺寸比图样的尺寸要小，称为放大比例；比例小于1则实物的尺寸比图样的尺寸要大，称为缩小比例。

表13-1所示为国家标准GB/T 14690—1993《技术制图 比例》规定的制图比例种类和系列。

表 13-1 比例的种类与系列

比例种类	比 例					
	优先选取的比例			允许选取的比例		
原比例	1：1			1：1		
放大比例	5：1 5×10n：1	2：1 2×10n：1	1×10n：1	4：1 4×10n：1	2.5：1 2.5×10n：1	
缩小比例	1：2 1：2×10n	1：5 1：5×10n	1：10 1：1×10n	1：1.5 1：4 1：3×10n	1：2.5 1：1.5×10n 1：4×10n	1：3 1：2.5×10n

机械制图中常用的3种比例为"2：1""1：1""1：2"。比例的标注符号应以"："表示，标注形式如1：1、1：100等。比例一般应标注在标题栏的比例栏内，局部视图或者剖视图也需要在视图名称的下方或者右侧标注比例，如图13-1所示。

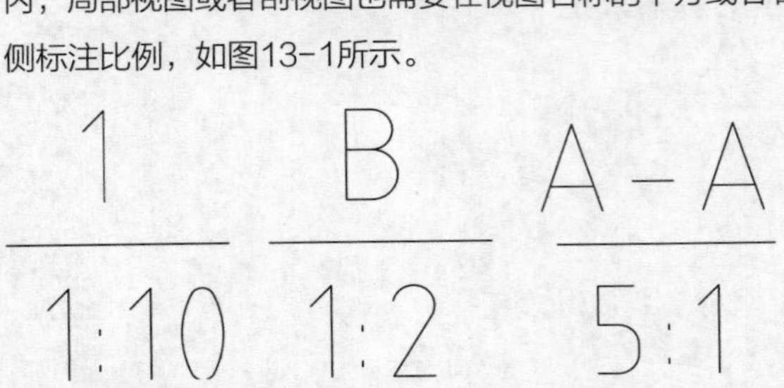

图 13-1 比例的另行标注

2. 字体标准

文字是机械制图中必不可少的要素，在GB/T 14691—1993《技术制图 字体》中，对机械图样中书写的汉字、字母、数字的字体及字号（字高）的部分规定如下。

◆ 图样中书写的字体必须做到：字体端正、笔画清楚、间隔均匀、排列整齐。

◆ 字体的高度(单位为毫米)，分为20、14、10、7、5、3.5、2.5这7种，字体的宽度约等于字体高度的2/3。

◆ 斜体字字头向右倾斜，与水平基准线约成75°角。

◆ 用作指数、分数、极限偏差、注脚等的数字及字母，一般应采用小一号字体。

3. 图线标准

在GB/T 14665—2012《机械工程 CAD制图规则》中，对机械图形中使用的各种图层的名称、线型、线宽及在图形中的格式等都做了相关规定，整理如表13-2所示。

表 13-2 图线的形式和作用

图线名称	图线	线宽	用于绘制的图形
粗实线 （轮廓线）	——————	b	可见轮廓线和棱线
细实线	————————	约 $b/3$	剖面线、尺寸线、尺寸界线、引出线、弯折线、牙底线、齿根线、辅助线、过渡线等
细点划线	—·—·—·—	约 $b/3$	中心线、轴线、齿轮节线等
虚线	– – – – –	约 $b/3$	不可见轮廓线、不可见过渡线
波浪线	∿∿∿	约 $b/3$	断裂处的边界线、剖视和视图的分界线
粗点划线	—·—·—·	b	有特殊要求的线或者表面的表示线
双点画线	–··–··–··	约 $b/3$	相邻辅助零件的轮廓线、极限位置的轮廓线、假想投影轮廓线

提示

线宽栏中的"b"代表基本线宽值，可以自行设定。推荐值 $b=2.0$、1.4、1.0、0.7、0.5。同一图纸中，应采用相同的 b 值。

4. 尺寸标注标准

在 GB/T 4458.4—2003《机械制图 尺寸注法》中，对尺寸标注的基本规则、尺寸线、尺寸界线、标注尺寸的符号、简化标注以及尺寸的公差与配合标注等，都有详细的规定。这些规定大致总结如下。

尺寸线和尺寸界线

- 尺寸线和尺寸界线均以细实线画出。
- 线性尺寸的尺寸线应平行于表示其长度或距离的线段。
- 图形的轮廓线、中心线或前两者的延长线，可以用作尺寸界线，但是不能用作尺寸线，如图13-2所示。
- 尺寸界线一般应与尺寸线垂直。当尺寸界线过于贴近轮廓线时，允许将其倾斜画出，在光滑过渡处，需用细实线将其轮廓线延长，从其交点引出尺寸界线。

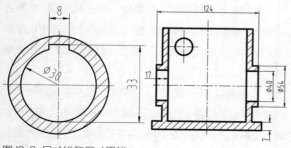

图 13-2 尺寸线和尺寸界线

尺寸线终端的规定

尺寸线终端有箭头和斜线（细实线）两种形式。机械制图中使用的是箭头，如图13-3所示。箭头适用于各类图形的标注，箭头尖端与尺寸界线接触，不得超出或者离开。

图 13-3 机械标注的尺寸线终端形式

尺寸数字的规定

线型尺寸的数字一般标注在尺寸线的上方或者尺寸线中断处。同一图样内尺寸数字的字号大小应一致，位置不够可引出标注。当尺寸线呈竖直方向时，尺寸数字在尺寸的左侧，不同尺寸线的尺寸数字标注如图13-4所示。尺寸数字不可被任何线通过。当尺寸数字不可避免被图线通过时，必须把图线断开，如图13-5所示。

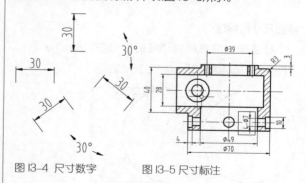

图 13-4 尺寸数字　　　图 13-5 尺寸标注

尺寸数字前的符号用来区分不同类型的尺寸，如表13-3所示。

表 13-3 尺寸标注常见前缀符号的含义

ϕ	R	S	t	□	±	×	<	–
直径	半径	球面	零件厚度	正方形	正负偏差	参数分隔符	斜度	连字符

直径及半径尺寸的标注

直径尺寸的数字前应加前缀"ϕ",半径尺寸的数字前加前缀"R",其尺寸线应通过圆弧的圆心。当圆弧的半径过大时,可以使用如图13-6所示两种标注方法。

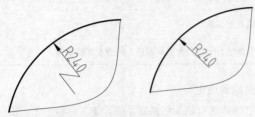

图 13-6 圆弧半径过大的标注方法

弦长及弧长尺寸的标注

◆ 弦长和弧长的尺寸界线应平行于该弦或者弧的垂直平分线,当弧度较大时,可沿径向引出尺寸界线。

◆ 弦长的尺寸线为直线,弧长的尺寸线为圆弧,在弧长的尺寸线上方须用细实线画出"⌒"弧度符号,如图13-7所示。

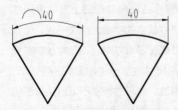

图 13-7 弧长和弦长的标注

球面尺寸的标注

标注球面的直径和半径时,应在符号"ϕ"或"R"前再加前缀"S",如图13-8所示。

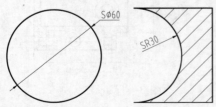

图 13-8 球面标注方法

正方形结构尺寸的标注

对于正截面为正方形的结构,可在边长尺寸之前加前缀"□"或以"边长×边长"的形式进行标注,如图13-9所示。

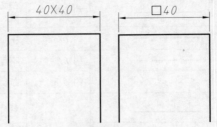

图 13-9 正方形的标注方法

角度尺寸标注

◆ 角度尺寸的尺寸界线应沿径向引出,尺寸线为圆弧,圆心是该角的顶点,尺寸线的终端为箭头。

◆ 角度尺寸值一律写成水平方向,一般注写在尺寸线的中断处,角度尺寸标注如图13-10所示。

其他图形元素的标注请参考国家相关标准。

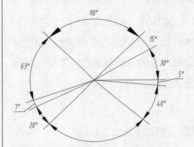

图 13-10 角度尺寸的标注

13.1.2 机械制图的表达方法

机械制图的目的是表达零件的尺寸结构,因此通常通过三视图外加剖视图、断面图、放大图等辅助视图的方式进行表达。本节便介绍这些视图的表达方法。

1. 视图及投影方法

机械工程图样是用一组视图,并采用适当的投影方法表示机械零件的内外结构形状。视图是按正投影法即机件向投影面投影得到的图形,视图的绘制必须符合投影规律。

机件向投影面投影时,观察者、机件与投影面三者间有两种相对位置:机件位于投影面和观察者之间时称为第一角投影法;投影面位于机件与观察者之间时称为第三角投影法。我国国家标准规定采用第一角投影法。

基本视图

　　三视图是机械图样中最基本的图形，它是将物体放在三投影面体系中，分别向3个投影面作投射所得到的图形，即主视图、俯视图、左视图，如图13-11所示。

　　将三投影面体系展开在一个平面内，三视图之间满足"三等"关系，即"主俯视图长对正、主左视图高平齐、俯左视图宽相等"，如图13-12所示。"三等"关系这个重要的特性是绘图和读图的依据。

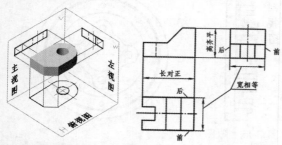

图 13-11 三视图形成原理示意图　图 13-12 三视图之间的投影规律

　　当机件的结构十分复杂时，使用三视图来表达机件就十分困难。国标规定，在原有的3个投影面上增加3个投影面，使6个投影面形成一个正六面体，它们分别是：右视图、主视图、左视图、后视图、仰视图、俯视图，如图13-13所示。

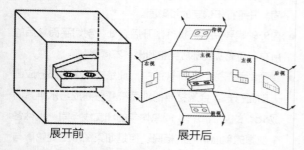

图 13-13 6个投影面及展开示意图

◆ 主视图：由前向后投影的是主视图。
◆ 俯视图：由上向下投影的是俯视图。
◆ 左视图：由左向右投影的是左视图。
◆ 右视图：由右向左投影的是右视图。
◆ 仰视图：由下向上投影的是仰视图。
◆ 后视图：由后向前投影的是后视图。

　　各视图展开后都要遵循"长对正、高平齐、宽相等"的投影原则。

向视图

　　有时为了便于合理地布置基本视图，可以采用向视图。向视图是可自由配置的视图，它的标注方法是在向视图的上方注写"X"（X为大写的英文字母，如"A""B""C"等），并在相应视图的附近用箭头指明投影方向，并注写相同的字母，如图13-14所示。

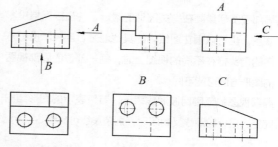

图 13-14 向视图示意图

局部视图

　　当采用一定数量的基本视图后，机件上仍有部分结构形状尚未表达清楚，而又没有必要再画出完整的其他的基本视图时，可采用局部视图来表达。

　　局部视图是将机件的某一部分向基本投影面投影得到的视图。局部视图是不完整的基本视图，利用局部视图可以减少基本视图的数量，使图样表达简洁，重点突出。

　　局部视图一般用于下面两种情况。

◆ 用于表达机件的局部形状。图13-15所示，画局部视图时，一般可按向视图（指定某个方向对机件进行投影）的配置形式配置。当局部视图按基本视图的配置形式配置时，可省略标注。

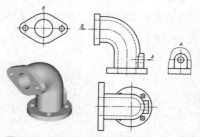

图 13-15 向视图配置的局部视图

◆ 为了节省绘图时间和图幅，对称的零件视图可只画一半或四分之一，并在对称中心线的两端画出两条与其垂直的平行细直线，如图13-16所示。

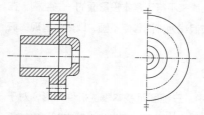

图 13-16 对称零件的局部视图

画局部视图时应注意以下几点。

◆ 在相应的视图上用带字母的箭头指明所表示的投影部位和投影方向，并在局部视图上方用相同的字母标明"X"。

◆ 局部视图尽量画在有关图形的附近，并直接保持投影联系。也可以画在图纸内的其他地方。当表示投影方向的箭头标在不同的视图上时，同一部位的局部视图的图形方向可能不同。

◆ 局部视图的范围用波浪线表示。若所表示的图形结构完整，且外轮廓线又封闭时，则波浪线可省略。

斜视图

将机件向不平行于任何基本投影面的投影面进行投影，所得到的视图称为斜视图。斜视图适合于表达机件上的斜表面的实形。图13-17所示是一个弯板形机件，它的倾斜部分在俯视图和左视图上的投影都不是实形。此时就可以另外加一个平行于该倾斜部分的投影面，在该投影面上则可以画出倾斜部分的实形投影，如图中"A"向所示。

斜视图的标注方法与局部视图相似，并且应尽可能配置在与基本视图直接保持投影联系的位置，也可以平移到图纸内的适当地方。为了画图方便，也可以旋转。此时应在该斜视图上方画出旋转符号，表示该斜视图名称的大写拉丁字母靠近旋转符号的箭头端，如图13-17所示。也允许将旋转角度标注在字母之后。旋转符号为带有箭头的半圆，半圆的线宽等于字体笔画的宽度，半圆的半径等于字体高度，箭头表示旋转方向。

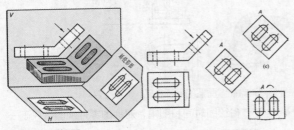

图13-17 斜视图

画斜视图时增设的投影面只垂直于一个基本投影面，因此，机件上原来平行于基本投影面的一些结构，在斜视图中最好以波浪线为界而省略不画，以避免出现失真的投影。

2. 剖视图

在机械绘图中，三视图可基本表达机件外形，对于简单的内部结构可用虚线表示。但当机件的内部结构较复杂时，视图的虚线也将增多，此时若要清晰地表达机件内部形状和结构，必须采用剖视图的画法。

剖视图的概念

在机械制图中假想用剖切平面剖开机件，将处在观察者和剖切平面之间的部分移去，而将其余部分向投影面投射所得的图形称为剖视图，简称剖视，如图13-18所示。

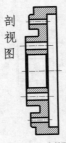
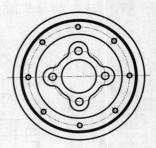

图13-18 剖视图

剖视图使内部原来不可见的孔、槽变为可见，虚线变成了可见实线。从而解决了内部虚线过多的问题。

剖视图的画法

剖视图的画法应遵循以下原则。

◆ 画剖视图时，要选择适当的剖切位置，使剖切图平面尽量通过较多的内部结构(孔、槽等)的轴线或对称平面，并平行于选定的投影面。

◆ 内外轮廓要完整。机件剖开后，处在剖切平面之后的所有可见轮廓线都应完整画出，不得遗漏。

◆ 要画剖面符号。在剖视图中，凡是被剖切的部分应画上剖面符号。金属材料的剖面符号应画成与水平方向成45°的互相平行、间隔均匀的细实线，同一机件各个视图的剖面符号应相同。但是如果图形主要轮廓与水平方向成45°或接近45°时，该图剖面线应画成与水平方向成30°或60°，其倾斜方向仍应与其他视图的剖面线一致。

剖视图的分类

为了用较少的图形完整清晰地表达机械结构，就必须使每个图形能较多地表达机件的形状。在同一个视图中将普通视图与剖视图结合使用，能够表达更多结构。按剖切范围的大小，剖视图可分为全剖视图、半剖视图、局部剖视图。按剖切面的种类和数量，剖视图可分为阶梯剖视图、旋转剖视图、斜剖视图和复合剖视图。

a. 全剖视图的绘制

用剖切平面将机件全部剖开后进行投影所得到的剖

视图称为全剖视图，如图13-19所示。全剖视图一般用于表达外部形状比较简单而内部结构比较复杂的机件。

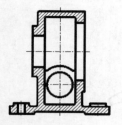

图13-19 全剖视图

> **提示**
>
> 当剖切平面通过机件对称平面，且全剖视图按投影关系配置，中间又无其他视图隔开时，可以省略剖切符号标注，否则必须按规定方法标注。

b. 半剖视图的绘制

当物体具有对称平面时，向垂直对称平面的投影面上投影所得的图形，可以以对称中心线为界，一半画成剖视图，另一半画成普通视图，这种剖视图称为半剖视图，如图13-20所示。

半剖视图既充分地表达了机件的内部结构，又保留了机件的外部形状，具有内外兼顾的特点。但半剖视图只适于表达对称的或基本对称的机件。当机件的俯视图前后对称时，也可以使用半剖视图表示。

c. 局部剖视图的绘制

用剖切平面局部的剖开机件所得的剖视图称为局部剖视图，如图13-21所示。局部剖视图一般使用波浪线或双折线分界来表示剖切的范围。

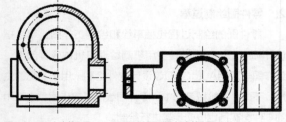

图13-20 半剖视图　　图13-21 局部剖视图

局部剖视是一种比较灵活的表达方法，剖切范围根据实际需要决定。但使用时要考虑到看图方便，剖切不要过于零碎。它常用于下列两种情况。

- 机件只有局部内部结构要表达，而又不便或不宜采用全部剖视图时。
- 不对称机件需要同时表达其内、外形状时，宜采用局部剖视图。

3. 断面图

假想用剖切平面将机件在某处切断，只画出切断面形状的投影并画上规定的剖面符号的图形称为断面图。断面图一般用于表达机件的某部分的断面形状，如轴、孔、槽等结构。

> **提示**
>
> 注意区分断面图与剖视图，断面图仅画出机件断面的图形，而剖视图则要画出剖切平面以后所有部分的投影。

为了得到断面结构的实体图形，剖切平面一般应垂直于机件的轴线或该处的轮廓线。断面图分为移出断面图和重合断面图。

移出断面图

移出断面图的轮廓线用粗实线绘制，画在视图的外面。移出断面图尽量放置在剖切位置的延长线上。一般情况下只需画出断面的形状，但是，当剖切平面通过回转曲面形成的孔或凹槽时，这些孔或凹槽按剖视图画。当断面为不闭合图形时，要将图形画成闭合的图形。

完整的剖面标记由3部分组成。粗短线表示剖切位置，箭头表示投影方向，拉丁字母表示断面图名称。当移出断面图放置在剖切位置的延长线上时，可省略字母；当图形对称（向左或向右投影得到的图形完全相同）时，可省略箭头；当移出断面图配置在剖切位置的延长线上，且图形对称时，可不加任何标记，如图13-22所示。

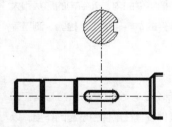

图13-22 移出断面图

> **提示**
>
> 移出断面图也可以画在视图的中断处，此时若剖面图形对称，可不加任何标记；若剖面图形不对称，要标注剖切位置和投影方向。

重合断面图

剖切后将断面图形重叠在视图上，这样得到的剖面图称为重合断面图。

重合断面图的轮廓线要用细实线绘制。当断面图的轮廓线和视图的轮廓线重合时，视图的轮廓线应连续画出，不应间断。当重合断面图形不对称时，要标注投影方向和断面位置标记，如图13-23所示。

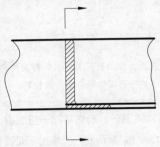

图 l3-23 重合断面图

4．局部放大图

当物体某些细小结构在视图上表示不清楚或不便标注尺寸时，可以用大于原图形的绘图比例在图纸上其他位置绘制该部分图形，这种图形称为局部放大图，如图13-24所示。

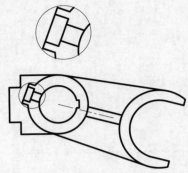

图 l3-24 局部放大图

局部放大图可以画成视图、剖视或断面图，它与被放大部分的表达形式无关。画图时，在原图上用细实线圆圈出被放大部分，尽量将局部放大图配置在被放大图样部分附近，在放大图上方注明放大图的比例。若图中有多处要被局部放大时，还要用罗马数字作为放大图的编号。

13.2　机械设计图的内容

前文说过，机械设计是一项复杂的工作，设计的内容和形式也有很多种，但无论是其中的哪一种，机械设计体现在图纸上的结果都只有两个，即零件图和装配图。

13.2.1　零件图

零件图是制造和检验零件的主要依据，是设计部门提交给生产部门的重要技术文件，也是进行技术交流的重要资料。零件图不仅仅是把零件的内、外结构的形状和大小表达清楚，还需要对零件的材料、加工、检验、测量等提出必要的技术要求。

1．零件图的类型

零件是部件的组成部分。一个零件的结构与其在部件中的作用密不可分。零件按其在部件中所起的作用，以及结构是否标准化，大致可以分为以下3类。

标准件

常用的有螺纹连接件，如螺栓、螺钉、螺母、滚动轴承等。这一类零件的结构已经标准化，国家制图标准已指定了标准件的规定画法和标注方法。

传动件

常用的有齿轮、蜗轮、蜗杆、胶带轮、丝杆等，这类零件的主要结构已经标准化，并且有规定画法。

一般零件

除了上述两类零件以外的零件都可以归纳到一般零件中，例如轴、盘盖、支架、壳体、箱体等。它们的结构形状、尺寸大小和技术要求由相关部件的设计要求和制造工艺要求而定。

2．零件图绘制过程

零件图的绘制过程包括草绘和绘制工作图。草绘指设计师手工绘制图纸，多用于测绘现有机械或零部件；工作图一般用AutoCAD等设计软件绘制，用于实际的生产。下面介绍机械制图中，零件图绘制基本步骤，本章中的零件图实例也按此步骤进行绘制。

a. 建立绘图环境

在绘制AutoCAD零件图形时，首先要建立绘图环境，建立绘图环境又包括以下3个方面。

第一，设定工作区域的大小。一般是根据主视图的大小来进行设置。

第二，设定图层。在机械制图中，根据图形需要，不同含义的图形元素应放在不同的图层中，所以在绘制图形之前就必须设定图层。

第三，使用绘图辅助工具。打开极轴追踪、对象捕捉等多个绘图辅助工具。

> **提示**
>
> 为了提高绘图效率，可以根据不同的图纸幅面，分别建立若干个样板图，以作为绘图的模板。

b. 布局主视图

建立好绘图环境之后，就需要对主视图进行布局，布局主视图的一般方法是：先画出主视图的布局线，形成图样的大致轮廓，然后再以布局线为基准图元绘制图样的细节。

布局轮廓时一般要画出的线条有：图形元素的定位线，如重要孔的轴线、图形对称线、一些端面线等；零件的上、下、左、右轮廓线。

c. 绘制主视图局部细节

在建立了几何轮廓后，就可考虑利用已有的线条来绘制图样的细节。作图时，先把整个图形划分为几个部分，然后逐一绘制完成。在绘图过程中一般使用偏移命令（OFFSET）和剪切命令（TRIM）来完成图样细节。

d. 布局其他视图

主视图绘制完成后，接下来要画左视图和俯视图，绘制过程与绘制主视图类似。首先形成这两个视图的主要布局线，然后画出图形细节。

e. 修饰图形

图形绘制完成后，常常要对一些图形的外观及属性进行调整，这方面主要包括修改线条长度、修改对象所在图层、修改线型。

f. 标注零件尺寸

图形已经绘制完成，那么就需要对零件进行尺寸标注。标注零件的过程一般是先切换到标注层，然后对零件进行标注。若有技术要求等文字说明，应当将其写在规定位置。

g. 校核和审核

一张合格的、能直接用于加工生产的图纸不论是尺寸还是加工工艺各方面都是要经过反复修正审核的。换言之，一般只有经过审核批准的图纸才能用于加工生产。

13.2.2 装配图

在机械制图中，装配图是用来表达部件或机器的工作原理、零件之间的安装关系与相互位置的图样。装配图包含装配、检验、安装时所需要的尺寸数据和技术要求，

是指定装配工艺流程，进行装配、检验、安装及维修的技术依据，是生产中的重要技术文件。在产品或部件的设计过程中，一般是先设计画出装配图，然后再根据装配图进行零件设计，画出零件图。

在装配过程中要根据装配图把零件装配成部件或者机器，设计者往往通过装配图了解部件的性能、工作原理和使用方法。装配图是设计者设计思想的反映，是指导装配、维修、使用机器以及进行技术交流的重要技术资料。装配图也经常被用来阐述产品或部件的工作原理及构造。

1. 装配图表达的方法

零件的各种表达方法同样适用于装配图，在装配图中也可以使用各种视图、剖视图、断面图等表达方法来表示。但是零件图和装配图表达的侧重点不同，零件图需把各部分形状完全表达清楚，而装配图主要表达部件的装配关系、工作原理、零件间的装配关系及主要零件的结构形状等。因此，根据装配的特点和表达要求，国家标准对装配图提出了一些规定画法和特殊的表达方法。

装配图规定的画法

◆ 两相邻零件的接触面和配合面只画一条轮廓线，不接触面和非配合表面应画两条轮廓线，如图13-25所示，此外如果距离太近，可以不按比例放大并画出。

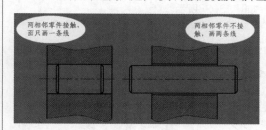

图 13-25 相邻两线的画法

◆ 两相邻零件剖面线方向相反，或方向相同，间隔不等，同一零件在各视图上剖面线方向和间隔必须保持一致，以示区别，如图 13-26所示。

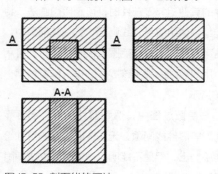

图 13-26 剖面线的画法

◆ 在图样中，如果剖面的厚度小于2mm，断面可以涂黑，对于玻璃等不宜涂黑的材料可不画剖面符号。

◆ 当剖切位置通过螺钉、螺母、垫圈等连接件以及轴、手柄、连杆、球、键等实心零件的轴线时，绘图时均按不剖处理，如果需要表明零件的键槽、销孔等结构，可用局部剖视表示，如图 13-27所示。

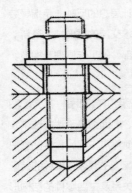

图 I3-27 螺钉、螺母的剖视表示法

装配图的特殊画法

◆ 沿结合面剖切和拆卸画法：在装配图的某一视图中，为表达一些重要零件的内、外部形状，可假想拆去一个或者几个零件后绘制该视图，有时为了更清楚地表达重要的内部结构，可采用沿零件结合面剖切绘制视图，如图 13-28所示。

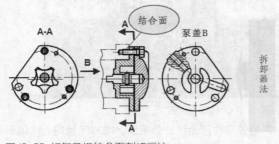

图 I3-28 拆卸及沿结合面剖切画法

◆ 假想画法：①当需要表达与本零件有装配关系但又不属于本部件的其他相邻零部件时，可用假想画法，将其他相邻零部件使用双点划线画出；②在装配图中，当需要表达某零部件的运动范围和极限位置时，可用假想画法，用双点划线画出该零件的极限位置轮廓，如图 13-29所示。

◆ 夸大画法：在绘图过程中，遇到薄片零件、细丝零件、微小间隙等零件或间隙，无法按照实际的尺寸绘制，或者能绘制出，但是不能明显地表达零件或间隙的结构，可采用夸大画法。

◆ 单件画法：在绘制装配图过程中，当某个重要的零件形状没有表达清楚会对装配的理解产生重要影响时，可以采用单件画法，即单独绘制该零件的某一视图。

◆ 简化画法：在绘图过程中，下列情况可采用简单画法：①装配图中，零件的工艺结构，如倒角、倒圆、退刀槽等允许省略不画；②装配图中螺母的螺栓头允许采用简单画法，如遇到螺纹紧固件等相同的零件组时，在不影响理解的前提下，允许只画出一处，其余可用细点画线表示其中心位置；③在绘制装配剖视图时，表示滚动轴承时，一般一半采用规定画法，一半采用简单画法；④在装配图中，当剖切平面通过的组件为标准化产品（如油杯、油标、管接头等）时，可按不剖绘制，如图 13-30所示。

◆ 展开画法：主要用来表达某些重叠的装配关系或零件动力的传动顺序，如在多级传动减速器中，为了表达齿轮的传动顺序和装配关系，假想将空间轴系按其传动顺序展开在一个平面上，然后绘制出剖视图。

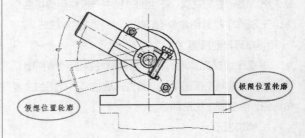

图 I3-29 假想画法

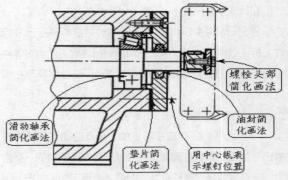

图 I3-30 简化画法

2. 装配结构的合理性

为了保证机器或部件的装配质量，满足性能要求，方便加工制造和拆装，在设计过程中必须考虑装配结构的合理性。下面介绍几种常见的合理与不合理的装配结构。

◆ 两零件接触时，在同一方向上只有一对接触面，如图 13-31所示。

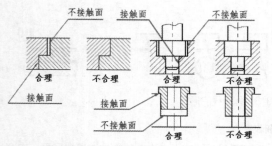

图 13-31 接触面的合理性

◆ 圆锥面接触应有足够的长度，且锥体顶部与底部应留有间隙，如图 13-32所示。

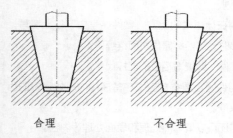

合理 不合理

图 13-32 圆锥面接触的合理性

◆ 当孔与轴配合时，若轴肩与孔端面需要接触，则把孔端加工成倒角或在轴肩处切槽，如图 13-33所示。

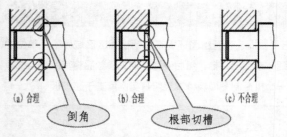

(a) 合理   (b) 合理   (c) 不合理

图 13-33 轴孔配合的合理性

◆ 必须考虑到拆装的方便和可能的合理性，如图13-34所示。

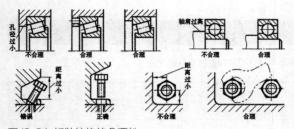

图 13-34 拆装结构的合理性

3. 装配图的尺寸标注和技术要求

由于装配图主要是用来表达零部件的装配关系的，所以在装配图中不需要逐个标注出零件的全部尺寸，而只需标注一些必要的尺寸。这些尺寸按其作用不同，可分为以下 5 类。

◆ 规格（性能）尺寸：说明机器或部件规格和性能的尺寸。设计时已经确定，是设计机器的依据。

◆ 外形尺寸：表达机器或部件的外形轮廓，即总长、总宽、总高等，为安装、运输、包装时所占空间提供参考。

◆ 装配尺寸：表示机器内部零件装配关系，装配尺寸分为3种：①配合尺寸，用来表示两个零件之间的配合性质的尺寸；②零件间的连接尺寸，如连接用的螺栓、螺钉、销等的定位尺寸；③零件间重要的相对位置尺寸，用来表示装配和拆卸零件时，需要保证的零件间相对位置的尺寸。

◆ 安装尺寸：表达机器（或部件）安装在基础上或与其他机器（或部件）相连接时所需要的尺寸。

◆ 其他重要尺寸：指在设计中经过计算确定的尺寸，不包含在上述4类尺寸之。

在装配图中，若有不能用图形来表达的信息，可以使用文字在技术要求中进行必要的说明。装配图中的技术要求，一般可以从以下几个方面来考虑。

◆ 装配要求：指装配后必须保证的精度以及装配时的要求等。

◆ 检验要求：指装配过程中及装配后必须保证其精度的各种检验方法。

◆ 使用要求：指对装配体的基本性能、维护、保养、使用时的要求。

技术要求一般编写在明细表的上方或图纸下方的空白处，如果内容很多，也可另外编写成技术文件作为图纸的附件。

4. 装配图的零部件序号和明细表

在绘制好装配图后，为了方便阅读图样，做好生产准备工作和图样管理，对装配图中每种零部件都必须编写序号，并填写明细栏。

零、部件序号

在机械制图中，零部件序号有一定的规定，序号的标注形式有多种，序号的排列也需要遵循一定的原则。

◆ 装配图中所有零件部件都必须编写序号，且相同零部件只有一个序号。同一装配图中，尺寸规格完全相同的零部件，应编写相同的序号。

◆ 零部件的序号应与明细栏中的序号一致，且在同一个装配图中编注序号的形式应一致。

◆ 指引线不能相交，通过剖面区域时不能与剖面线平行，必要时允许曲折一次。

◆ 对于一组紧固件或装配关系清楚的组件，可用公共指引线，序号标注在视图外，且按水平或垂直方向排列整齐，并按顺时针或逆时针顺序排列，如图13-35所示。

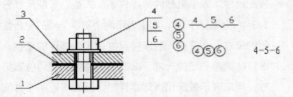

图 I3-35 指引线的标注

◆ 序号指引线的标注形式主要有3种，如图13-36所示。①编号时，指引线从所指零件可见轮廓内引出，在末端画一个小圆或画一段短横线，在小圆内或短线上编写零件的序号，字体高度比尺寸数字大一号或两号；②直接在指引线附近编写序号，序号字体高度比尺寸字体大两号；③当指引线从很薄的零件

或涂黑的断面引出时，可画箭头指向该零件的可见轮廓。

图 I3-36 指引线的形式

明细表

明细表是机器或部件中全部零件的详细目录，内容包括零件的序号、代号、名称、材料、数量及备注等项目。国标没有对内容和格式做统一规定，但是在填写时应遵循以下原则。

◆ 明细表画在标题栏的上方，零件序号由下往上填写，空间不够时，可沿标题栏左面继续排。

◆ 对于标准件，要填写相应的国标代号。

◆ 对于常用件的重要参数应填在备注栏内，如齿轮的齿数、模数等。

◆ 备注栏内还可以填写热处理和表面处理等内容。

13.3　创建机械制图样板

事先设置好绘图环境，可以使用户在绘制机械图时更加方便快捷。设置绘图环境，包括绘图区区域界限、单位的设置、图层的设置、文字和标注样式的设置等。用户可以先创建一个空白文档，然后设置好相关参数后将其保存为模板文件，以后如需再绘制机械图纸，则可直接调用。本例将创建一个机械制图模板，本章所有实例皆基于该模板。

难度：☆☆☆
素材位置：无
效果文件：素材 \ 第 13 章 \ 创建机械制图样板 .dwt
在线视频：第 13 章 \13.3 创建机械制图样板 .mp4

13.4　绘制低速轴零件图

本节通过对"轴"这种经典机械零件的绘制来为读者介绍零件图的具体绘制方法。

难度：☆☆☆☆
素材位置：素材 \ 第 13 章 \13.4 绘制低速轴零件图 .dwg
效果文件：素材 \ 第 13 章 \13.4 绘制低速轴零件图 −OK.dwg
在线视频：第 13 章 \13.4 绘制低速轴零件图 .mp4

参考步骤

01 绘制零件的主体图形。

02 对图形标注尺寸。

03 对图形进一步添加尺寸精度。

04 标注零件图上的形位公差。

05 标注零件图上的表面粗糙度。

06 填写技术要求。

最终效果展示

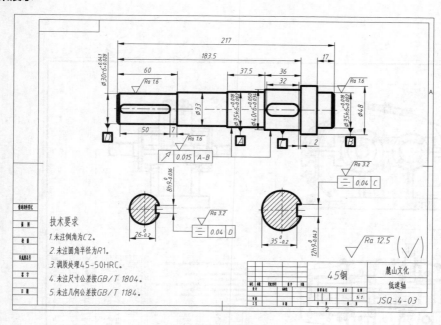

低速轴零件图

13.5 绘制单级减速器装配图

减速器包含了机械设计中绝大多数的典型零件，如齿轮、轴、端盖、箱体，还有标准件常用件类型中的轴承、键、销、螺钉等。因此减速器设计能够恰到好处地反映机械设计理念的精髓，所以几十年来一直作为大专学院机械相关专业学生的课程设计题目。本例便通过单级减速器的装配图绘制来介绍装配图的具体绘制方法。

难度：☆☆☆☆☆
素材位置：素材 \ 第 13 章 \13.5 绘制单级减速器装配图 .dwg
效果文件：素材 \ 第 13 章 \13.5 绘制单级减速器装配图 −OK.dwg
在线视频：第 13 章 \13.5.1 绘制俯视图 .mp4
第 13 章 \13.5.2 绘制主视图 .mp4
第 13 章 \13.5.3 绘制左视图 .mp4
第 13 章 \13.5.4 标注装配图 .mp4

参考步骤

01 设计减速器的核心——传动部件，绘制轴和齿轮。

02 在轴上确定轴承和其他配件的位置，并进行绘制。

03 由箱内零件画起，逐步向外绘制箱体和箱盖。

04 以主视图为准，绘制减速器上的配件，如螺钉、通气孔等，过程中兼顾其他视图。

05 标注装配图的安装尺寸。

06 多重引线添加装配图的序列号。

07 制作并填写明细表。

08 填写技术要求。

最终效果展示

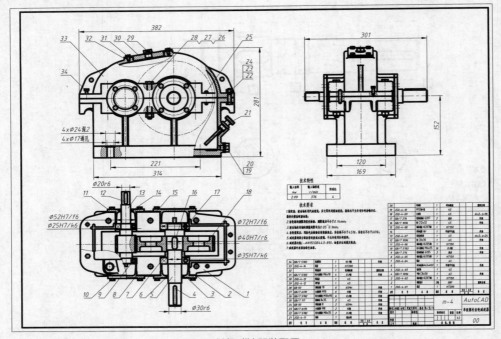

单级减速器装配图

第 14 章

建筑设计与绘图

　　本章主要讲解建筑设计的概念及建筑制图的内容和流程，并通过具体的实例来对各种建筑图形进行实战演练。通过本章的学习，读者能够了解建筑设计的相关理论知识，并掌握建筑制图的流程和实际操作。根据建筑设计的进程，通常可以分为4个阶段，即准备阶段、方案阶段、施工图阶段和实施阶段。

14.1 建筑设计概述

建筑设计（Architectural Design）是指建筑物在建造之前，设计者按照建设任务，把施工过程和使用过程中所存在的或可能发生的问题，事先作好全面的设想，拟定好解决这些问题的办法、方案，用图纸和文件表达出来，如图14-1所示。建筑设计图作为各工种在制作、建造工作中配合协作的共同依据，合理的建筑设计图便于整个工程按照周密考虑的预定方案，统一步调，顺利进行。

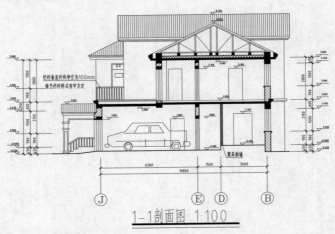

1-1剖面图 1:100

图 14-1 建筑设计图

14.1.1 建筑制图的有关标准

制定建筑制图标准的目的是统一房屋建筑制图规则、保证制图质量、提高制图效率，做到图面清晰、简单明了，使建筑设计图符合设置、施工、存档的要求，适用工程建设的需要。因此建筑制图规范除了是房屋建筑制图的基本规定外，还适用于总图、建筑、结构、给排水、暖通空调、电气等各制图专业。与建筑制图有关的国家标准如下。

◆ 《房屋建筑制图统一标准》GB/T 50001—2017。

◆ 《总图制图标准》GB/T 50103—2010。

◆ 《建筑制图标准》GB/T 50104—2010。

◆ 《建筑结构制图标注》GB/T 50105—2010。

◆ 《给水排水制图标注》GB/T 50106—2010。

◆ 《暖通空调制图标准》GB/T 50114—2010。

本节为读者选取一些制图标准中常用到的知识来讲解。

1. 图形比例标准

◆ 建筑图样的比例，应为图形与实物相对应的线性尺寸之比。比例的大小，是指其比值的大小，如1:50大于1:100。

◆ 建筑制图的比例宜写在图名的右侧，如图14-2所示。比例的字高宜比图名的字高小一号，但字的基准线应取平。

一层平面图 1:100

图 14-2 建筑制图的比例标注

◆ 建筑制图所用的比例，应根据图形的种类和被描述对象的复杂程度而定，具体可参考表14-1。

表 14-1 建筑制图的比例的种类与系列

图纸类型	常用比例	可用比例
平、立、剖图	1:100、 1:200、1:300	1:3、 1:4、 1:6、 1:15、 1:25、 1:30、 1:40、 1:60、 1:80、 1:250、 1:400、1:600
总平面图	1:500、 1:1000、 1:2000	
大样图	1:1、 1:5、 1:10、1:20、 1:50	

2. 字体标准

图纸上所需书写的文字、数字或符号等，均应笔画清晰、字体端正、排列整齐。标点符号应清楚正确。

◆ 文字的字高应从如下系列中选用：3.5、5、7、10、14、20（单位：mm）。如需书写更大的字，其高度值应按$\sqrt{2}$的倍数递增。

◆ 图样及说明中的汉字，宜采用长仿宋体，宽度与高度的关系应符合表14-2的规定。大标题、图册封面、地形图等的汉字，也可书写成其他字体，但应易于辨认。

表 I4-2 建筑制图的字宽与字高

（单位：mm）

字高	3.5	5	7	10	14	20
字宽	2.5	3.5	5	7	10	14

◆ 分数、百分数和比例数的注写，应采用阿拉伯数字和数学符号，例如：四分之三、百分之二十五和一比二十应分别写成"3/4""25%""1：20"。

◆ 当注写的数字小于1时，必须写出个位的"0"，小数点应采用圆点，齐基准线书写，例如0.01。

3. 图线标准

建筑制图应根据图形的复杂程度与比例大小，先选定基本线宽b，再按4：2：1的比例确定其余线宽，最后根据表14-3确定合适的图线。

表 I4-3 图线的形式和作用

图线名称	图线	线宽	用于绘制的图形
粗实线	——	b	主要可见轮廓线
细实线	——	0.5b	剖面线、尺寸线、可见轮廓线
虚线	----	0.5b	不可见轮廓线、图例线
单点划线	—·—	0.25b	中心线、轴线
波浪线	∼∼	0.25b	断开界线
双点画线	—··—	0.25b	假想轮廓线

4. 尺寸标注

在图样上除了画出建筑物及其各部分的形状之外，还必须准确、详细、清晰地标注尺寸，以确定实际大小，作为施工的依据。

国标规定，工程图样上的标注尺寸，除了标高和总平面图以米(m)为单位外，其余的尺寸一般以毫米(mm)为单位，图上的尺寸数字都不再注写单位。假如使用其他的单位，必须有相应的注明。图样上的尺寸，应以所标注的尺寸数字为准，不得从图上直接量取。图14-3所示为对图形进行尺寸标注的结果。

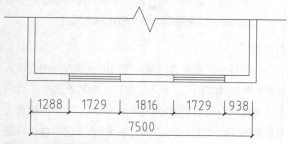

| 1288 | 1729 | 1816 | 1729 | 938 |

7500

图 I4-3 建筑制图的尺寸标注

14.1.2 建筑制图的符号

在进行各种建筑和室内装饰设计时，为了更清楚明确地表明图中的相关信息，将以不同的符号来表示这些相关信息。

1. 定位轴线

定位轴线是用来确定建筑物主要结构及构件位置的尺寸基准线。在施工时凡承重墙、柱、大梁或屋架等主要承重构件都应画出轴线以确定其位置。对于非承重的隔断墙及其他次要承重构件等，一般不画轴线，只需注明它们与附近轴线的相关尺寸以确定其位置。

◆ 定位轴线应用细点画线绘制。定位轴线一般应编号，编号应注写在轴线端部的圆内。圆应用细实线绘制，直径为8~10mm。定位轴线圆的圆心，应在定位轴线的延长线上或延长线的折线上。

◆ 平面图上定位轴线的编号，宜标注在图样的下方与左侧。横向编号应用阿拉伯数字从左至右顺序编写，竖向编号应用大写拉丁字母从下至上顺序编写，如图14-4所示。

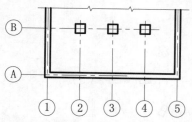

图 I4-4 定位轴线及编号

◆ 拉丁字母的I、O、Z不得用做轴线编号。如字母数量不够使用，可增用双字母或单字母加数字注脚，如AA、BA……YA或A1、B1……Y1。

◆ 组合较复杂的平面图中定位轴线也可采用分区编号，如图14-5所示。编号的注写形式应为"分区号-该分区编号"，分区号采用阿拉伯数字或大写拉丁字母表示。

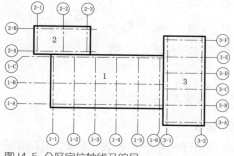

图 I4-5 分区定位轴线及编号

◆ 附加定位轴线的编号，应以分数形式表示。两根轴线间的附加轴线，应以分母表示前一轴线的编号，分子表示附加轴线的编号，编号宜用阿拉伯数字顺序编写，如图14-6所示。1号轴线或A号轴线之前的附加轴线的分母应以01或0A表示，如图14-7所示。

⑴∕2 表示2号轴线之后附加的第一根轴线

⑶∕C 表示C号轴线之后附加的第三根轴线

图14-6 在轴线之后附加的轴线

⑴∕01 表示1号轴线之前附加的第一根轴线

⑶∕0A 表示A号轴线之前附加的第三根轴线

图14-7 在1或A号轴线之前附加的轴线

◆ 通用详图中的定位轴线，应只画圆，不注写轴线编号。
◆ 圆形平面图中定位轴线的编号，其径向轴线宜用阿拉伯数字表示，从左下角开始，按逆时针顺序编写；其圆周轴线宜用大写拉丁字母表示，从外向内顺序编写，如图14-8所示。折线形平面图中的定位轴线如图14-9所示。

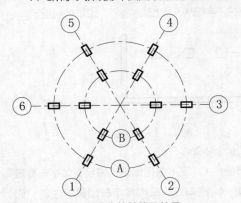

图14-8 圆形平面图定位轴线及编号

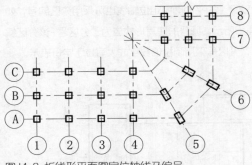

图14-9 折线形平面图定位轴线及编号

2. 剖面剖切符号

在对剖面图进行识读的时候，为了方便，需要用剖切符号把所画剖面图的剖切位置和剖视方向在投影图即平面图上表示出来。同时，还要为每一个剖面图标注编号，

以免产生混乱。

在绘制剖面剖切符号的时候需要注意以下几点。

◆ 剖切位置线即剖切平面的积聚投影，用来表示剖切平面的剖切位置。但是规定要用两段长为6~8mm的粗实线来表示，且不宜与图面上的图线互相接触，如图14-10中的"1—1"所示。
◆ 剖切后的剖视方向用垂直于剖切位置线的短粗实线(长度为4~6mm)表示，如画在剖切位置线的左面即表示向左边的投影，如图14-10所示。
◆ 剖切符号的编号要用阿拉伯数字来表示，按顺序由左至右、由下至上连续编排，并标注在剖视方向线的端部。如果剖切位置线必须转折，如阶梯剖面，而在转折处又易与其他图线混淆，则应在转角的外侧加注与该符号相同的编号，如图14-10中的"2—2"所示。

3. 断面剖切符号

断面的剖切符号仅用剖切位置线来表示，应以粗实线绘制，长度宜为6~10mm。断面剖切符号的编号宜采用阿拉伯数字，按照顺序连续编排，并注写在剖切位置线的一侧；编号所在的一侧应为该断面的剖视方向，如图14-11所示。

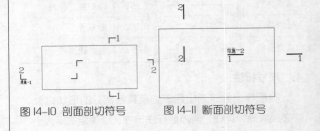

图14-10 剖面剖切符号　　图14-11 断面剖切符号

> **提示**
>
> 剖面图或断面图，如与被剖切图样不在同一张图内，可在剖切位置线的另一侧注明其所在图纸的编号，也可以在图上集中说明。

4. 引出线

为了使文字说明、材料标注、索引符号标注等不影响图样的清晰，应采用引出线的形式来绘制。

引出线

引出线应以细实线绘制，宜采用水平方向的直线，或与水平方向成30°、45°、60°、90°的直线，或经上述角度再折为水平线如图14-12所示。文字说明宜注写在水平线的上方；也可注写在水平线的端部；索引详图的引出线，应与水平直径相接。

图 14-12 引出线

共同引出线

同时引出的几个相同部分的引出线，宜相互平行，也可画成集中于一点的放射线，如图14-13所示。

图 14-13 共同引出线

多层引出线

多层构造或多个部位共用引出线，应通过被引出的各层或各部位，并用圆点示意对应位置。文字说明宜注写在水平线上方，或注写在水平线的端部，说明的顺序应由上至下，并与被说明的层次对应一致；若层次为横向排序，则由上至下的说明顺序应与由左至右的层次对应一致，如图14-14所示。

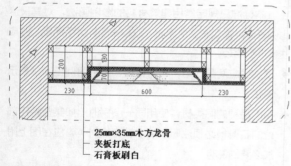

- 25mm×35mm木方龙骨
- 夹板打底
- 石膏板刷白

图 14-14 多层引出线

5. 索引符号与详图符号

索引符号根据用途的不同可以分为立面索引符号、剖切索引符号、详图索引符号等。以下是国标中对索引符号的使用规定。

- 由于房屋建筑室内装饰装修制图在使用索引符号时，有的圆内注字较多，因此本条规定索引符号中圆的直径为8~10mm。
- 由于在立面图索引符号中需表示出具体的方向，因此索引符号需要附三角形箭头表示。
- 当立面、剖面图的图纸量较少时，对应的索引符号可以仅标注图样编号，不注明索引图所在页次。
- 立面索引符号采用三角形箭头转动，数字、字母保持垂直方向不变的形式，遵循《建筑制图标准》中内视索引符号的规定。

- 剖切符号采用三角形箭头与数字、字母同方向转动的形式，遵循《房屋建筑制图统一标准》中剖视的剖切符号的规定。
- 表示建筑立面在平面上的位置及立面图所在的图纸编号，应在平面图上使用立面索引符号，如图14-15所示。

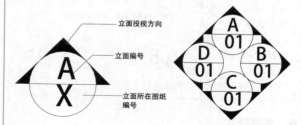

图 14-15 立面索引符号

- 表示剖切面在界面上的位置或图样所在的图纸编号，应在被索引的界面或图样上使用剖切索引符号，如图14-16所示。

图 14-16 剖切索引符号

- 表示局部放大图样在原图上的位置及本图样所在的页码，应在被索引图样上使用详图索引符号，如图14-17所示。

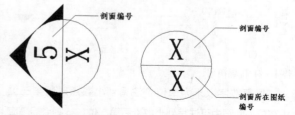

图 14-17 详图索引符号

在AutoCAD的索引符号中，其圆的直径为12mm（在A0、A1、A2图纸）或10mm（在A3、A4图纸），其字高5mm（在A0、A1、A2图纸）或字高4mm（在A3、A4图纸），如图14-18所示。

图14-18 索引符号中圆的直径与字高

6. 标高符号

标高是用来表示建筑物各部位高度的一种尺寸形式。标高符号用细实线画出，短横线是需注高度的界线，长横线之上或之下注出标高数字，如图14-19（a）所示。总平面图上的标高符号，宜用涂黑的三角形表示如图14-19（d）所示，标高数字可注写在黑三角形的右上方，也可注写在黑三角形的上方或右边。不论哪种形式的标高符号，均为等腰直角三角形，高3mm。图14-19（b）、（c）所示用以标注其他部位的标高，短横线为需要标注高度的界限，标高数字注写在长横线的上方或下方。

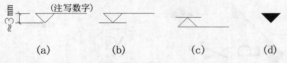

(a)　　　　(b)　　　　(c)　　　　(d)

图14-19 标高符号

标高数字以米为单位，注写到小数点以后第三位（在总平面图中可注写到小数点后第二位）。零点标高应注写成"±0.000"，正数标高不注写"+"，负数标高应注写"-"，例如3.000、-0.600。图14-20所示为标高注写的几种格式。

图14-20 标高数字注写格式

在AutoCAD建筑图纸设计标高中，其标高的数字字高为6.5mm（在A0、A1、A2图纸）或字高2mm（在A3、A4图纸）。

标高有"绝对标高"和"相对标高"两种。

◆ 绝对标高： 国内是指把青岛附近黄海的平均海平面定为绝对标高的零点，其他各地标高都以它作为基准。

如在总平面图中的室外地面整平标高即为绝对标高。

◆ 相对标高： 是指在建筑物的施工图上要注明许多标高，用相对标高来标注，容易直接得出各部分的高差。因此除总平面图外，一般都采用相对标高，即把底层室内主要的地坪标高定为相对标高的零点，标注为"±0.000"，并在建筑工程图的总说明中说明相对标高和绝对标高的关系，再根据当地附近的水准点（绝对标高）测定拟建工程的底层地面标高。

14.1.3　建筑制图的图例

建筑物或构筑物需要按比例绘制在图纸上，对于一些建筑物的细部节点，无法按照真实形状表示，只能用示意性的符号画出。国家标准规定的正规示意性符号，都称为图例。凡是国家批准的图例，均应统一遵守，按照标准画法表示在图形中，如果有个别新型材料还未纳入国家标准，设计人员要在图纸的空白处画出并写明符号代表的意义，方便对照阅读。

1. 一般规定

本标准只规定常用建筑材料的图例画法，对其尺度比例不作具体规定。使用时，应根据图样大小而定，并应注意下列事项。

◆ 图例线应间隔均匀，疏密适度，做到图例正确，表示清楚。

◆ 不同品种的同类材料使用同一图例时（如某些特定部位的石膏板必须注明是防水石膏板时），应在图上附加必要的说明。

◆ 两个相邻的涂黑图例(如混凝土构件、金属件)间，应留有空隙，其净宽度不得小于0.5mm，如图14-21所示。

图14-21 相邻涂黑图例的画法

下列情况可不加图例，但应加文字说明。

◆ 一张图纸内的图样只用一种图例时。

◆ 图形较小无法画出建筑材料图例时。

当选用本标准中未包括的建筑材料时，可自编图例。但不得与本标准所列的图例重复。绘制时，应在适当位置画出该材料图例，并加以说明。

2. 常用建筑材料图例

常用建筑材料应按如表14-4所示图例画法绘制。

表 I4-4 常用建筑材料图例

名 称	图 例	备 注
自然土壤		包括各种自然土壤
夯实土壤		
砂、灰土	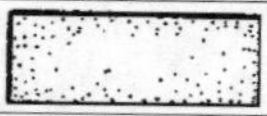	靠近轮廓线绘较密的点
砂砾石、碎砖三合土		
石材	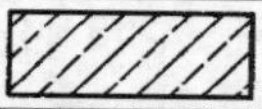	
毛石		
普通砖		包括实心砖、多孔砖、砌块等砌体。断面较窄不易绘出图例线时，可涂红
耐火砖	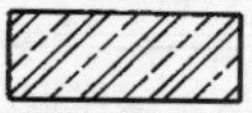	包括耐酸砖等砌体
空心砖		指非承重砖砌体
饰面砖		包括铺地砖、马赛克、陶瓷锦砖、人造大理石等
焦渣、矿渣	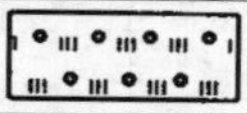	包括与水泥、石灰等混合而成的材料
混凝土		(1) 本图例指能承重的混凝土及钢筋混凝土；
钢筋混凝土		(2) 包括各种强度等级、骨料、添加剂的混凝土； (3) 在剖面图上画出钢筋时，不画图例线； (4) 断面图形小，不易画出图例线时，可涂黑
多孔材料		包括水泥珍珠岩、沥青珍珠岩、泡沫混凝土、非承重加气混凝土、软木、蛭石制品等
纤维材料	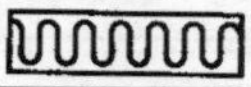	包括矿棉、岩棉、玻璃棉、麻丝、木丝板、纤维板等
泡沫塑料材料		包括聚苯乙烯、聚乙烯、聚氨酯等多孔聚合物类材料
木材		(1) 上图为横断面，上左图为垫木、木砖或木龙骨； (2) 下图为纵断面
胶合板		应注明几层胶合板
石膏板		包括圆孔、方孔石膏板，防水石膏板等
金属		(1) 包括各种金属； (2) 图形小时，可涂黑
网状材料		(1) 包括金属、塑料网状材料； (2) 应注明具体材料名称
液体		应注明具体液体名称
玻璃		包括平板玻璃、磨砂玻璃、夹丝玻璃、钢化玻璃、中空玻璃、夹层玻璃、镀膜玻璃等
橡胶		
塑料		包括各种软、硬塑料及有机玻璃等
防水材料		构造层次多或比例大时，采用上面图例
粉刷		本图例采用较稀的点

14.2　建筑设计图的内容

建筑设计图通常被称为建筑施工图（简称建施图），主要用来表示建筑物的规划位置、外部造型、内部各房间的布置、内外装修、构造及施工要求等。建筑施工图包括建施图首页（施工图首页）、建筑总平面图、建筑平面图、建筑立面图、建筑剖面图及建筑详图6类。

14.2.1　建施图首页

建施图首页内含工程名称、实际说明、图样目录、经济技术指标、门窗统计表以及本套建筑施工图所选用标准图集名称列表等。

图样目录一般包括整套图样的目录，应有建筑施工图目录、结构施工图目录、给水排水施工图目录、采暖通风施工图目录和建筑电气施工图目录等。

建筑图纸应按专业顺序编排，一般应为图纸目录、总图、建筑图、结构图、给水排水图、暖通空调图、电气图等。

14.2.2　建筑总平面图

将新建工程周围一定范围内的新建、拟建、原有和拆除的建筑物、构筑物连同其周围的地形、地物状况，用水平投影的方法和相应的图例所画出的图样，即为总平面图，如图14-22所示。

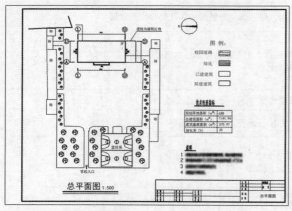

图 14-22　建筑总平面图

建筑总平面图主要表示新建房屋的位置、朝向、与原有建筑物的关系，以及周围道路、绿化、给水、排水、供电条件等方面的情。建筑总平面图可作为新建房屋施工定位、土方施工、设备管网平面布置，安排施工时进入现场的材料和构件、配件堆放场地、构件预制的场地以及运输道路的依据。

14.2.3　建筑平面图

建筑平面图，又可简称平面图，是假想用一水平的

剖切面沿门窗洞位置将房屋剖切后，对剖切面以下部分所作的水平投影。它反映出房屋的平面形状、大小和布置，墙和柱等结构的位置、尺寸和材料，门窗的类型和位置等。

图14-23所示为某建筑标准层平面图。

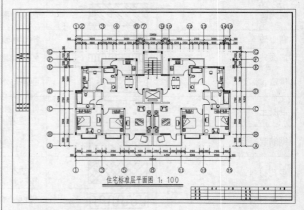

图 14-23　建筑平面图

依据剖切位置的不同，建筑平面图又可分为如下几类。

1. 底层平面图

底层平面图，又称首层平面图或一层平面图。底层平面图的形成，是将剖切平面的剖切位置放在建筑物的一层地面与从一楼通向二楼的休息平台（及一楼到二楼的第一个梯段）之间，尽量通过该层所有的门窗洞，剖切之后进行投影而得到的，如图14-24所示。

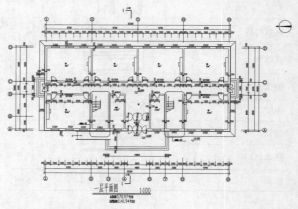

图 14-24　一层平面图

2. 标准层平面图

对于多层建筑，如果建筑内部平面布置中每层都有差异，则应该为每一层都绘制一个平面图，且以本身的楼层数命名。但在实际的建筑设计过程中，多层建筑往往存在相同或相近平面布置形式的楼层，因此在绘制建筑平面图时，可将相同或相近的楼层共用一幅平面图表示，将其称为标准层平面图。

3. 顶层平面图

顶层平面图是位于建筑物最上面一层的平面图，具有与其他层相同的功用，它也可以用相应的楼层数来命名。

4. 屋顶平面图

屋顶平面图是指从屋顶上方向下所作的俯视图，主要用来描述屋顶的平面布置，如图14-25所示。

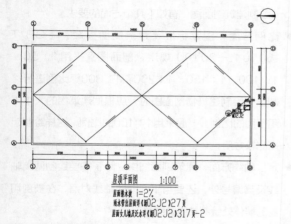

图14-25 屋顶平面图

5. 地下室平面图

地下室平面图是指对于有地下室的建筑物在地下室的平面布置情况。

建筑平面图绘制的具体内容基本相同，主要包括如下几个方面。

◆ 建筑物平面的形状及总长、总宽等尺寸。
◆ 建筑平面房间组合和各房间的开间、进深等尺寸。
◆ 墙、柱、门窗等结构的尺寸、位置、材料及开启方向。
◆ 走廊、楼梯、电梯等交通联系部分的位置、尺寸和方向。
◆ 阳台、雨篷、台阶、散水和雨水管等附属设施的位置、尺寸和材料等。
◆ 未剖切到的门窗洞口等（一般用虚线表示）。
◆ 楼层和楼梯的标高，定位轴线的尺寸和细部尺寸等。
◆ 屋顶的形状、坡面形式、屋面做法、排水坡度、雨水

口位置、电梯间、水箱间等的构造和尺寸等。
◆ 建筑说明、具体做法、详图索引、图名、绘图比例等详细信息。

14.2.4 建筑立面图

在与建筑立面平行的铅直投影面上所做的正投影图称为建筑立面图，简称立面图。建筑立面图主要用来表达建筑物的外部造型、门窗位置及形式、墙面装饰、阳台、雨篷等部分的材料和做法。图14-26所示为某住宅楼正立面图。

图14-26 建筑立面图

建筑立面图的主要内容通常包括以下几个部分。

◆ 建筑物某侧立面的立面形式、外貌及大小。
◆ 外墙面上装修做法、材料、装饰图线、色调等。
◆ 门窗及各种墙面线脚、台阶、雨篷、阳台等构配件的位置、立面形状及大小。
◆ 标高及必须标注的局部尺寸。
◆ 详图索引符号，立面图两端定位轴线及编号。
◆ 图名和比例。

根据国家标准制图规范，建筑立面图的绘制有如下几方面的要求。

◆ 定位轴线方面，在建筑立面图中，一般只绘制两端的轴线及编号，以便和平面图对照，确定立面图的投影方向。
◆ 尺寸标注方面，建筑立面图中高度方向的尺寸主要使用标高的形式标注，主要包括建筑物室内外地坪、各楼层地面、窗台、门窗顶部、檐口、屋脊、阳台底部、女儿墙、雨篷、台阶处的标高尺寸。在所标注处画一条水平引出线，标高符号一般画在图形外，符号大小一致且整齐排列在同一铅垂线上。必要时为使尺寸标注更清晰，可标注在图内，如楼梯间的窗台面标高。应注意，不同的地方采用不同的标高符号。
◆ 详图索引符号方面，一般在屋顶平面图附近有檐口、女儿墙和雨水口等构造详图，凡是需要绘制详图的地

方都要标注详图符号。

◆ 建筑材料和颜色标注方面，在建筑立面图上，外墙表面分格线应表示清楚。应用文字说明各部分所用面材料及色彩。外墙的色彩和材质决定建筑立面的效果，因此一定要进行标注。

◆ 图线方面，在建筑立面图中，为了加强立面图的表达效果，使建筑物的轮廓突出，通常采用不同的线型来表达不同的对象。屋脊线和外墙最外轮廓线一般采用粗实线（b），室外地坪采用加粗实线（1.4b），所有凹凸部位如建筑物的转折、立面上的阳台、雨篷、门窗洞、室外台阶、窗台等用中实线（0.5b），其他部分的图形（如门窗、雨水管等）、定位轴线、尺寸线、图例线、标高和索引符号、详图材料做法引出线等采用细实线（0.25b）绘制。

◆ 图例方面，建筑立面图上的门、窗等内容都是采用图例来绘制的。在建筑物立面图上，相同的门窗、阳台、外檐装修、构造做法等可在局部重点表示，绘出其完整图形，其余部分只画轮廓线。

◆ 比例方面，国家标准《建筑制图标准》（GB/T 50104—2010）规定：立面图宜采用1：50、1：100、1：150、1：200和1：300等比例绘制。在绘制建筑物立面图时，应根据建筑物的大小采用不同的比例。通常采用1：100的比例绘制。

14.2.5　建筑剖面图

建筑剖面图是假想用一个或一个以上垂直于外墙轴线的铅垂剖切平面剖切建筑，得到的图形称为建筑剖面图，简称剖面图。它反映了建筑内部的空间高度、室内立面布置、结构和构造等情况。图14-27所示为某建筑剖面图。

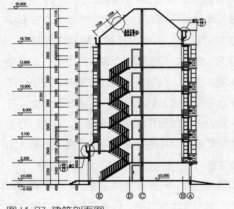

图14-27　建筑剖面图

建筑剖面图主要表达的内容如下。

◆ 表示被剖切到的建筑物各部位，包括各楼层地面、内外墙、屋顶、楼梯、阳台等构造的做法。

◆ 表示建筑物主要承重构件的位置及相互关系，包括各层的梁、板、柱及墙体的连接关系等。

◆ 一些没有被剖切到的但在剖切图中可以看到的建筑物构配件，包括室内的窗户、楼梯、栏杆及扶手等。

◆ 表示屋顶的形式和排水坡度。

◆ 建筑物的内外部尺寸和标高。

◆ 详细的索引符号和必要的文字注释。

◆ 剖面图的比例与平面图、立面图相一致，为了图示清楚，也可用较大的比例进行绘制。

◆ 标注图名、轴线及轴线编号，从图名和轴线编号可知剖面图的剖切位置和剖视方向。

绘制建筑剖面图，有如下几个方面的要求。

◆ 比例方面，国家标准《建筑制图标准》（GB/T 50104—2010）规定，剖面图宜采用1：50、1：100、1：150、1：200和1：300等比例进行绘制。在绘制建筑物剖面图时，应根据建筑物的大小采用不同的比例。一般采用1：100的比例，这样绘制起来比较方便。

◆ 定位轴线方面，建筑剖面图中，除了需要绘制两端轴线及其编号外，还要与平面图的轴线对照，在被剖切到的墙体处绘制轴线及编号。

◆ 图线方面，建筑剖面图中，凡是被剖切到的建筑构件的轮廓线一般采用粗实线（b）或中实线（0.5b）来表示，没有被剖切到的可见构配件采用细实线（0.25b）来表示。绘制较简单的图样时，可采用两种线宽的线宽组，其线宽比宜为1：0.25。被剖切到的构件一般应表示出该构件的材质。

◆ 尺寸标注方面，应标注建筑物外部、内部的尺寸和。外部尺寸一般应标注出室外地坪、窗台等处的标高和尺寸，应与立面图相一致，若建筑物两侧对称时，可只在一边标注。内部尺寸应标注出底层地面、各层楼面与楼梯平台面的标高，室内其余部分如门窗和其他设备等标注出其位置和大小的尺寸，楼梯一般另有详图。

◆ 图例方面，门窗都是采用图例来绘制的，具体的门窗等尺寸可查看有关建筑标准。

◆ 详图索引符号方面，一般在屋顶平面图附近有檐口、女儿墙和雨水口等构造详图，凡是需要绘制详图的地方都要标注详图符号。

◆ 材料说明方面，建筑物的楼地面、屋面等一般是用多层材料构成，应在剖面图中加以说明。

14.2.6　建筑详图

建筑详图主要包括屋顶详图、楼梯详图、卫生间详图及一切非标准设计或构件的详图。主要用来表达建筑物的细部构造、节点连接形式，以及构件和配件的形状大小、材料、做法等。详图要用较大比例绘制（如 1∶20），尺寸标注要准确齐全，文字说明要详细。图 14-28 所示为某建筑楼梯踏步和栏杆详图。

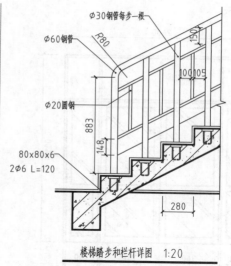

图 14-28　楼梯踏步和栏杆详图

14.3　创建建筑制图样板

事先设置好绘图环境，可以使用户在绘制各类建筑图时更加方便、灵活、快捷。设置绘图环境，包括绘图区域界限及单位的设置、图层的设置、文字和标注样式的设置等。用户可以先创建一个空白文档，然后设置好相关参数后将其保存为模板文件，以后如需再绘制建筑类图纸，则可直接调用。本章所有实例皆基于该模板。

难度：☆☆☆
素材位置：无
效果文件：素材\第 14 章\14.3 创建建筑制图样板 .dwg
在线视频：第 14 章\14.3 创建建筑制图样板 .mp4

14.4　绘制常用建筑设施图

建筑设施图在AutoCAD的建筑绘图中非常常见，如门窗、马桶、浴缸、楼梯、地板砖和栏杆等图形。本节主要介绍常见建筑设施图的绘制方法、技巧及相关的理论知识。

14.4.1　绘制玻璃双开门立面图

双开门通常用代号M表示，在平面图中，门的开启方向线宜以45°、60°或90°绘出。在绘制门立面时，应根据实际情况绘制出门的形式，也可表明门的开启方向线。

难度：☆☆☆
素材位置：无
效果文件：素材\第 14 章\14.4.1 绘制玻璃双开门立面图 .dwg
在线视频：第 14 章\14.4.1 绘制玻璃双开门立面图 .mp4

最终效果展示

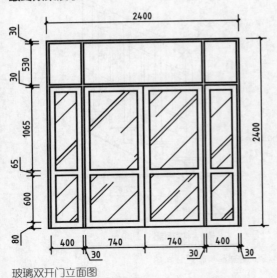

玻璃双开门立面图

难度：☆☆☆
素材位置：无
效果文件：素材\第14章\14.4.2 绘制欧式窗立面图 .dwg
在线视频：第 14 章\14.4.2 绘制欧式窗立面图 .mp4

最终效果展示

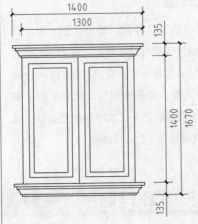

欧式窗立面图

14.4.2 绘制欧式窗立面图

窗立面是建筑立面图中不可或缺的部分，一般以代号C表示，其立面形式按实际情况绘制。

14.5　绘制居民楼设计图

建筑设计图的内容在上面已经介绍过了，其中最主要的是"平、立、剖"的3个视图。其中平面图一般指首层平面图，因为建筑的每一层都基本相同，但首层有建筑入口、门厅及楼梯等，因此首层平面图是必须的。其次是立面图和剖面图，建筑立面图主要用来表示建筑物的体型和外貌、外墙装修、门窗的位置与形式，以及遮阳板、窗台、窗套、屋顶水箱、檐口、雨篷、雨水管、水斗、勒脚、平台、台阶等构配件各部位的标高和必要尺寸。建筑剖面图用于表示建筑内部的结构构造、垂直方向的分层情况、各层楼地面、屋顶的构造及相关尺寸、标高等。本节便以居民楼设计为例，介绍建筑图中平面图、立面图和剖面图的绘制方法。

难度：☆☆☆☆☆
素材位置：素材\第 14 章\14.5
效果文件：素材\第 14 章\14.5.1 绘制住宅楼一层平面图 .dwg ，14.5.2 绘制住宅楼立面图 .dwg ，14.5.3 绘制住宅剖面图 .dwg
在线视频：第 14 章\14.5.1 绘制住宅楼一层平面图 .mp4，14.5.2 绘制住宅楼立面图 .mp4 ，14.5.3 绘制住宅剖面图 .mp4

参考步骤

01 绘制平面图的定位轴线。

02 绘制平面图上的墙体、门窗及其他结构。

03 插入室内图块，完善平面图形。

04 标注平面图。

05 根据投影规则，通过平面图绘制立面图。

06 在立面图中绘制阳台等建筑的外部结构。

07 标注立面图。

08 通过平面图和立面图的投影，绘制剖面图。

09 在剖面图中绘制楼梯等建筑的内部结构。

10 标注剖面图。

11 填写3个视图的技术要求。

最终效果展示

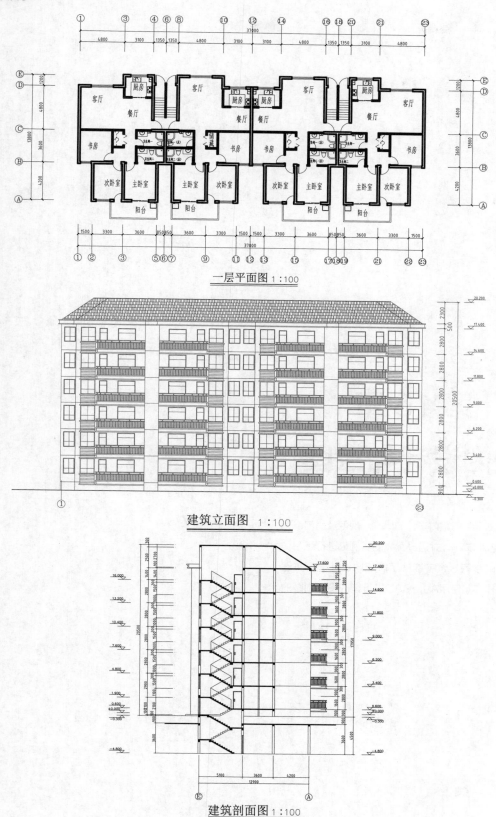

一层平面图 1:100

建筑立面图 1:100

建筑剖面图 1:100

第 15 章

室内设计与绘图

本章主要讲解室内设计的概念、规范及室内设计制图的内容和流程，并通过具体的实例来进行练习。通过本章的学习，读者能够了解室内设计的相关理论知识，并掌握使用AutoCAD进行室内设计制图的方法。

15.1 室内设计概述

室内设计（Interior Design）是根据建筑物的使用性质、所处环境和相应标准，运用物质技术手段和建筑设计原理，创造功能合理、舒适优美、满足人们物质和精神生活需要的室内环境。这一空间环境既具有使用价值，满足相应的功能要求，同时也要反映环境气氛等精神因素。这一定义明确地把"创造满足人们物质和精神生活需要的室内环境"作为室内设计的目的。图15-1所示为某室内设计图。

图 I5-I 室内设计图

15.1.1 室内设计的有关标准

室内设计制图是表达室内设计工程的重要技术资料，是施工的依据。为了统一制图技术，方便技术交流，并满足设计、施工管理等方面的要求，国家发布并实施了建筑工程与室内设计等专业的制图标准。

◆ 《房屋建筑制图统一标准》GB/T 50001—2017。

◆ 《总图制图标准》GB/T 50103—2010。

◆ 《建筑制图标准》GB/T 50104—2010。

◆ 《房屋建筑室内装饰装修制图标准》JGJ/T 244—2011（JGJ指建筑工程行业标准）。

室内设计制图标准涉及图纸幅面与图纸编排顺序，以及图线、字体等绘图所包含的各方面的使用标准。本节为读者选取一些制图标准中常用的知识来讲解。

1. 图形比例标准

◆ 比例可以表示图样尺寸和物体尺寸的比值。在建筑室内装饰制图中，所注写的比例能够在图纸上反映物体的实际尺寸。

◆ 图样的比例，应是图形与实物相对应的线性尺寸之比。比例的大小，是指其比值的大小，如1∶30大于1∶100。

◆ 比例的符号应书写为"∶"，比例数字则应以阿拉伯数字来表示，比例的形式如1∶2、1∶3、1∶100等。

◆ 比例应注写在图名的右侧，字的基准线应取平；比例的字高应比图名的字高小一号或者二号，如图15-2所示。

平面图 1∶100 ③ 1∶25

图 I5-2 室内制图比例的注写

◆ 图样比例的选取是要根据图样的用途以及所绘对象的复杂程度来定的。在绘制房屋建筑装饰装修图纸的时候，经常使用到的比例有1∶1、1∶2、1∶5、1∶10、1∶15、1∶20、1∶25、1∶30、1∶40、1∶50、1∶75、1∶100、1∶150、1∶200。

◆ 在特殊的绘图情况下，可以自选绘图比例；在这种情况下，除了要标注绘图比例，还须在适当位置绘制出相应的比例尺。

◆ 绘图所使用的比例，要根据房屋建筑室内装饰装修设计的不同部位、不同阶段图纸内容和要求，从表15-1中选用。

表 I5-I 绘图所用的比例

比例	部位	图纸类型
1∶200 — 1∶100	总平面、总顶棚平面	总平面布置图、总顶棚平面布置图
1∶100 — 1∶50	局部平面、局部顶棚平面	局部平面布置图、局部顶棚平面布置图
1∶100 — 1∶50	不复杂立面	立面图、剖面图
1∶50 — 1∶30	较复杂立面	立面图、剖面图
1∶30 — 1∶10	复杂立面	立面放大图、剖面图
1∶10 — 1∶1	平面及立面中需要详细表示的部位	详图
1∶10 — 1∶1	重点部位的构造	节点图

2. 字体标准

在绘制施工图的时候，需要正确地注写文字、数字和符号，以清晰地表达图纸内容。

◆ 手工绘制的图纸，字体的选择及注写方法应符合《房屋建筑制图统一标准》的规定。对于计算机绘图，均可采用自行确定的常用字体，《房屋建筑制图统一标准》未做强制规定。

◆ 文字的字高，应从表15-2中选用。字高大于10mm的文字宜采用TrueType字体。如需书写字高大于20mm的字，其高度应按 $\sqrt{2}$ 倍数递增。

表 15-2 文字的字高

（单位：mm）

字体种类	中文矢量字体	TrueType 字体及非中文矢量字体
字高	3.5、5、7、10、14、20	3、4、6、8、10、14、20

◆ 拉丁字母、阿拉伯数字与罗马数字假如为斜体字，则其倾斜角度应是从字的底线逆时针向上倾斜75°。斜体字的高度和宽度应与相应的直体字相等。

◆ 拉丁字母、阿拉伯数字与罗马数字的字高应不小于2.5mm。

◆ 拉丁字母、阿拉伯数字和罗马数字与汉字并列书写时，其字高可比汉字小一号或两号，如图15-3所示。

立面图 1：50

图 15-3 字高的表示

◆ 分数、百分数和比例数的注写，要采用阿拉伯数字和数学符号，如四分之一、百分之三十五和三比二十则应分别书写为1/4、35%、3：20。

◆ 当注写的数字小于1时，须写出各位的"0"，小数点应采用圆点，并对齐基准线注写，如0.03。

◆ 长仿宋汉字、拉丁字母、阿拉伯数字与罗马数字的示例应符合现行国家标准GB/T 14691—1993《技术制图字体》的规定。

◆ 汉字的字高，不应小于3.5mm，手写汉字的字高则一般不小于5mm。

3. 图线标准

室内制图的图线线宽 b，宜从 1.4、1.0、0.7、0.5、0.35、0.25、0.18、0.13mm 等线宽中选取。图线宽度不应小于 0.1mm。每个图样应根据复杂程度与比例大小，先选定基本线宽 b，再选用表15-3中相应的线宽组。

表 15-3 线宽组

（单位：mm）

线宽比	线宽组			
b	1.4	1.0	0.7	0.5
$0.7b$	1.0	0.7	0.5	0.35
$0.5b$	0.7	0.5	0.35	0.25
$0.25b$	0.35	0.25	0.18	0.13

注：1. 需要缩微的图纸，不宜采用 0.18 及更细的线宽。
2. 同一张图纸内，不同线宽中的各细线，可统一采用较细的线宽组的细线。

室内制图可参考表15-4选用合适的图线。

表 15-4 图线

名称		线型	线宽	一般用途
实线	粗		b	主要可见轮廓线
	中		$0.5b$	可见轮廓线
	细		$0.25b$	可见轮廓线、图例线
虚线	粗		b	见有关专业制图标准
	中		$0.5b$	不可见轮廓线
	细		$0.25b$	不可见轮廓线、图例线
单点划线	粗		b	见有关专业制图标准
	中		$0.5b$	见有关专业制图标准
	细		$0.25b$	中心线、对称线等
双点划线	粗		b	见有关专业制图标准
	中		$0.5b$	见有关专业制图标准
	细		$0.25b$	假想轮廓线、成型前原始轮廓线
折断线			$0.25b$	断开界线
波浪线			$0.25b$	断开界线

除了线型与线宽，室内制图对图线还有如下要求。

◆ 同一张图纸内，相同比例的各图样应选用相同的线宽组。

◆ 相互平行的图例线，其净间隙或线中间隙不宜小于 0.2mm。

◆ 虚线、单点长划线或双点长划线的线段长度和间隔，宜各自相等。

◆ 单点长划线或双点长划线，当在较小图形中绘制有困难时，可用实线代替。

◆ 单点长划线或双点长划线的两端，不应是点。点划线与点划线交接点或点划线与其他图线交接时，应是线段交接。

◆ 虚线与虚线交接或虚线与其他图线交接时，应是线段交接。虚线为实线的延长线时，不得与实线相接。

◆ 图线不得与文字、数字或符号等重叠或者混淆，不可避免时，应首先保证文字的清晰。

4. 尺寸标注

绘制完成的图形仅能表达物体的形状，必须为其标注完整的尺寸数据并配以相关的文字说明，才能将其作为施工等工作的依据。

本节为读者介绍尺寸标注的知识，包括尺寸界线、尺寸线和尺寸起止符号的绘制，尺寸数字的标注规则和尺寸的排列与布置的要点。

尺寸界线、尺寸线及尺寸起止符号

图样上的尺寸标注，包括尺寸界线、尺寸线、尺寸起止符号和尺寸数字，标注的结果如图15-4所示。

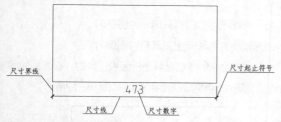

图 15-4 尺寸标注的组成

◆ 尺寸界线应用细实线绘制，一般应与被注长度垂直，其一端距离图样轮廓线应不小于2mm，另一端宜超出尺寸线2~3mm。图样轮廓线可用作尺寸线，如图15-5所示。

◆ 尺寸线应用细实线绘制，应与被注长度平行。图样本身的任何图线均不得用作尺寸线。

◆ 尺寸起止符号可用中粗短斜线来绘制，其倾斜方向应与尺寸界线成顺时针45°角，长度宜为2~3mm；在轴测图中可用黑色圆点绘制，其直径为1mm。半径、直径、角度与弧长等的尺寸起止符号，宜用箭头表示，如图15-6所示。

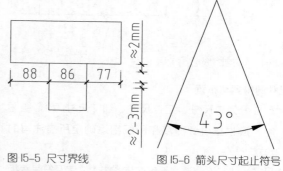

图 15-5 尺寸界线   图 15-6 箭头尺寸起止符号

尺寸数字

◆ 图样上的尺寸，应以尺寸数字为准，不得从图上直接截取。

◆ 图样上的尺寸单位，除标高及总平面图以米为单位之外，其他必须以毫米为单位。

◆ 尺寸数字的方向，应按图15-7（a）所示的规定注写。假如尺寸数字在尺寸线内，宜按照图15-7（b）所示的形式来注写。

◆ 如图15-7所示，尺寸数字的注写方向和阅读方向规定为：当尺寸线为竖直方向时，尺寸数字注写在尺寸线的左侧，字头朝左；其他任何方向，尺寸数字字头应保持向上，且注写在尺寸线的上方。如果在尺寸线内注写时，容易引起误解，所以建议采用如图15-7（b）所示两种水平注写方式。

◆ 图15-7（a）中斜线区内尺寸数字注写方式为软件默认方式，图15-7（b）所示注写方式比较适合手绘。因此，制图标准中将图15-7（a）的注写方式定位首选方案。

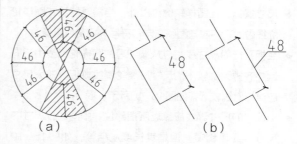

（a）   （b）

图 15-7 尺寸数字的标注方向

◆ 尺寸数字一般应依据其方向注写在靠近尺寸线的上方中部。如注写位置相对密集，没有足够的注写位置，最外边的尺寸数字可注写在尺寸界线的外侧，中间相邻的尺寸数字可上下错开，注写在离该尺寸线较近处，如图15-8所示。

图15-8 尺寸数字的注写位置

尺寸的排列与布置

◆ 尺寸分为总尺寸、定位尺寸、细部尺寸3种。绘图时，应根据设计深度和图纸用途确定所需注写的尺寸。

◆ 尺寸标注应该清晰，不应该与图线、文字及符号等相交或重叠，如图15-9（a）所示。

◆ 图样轮廓线以外的尺寸界线，与图样最外轮廓之间的距离不宜小于10mm。平行排列的尺寸线的间距宜为7~10mm，并应保持一致，如图15-9（a）所示。

◆ 假如尺寸标注在图样轮廓内，且图样内已绘制了填充图案，尺寸数字处的填充图案应断开。另外图样轮廓线也可用作尺寸界线，如图15-9（b）所示。

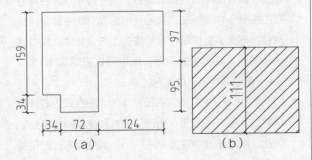

图15-9 尺寸数字的注写

◆ 尺寸宜标注在图样轮廓线以外，当需要标注在图样轮廓线内时，不应与图线文字和符号等相交或重叠。

◆ 互相平行的尺寸线，应从被注写的图样轮廓线由近向远整齐排列，较小的尺寸应离轮廓线较近，较大尺寸应离轮廓线较远，如图15-10所示。

◆ 总尺寸的尺寸界线应靠近所指部位，中间的分尺寸的尺寸界线可稍短，但是其长度应相等，如图15-10所示。

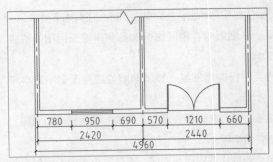

图15-10 尺寸的排列

15.1.2　室内设计的常见图例

在GB/T 50001—2010《房屋建筑制图统一标准》中，只规定了常用的建筑材料的图例画法，但是对图例的尺寸和比例并不作具体的规定。在调用图例的时候，要根据图样的大小而定，且应符合下列的规定。

◆ 图线应间隔均匀，疏密适度，做到图例正确，并且表示清楚。

◆ 不同品种的同类材料在使用同一图例的时候，要在图上附加必要的说明。

◆ 相同的两个图例相接时，图例线要错开或者使其填充方向相反，如图15-11所示。

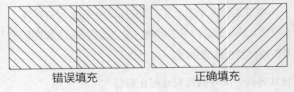

错误填充　　　　　　正确填充

图15-11 填充示意

出现以下情况时，可以不加图例，但是应该加文字说明。

◆ 当一张图纸内的图样只用一种图例时。

◆ 图形较小并无法画出建筑材料图例时。

当需要绘制的建筑材料图例面积过大时，在断面轮廓线内沿轮廓线作局部表示也可以，如图15-12所示。

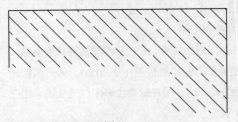

图15-12 局部表示图例

常用房屋建筑材料、装饰装修材料的图例应按15-5所示的图例画法绘制。

表 15-5 常用建筑装饰装修材料图例

序号	名称	图例	序号	名称	图例
1	夯实土壤		17	多层板	
2	砂砾石、碎砖三合土		18	木工板	
3	石材		19	石膏板	
4	毛石		20	金属	
5	普通砖		21	液体	
6	轻质砌块砖		22	玻璃砖	
7	轻钢龙骨板材隔墙		23	普通玻璃	
8	饰面砖		24	橡胶	
9	混凝土		25	塑料	
10	钢筋混凝土		26	地毯	
11	多孔材料		27	防水材料	
12	纤维材料		28	粉刷	
13	泡沫塑料材料		29	窗帘	
14	密度板		30	砂、灰土	
15	实木	垫木、木砖或木龙骨 横断面 纵断面	31	胶黏剂	
16	胶合板				

15.2 室内设计图的内容

室内设计工程图是按照装饰设计方案确定的空间尺度、构造做法、材料选用、施工工艺等，并且遵照建筑及装饰设计规范所规定的要求编制的用于指导装饰施工生产的技术性文件；同时也是进行造价管理、工程监理等工作的重要技术性文件。

一套完整的室内设计工程图包括施工图和效果图。效果图是通过Photoshop等图像编辑软件对现有图纸进行美化后的结果，对设计、施工等过程意义不大；而AutoCAD则主要用来绘制施工图，施工图又可以分为平面布置图、地面布置图（地材图）、顶面布置图（顶棚图）、立面图、剖面图、详图等。本节便介绍各类室内设计图纸的绘制方法。

15.2.1 平面布置图

平面布置图是室内设计工程图的主要图样，是根据装饰设计原理及业主的需求画出的用于反映建筑平面布局、装饰空间及功能区域的划分、家具设备的布置、绿化及陈设的布局等内容的图样，是确定装饰空间平面尺度及装饰形体定位的主要依据。

平面布置图是假想用一个水平剖切平面，沿着每层的门窗洞口位置进行水平剖切，移去剖切平面以上的部分，对平面以下部分所做的水平正投影图。平面布置图其实是一种水平剖面图，绘制平面布置图时首先要确定平面图的基本内容。图15-13所示为绘制完成的三居室平面布置图。

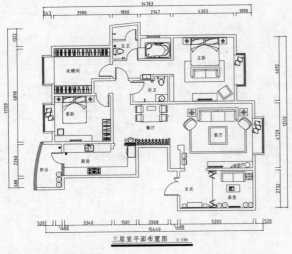

图 15-13 平面布置图

- 绘制定位轴线，以确定墙柱的具体位置、各功能分区与名称、门窗的位置和编号、门的开启方向等。
- 确定室内地面的标高。
- 确定室内固定家具、活动家具、家用电器的位置。
- 确定装饰陈设、绿化美化等位置及绘制图例符号。
- 绘制室内立面图的内视投影符号，按顺时针从上至下在圆圈中编号。
- 确定室内现场制作家具的定形、定位尺寸。
- 绘制索引符号、图名及必要的文字说明等。

15.2.2 地面布置图

地面布置图又称为地材图。与平面布置图的区别是，地面布置图不需要绘制家具及绿化等布置，只需画出地面的装饰分格，并且标注地面材质、尺寸和颜色、地面标高等。地面布置图绘制的基本顺序如下。

01 地面布置图中，应包含平面布置图的基本内容。

02 根据室内地面材料的选用、颜色与分格尺寸，绘制地面铺装的填充图案。并确定地面标高等。

03 绘制地面的拼花造型。

04 绘制索引符号、图名及必要的文字说明等。

图 15-14所示为绘制完成的三居室地面布置图。

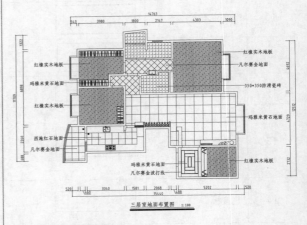

图 15-14 地面布置图

15.2.3 顶棚平面图

顶棚平面图简称顶棚图，是以镜像投影法画出反映顶棚平面形状、灯具位置、材料选用、尺寸标高及构造做法等内容的水平镜像投影图，是装饰施工的主要图样之一。顶棚平面图是假想以一个水平剖切平面沿顶棚下方门窗洞口的位置进行剖切，移去下面部分后对上面的墙体、顶棚所做的镜像投影图。在顶棚平面图中剖切到的墙柱用粗实线，未剖切到但能看到的顶棚、灯具、风口等用细实线来表示。

顶棚图绘制的基本步骤如下。

01 在平面图的门洞处绘制门洞边线,不需绘制门扇及开启线。

02 绘制顶棚的造型、尺寸、做法和说明,有时可以画出顶棚的重合断面图并标注标高。

03 绘制顶棚灯具符号及具体位置,而灯具的规格、型号、安装方法则在电气施工图中反映。

04 绘制室内各顶棚的完成面标高,按每一层楼地面为±0.000标注顶棚装饰面标高,这是实际施工中常用的方法。

05 绘制与顶棚相接的家具、设备的位置和尺寸。

06 绘制窗帘及窗帘盒、窗帘帷幕板等。

07 确定空调送风口位置、消防自动报警系统以及与吊顶有关的音频设备的平面位置及安装位置。

08 绘制索引符号、图名及必要的文字说明等。

图15-15所示为绘制完成的三居室顶面布置图。

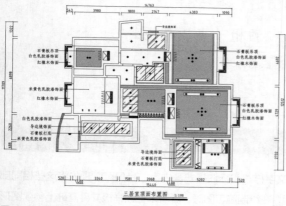

图15-15 顶面布置图

15.2.4 立面图

立面图是将房屋的室内墙面按内视投影符号的指向,向直立投影面所作的正投影图。它用于反映室内空间垂直方向的装饰设计形式、尺寸与做法、材料与色彩的选用等内容,是装饰施工图中的主要图样之一,是确定墙面做法的依据。房屋室内立面图的名称应根据平面布置图中内视投影符号的编号或字母确定,如②立面图、B立面图。

立面图应包括投影方向可见的室内轮廓线、装饰构造、门窗、构配件、墙面做法、固定家具、灯具等内容及必要的尺寸标注和标高,并需表达非固定家具、装饰构件

等情况。绘制立面图的主要步骤如下。

01 绘制立面轮廓线,顶棚有吊顶时要绘制吊顶、叠级、灯槽等剖切轮廓线,使用粗实线表示。墙面与吊顶的收口形式、可见灯具投影图等也需要绘制。

02 绘制墙面装饰造型,如壁挂、工艺品等陈设。门窗造型及分格、墙面灯具、暖气罩等装饰内容。

03 绘制装饰选材、立面的尺寸标高及做法说明。

04 绘制附墙的固定家具及造型。

05 绘制索引符号、图名及必要的文字说明等。

图15-16所示为绘制完成的三居室电视背景墙立面布置图。

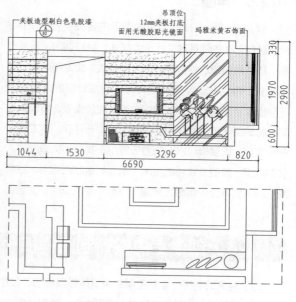

电视背景墙立面图 1:50

图15-16 立面图

15.2.5 剖面图

剖面图是指假想将建筑物剖开,使其内部构造显露出来,让看不见的形体部分变成看得见的部分,然后用实线画出这些内部构造的投影图。绘制剖面图的操作如下。

01 选定比例、图幅。

02 绘制地面、顶面、墙面的轮廓线。

03 绘制被剖切物体的构造层次。

04 标注尺寸。

05 绘制索引符号、图名及必要的文字说明等。

图15-17所示为绘制完成的顶棚剖面图。

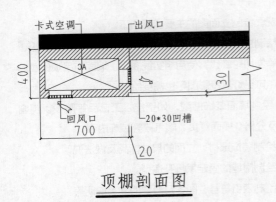

顶棚剖面图

图 I5-I7 剖面图

15.2.6 详图

详图又称为大样图，它的图示内容主要包括6个部分。装饰形体的建筑做法、造型样式、材料选用、尺寸标高；所依附的建筑结构材料、连接做法，如钢筋混凝土与木龙骨、轻钢龙骨及型钢龙骨等内部龙骨架的连接图示（剖面或者断面图），选用标准图时应加索引；装饰体基层板材的图示（剖面或者断面图），如石膏板、木工板、多层夹板、密度板、水泥压力板等用于找平的构造层次；装饰面层、胶缝及线角的图示（剖面或者断面图），复杂线角及造型等还应绘制大样图；色彩、做法说明、工艺要求等；索引符号、图名、比例等。

绘制装饰详图的一般步骤如下。

01 选定比例、图幅。

02 绘制墙（柱）的结构轮廓。

03 绘制门套、门扇等装饰形体轮廓。

04 详细绘制各部位的构造层次及材料图例。

05 标注尺寸。

06 绘制索引符号、图名及必要的文字说明等。

图15-18所示为绘制完成的酒柜节点大样图。

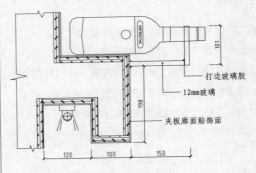

酒柜节点大样图

图 I5-I8 详图

15.3 创建室内设计制图样板

为了避免绘制每一张施工图都重复地设置图层、线型、文字样式和标注样式等内容，我们可以预先将这些相同部分一次性设置好，然后将其保存为样板文件。创建样板文件后，在绘制施工图时，就可以在该样板文件基础上创建图形文件，从而加快绘图速度，提高工作效率。本章所有实例皆基于该模板。

难度：☆☆☆
素材位置：无
效果文件：素材 \ 第 15 章 \15.3 创建室内设计制图样板 .dwt
在线视频：第 15 章 \15.3 创建室内设计制图样板 .mp4

15.4 绘制现代风格小户型室内设计图

日常生活起居的环境称为家居环境，它为人们提供工作之外的休息、学习空间，是人们生活的重要场所。本实例为三室二厅的户型，有主人房、小孩房、书房、客厅、餐厅、厨房及卫生间。本节将在原始平面图的基础上介绍平面布置图、地面布置图、顶棚平面图及主要立面图的绘制，使读者在绘图的过程中对室内设计制图有一个全面、总体的了解。

15.4.1 绘制小户型平面布置图

平面布置图是室内装饰施工图纸中的关键性图纸。它是在原建筑结构的基础上，根据业主的要求和设计师的设计意图，对室内空间进行详细的功能划分和室内设施定位。

难度：☆☆☆☆☆
素材位置：素材 \ 第 15 章 \15.4 小户型原始户型图 .dwg
效果文件：素材 \ 第 15 章 \15.4.1 绘制小户型平面布置图 .dwg
在线视频：第 15 章 \15.4.1 绘制小户型平面布置图 .mp4

参考步骤

01 对原始平面图进行整理和修改。

02 完善并得到最终的户型平面图。

03 分区插入室内家具图块。

04 标注文字和尺寸等。

最终效果展示

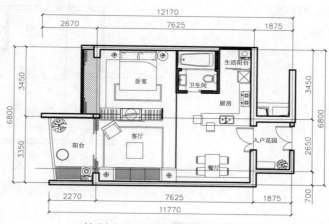

绘制小户型平面布置图　1:100

15.4.2 绘制小户型地面布置图

本实例介绍小户型地材图的绘制方法，主要介绍客厅、卧室以及卫生间等地面图案的绘制方法。

难度：☆☆☆☆
素材位置：素材 \ 第 15 章 \15.4 小户型原始户型图 .dwg
效果文件：素材 \ 第 15 章 \15.4.2 绘制小户型地面布置图 .dwg
在线视频：第 15 章 \15.4.2 绘制小户型地面布置图 .mp4

参考步骤

01 对原始平面图进行整理。

02 使用不同图案对不同区域进行填充。

03 标注尺寸。

04 使用多重引线对填充区域进行标注，标注内容为装修材质。

最终效果展示

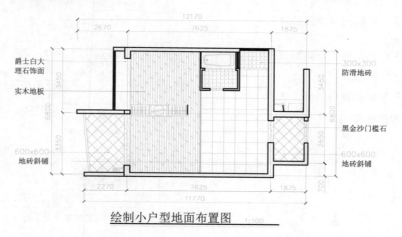

绘制小户型地面布置图　1:100

15.4.3　绘制小户型顶棚图

本实例介绍小户型顶棚图的绘制方法，主要介绍灯具图形的插入及布置尺寸。

难度：☆☆☆☆
素材位置：素材 \ 第 15 章 \15.4 小户型原始户型图 .dwg
效果文件：素材 \ 第 15 章 \15.4.3 绘制小户型顶棚图 .dwg
在线视频：第 15 章 \15.4.3 绘制小户型顶棚图 .mp4

参考步骤

① 对原始平面图进行整理。

② 分区插入灯具图块。

③ 标注尺寸。

④ 使用多行文字填写顶棚的铺装材料。

最终效果展示

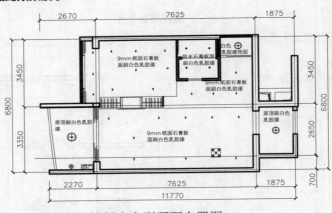

绘制小户型顶面布置图　　1：100

15.4.4　绘制厨房餐厅立面图

本实例介绍厨房餐厅立面图的绘制方法，主要调用了复制、矩形、删除等命令。

难度：☆☆☆☆
素材位置：素材 \ 第 15 章 \15.4 小户型原始户型图 .dwg
效果文件：素材 \ 第 15 章 \15.4.4 绘制厨房餐厅立面图 .dwg
在线视频：第 15 章 \15.4.4 绘制厨房餐厅立面图 .mp4

参考步骤

① 从原始平面图中复制出需要绘制立面图的部分。

② 对复制出来的部分进行修整。

③ 根据投影关系绘制该部分的立面图。

④ 使用多重引线标注各立面的铺装材料。

最终效果展示

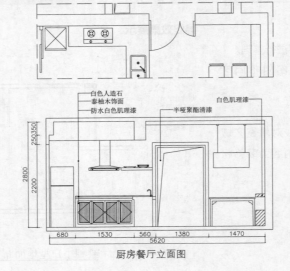

厨房餐厅立面图

第 16 章

电气设计与绘图

电气工程图是用来阐述电气工作原理，描述电气产品的构造和功能，并提供产品安装和使用方法的一种简图。电气工程图主要以图形符号、线框或简化外表，来表示电气设备或系统中各有关组成部分的连接方式。本章将详细讲解电气工程图的相关基础知识，包括电气工程图的基础概念、电气工程图的相关标准及典型实例等内容。

16.1 电气设计概述

电气设计（Electrical Design），就是根据规范要求，对电源、负荷等级和容量、供配电系统接线图、线路、照明系统、动力系统、接地系等各系统，从方案开始分析、配置和计算，优化方案，提出初步设计，交用户审核，待建设意见返回后，再进行施工图设计，期间要与建设方多次沟通，以使设计方案最大限度满足用户要求，但又不违背相关规范的规定，最终完成向用户供电的整个设计过程。图16-1所示为某电气设计图。

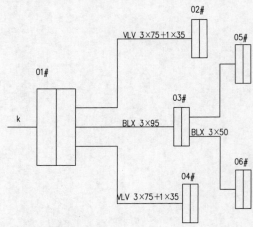

图 16-1 电气设计图

16.1.1 电气设计的有关标准

电气工程设计部门设计、绘制图样，施工单位按图样组织工程施工。所以图样必须有设计和施工等部门共同遵守的一定的格式和一些基本规定、要求。这些规定包括建筑电气工程图自身的规定和机械制图、建筑制图等方面的有关规定。

◆ 《电气工程CAD制图规则》GB/T 18135—2008。

◆ 《电气简图用图形符号》GB/T 4728—2018。

◆ 《供配电系统设计规范》GB 50052—2016。

◆ 《电力工程电缆设计规范》GB 50217—2018。

◆ 《建筑照明设计标准》GB 50034—2013。

◆ 《火灾自动报警系统设计规范》GB 50116—2013。

◆ 《智能建筑工程施工规范》GB 50606—2010。

◆ 《入侵报警系统工程设计规范》GB 50394—2007。

◆ 《室外作业场地照明设计标准》GB 50582—2010。

◆ 《出入口控制系统工程设计规范》GB 50396—2007。

◆ 《建筑物防雷设计规范》GB 50057—2010。

电气设计制图标准涉及图纸幅面与元器件图块，以及图线、字体等绘图所包含的各方面的使用标准。本节为读者选取一些制图标准中常用的知识来讲解。

1. 图形比例标准

图形与实际物体线性尺寸的比值称为比例。大部分电气工程图是不按比例绘制的，某些位置则按照比例绘制或部分按照比例绘制。所采用的比例有1∶1、1∶2、1∶5、1∶10、1∶20、1∶30、1∶50、1∶100、1∶150、1∶200、1∶500、1∶1000、1∶2000等。

2. 字体标准

汉字、字母和数字是电气图的重要组成部分，因而电气图的字体必须符合标准。

◆ 汉字一般采用仿宋体、宋体；字母和数字用正体、罗马字体，也可用斜体。

◆ 字体的大小一般为2.5~10mm，也可以根据不同的图纸使用更大的字体，根据文字所表示的内容不同应用不同大小的字体。

◆ 一般来说，电气器件触电号最小，线号次之，器件名称号最大。具体也要根据实际调整。

3. 图线标准

绘制电气工程图所用的各种线条统称为图线。为了使图纸清晰、含义清楚、绘图方便，国家标准对图线的型式、宽度和间距都做了明确的规定。图线型式参见表 16-1。

表 16-1 图线型式

图线名称	图线型式	图线应用
粗实线	————————	建筑的立面图、平面图与剖面图的假面轮廓线、图框线等
中实线	————————	电气施工图的干线、支线、电缆线及架空线等
细实线	————————	电气施工图的底图线。建筑平面图中用细实线突出用中实线绘制的电气线路
粗点划线	—·—·—·—·—	通常在平面图中大型构件的轴线等处使用
点划线	—·—·—·—·—	用于轴线、中心线等
粗虚线	————————	适用于地下管道
虚线	— — — — — —	适用于不可见的轮廓线
双点划线	—··—··—··—	辅助围框线
波浪线	∿∿	断裂线
折断线	─/─	用在被断开部分的边界线

◆ 电气图的线宽：可选0.18、0.25、0.35、0.5、0.7、1.0、1.4、2.0mm。

◆ 电气图线型的间距：平行图线边缘间距至少为两条图线中较粗一条图线宽度的2倍。

4. 尺寸标注和标高

尺寸数据是施工和加工的主要依据。尺寸标注是由尺寸线、尺寸界线、尺寸起止符号（箭头或45°斜划线）、尺寸数字4个要素组成。尺寸的单位除标高、总平面图和一些特大构件以米（m）为单位外，其余一律以毫米（mm）为单位。

电气图中的标高与建筑设计图纸中的相同，在此不多做描述。在电气工程图上有时还标有敷设标高点，它是电气设备或线路安装敷设位置与该层坪面或楼面的高差。

5. 详图索引标志

表明图纸中所需要的细部构造、尺寸、安装工艺及用料等全部资料的详细图样称为详图。有些图形在原图纸上无法进行表述而进行详细制作，故也称作节点大样等。详图与总图的联系标志称为详图索引标志，如图16-2表示3号详图与总图画在同一张图纸上；图16-3则表示2号详图画在第5号图纸上。

图 16-2 详图索引标志一

图 16-3 详图索引标志二

详图的绘制比例应采用1：1、1：2、1：5、1：10、1：20、1：50，必要时也可采用1：3、1：4、1：25、1：30、1：40。

6. 电气图的布局方式

电气图的布局要从对图的理解及方便使用出发，力图做到突出图的本意、布局结构合理、排列均匀、图面清晰，从而方便读图。

图线布局

电气图中用来表示导线、信号通路、连接线等的图线应为直线，即常说的横平竖直，并注意尽可能减少交叉和弯折。

◆ **水平布局**：水平布局的方式是将设备和元器件按行布置，使其连接线一般成水平布置，如图16-4所示。其中各元器件、二进制逻辑单元按行排列，从而使各连接线基本上都是水平线。

◆ **垂直布局**：垂直布局的方式是将元器件和设备按列来排列，使其连接线处于竖立在垂直布局的图中，如图16-5所示。元器件、图线在图纸上的布置也可按图幅分区的列的代号来表示。

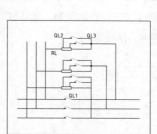
图 16-4 水平布局

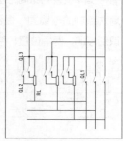
图 16-5 垂直布局

◆ **交叉布局**：为把相应的元器件连接成对称的布局，也可采用倾斜的交叉线方式来布置，如图16-6所示。

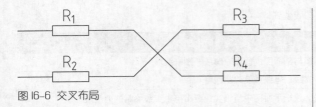

图16-6 交叉布局

电路或元器件布局

电路或元器件布局的方法有两种，一种是功能布局法，另一种是位置布局法。

◆ 功能布局法：着重强调项目功能和工作原理的电气图，应该采用功能布局法。在功能布局法中，电路尽可能按工作顺序布局，功能相关的符号应分组并靠近，从而使信息流向和电路功能清晰，并方便留出注释位置。图16-7所示为功能布局，从左至右分析，SB1、FR、KM都处于常闭状态，KT线圈才能得电。经延时后，KT的常开触合点闭合，KM得电。

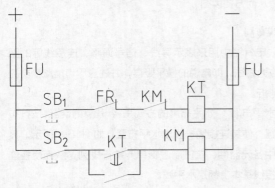

图16-7 功能布局法

◆ 位置布局：强调项目实际位置的电气图，应采用位置布局法。符号应分组，其布局按实际位置来排列。位置布局法是指电气图中元器件符号的布置对应于该元器件实际位置的布局方法。图16-8所示为采用位置布局法绘制的电缆图，提供了有关电缆的信息，如导线识别标记、两端位置、特性、路径等。

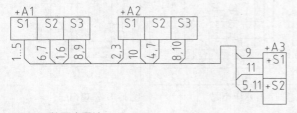

图16-8 位置布局法

7. 围框

当需要在图上显示其中的一部分所表示的是功能单元、结构单元或项目组（电器组、继电器装置）时，可以

用点划线围框表示。为了图面清楚，围框的形状可以是不规则的，如图16-9所示。

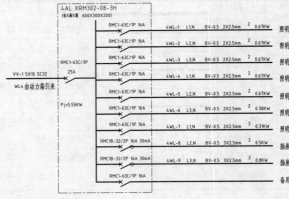

图16-9 围框例图

16.1.2 电气设计的常见符号

电气图纸识读，首先必须熟悉电气图例符号，弄清图例、符号所代表的内容，常用的电气工程图例及文字符号可参见《电气图用图形符号》GB4728—2008。

一套电气施工图纸，一般应先按照下面的顺序阅读，然后再对某部分内容进行重点识读。

（1）看标题栏及图纸目录。了解工程名称、项目内容、设计日期、图纸内容和图纸数量等。

（2）看设计说明。了解工程概况、设计依据等，了解图纸中未能表达清楚的有关事项。

（3）看设备材料表。了解工程所使用的设备、材料的型号、规格和数量等。

（4）看系统图。了解系统基本组成，主要电气设备、元器件之间的连接关系以及它们的规格、型号、参数等，掌握该系统的组成概况。

（5）看平面布置图。了解电气设备的规格、型号、数量及线路的起始点、敷设部位、敷设方式和导线根数等。平面图的阅读顺序可按照以下顺序进行：电源进线—总配电箱—干线—支线—分配电箱—电气设备。

（6）看控制原理图。了解系统中电气设备的电气自动控制原理，以指导设备安装调试工作。

（7）看安装接线图。了解电气设备的布置与接线。

（8）看安装大样图。了解电气设备的具体安装方法、安装部件的具体尺寸等。

1. 电气图用图形符号

电气图用图形符号主要用于图样或其他文件表示一个设备或概念的图形、标记或字符。图形符号是通过书写、绘制、印刷或其他方法产生的可视图形，是一种以简明易懂的方式来传递一种信息，表示一个实物或概念，并可提供有关条件、相关性及动作信息的工业语言。

因篇幅所限，且电气符号图例较多，本书便只针对其内容进行介绍，具体图例请参见《电气图用图形符号》GB4728—2018。

图形符号组成

图形符号由一般符号、符号要素、限定符号和方框符号组成。

◆ 一般符号：表示一类产品或此类产品特征的简单符号，如电阻、电感和电容等，如图16-10所示。

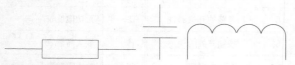

图16-10 一般图形符号

◆ 符号要素：表示具有确定意义的简单图形，必须同其他图形组合以构成一个设备或概念的完整符号。

◆ 限定符号：用于提供附加信息的一种加在其他符号上的符号，不能单独使用，但一般符号有时也可以用作限定符号。

◆ 方框符号：用于表示元器件、设备等的组合及其功能，既不给出元器件、设备的细节，也不考虑所有这些连接的一种简单图形符号。方框符号在系统图和框图中使用最多，在电路图中的外购件、不可修理件也可以用方框符号表示。

图形符号分类

图形符号有以下11种，下面将分别介绍这些种类。

◆ 导线和连接器件：各种导线、接线端子和导线的连接、连接器件、电缆附件等。

◆ 无源元器件：包括电阻器、电容器、电感器等。

◆ 半导体和电子管：包括二极管、晶体管、晶闸管、电子管、辐射探测器等。

◆ 电能的发生和转换：包括绕组、发电机、电动机、变压器、变流器等。

◆ 开关、控制和保护装置：包括触点（触头）、开关、开关装置、控制装置、电动机起动器、继电器、熔断器、间隙、避雷器等。

◆ 测量仪表、灯和信号器件：包括指示积算和记录仪表、热电偶、遥测装置、电钟、传感器、灯、喇叭和电铃等。

◆ 电信交换和外围设备：包括交换系统、选择器、电话机、电报和数据处理设备、传真机、换能器、记录和播放器等。

◆ 电信传输：包括通信电路、天线、无线电台及各种电信传输设备。

◆ 电力、照明和电信布置：包括发电站、变电站、网络、音响和电视的电缆配电系统、开关、插座引出线、电灯引出线、安装符号等。适用于电力、照明和电信系统和平面图。

◆ 二进制逻辑单元：包括组合和时序单元，运算器单元，延时单元，双稳，单稳和非稳单元，位移寄存器，计数器和储存器等。

◆ 模拟单元：包括函数器、坐标转换器、电子开关等。

常用图形符号应用的说明

常用图形符号的应用说明主要包括以下6点。

◆ 所有图形符号均由按无电压、无外力作用的正常状态示出。

◆ 在图形符号中，某些设备元器件有多个图形符号，有优选形、其他形、形式1、形式2等。选用符号遵循的原则有：尽可能采用优选形；在满足需要的前提下，尽量采用最简单的形式；在同一图号的图中使用同一种形式。

◆ 符号的大小和图线的宽度一般不影响符号的含义，在有些情况下，为了强调某些方面或者为了便于补充信息，或者为了区别不同的用途，允许采用不同大小的符号和不同宽度的图线。

◆ 为了保持图面的清晰，避免导线弯折或交叉，在不致引起误解的情况下，可以将符号旋转或成镜像设置，但此时图形符号的文字标注和指示方向不得倒置。

◆ 图形符号一般都画有引线，但在绝大多数情况下引线位置仅用作示例，在不改变符号含义的原则下，引线可取不同的方向，如引线符号的位置影响到符号的含义，则不能随意改变，否则易引起歧义。

◆ 在《电气简图用图形符号》中比较完整地列出了符号要素、限定符号和一般符号，但组合符号是有限的。若某些特定装置或概念的图形符号在标准中未列出，允许适当组合已规定的一般符号、限定符号和符号要素，派生出新的符号。

2. 电气设备用图形符号

电气设备用图形符号是完全区别于电气图用图形符号的另一类符号，主要适用于各种类型的电气设备或电气设备部件，使操作人员知晓其用途和操作方法；也可用于安装或移动电气设备的场合，如禁止、警告、规定或限制等注意事项。电气设备用图形符号主要有识别、限定、说明、命令、警告和指示6大用途。设备用图形符号必须按照一定的比例绘制。

3. 电气图中常用的文字符号

在电气工程中，文字符号适用于电气技术领域中技术文件的编制，用以标明电子设备、装置和元器件的名称及电路的功能、状态和特征。根据我国公布的电气图用文字符号的国家标准规定，文字符号采用大写正体的拉丁字母，分为基本文字符号和辅助文字符号两类。

基本文字符号分为单字母和双字母两种。单字母符号是按拉丁字母顺序将各种电子设备、装置和元器件分为23大类，每大类用一个专用单字母符号表示，如"R"表示电阻器类，"C"表示电容器类等，单字母符号应优先采用。双字母符号由一个表示种类的单字母符号与另一个字母组成，其组合形式应以单字母符号在前，另一个字母在后的次序列出。如"TG"表示电源变压器，"T"为变压器单字母符号。只有在单字母符号不能满足要求，需要将某大类进一步划分时，才采用双字母符号，以便较详细和具体地表达电子设备、装置和元器件等。

各类常用基本文字符号，如表16-2所示。

表 16-2 常用电路文字符号

文字符号	含义	文字符号	含义
AAT	电源自动投入装置	M	电动机
AC	交流电	HG	绿灯
DC	直流电	HR	红灯
FU	熔断器	HW	白灯
G	发电机	HP	光字牌
K	继电器	KA(NZ)	电流继电器（负序零序）
KD	差动继电器	KF	闪光继电器
KH	热继电器	KS	信号继电器
KOF	出口中间继电器	KP	极化继电器
KT	时间继电器	KR	干簧继电器
KV(NZ)	电压继电器（负序零序）	KW(NZ)	功率方向继电器（负序零序）
KI	阻抗继电器	L	线路

文字符号	含义	文字符号	含义
KM	接触器	QS	隔离开关
QF	断路器	TA	电流互感器
T	变压器	YT	跳闸线圈
YC	合闸线圈	W	直流母线
TV	电压互感器	EUI	电动势电压电流
PQS	有功无功视在功率	SR	复归按钮
SE	实验按钮	Q	电路的开关器件
f	频率	FR	热继电器
Q	电路的开关器件	PJR	无功电度表
SB	按钮开关	PM	最大需量表
PJ	有功电度表	PPF	功率因数表
PF	频率表	PAR	无功电流表
PPA	相位表	HA	声信号
PW	有功功率表	HL	指示灯
PR	无功功率表	XS	插座
HS	光信号	W	电线电缆母线
XP	插头	WIB	插接式（馈电）母线
XT	端子板	WL	照明分支线
WB	直流母线	WPM	电力干线
WP	电力分支线	WC	控制小母线
WE	应急照明分支线	WS	信号小母线
WT	滑触线	WEM	应急照明干线
WCL	合闸小母线	WFS	事故音响小母线
WLM	照明干线	WV	电压小母线
WF	闪光小母线	F	避雷器
WPS	预报音响小母线	FTF	快速熔断器
WELM	事故照明小母线	FV	限压保护器件
FU	熔断器	CE	电力电容器
FF	跌落式熔断器	SBR	反转按钮
C	电容器	SBE	紧急按钮
SBF	正转按钮	SBT	试验按钮
SBS	停止按钮	SQ	限位开关

（续表）

文字符号	含义	文字符号	含义
SH	手动控制开关	SQP	接近开关
SL	液位控制开关	SK	时间控制开关
SP	压力控制开关	SM	湿度控制开关
ST	温度控制开关辅助开关	SS	速度控制开关
SA	电流表切换开关	SV	电压表切换开关
UR	可控硅整流器	U	整流器
UF	变频器	VC	控制电路有电源的整流器
UI	逆变器	UC	变流器
MA	异步电动机	M	电动机
MD	直流电动机	MS	同步电动机
MC	鼠笼型电动机	MW	绕线转子感应电动机
YV	电磁阀	YM	电动阀
YS	排烟阀	YF	防火阀

（续表）

文字符号	含义	文字符号	含义
YPAYA	气动执行器	YL	电磁锁
FH	发热器件（电加热）	YE	电动执行器
EV	空气调节器	EL	照明灯（发光器件）
L	感应线圈电抗器	EE	电加热器加热元件
LA	消弧线圈	LF	励磁线圈
R	电阻器变阻器	LL	滤波电容器
RT	热敏电阻	RP	电位器
RPS	压敏电阻	RL	光敏电阻
RD	放电电阻	RG	接地电阻
RF	频敏变阻器	RS	启动变阻器
B	光电池热电传感器	RC	限流电阻器
BT	温度变换器	BP	压力变换器
BT1BK	时间测量传感器	BV	速度变换器
BHBM	温度测量传感器	BL	液位测量传感器

16.2　电气设计图的内容

　　由于电气图所表达的对象不同，因此电气图具有多样性。如表示系统的工作原理、工作流程和分析电路特性需要用电路图；表示元器件之间的关系、连接方式和特点需用接线图；在数字电路中，由于各种数字集成电路的应用使得电路可以实现逻辑功能，因此就有了反映集成电路逻辑功能的逻辑图。

　　本节介绍各类电气图的基本知识。

16.2.1　目录和前言

　　目录和前言是电气工程图的重要组成部分，分别介绍如下。

◆ 目录：对某个电气工程的所有图纸编制目录，以便检索、查阅图纸，目录内容包括序号、图纸名称、图纸编号、图纸数量及备注等。

◆ 前言：包括设计说明、图例、设备材料明细表、工程经费概算等。

16.2.2　系统图或框图

　　系统图或框图，也称为概略图，是指用符号或带注释的框概略地表示系统或分系统的基本组成、相互关系及主要特征的一种简图。

　　系统图可分不同层次绘制，可参照逐级分解的绘图对象来划分层次，一般采用总分的形式。它还作为工程技术人员参考、培训、操作和维修的基础文件，它可以使工程技术人员对系统、装置、设备、整体供电情况等有一个概略的了解。系统图为进一步编制详细的技术文件，以及绘制电路图、平面图、接线图和逻辑图等提供依据，也为进行有关计算、选择导线和电气设备等提供了重要依据。

1.　用一般符号表示的系统图

　　这类系统图通常采用单线表示法来绘制。例如建筑电气图中的供电系统图，如图16-11所示。从图16-11中可以看出，供电电源是室外接入室内主配电箱，通过主配电箱再接入分配电箱，从图中还可以看出电路供电情况，设备总功率为336kW，计算负荷为153.72kW，计算电流为259.05A。了解这些信息后还可以对电路元器件和供电导线的选择提供指导作用。

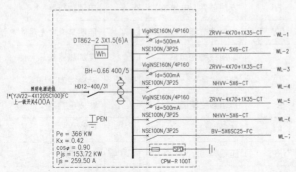

图16-11 建筑电气供电系统图

2. 框图

除了电路图，比较复杂的电子设备还需要使用电路框图来辅助表示。电路框图所包含的信息较少，因此根据框图无法清楚地了解电子设备的具体电路，电路框图只能作为分析复杂电子设备的辅助方式。

图16-12所示的示波器是由一只示波管提供各种信号的电路组成的，在示波器的控制面板上设有一些输入插座和控制键钮。测量用的探头通过电缆和插头与示波器输入端子相连。示波器种类很多，但是基本原理与结构基本相同，通常由垂直偏转系统、水平偏转系统、辅助电路、电源及示波管电路组成。

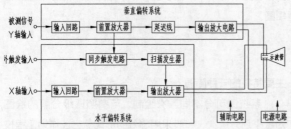

图16-12 示波器框图

16.2.3 电气原理图和电路图

电气原理图是指用图形符号详细表示系统、分系统、成套设备、装置、部件等各组成元器件连接关系的实际电路简图。

电路图是表示电流从电源到负载的传送情况和电气元器件的工作原理，而不考虑其实际位置的一种简图。其目的是使人便于理解设备工作原理、分析和计算电路特性及参数，为测试和寻找故障提供信息，为编制接线图提供

依据，为安装和维修提供依据。电路图在绘制时应注意设备和元器件的表示方法。在电路图中，设备和元器件采用符号表示，并应以适当形式标注其代号、名称、型号、规格、数量等。注意设备和元器件的工作状态。设备和元器件的可动部分通常应表示在非激励或不工作的状态或位置。对于驱动部分和被驱动部分之间采用机械联结的设备和元器件可在图上采用集中、半集中或分开布置。

例如电机控制电路图，如图16-13所示，就表示了系统的供电和控制之间的关系。

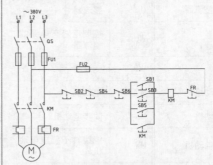

图16-13 电动机控制线路原理图

16.2.4 接线图

接线图是表示成套装置、设备、电气元器件的连接关系，用以进行安装接线、检查、试验与维修的一种简图或表格。接线图主要用于表示电气装置内部元器件之间及其外部其他装置之间的连接关系。接线图是便于制作、安装及维修等环节的工作人员接线和检查的一种简图或表格。

例如，图16-14是电动机控制线路的主电路接线图，它清楚地表示了各元器件之间的实际位置和连接关系。电源(L1、L2、L3)由BLX-3×6的导线接至端子排X的1、2、3号，然后通过熔断器FU1~FU3接至交流接触器KM的主触点，再经过继电器的发热元器件接到端子排的4、5、6号，最后用导线接入电动机的U、V、W端子。

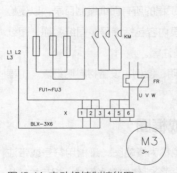

图16-14 电动机控制接线图

16.2.5 电气平面图

电气平面图主要表示某一电气工程中的电气设备、装置和线路的平面布置。它一般是在建筑平面图的基础上绘制出来的。常见的电气平面图主要有线路平面图、变电所平面图、弱电系统平面图、照明平面图、防雷与接地平面图等。如图16-15所示，图中表示出了电源经控制箱或配电箱，再分别经导线接至灯具及开关的具体布置。

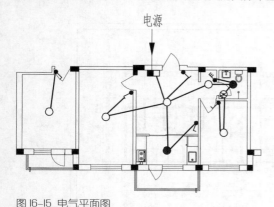

图 16-15 电气平面图

16.2.6 设备布置图

设备布置图是表示成套装置和设备在各个项目中的布局和安装位置，位置简图一般用图形符号绘制。建筑电气图中的设备元器件布置图如图16-16所示。常见的设备布置图主要包括平面布置图、立面布置图、断面图、纵横剖面图等。

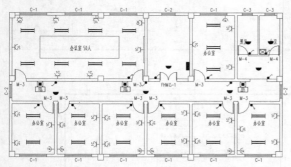

图 16-16 设备布置图

16.2.7 设备元器件和材料表

设备元器件和材料表是把某一电气工程中用到的设备、元器件和材料列成表格，主要包括符号、名称、型号和数量等，如图16-17所示。

符 号	名 称	型 号	数 量
ISA-351D	微机保护装置	220V	1
KS	自动加热除湿控制器	KS-3-2	1
SA	跳、合闸控制开关	LW-Z-1a,4,6a,20/F8	1
QC	主令开关	LS1-2	1
QF	自动空气开关	GM31-2PR3,0A	1
FU1-2	熔断器	AMI 16/6A	2
FU3	熔断器	AMI 16/2A	1
1-2DJR	加热器	DJR-75-220V	2
HLT	手车开关状态指示器	MGZ-91-220V	1
HLQ	断路器状态指示器	MGZ-91-220V	1
HL	信号灯	AD11-25/41-5G-220V	1
M	储能电动机		1

图 16-17 某开关柜上的设备元器件表

16.2.8 大样图

大样图一般用来表示某一具体部位或某一设备元器件的结构或具体安装方法。一般非标准的控制柜、箱、检测元器件和架空线路的安装等都需要用到大样图，大样图通常采用标准通用图集。剖面图也是大样图的一种。

16.2.9 产品使用说明书用电气图

在电气设备中产品使用说明书通常附上电气图，使用户了解该产品的组成、工作过程及注意事项，并提供一些电源极性端选择，以达到正确使用、维护和检修的目的。

16.2.10 其他电气图

在电气工程图中，系统图、电路图、接线图和设备布置图是最主要的图。在一些较复杂的电气工程中，为了补充和说明某一方面，还需要一些特殊的电气图，如逻辑图、功能图、曲线图和表格等。

16.3 绘制电气工程图

电气工程图的类型很多，本节仅以照明平面图和电气系统图来介绍电气图纸的绘制方法。

16.3.1 绘制住宅首层照明平面图

本节以某住宅楼为例，介绍该住宅楼首层照明平面图的绘制流程，使读者掌握这些图的绘制方法以及相关知识。

难度：☆☆☆
素材位置：素材 \ 第 16 章 \16.3 住宅首层平面图 .dwg
效果文件：素材 \ 第 16 章 \16.3.1 绘制住宅首层照明平面图 .dwg
在线视频：第 16 章 \16.3.1 绘制住宅首层照明平面图 .mp4

参考步骤

01 精简原始平面图的内容，得到仅含墙体与门窗结构的平面图。

02 布置照明电器元件。

03 绘制各电器元件的连接线路。

04 填写文字说明及图名标注。

最终效果展示

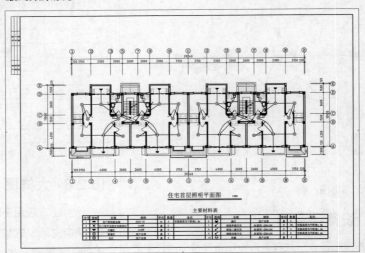

16.3.2 绘制电气系统图

难度：☆☆☆☆
素材位置：素材 \ 第 16 章 \16.3 住宅首层平面图 .dwg
效果文件：素材 \ 第 16 章 \16.3.2 绘制电气系统图 .dwg
在线视频：第 16 章 \16.3.2 绘制电气系统图 .mp4

参考步骤

01 精简原始户型图的内容，得到仅含墙体与门窗结构的户型图。

02 绘制总进户线。

03 绘制各层干线及分配电箱。

04 填写文字说明及图名标注。

最终效果展示

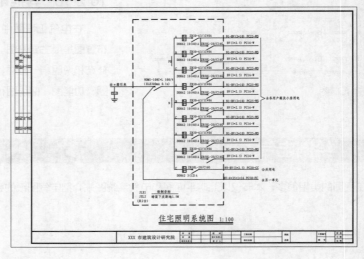